普通高等教育材料成型及控制工程
系列规划教材

材料制备新技术

许春香　主　编
张金山　副主编

化学工业出版社

·北京·

本书以新材料的制备、组织结构特点、性能特征、应用及发展前景为重点，分别介绍了快速凝固技术、喷射成形技术、机械合金化技术、半固态金属加工技术、非晶态合金制备技术、准晶材料制备技术、纳米材料制备技术、自蔓延高温合成技术、激光快速成形技术等内容，尽可能将目前已有的新材料制备技术从理论到实际中的应用较全面、系统地进行阐述，力争通俗易懂，使读者能够高效、深入地学习新材料的制备技术。

　　本书可作为高等院校材料成型及控制工程、金属材料工程、材料科学与工程及相近专业本科学生的专业基础课使用的教材，亦可作为材料学及材料加工工程专业硕士研究生使用的教材，还可供材料领域科研人员和相关工程技术人员参考。

图书在版编目（CIP）数据

材料制备新技术/许春香主编 . —北京：化学工业出版社，2010.8
普通高等教育材料成型及控制工程系列规划教材
ISBN 978-7-122-09091-1

Ⅰ. 材…　Ⅱ. 许…　Ⅲ. 工程材料-制备-高等学校-教材　Ⅳ. TB3

中国版本图书馆 CIP 数据核字（2010）第 130606 号

责任编辑：彭喜英　　　　　　　　文字编辑：冯国庆
责任校对：陶燕华　　　　　　　　装帧设计：周　遥

出版发行：化学工业出版社（北京市东城区青年湖南街 13 号　邮政编码 100011）
印　　装：三河市延风印装厂
787mm×1092mm　1/16　印张 15　字数 396 千字　2010 年 9 月北京第 1 版第 1 次印刷

购书咨询：010-64518888（传真：010-64519686）　售后服务：010-64518899
网　　址：http://www.cip.com.cn
凡购买本书，如有缺损质量问题，本社销售中心负责调换。

定　　价：29.80 元　　　　　　　　　　　　　　　　版权所有　违者必究

序

  材料成型及控制工程专业是 1998 年国家教育部进行专业调整时，在原铸造专业、焊接专业、锻压专业及热处理专业基础上新设立的一个专业，其目的是为了改变原来老专业口径过窄、适应性不强的状况。新专业强调"厚基础、宽专业"，以拓宽专业面，加强学科基础，培养出适合经济快速发展需要的人才。

  但是由于各院校原有的专业基础、专业定位、培养目标不同，也导致在人才培养模式上存在较大差异。例如，一些研究型大学担负着精英教育的责任，以培养科学研究型和科学研究与工程技术复合型人才为主，学生毕业以后大部分攻读研究生，继续深造，因此大多是以通识教育为主。而大多数教学研究型和教学型大学担负着大众化教育的责任，以培养工程技术型、应用复合型人才为主，学生毕业以后大部分走向工作岗位，因此大多数是进行通识与专业并重的教育。而且目前我国社会和工厂企业的专业人才培训体系没有完全建立起来；从人才市场来看，许多工厂企业仍按照行业特征来招聘人才。如果学生在校期间的专业课学得过少，而毕业后又不能接受继续教育，就很难承担用人单位的工作。因此许多学校在拓宽了专业面的同时也设置了专业方向。

  针对上述情况，教育部高等学校材料成型及控制工程专业教学指导分委员会于 2008 年制定了《材料成型及控制工程专业分类指导性培养计划》，共分四个大类。其中第三类为按照材料成型及控制工程专业分专业方向的培养计划，按这种人才培养模式培养学生的学校占被调查学校的大多数。其目标是培养掌握材料成形及控制工程领域的基础理论和专业基础知识，具备解决材料成形及控制工程问题的实践能力和一定的科学研究能力，具有创新精神，能在铸造、焊接、模具或塑性成形领域从事设计、制造、技术开发、科学研究和管理等工作，综合素质高的应用型高级工程技术人才。其突出特色是设置专业方向，强化专业基础，具有较鲜明的行业特色。

  由化学工业出版社组织编写和出版的这套"材料成型及控制工程系列规划教材"，针对第三类培养方案，按照焊接、铸造、塑性成形、模具四个方向来组织教材内容和编写方向。教材内容与时俱进，在传统知识的基础上，注重新知识、新理论、新技术、新工艺、新成果的补充。根据教学内容、学时、教学大纲的要求，突出重点、难点，力争在教材中体现工程实践思想。体现建设"立体化"精品教材的宗旨，提倡为主干课程配套电子教案、学习指导、习题解答的指导。

  希望本套教材的出版能够为培养理论基础和专业知识扎实、工程实践能力和创新能力强、综合素质高的材料成形及加工的专业性人才提供重要的教学支持。

教育部高等学校材料成型及控制工程专业教学指导分委员会主任

李春峰

2010 年 4 月

前　言

　　20 世纪 70 年代开始，人们把信息、能源和材料誉为人类文明的三大支柱，把材料的重要性提到了一个前所未有的高度。20 世纪 80 年代以来，又把新材料制备技术与信息技术、生物技术一起列为高新技术革命的重要标志。事实上，新材料和新材料制备技术的研究、开发与应用，反映着一个国家的科学技术与工业化水平。微电子技术、通信技术、超导技术、航空航天技术等，几乎所有高新技术的发展与进步，都以新材料和新材料制备技术的发展及突破为前提。

　　随着现代工业技术的迅猛发展，对材料性能要求的不断提高以及用途的不断扩大，具有比传统材料更加优异的特性和功能的新型材料相继问世。同时，对制备新型材料如纳米晶材料、准晶材料、功能材料和非晶材料等的制备技术也提出了更高的要求。新材料制备技术是近年来发展起来的，有些技术是新近研究成功或正在研制的，它是一门涉及材料、物理、化学、力学、机械、电子、信息等许多学科交叉的技术，各学科间的渗透和交叉也越来越多。大学某些专业课程相对滞后，已不适应材料学科技术的发展。为了拓宽本科生的知识面，适应我国高等教育发展和教学改革的需要，根据新世纪人才培养模式的新变化以及 10 年来各高校材料成型及控制工程专业教学改革的研究和实践，吸收各高校改革的成功经验，编者结合多年来为本科生讲授的“轻合金加工技术”、“快速成形技术”、“复合材料制备”、“铸造新技术”、“工程材料”、“材料成形工艺及机械制造基础”等课程，以及给硕士研究生讲授的“材料成形新技术”、“材料制备新技术”、“材料的合金化原理”等课程的教学经验并参考了大量的国内外相关教材、著作和研究论文编写了本书。本书共分 9 章，主要介绍了快速凝固技术、喷射成形技术、机械合金化技术、半固态金属加工技术、非晶态合金制备技术、准晶材料制备技术、纳米材料制备技术、自蔓延高温合成技术、激光快速成形技术等内容。本书具有如下特点：①教材力求反映专业教学改革的特点，注重理论密切联系实际，加强实用性，突出实践性，确保内容有一定的深度并与实际紧密结合；②书中既介绍了新材料制备领域的主要工艺方法，又反映了最新发展的新材料制备领域的前沿技术，通过本书的学习可以对新材料制备的重要工艺方法有较深入和全面的了解，并且为今后研究生阶段的学习打下良好的基础；③本书每章最后还附有习题与思考题，便于课后复习，加深对各种材料制备新技术的理解，更好掌握本书的内容。

　　本书可作为高等院校材料成型及控制工程、金属材料工程、材料科学与工程及相近专业本科生的专业基础课使用教材，亦可作为材料学及材料加工工程专业硕士研究生使用教材以及材料领域科研人员和相关工程技术人员参考。

　　参加本书编写的人员有：太原理工大学材料学院许春香教授（第 2、3、4、9 章），太原理工大学机械学院刘燕萍教授（第 1、5、6、7 章），太原理工大学材料学院张金山教授（第 8 章）。全书由许春香教授统稿。

　　在编写过程中，太原理工大学许树勤教授、上海交通大学李金富教授给予了许多宝贵的指导性意见。同时，得到了许多专家学者的指导和本科生、研究生的帮助，在此一并表示感谢！

　　由于材料学科发展变化迅速，各种新材料制备技术日新月异，为了适应这一现实状况，本书将在今后的使用过程中不断改进和完善。加上作者水平有限，书中难免存在一些不妥之处，恳切希望广大师生和读者多提宝贵意见和建议。

编者

2010 年 5 月

目　录

第 1 章　快速凝固技术

【学习目的与要求】

通过本章的学习，使学生能够掌握快速凝固技术的物理冶金基础、快速凝固技术实现途径和在金属材料中的应用。了解快速凝固技术制备金属粉体、带材和线材的工艺方法及特点，了解快速凝固技术在新材料制备中的应用。

1.1　快速凝固概述

快速凝固一般指以大于 $10^5 \sim 10^6 \mathrm{K/s}$ 的冷却速率进行液相凝固成固相，是一种非平衡的凝固过程，通常生成亚稳相（非晶、准晶、微晶和纳米晶），使粉末和材料具有特殊的性能和用途。采用快速凝固技术得到的合金具有超细的晶粒度，无偏析或少偏析的微晶组织，形成新的亚稳相和高的点缺陷密度等与常规合金不同的组织及结构特征。实现快速凝固的三种途径包括：动力学急冷法，热力学深过冷法，快速定向凝固法。由于凝固过程的快冷，起始形核过冷度大，生长速率高，使固-液界面偏离平衡，因而呈现出一系列与常规合金不同的组织和结构特征。目前，快速凝固技术已成为一种挖掘金属材料潜在性能与发展前景的开发新材料的重要手段，同时也成为凝固过程研究的一个特殊领域。

（1）快速凝固材料的主要组织特征

① 细化凝固组织，使晶粒细化。结晶过程是一个不断形核和晶核不断长大的过程。随凝固速率增加和过冷度加深，可能萌生出更多的晶核，而生长的时间极短，致使某些合金的晶粒度可细化到 $0.1\mu\mathrm{m}$ 以下。

② 减小偏析。很多快速凝固合金仍为树枝晶结构，但枝晶臂间距可能有 $0.25\mu\mathrm{m}$。在某些合金中可能发生平面型凝固，从而获得完全均匀的显微结构。

③ 扩大固溶极限。快速凝固可显著扩大溶质元素的固溶极限，因此既可以通过保持高度过饱和固溶以增加固溶强化作用，也可以使固溶元素随后析出，提高其沉淀强化作用。

④ 快速凝固可导致非平衡相结构产生，包括新相和扩大已有的亚稳相范围。

⑤ 形成非晶态。适当选择合金成分，以降低熔点和提高玻璃化温度 T_g（$T_\mathrm{g}/T_\mathrm{m} > 0.5$），这样合金就可能失去长程有序结构，而成为玻璃态或称非晶态。

⑥ 高的点缺陷密度。固态金属中点缺陷密度随着温度的上升而增大，其关系式为：$C = \exp[-Q_\mathrm{F}/(RT)]$，式中，$C$ 为点缺陷密度；Q_F 为摩尔缺陷形成能。金属熔化以后，由于原子有序程度的突然降低，液态金属中的点缺陷密度要比固态金属高很多，在快速凝固过程中，由于温度的骤然下降而无法恢复到正常的平衡状态，则会较多地保留在固体金属中，造成了高的点缺陷密度。

（2）快速凝固主要性能特点

① 力学性能。快速凝固组织由于微观结构的尺寸与铸态组织相比有明显的细化和均匀化，所以具有很好的晶界强化和韧化作用，而成分均匀、偏析减少不仅提高了合金元素的使用效

率，还避免了一些会减低合金性能的有害相的产生，消除了微裂纹产生的隐患，因而改善了合金的强度、延性和韧性；固溶度的增大、过饱和固溶体的形成，不仅起到了很好的固溶强化的作用，也为第二相的析出、弥散强化提供了条件，位错、层错密度的提高还产生了位错强化的作用。此外，快速凝固过程形成的一些亚稳相也能起到很好的强化和韧化作用。

② 物理性能。快速凝固组织的微观组织结构特点还使它们具有一些常规铸态组织所没有的特殊的物理性能。

1.2　快速凝固的物理冶金基础

在凝固过程中，液相向固相的转变伴随着结晶潜热的释放，液相与固相的降温也将释放出物理热，只有热量被及时导出才能维持凝固过程的进行。如图 1-1 所示的两种典型凝固方式是在两种极端热流控制条件下实现的，分别称为定向凝固和体积凝固。前者通过维持热流一维传导使凝固界面沿逆热流方向推进，完成凝固过程。后者通过对凝固系统缓慢冷却使液相和固相降温释放的物理热及结晶潜热向四周散失，凝固在整个液相中进行，并随着固相含量的持续增大而完成凝固过程。

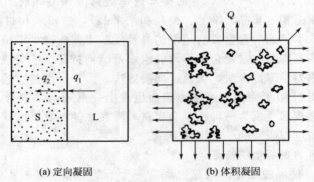

(a) 定向凝固　　　　　(b) 体积凝固

图 1-1　两种典型的凝固方式

q_1—自液相导入凝固界面的热流密度；q_2—自凝固界面导入固相的热流密度；Q—铸件向铸型散热热量

1.2.1　定向凝固过程的传热

对于如图 1-1(a) 所示的定向凝固，忽略凝固区的厚度，则热流密度 q_1 和 q_2 与结晶潜热释放率 q_3 之间满足热平衡方程：

$$q_2 - q_1 = q_3 \tag{1-1}$$

根据傅里叶导热定律知：

$$q_1 = \lambda_L G_{TL} \tag{1-2}$$

$$q_2 = \lambda_S G_{TS} \tag{1-3}$$

而

$$q_3 = \Delta h \rho_S v_S \tag{1-4}$$

式中　λ_L，λ_S——液相和固相的热导率；

　　G_{TL}，G_{TS}——凝固界面附近液相和固相中的温度梯度；

　　　　Δh——结晶潜热，也称为凝固潜热；

　　　　v_S——凝固速率；

　　　　ρ_S——固相密度。

将式(1-2)～式(1-4) 代入式(1-1)，则可求得凝固速率为

$$v_S = \frac{\lambda_S G_{TS} - \lambda_L G_{TL}}{\rho_S \Delta h} \tag{1-5}$$

1.2.2　体积凝固过程的传热

体积凝固过程常见于具有一定凝固温度范围的固溶体型合金的凝固过程。对于这一凝固过程，凝固速率的主要指标体积凝固速率 v_{SV}，它是固相体积分数 φ_S 与凝固时间 τ 的比值：$v_{SV} = \mathrm{d}\varphi_S / \mathrm{d}\tau$。作为一种理想的情况，假定液相在凝固过程中内部热阻可忽略不计，温度始终是均匀的，凝固过程释放的热量通过铸型均匀散出，其热平衡条件可表示为

$$Q_1 = Q_2 + Q_3 \tag{1-6}$$

式中　Q_1——铸型吸收的热量；

　　　　Q_2——铸件降温释放的物理热；

　　　　Q_3——凝固过程放出的结晶潜热。

Q_1、Q_2、Q_3 可用如下公式求出：

$$Q_1 = qA \tag{1-7}$$

$$Q_2 = -v_C V (\rho_S C_S \varphi_S + \rho_L C_L \varphi_L) \tag{1-8}$$

$$Q_3 = v_{SV} V \rho \Delta h \tag{1-9}$$

式中　A——铸型与铸件的界面面积；

　　　　q——界面热流密度；

　　　v_C——冷却速率，$v_C = \mathrm{d}T/\mathrm{d}\tau$，为负值；

　　　v_{SV}——体积凝固速率，$v_{SV} = \mathrm{d}\varphi_S/\mathrm{d}\tau$；

　　　　V——铸件体积；

　　　Δh——结晶潜热；

ρ_S，ρ_L，ρ——固相密度、液相密度及平均密度；

C_S，C_L——固相、液相的质量热容；

φ_S，φ_L——固相体积分数和液相体积分数。

近似取 $\rho_S = \rho_L = \rho$，$C_S = C_L = C$，并且已知 $\varphi_S + \varphi_L = 1$，则由式(1-6)～式(1-9) 可得出：

$$q = (v_{SV} \rho \Delta h - C \rho v_C) M \tag{1-10}$$

式中　M——铸件模数，$M = V/A$。

v_{SV} 和 v_C 不是相互独立的，两者与凝固过程的传质相关。根据式(1-10)，可由传热条件 q 估算体积凝固速率 v_{SV} 或冷却速率 v_C；也可反之由 v_{SV} 或 v_C 估算 q。

1.3　实现快速凝固途径

1.3.1　急冷法

动力学急冷快速凝固技术简称熔体急冷技术，其原理是通过设法减小同一时刻凝固的熔体体积与其散热表面积之比，并设法减小熔体与热传导性能很好的冷却介质的界面热阻以及加快传导散热。通过提高铸型的导热能力，增大热流的导出速率可以使凝固界面快速推进，从而实现快速凝固。在忽略液相过热的条件下，单向凝固速率 v_S 取决于固相中的温度梯度 G_{TS}

$$v_S = \frac{\lambda_S G_{TS}}{\rho_S \Delta h} \tag{1-11}$$

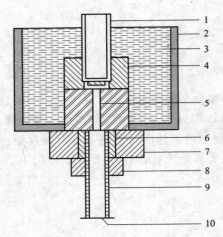

图 1-2 急冷模法示意图
1—真空出口；2—绝热冷却剂容器；3—冷却池；4—铜模；5—模穴；6—垫圈；7—基板；8—压紧螺帽；9—射入管；10—铝箔

对凝固层内的温度分布作线性相似得

$$v_S = \frac{\lambda_S (T_k - T_i)}{\delta \rho_S \Delta h} \tag{1-12}$$

式中　　δ——凝固层厚度；

　　　　T_k——液-固界面温度；

　　　　T_i——铸件与铸型界面温度。

一方面，选用热导率大的铸型材料或对铸型强制冷却，可以降低铸型与铸件界面温度 T_i，从而提高凝固速率；另一方面，凝固层内部热阻随凝固层厚度的增大而迅速提高，导致凝固速率下降。

在雾化法、单辊法、双辊法、旋转圆盘法及纺线法等非晶、微晶材料制备过程中，试件的尺寸都很小，故凝固层内部热阻可以忽略（即温度均匀），界面散热成为主要控制环节。通过增大散热强度，使液态金属以极快的速率降温，可实现快速凝固。

最常见的急冷法是急冷模法，如图 1-2 所示。此法是用真空吸注、真空压力浇注、压力浇注等方法将熔融金属压入急冷模穴，达到快速凝固金属的目的。其难点是熔体有可能在急冷模入口处凝固，从而不能达到预期目的，但它也有其独一无二的优点，就是可得到给定直径或厚度的线材。

1.3.2 深过冷法

深过冷法是指通过各种有效的净化手段避免或消除金属或合金液中的异质晶核的形核作用，增加临界形核功，抑制均质形核作用，使得液态金属或合金获得在常规凝固条件下难以达到的过冷度。

上述急速凝固方法是通过提高热流的导出速率而实现的。然而，由于试样内部热阻的限制，急冷法只能在薄膜、细线及小尺寸颗粒中实现。减少凝固过程中的热流导出量是在大尺寸试件中实现快速凝固的唯一途径。通过抑制凝固过程的形核，使合金熔液获得很大的过冷度，从而使凝固过程释放的潜热 Δh 被过冷熔体吸收，可大大减少凝固过程中要导出的热量，获得很大的凝固速率。过冷度为 Δh_S 的熔体在凝固过程中导出的实际潜热 $\Delta h'$ 可表示为

$$\Delta h' = \Delta h - \Delta h_S \tag{1-13}$$

在式(1-11) 及式(1-12)中用 $\Delta h'$ 代替 Δh 可知，凝固速率随过冷度的增大而增大。深过冷快速凝固主要见于液相微粒的雾化法和经过净化处理的大体积液态金属的快速凝固。

1.3.3 定向凝固法

定向凝固是使熔融合金沿着与热流相反的方向按照要求的结晶取向凝固的一种铸造工艺。定向凝固技术最突出的成就是在航空工业中的应用。自 1965 年美国普拉特·惠特尼航空公司采用高温合金定向凝固技术以来，这项技术已经在许多国家得到应用。采用定向凝固技术可以生产具有优良的抗热冲击性能、较长的疲劳寿命、较好的蠕变抗力和中温塑性的薄壁空心涡轮叶片。

铸件定向凝固需要两个条件：首先，热流向单一方向流动并垂直于生长中的固-液界面；其次，晶体生长前方的熔液中没有稳定的结晶核心。为此，在工艺上必须采取措施避免侧向散热，同时在靠近固-液界面的溶液中应造成较大的温度梯度。这是保证定向柱晶和单晶生长挺

直、取向正确的基本要素。以提高合金中的温度梯度为出发点，定向凝固技术已由功率降低法、快速凝固法发展到液态金属冷却法。

1.4　快速凝固制备工艺

1.4.1　气体雾化法

气体雾化方法制备粉末，是利用气体的冲击力作用于熔融液流，使气体的动能转化为熔体的表面能，从而形成细小的液滴并凝固成粉末颗粒。一般在亚音速范围内，克服液流低的切变阻力，变成雾化粉末，粉末粒度较宽，有小于 $1\mu m$ 的，也有大于 0.5mm 的。对高性能易氧化材料往往用氩气雾化法。其中，粉末质量不高的主要原因是：①有较高的气孔率，所以密度较低；②粉末颗粒有卫星组织，即大粉末颗粒上粘了小颗粒，对性能有不利影响，粉末颗粒间的组织不一致；③粉末粒度不均匀，合格粉末收得率低，有时低到不足 1/4，因此提高了成本。但用氦气强制对流离心雾化法，会使冷却速率提高到 10^5 K/s。在氦气下可比在氩气下获得更大的冷却速率，一般可大一个数量级。如制备 IN100 合金粉末时卫星组织不太多，气孔率也优于氩气雾化法的成分较均匀，并且树枝晶臂间距减小，如离心雾化法的二次树枝晶臂间距为 $0.116d^{0.574}$，而氩气雾化法的为 $0.13d^{0.605}$（d 为粉末颗粒直径）。在氦气下强制对流离心雾化法所获得的粉粒中无树枝晶，而是脆晶组织。液滴在凝固过程中冷却速率逐渐减小，固-液界面前进速率也变慢，因此在一个粉末粒子中有可能出现不同的组织。

目前超声雾化法正在兴起，它是采用速度为 2～2.5 马赫、频率为 20000～100000Hz 的脉冲超声氩气或氦气流直接冲击金属液流，获得超细的雾化粉末。其原理是利用一个带锥体喷嘴的 Hartmann 激波管，超声波在液体中的传播是以驻波形式进行的，在传播的同时形成周期交替的压缩与稀疏。当稀疏时在液体中形成近乎真空的空腔，在压缩时空腔受压又急剧闭合，同时产生几千个大气压的冲击波把液体打碎。一般是频率越大液滴越小，冷却速率可达 10^5 K/s。生产的铝合金粉粒小于 $44\mu m$ 的可多达 70%。由于细小液滴可在很短时间内凝固，因此雾化容器不必做得很大，惰性气体用量仅为亚音速氩气雾化法氩气用量的 1/4。

另一种为气体溶解雾化法，把溶解了氢的金属液注入真空室，在熔池中氢又被排斥造成雾化。旋转电极雾化法是利用离心力把液体甩出去成为液滴。不同雾化工艺的凝固速率和粉末质量比较见表 1-1。

表 1-1　不同雾化工艺的凝固速率和粉末质量比较

工艺	粉末粒度/μm	平均粒度/μm	冷却速率/(K/s)	包裹气体	粉末质量
亚音速雾化	1～500	50～70	10^0～10^2	有	球形,有卫星
超音速雾化	1～250	20	10^4～10^5	无	球形,卫星很少
旋转电机雾化	100～600	200	10	无	球形,有卫星
离心雾化	1～500	70～80	10^5	无	球形,卫星很少
气体溶解雾化	1～500	40～70	10^2	无	不规则,有卫星

随着计算机技术和现代控制技术逐步应用到气雾化制粉技术的发展中，随着气雾化机理的研究不断深入，新的气雾化工艺不断涌现出来，气雾化技术开始进入蓬勃发展阶段。气雾化系统更加完善，生产效率不断提高、工艺可控性增强，性能也更为稳定，使其逐渐发展成为制备粉末的主要方法，气雾化法生产的粉末占世界粉末总产量的 30%～50%。

1.4.2 液态急冷法

液态急冷法是将液流喷到辊轮的内表面或辊轮的外表面或板带的外表面来获得条带材料，其中单辊法是最为常见的一种方法。单辊法又可分为两种：①自由喷射熔液自旋法，即液流自由地喷射到转动的辊轮上；②平面流铸造法。

自由喷射熔液自旋工艺的原理如图 1-3(a) 所示，合金在坩埚内用高频感应炉加热熔化，达到预定的温度后，通过氩气或氮气使熔融合金从圆形喷嘴喷射到高速旋转辊轮的轮缘面上。合金熔液与辊面接触时形成熔潭如图 1-4(a)，熔潭被限定在喷嘴与辊面间，随着辊轮的转动，熔液同时受到冷却和剪切作用，被不断地从熔潭中提出，快速凝固形成连续薄带。在辊轮离心力以及薄带凝固自身收缩作用下，薄带脱离轮缘面。

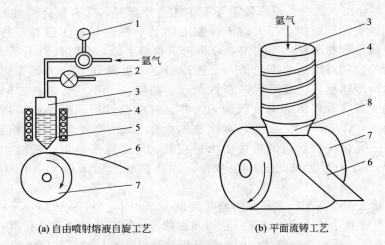

(a) 自由喷射熔液自旋工艺　　　　　　**(b) 平面流铸工艺**

图 1-3　自由喷射熔液自旋工艺和平面流铸工艺原理示意图

1—压力计；2—排气阀；3—坩埚；4—感应加热线圈；5—合金液；6—金属薄带；7—淬冷辊轮；8—喷嘴

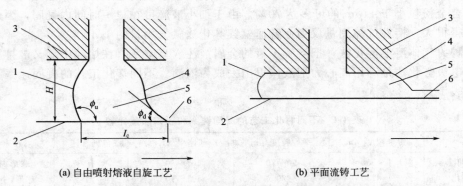

(a) 自由喷射熔液自旋工艺　　　　　　**(b) 平面流铸工艺**

图 1-4　自由喷射熔液自旋工艺和平面流铸工艺形成的熔潭示意图

1—熔潭上流自由表面；2—淬冷辊轮；3—喷嘴；4—熔潭下流自由表面；5—熔潭；6—薄带

自由喷射熔液自旋工艺的冷却速率随操作条件不同而可达 $10^5 \sim 10^7 °C/s$，降低金属质量流率和增加辊速将使薄带产品变薄而提高冷却速率。这种工艺广泛用于制取 Al、Fe、Ni、Cu、Pb 等合金材料薄带。

平面流铸与自由喷射熔液自旋工艺原理非常相似，只是熔融合金是通过矩形狭缝喷嘴喷射到高速旋转辊轮的滚面上，如图 1-3(b) 所示。喷嘴狭缝的长度决定了薄带的宽度，只要加长喷嘴狭缝的长度很容易获得要求宽度的薄带。与自由喷射熔液自旋工艺一样，平面流铸工艺在喷嘴辊轮间隙中形成的熔潭如图 1-4(b) 所示，对于金属薄带的形成及保证薄带表面品质也有着至关重要的作用，熔潭中金属流量主要受喷嘴辊轮间隙距离和喷嘴几何尺寸控制。与自由喷射熔液自旋工艺相比金属液容器放得十分靠近辊轮面上，熔潭同时直接接触喷口中的液流和转动的辊轮，这种办法可阻尼液流的扰动，改善条带的几何尺寸精度，反过来又保证条带的不同部位处于相同的冷却速率从而得到均匀的组织。因此，平面流铸工艺具有两个明显的特征：①平面流铸熔潭小于自由喷射熔液自旋工艺的熔潭，熔潭的稳定性大大增加，又因为平面流铸制取的带材很薄，避免了由于熔潭自由表面不稳定而引起的湍动喷射；②熔潭与冷却辊轮表面接触更加良好、稳定，冷却速率的波动减小，均匀性增加，冷却速率提高，从而有利于改善条带的表面品质，保证尺寸均一性和组织均匀性。但是，由于喷嘴辊轮间隙距离太窄小，各工艺参数间相互依附，相互影响使平面流铸生产过程更加难以控制，对平面流铸熔潭的研究也更加难以进行。

平面流铸工艺的冷却速率与自由喷射熔液自旋工艺基本相同，也与薄带产品厚度有关。采用平面流铸工艺铸造 10～15mm 宽非晶薄带的生产条件已比较成熟，薄带的表面品质和带厚可通过调整质量流率、辊轮速率、激冷辊轮的表面状况和热接触特征、系统的几何尺寸等工艺参数予以控制。

1.4.3　束流表层急冷法

用激光束、电子束和离子束等方法可进行表面层快速熔凝，常用的是激光快速熔凝。大致可分为两类：①只改变组织结构，不改变成分，如表面上釉、表面非晶化等；②既改变成分，又改变组织结构，如表面合金化、表面喷涂后激光快速熔凝、离子注入后激光快速熔凝等。这种工艺是以很高能量密度的激光束（约 $10^7 W/cm^2$）在很短的时间内（$10^{-12}～10^{-3}s$）与金属交互作用，这样高的能量足以使金属表面局部区域很快加热到几千摄氏度以上，使之熔化甚至气化，随后通过尚处于冷态的基座金属的吸热和传热作用，使很薄的表面熔化层又很快凝固，冷却速率达 $10^5～10^9 K/s$。以用脉冲固体激光器为例，当脉冲能量为 100J，脉冲宽度为 2～8ms 时，峰值功率可达到 $12.5～50kW$，如光斑直径为 2mm，峰值功率密度可达 400～1700kW/cm²。若是 2kW 输出的连续激光器，功率密度可达 70kW/cm²。另外已有激光转镜扫描，使宽度达到 20mm 左右。

提高激光快速熔凝冷却速率的最重要两个因素是增大被吸收热流密度和缩短交互作用时间。用其他急冷法只能获得稳定的晶体，用 $10^{-12}s$ 的激光脉冲快速熔凝，就能获得非晶硅。粗略地说，被吸收热流密度增加 10 倍或交互作用时间减小为原来的 1/100，都相当于使熔池深度减小为原来的 1/10，凝固速率增加 10 倍，液相中温度梯度提高 10 倍和冷却速率提高 100 倍。20 世纪 80 年代又发展出激光快速冷凝，已能用此新工艺制备出试验用的直径 13.2cm、厚 3.2cm 的涡轮盘坯，它是用激光作热源，将合金一层一层堆凝上去，冷却速率为 $10^5 K/s$。

1.5　快速凝固技术在金属材料中的应用

1.5.1　金属粉体的快速凝固

利用雾化制粉方法可实现金属粉体的快速凝固，雾化法具体又包括水雾化法、气雾化法、喷雾沉积法等工艺。

1.5.1.1 水雾化法

用高能量的水以很高的流速对熔融状态的金属液流进行冲击，使金属液流被粉碎成大小不同、形态各异的液滴，雾化射流的冷却水射流再次撞击金属熔滴，使微小液滴以更大的冷速凝固成粉末。由于雾化介质为水，它的黏度较气体高，它在冲击合金熔体使其分散成细小液滴的过程中，使液滴严重变形。同时由于水具有良好的淬冷效果，较高的冷却速率使液滴来不及充分球化便凝固成粉末，所以水雾化粉末的形状往往不太规则。用水雾化法制备 Al-30％Si 合金粉末，其含氧量低、粒度分布均匀、压制性好。与同种合金铸造试样相比，粉末的显微组织得到了显著细化，Si 相的形态、尺寸及分布得到明显改善，计算得出粉末的平均粒度 $d = 62\mu m$。

1.5.1.2 气雾化法

金属或合金在真空状态惰性气体保护下，在坩埚中熔化并达到一定过热温度之后，拔开柱塞杆，金属或合金熔液向下流经雾化喷嘴，遇高压气流，该气流直接冲击粉碎金属或合金熔液使其成为液滴，并冷却这些液滴使其成为半凝固的细颗粒，这些颗粒在自由飞行中冷凝成微晶粉末。其中超音速气体雾化法是目前生产中最常用的方法之一，它是利用一种特殊的喷嘴产生高速高频脉冲气流冲击金属液流，使金属液流粉碎成细小均匀的熔滴，经强制气体对流冷却凝固成细小粉末。这种制粉方法的特点是粉末细小、均匀，形状相对规整，近似球形，粉末收得率高。利用这种工艺制备高硅铝合金粉末可使初晶 Si 极度细化，消除了利用铸锭冶金法所制备高硅铝合金中粗大多角块状初晶 Si 对合金性能带来的不利影响。目前超声雾化是制备快速凝固金属合金粉末的一种高新技术，超声雾化是利用超声能量使液体在气相中形成微细雾滴的过程。超声雾化器有两大类：流体动力型和电声换能型。流体动力型超声雾化利用高速气体或液体激发共振腔而产生超声波，超声气雾化技术采用的就是流体动力型超声雾化器。

1.5.1.3 喷雾沉积法

喷雾沉积技术是 20 世纪 70 年代由 Singer 率先开始研究，它是在雾化的基础上发展起来的，把雾化后的熔滴直接喷射到冷金属基底，依靠金属基底的热传导，使熔滴迅速凝固而形成高度致密的预制坯。该法的主要特点是：除具有快速凝固的一般特征，还具有把雾化制粉过程和金属成形结合起来，简化生产工艺，降低生产成本，解决了 RS/PM 法中粉末表面氧化的问题，消除了原始颗粒界面（PPB）对合金性能的不利影响。对用喷雾沉积法制取 Al-28％Si 的高硅铝合金进行了研究，发现制得的合金组织较铸态组织有明显的细化，其 Si 粒子细化到 $10\mu m$ 以下，同时 Si 粒子形态也得到显著改善。喷雾沉积高硅铝合金可得到较理想的组织，但喷雾沉积材料的微观组织的一个重要特征是存在一些细小孔洞，一方面降低了材料的有效承载面积；另一方面裂纹的萌生和扩展也更为容易，故喷雾沉积材料还需采用挤压、锻造等措施进一步致密化。

1.5.2 金属线材的快速凝固

快速凝固要求高的冷却速率，然而由于合金内部热阻的存在，高的冷却速率只有通过减小试样尺寸才能实现。因此，除了粉末材料快速凝固技术外，线材和薄带材的制备成为快速凝固技术发展最快的分支，其快速凝固过程可以采用各种冷却技术获得更高的冷却速率也是目前最成熟的制备非晶态金属材料的途径。同时，线材和带材可以不经过热加工而直接应用，使快速凝固组织和性能的优势得到充分发挥，而粉末材料往往需要进行后续的块体化成形加工，在最终制件中失去了许多快速凝固的组织特征和性能。

快速凝固方法制备非晶合金线材的关键在于首先是获得细而稳定的熔液流柱，其次是采用一定的冷却介质对该熔液流柱进行激冷。对于连续生产，还要实现线材的连续卷取。目前，较成熟的金属线材快速凝固技术包括：玻璃包覆熔融纺线法、合金熔液注入快冷法、旋转水纺线法和传送带法。

1.5.2.1　玻璃包覆熔融纺线法

玻璃包覆熔融纺线法的基本原理如图 1-5 所示。1924 年 Taylor 提出将合金棒置入玻璃管中，在其端部采用感应加热将合金及其表面玻璃管同时熔化，在一定的拉力下拉制成很细的纤维，经过冷却器的激冷成线并缠绕在绕线管上。通过控制抽拉速率可以获得 $2\sim20\mu m$ 的细线，其冷却速率可达 $10^5\sim10^6 K/s$。该方法的优点是：容易成型连续等径、表面质量好的线材。缺点是：生产效率很低，不适于生产大批量工业用线材。要求合金熔点与熔融玻璃的软化点接近，并对玻璃能润湿。

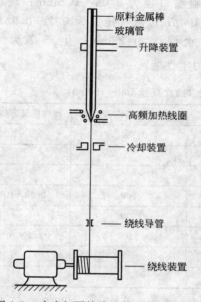

原料金属棒
玻璃管
升降装置

高频加热线圈

冷却装置

绕线导管

绕线装置

图 1-5　玻璃包覆纺线法快速凝固原理图

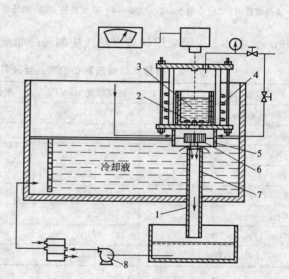

冷却液

图 1-6　Kavesh 法线材快速凝固原理图
1,7—导流管；2—喷嘴；3—合金液；4—感应加热器；
5—稳流罩；6—分散器；8—泵

1.5.2.2　合金熔液注入快冷法

Chen H S 等在 1974 年首次用注入冷却液体冷却法获得直径为 2mm 的非晶棒材，其原理如图 1-6 所示。Kavesh 将此方法发展为线材快速凝固的制备技术，在垂直导流管中获得与合金液流同步流动的冷却液流，将熔融合金液通过喷嘴注入冷却液中并被激冷，成功用于多种合金直径为 $20\sim600\mu m$ 线材的制备。该方法生产效率较低，冷却液流稳定性较难控制。其工艺参数如下：石英喷嘴口径为 0.2mm；线材直径为 $150\mu m$；喷射速率为 200cm/s；冷却液为 21.6% 的 $MgCl_2$；流速为 1.9m/s；生产率为 2.6m/s。其优点是装置简单；缺点是液流稳定性差，流速较低且难于控制速率，不能连续生产。

1.5.2.3　回转水纺线法

1978 年日本的大中逸雄首次提出了回转水纺线快速凝固法，其基本原理如图 1-7 所示。使中心轴与水平面平行放置的鼓高速旋转，鼓内凹槽加入冷却水，在离心力的作用下，冷却水在鼓内壁形成环形水池并随旋转鼓同步旋转，采用喷枪将熔融合金液沿鼓内一侧顺流喷入水中激冷获得快速凝固的线材，其冷却速率可达 $10^2\sim5\times10^4 K/s$。1986 年 Unitika 公司在此基础上设计了连续绕线机构，可及时将获得的线材缠绕成卷，从而实现了连续生产。德国的 Frommeyer 发明了类似的装置，不同之处是旋转鼓的中心轴和水平面垂直。

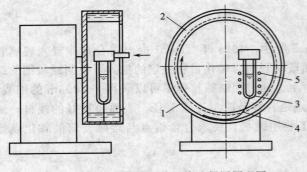

图 1-7　回转水纺线法线材快速凝固原理图

1—旋转鼓；2—冷却水；3—喷嘴；4—喷射液柱；5—加热器

目前，该方法已在日本、德国、意大利等国家的材料研究机构得到推广应用，并成功用于实验室制备具有特殊磁特性的非晶线和纳米晶线软磁材料。该方法的优点是原理和装置简单，操作方便，可实现连续生产；缺点是液流稳定性对线材成形有一定影响。其典型工艺参数：旋转鼓内径为 500mm；水流线速度约为 10m/s；石英喷嘴口径为 0.08～0.5mm；线材为 60～400μm；氩气压力为 0.1～0.5MPa；冷却水深度为 25mm；生产率为 4～10m/s。表 1-2 表示采用回转水纺线法制备的非晶丝及其力学性能。

表 1-2　回转水纺线法制备的非晶丝及其力学性能 （细丝直径 100～160μm）

成分(原子分数)/%	抗拉强度 σ_b/MPa	伸长率 δ/%	维氏硬度 HV/DPM	弹性模量 E/MPa
$Pd_{77.5}Cu_6Si_{16.5}$	1570	2.5	380	0.9×10^5
$(Co_{0.95}Ta_{0.05})_{72.5}Si_{12.5}B_{15}$	4000			
$(Ni_{0.6}Pd_{0.4})_{82}Si_{18}$	1710	2.0		
$Fe_{77.5}P_{12.5}C_{10}$	2800	2.8	800	0.98×10^5
$Cu_{60}Zr_{40}$	1810	2.7	440	
$Co_{72.5}Si_{12.5}B_{15}$	3400	3.0	1100	1.2×10^5
$(Cu_{0.6}Zr_{0.4})_{95}Nb_5$	2100	2.4	460	
$(Ni_{0.4}Pd_{0.6})_{80}P_{20}$	1440	2.2		

1.5.2.4　传送带法

传送带法综合了合金熔液注入快冷法和回转水纺线法的特点，其基本原理如图 1-8 所示。冷却水被带有沟槽的传送带从一端送到另一端，熔融合金熔液通过喷嘴射入到传送带上的冷却

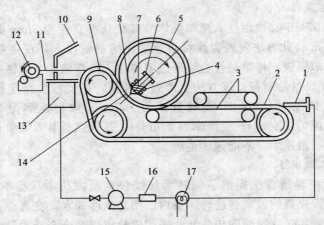

图 1-8　传送带法线材快速凝固原理图

1—冷却水喷嘴；2—带沟槽传送带；3—导引带；4—加热器；5—导引鼓；6—坩埚；7—合金液；8—喷嘴；9—驱动滑轮；10—液流稳定器；11—线材；12—绕线机；13—集水箱；14—喷射合金熔液柱；15—输送泵；16—流量计；17—压缩机

水中冷却凝固，并被送出进入卷取机构。

传送带法一个重要的控制条件是合金熔液的射入位置。当从水平段射入时，合金熔液柱可能从冷却水中飞出，使冷却速率减小，形成结晶态而发生脆断。而从圆弧段射入时，在离心力的作用下可以保证合金熔液柱始终处于冷却水中，从而获得均匀的非晶态线材。该方法制备非晶态线材能及时送出冷却区，即使发生断线，也能继续生产。同时，冷却水是循环的，水温可以控制在恒定的低温，也利于获得大的冷却速率。其优点是综合了合金液注入液体冷却法和旋转液体法，可实现连续生产。缺点是装置较复杂，工艺参数调控较难，传送速率不快。

1.5.3 金属带材的快速凝固

1.5.3.1 单辊法

单辊法又称为熔体甩出法，其制备原理如图 1-9 所示。高速旋转的激冷铜辊将合金液流铺展成液膜并在激冷作用下实现快速凝固，在合金被拉成薄膜后随单辊旋转一定的角度进一步冷却并凝固，最后与其分离进入收集器或缠绕成卷获得一定宽度的带材。

自 1908 年 Strange 和 Pin 发明单辊制备条带的专利以来，单辊快速凝固工艺已发展得比较成熟，目前已成为在工业生产和实验室研究中制备非晶所广泛采用的方法。单辊法可以制得尺寸稳定、厚度均匀、长达几米至几十米的连续薄带。这种薄带不仅对微观组织结构观察凝固冷速和力学性能的测定等实验研究十分方便，还可以在粉碎以后经固结成形制成大块材料或工件，同时所需设备比较简单，工艺过程容易控制，具有很高的连续生产速率，因而已经在快速凝固合金的实际生产中得到应用。

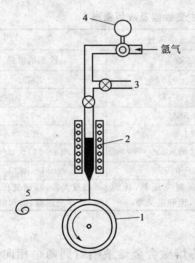

图 1-9　单辊法制备快速凝固薄带原理图
1—激冷辊；2—感应加热器；
3—排气阀；4—压力表；5—带材

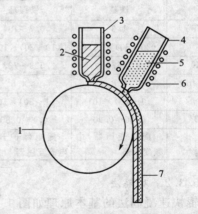

图 1-10　单辊法制备复合带材
1—单辊；2,5—合金液；3,4—坩埚；
6—感应加热器；7—复合薄带

如图 1-10 所示为在单辊法基础上发展起来的单辊法复合带材快速凝固技术，它是将熔融的合金液 2 喷在单辊表面发生快速凝固形成非晶态或结晶态的带材，在该带材与单辊分离之前，再将熔融的合金液 5 喷在合金液 2 上快速凝固，从而获得快速凝固复合带材。

单辊法快速凝固过程的原理非常简单，其传热过程也不复杂，但在实施中存在一些较难解决的技术问题，主要是：①单辊需要以 2000～10000r/min 的高速度旋转，同时要保证单辊的转速均匀性很高，径向跳动非常小，以控制薄膜的均匀性；②为了防止合金熔液的氧化，整个快速凝固过程要在真空或保护性气氛下进行；③为了获得较宽并且均匀的非晶合金带材，液流必须在单辊上均匀成膜，液流出口的设计及流速的控制精度要求极高。

如图 1-11 所示为美国 Allied-Signal 公司采用单辊法生产非晶合金带材的示意图。采用单辊法技术，我国的国家非晶微晶合金工程技术研究中心（钢铁研究总院）等单位可生产宽度在 220mm 以下不同规格的铁基、铁镍基、钴基非晶带材和铁基纳米晶带材，这些产品具有优异的软磁性能，是硅钢片、坡莫合金以及铁氧体的换代产品，非晶、纳米晶软磁合金带材的主要性能及应用领域见表 1-3。

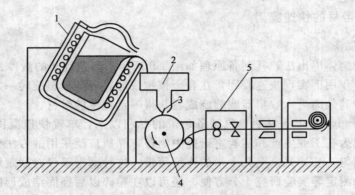

图 1-11　非晶合金带材生产线示意图
1—熔化、保温炉；2—中间包；3—喷嘴；4—单辊，直径约 2000mm；5—厚度测量装置

表 1-3　非晶、纳米晶软磁合金带材的主要性能及应用领域

性能	非晶、纳米晶软磁合金带材			
	铁基	铁镍基	钴基	铁基纳米晶
B_s/T	1.6	0.7～1.4	0.55～0.8	1.25
λ_s	$(20～30)\times10^{-6}$	$(10～20)\times10^{-6}$	约 0	$(1～2)\times10^{-6}$
T_c/K	>673	523～703	>583	>773
$H_c/(A/m)$	<8	<4.5	<1.2	<2
μ_m	$(1～20)\times10^4$	$(1～80)\times10^4$	$(1～100)\times10^4$	$(1～50)\times10^4$
B_r/B_s	0.05～0.90	0.1～0.85	0.05～0.95	0.1～0.90
应用	配电变压器，中频变压器	漏电保护开关，电流互感器	磁放大器，高频变压器，扼流圈，脉冲变压器，饱和电抗器	磁放大器，高频变压器，扼流圈，脉冲变压器，饱和电抗器

1.5.3.2　双辊法

双辊快速凝固法的基本原理如图 1-12 所示。它是将熔融合金熔液喷射到两个相向高速旋转的轧辊之间，形成薄带并实现快速凝固。双辊法实际上是 19 世纪就已经提出来的钢坯连铸技术的进一步发展，但长期未能实现工业化生产。双辊法是一种比单辊法更直观的从合金熔液铸造薄带材料的技术，该技术通过双辊双面冷却，所获得的带材两面的表面质量相同并且均匀，还可以在粉碎以后通过快速凝固＋粉末冶金工艺固结成形制成大块材料与工件。

双辊法的液膜形成过程是利用两个激冷辊的轧制作用控制。双辊法快速凝固过程中合金熔液应在两个冷却辊之间的很小范围内完成凝固过程，否则，合金熔液将破碎并球化而不能获得带材，因此温度和冷却条件的控制显得更为重要。由于双辊法工艺参数较多，所以其工艺过程控制的难度很大。除此之外，双辊法工艺过程中两个冷却辊的平行度对带材质量的影响很大，冷却辊之间任何形状变化都将反映到最终产品的形状，如图 1-13 所示。

双辊法制备带材快速凝固过程中的凝固模型，如图 1-14 所示。合金熔液在与冷却辊的接触点 a 处开始凝固，而当其通过两个辊之间的最小间隙后逐渐与轧辊分离，冷却辊的激冷作用逐渐失去。因此，合金熔液的凝固在 θ 角的范围内进行。设双辊旋转角速度为 ω，则合金熔液在双辊之间快速凝固的时间 τ 为

$$\tau = \frac{\theta}{\omega} \tag{1-14}$$

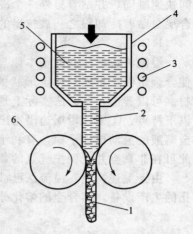

图 1-12　双辊快速凝固法原理图
1—带材；2—合金液流；3—加热器；
4—坩埚；5—喷嘴；6—双辊

如果合金熔液在冷却辊之间正好完成凝固过程，如图 1-14 中的第二种情况所示，则是理想的凝固过程。如果合金熔液在冷却辊之间的凝固过程进行得不完全，在离开冷却辊之后冷却，如图 1-14 中的第三种情况所示，使材质下降。如果凝固过程过早完成，则失去一部分双辊的冷却作用，在冷却辊之间的最小距离处发生固态变形，如图 1-14 中的第一种情况所示。

由于以上技术问题，目前双辊法倾向于用来制备毫米级甚至更厚的带材。此时需要在冷却辊两端设置侧封，采用注入式连铸工艺中的成熟技术在双辊间形成熔池。显然为保证凝固过程的完成，要大幅度降低双辊转速，冷却速率也随之降低，此工艺亦称薄带坯铸轧法。

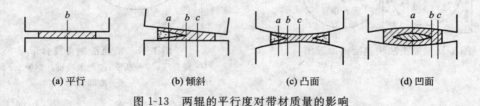

(a) 平行　　　　　(b) 倾斜　　　　　(c) 凸面　　　　　(d) 凹面

图 1-13　两辊的平行度对带材质量的影响

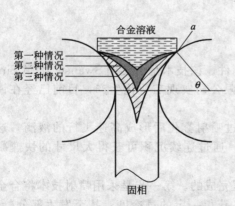

图 1-14　双辊法制备带材快速凝固模型

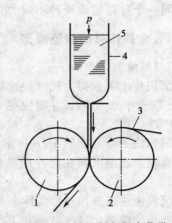

图 1-15　双辊法制备复合薄带
1,2—冷却辊；3—基带；4—喷嘴；5—合金熔液

双辊法快速凝固过程中传热问题的精确计算只能借助于数值计算方法，对此 Miyazawa 和 Szekely 做了细致的工作。如图 1-15 所示为以双辊法为基础的复合带材快速凝固制备技术原理图。将预制的一种带材沿其中一个冷却辊导入双辊之间，同时将另外一种合金熔液浇入双辊之

间快速凝固，并贴着另外一个冷却辊拉出，形成复合层。该方法用于制备复合带材时，由于复合层是贴着冷却辊之一被拉出的，与冷却辊有较长的接触时间，从而可获得更大的冷却速率。

1.5.3.3　溢流法

溢流法快速凝固的基本原理如图 1-16 所示。该方法利用特制的坩埚与激冷单辊的配合，使合金熔液从坩埚的特定形状的边沿溢出，并由高速旋转的单辊拉成薄膜，获得快速凝固带材。可以看出，该方法实际上是单辊法快速凝固技术的一种改进。与单辊法相比，该方法具有以下特点：①采用坩埚边沿溢出的方式取代喷嘴的喷射方式，因而不存在喷射产生的紊流，合金熔液的流动更加平稳，有利于获得均匀的带材；②可采用溶剂对合金熔液进行表面保护，因此可在非真空并无保护气氛的条件下进行易氧化材料薄带的快速凝固。

由于上述特点，溢流法已被成功地用于钛合金薄带的快速凝固制备过程，并已开发出工程化的生产设备，其合金的熔化分别采用了感应加热和电渣熔化技术。

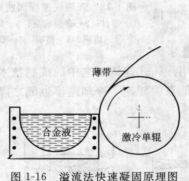

图 1-16　溢流法快速凝固原理图

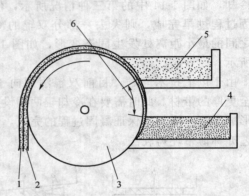

图 1-17　溢流法制备复合带材
1—复合层；2—基带；3—激冷辊；4,5—合金液；
6—冷却长度

如图 1-17 所示为以溢流法为基础的复合带材快速凝固过程原理图。它采用了两个溢流坩埚，利用同一个冷却辊将两种不同的合金熔液连续激冷，获得快速凝固复合带材。

1.5.4　金属体材的快速凝固

1.5.4.1　喷射沉积法

喷射沉积技术可获得大尺寸快速凝固体材料或制件。该技术是由英国 Swansee 大学 Singer 于 20 世纪 70 年代发明的，并很快在 Osprey 金属有限公司实现工业化生产，目前已经在许多国家得到广泛应用。

喷射沉积法的原理如图 1-18 所示，合金熔液经过喷射雾化后形成高速飞行的液滴，这些液滴在完成凝固之前沉积在激冷的基板上快速凝固，通过连续沉积可获得大尺寸的快速凝固制件。

喷射沉积法快速凝固技术实际上是通过两个过程完成的。第一步是采用喷射技术将合金熔液雾化成细小的液滴，这些液滴在飞行过程中散热，获得一定的过冷度，甚至发生部分凝固。在完成凝固之前在基板上沉积被进一步冷却凝固，完成第二个过程即快速凝固过程。

对于第一个工艺环节，关键是控制液滴的尺寸和初始速率。为了获得更大的凝固速率，液滴应尽可能小。同时，液滴还应具有尽可能大的速率，增加沉积过程的冲击力，以利于提高沉积体的致密度。沉积体的表面应该维持一个具有一定厚度的液膜，保证合金液滴（部分液滴可能已经凝固）能够"嵌入"，从而获得均匀的快速凝固组织。

合金液滴在完成沉积后的凝固过程是由基板和沉积体间的传热过程控制的，为了获得大的凝固速率，基板应具有大的蓄热系数。然而，随着沉积体厚度的增大，沉积体中的热阻增大，成为传热的控制环节。同时，随着沉积过程的进行，沉积体和基板吸收的合金液滴带来的热量越来越多，温度不断升高，从而导致凝固速率的减小。因此，提高冷却速率并保证凝固速率的稳定，成为喷射沉积工艺过程控制的关键。对此可采取的工艺措施：一是对基板和沉积体采取必要的冷却措施；二是控制沉积速率。喷射沉积法可根据制件的需要设计基板的形状和尺寸，从而获得最终制件或近终形制件，因此更容易实现工业化生产。

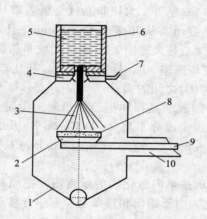

图 1-18　喷射沉积法原理图

1—沉积室；2—基板；3—喷射粒子流；4—气体雾化室；5—合金液；6—坩埚；7—雾化气体；8—沉积体；9—运动机构；10—排气及取料室

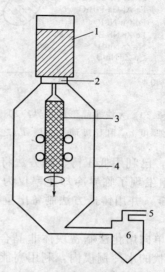

图 1-19　喷射沉积法制备坯材

1—感应加热坩埚；2—喷嘴；3—圆柱沉积坯；4—沉积室；5—排气管；6—循环分离器

如图 1-19 所示为采用喷射沉积法连续生产合金坯材的工作原理图。在设备上部的感应加热坩埚内进行合金的熔化与保温，在坩埚的底部设有气体雾化器进行合金熔液的雾化。雾化后的合金熔液滴沉积成坯材。通过沉积坯的转动维持圆周方向的均匀性，获得圆柱铸坯。不断向下抽拉坯材维持合金液滴飞行距离的恒定并实现连续生产。此外，在底部设有分离器，可以收集偏离沉积体而凝固的雾化合金粉末。

采用喷射沉积法对不同合金进行各种近终形制件的应用情况见表 1-4。

表 1-4　采用喷射沉积法制备的近终形制件

产品	合金系统	产品	合金系统
管状制件 圆管 轧辊 衬套 汽轮机套 轴承套	不锈钢及高温合金 铸铁及高合金钢 铝合金 高温合金 高速钢	平板键 带钢 有色合金带 盔甲板材	低合金钢及硅钢 铜合金及铝合金 钢、铝及复合材料
棒、坯件 挤压坯 锻坯 圆棒	铝合金及复合材料 高温材料 高合金钢	涂层 涂覆管材 包层棒材 涂覆带材及板材	锅炉管 不锈钢及工具钢 耐磨板及轴承合金

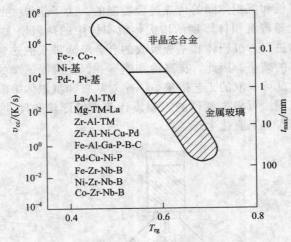

图 1-20 大块非晶形成临界冷却速率 v_{cc}、
最大厚度 t_{max} 和比玻璃化温度 T_{rg} 之间的关系

1.5.4.2 大块非晶态合金

前面几节中所讨论的快速凝固方法可用于粉末、薄带及线材等低维非晶态合金材料的制备。这些低维非晶态材料至少在一个方向上的尺寸需小于 $100\mu m$，受尺寸和形状限制，影响了其实用性。近年来，人们在研究具有很强的非晶形成能力的大块非晶合金方面取得了突破性进展，发现了具有极低临界冷却速率 v_{cc} 的多组元合金系列，如 Mg 基、Zr 基、Fe 基、Pd 基、Ni 基和 Co 基等。大块非晶（金属玻璃）的最大厚度 t_{max} 从几毫米到 100mm，且 v_{cc} 越小，t_{max} 越大。图 1-20 表示大块非晶形成临界冷却速率 v_{cc}、最大厚度 t_{max} 和比玻璃化温度 T_{rg} 之间的关系。

目前，已利用低压铸造的方法将 $La_{55}Al_{25}Ni_{20}$ 合金制成非晶棒和板。加州理工学院 Johnson 研究组发现了临界冷却速率仅为 1K/s 的大块非晶合金成分系列 Zr-Ti-Cu-Ni-Be 及 Zr-Ti-Ni-Cu 合金，并用铸造方法制备出重 20kg、直径 100mm 的 $Zr_{41.2}Ti_{13.8}Cu_{12.5}Ni_{10}Be_{22.5}$ 大块非晶合金。

（1）单向熔化法制备块体非晶合金 如图 1-21 所示是单向熔化法的示意图，把原料合金放入呈凹状的水冷铜模内，利用高能量热源使合金熔化。由于铜模和热源至少有一方移动，所以加热后形成的固化区之间产生大的温度梯度 G 和大的固-液界面移动速率 v，从而获得高的冷却速率，使熔体快速固化，形成连续的块体非晶合金。

（2）连续铸轧制备块体非晶合金 在真空条件下，根据大块非晶合金产品的截面形状和长度尺寸，选择水冷轧辊的孔型，调整水冷轧辊的辊缝尺寸，以保证轧铸时大块非晶合金的连续。通过坩埚、控制其流量的柱塞、浇口，使其流入到浇嘴

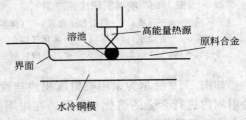

图 1-21 单向熔化法示意图

内，然后均匀不断地注入水冷轧辊的辊缝中，通过两个相对旋转的水冷轧辊轧制出相应的大块非晶合金产品，如图 1-22 所示。

（3）分步冷却连续铸造法制备块体非晶合金 将合金料在坩埚中熔化、过热至其熔点温度以上，并作保温处理，然后提起坩埚柱塞，使合金液自坩埚底部的浇口流出，进入下方的液流分散器，被分散成细小流股的合金液在下落过程中被迅速冷却至形核 C 曲线的鼻尖温度左右，低温合金液随后被浇入铸型，进一步冷却到玻璃化温度以下，冷凝形成非晶如图 1-23 所示。采用分步冷却方法使合金液在进入冷凝器之前，先经过液流分散器的冷却，实现了大块非晶合金的连续铸造，工艺方法简单。

1.5.4.3 大块纳米晶合金

（1）深过冷技术制备块状纳米材料 快速凝固对晶粒细化有显著效果的事实已为人所知，急冷和深过冷是实现熔体快速凝固行之有效的两种途径。但急冷凝固技术因受到传热过程限制只能制作如薄带、细丝等低维材料，因而，在应用上受到限制。深过冷凝固技术可以实现合金在缓慢冷却条件下发生的快速凝固，这就为研究合金快速凝固中的一些非平衡现象提供了一种

途径，它可通过避免或清除熔体中的异质晶核来实现热力学大过冷度下的快速凝固，使液态合金中的大量热量在凝固之前被排出或被过冷液体所吸收，也就是说深过冷技术可使凝固过程中需要导出的热量显著减少，使其熔体生长不受外界散热条件限制，凝固组织的晶粒细化完全由熔体本身特殊的物理机制所支配。目前，它已发展成为制造不同类型块体纳米晶材料的一种有效途径。

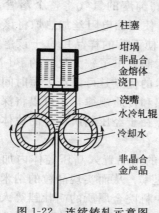

图 1-22　连续铸轧示意图

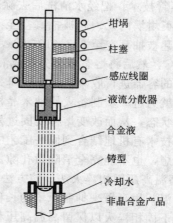

图 1-23　分步冷却连续铸造法示意图

　　要达到合金的大过冷度有很多方法，目前大多采用熔融玻璃净化法、循环过热法、无容器电磁悬浮熔炼法、落管法、熔融玻璃自分离净化法、气氛学净化法等。这里主要介绍熔融玻璃净化工艺，该法利用熔融玻璃作为净化剂，通过熔融玻璃的黏性吸附作用和界面化学作用，使金属熔体中的异质核心转移到熔融玻璃中，从而使其失去异质形核作用。该方法的理论依据是在凝固过程中，若合金中的非均匀形核过程被抑制，就会在液态合金中得到大过冷度。最常见的玻璃包覆净化剂为 B_2O_3，用 B_2O_3 的目的在于它能够与合金液中的杂质进行化学反应，以去除合金中的杂质；还可使合金液体与周围环境（包括模具表面、空气等）相隔离，以防止在合金表面形成氧化膜和避免模具/容器表面所引起的异质形核作用。该工艺要求有洁净的设备及周围环境，采用合理的加热（速率）、保温（温度和时间）、冷却（速率和介质）规范，有合适的真空系统及纯化技术。采用在大气中利用循环过热与熔融玻璃净化相结合的方法，使 $6\sim20g$ 的 $Fe_{76}B_{12}Si_{12}$ 合金获得了 367 K 的大过冷度。采用深过冷及深过冷加水淬的方法，成功制备了样品直径 11mm、高 10mm、组织中颗粒平均尺寸约 200nm 的 $Fe_{76}B_{12}Si_{12}$ 合金块体纳米材料。该合金细化至纳米级的原因在于金属间化合物是在深过冷的条件下，凝固方式为典型的短程扩散控制方式，共晶生长速率由原子扩散速率所决定，因而其生长速率明显低于其他合金系；同时该合金具有较高的非晶形成能力，因而在同样大的过冷度条件下合金液相对其他合金系具有较高的黏度，同时溶质原子亦具有较低的扩散系数，从而使其共晶生长速率及组织的粗化速率都得以降低。

　　（2）非晶晶化法制备大块纳米晶合金　非晶晶化法是通过控制非晶态固体的晶化动力来获得块体纳米材料的方法，包括非晶态固体的获得和晶化两个过程。非晶态固体可通过熔体激冷、高速直流溅射、等离子流雾化、固态反应法等技术制备，最常用的是单辊或双辊旋淬法。由于以上方法只能获得非晶粉末、丝及条带等低维材料，因此还需采用热模压实、热挤压或高温高压烧结等方法合成块状纳米材料。晶化通常采用等温退火、分级退火、脉冲退火、激光波诱导等方法，卢柯等人发明的"非晶态完全晶化法"制造的纳米材料全致密、没有孔隙度，解决了多年来一直困扰着科学界的纳米孔隙大、密度小、易断裂等问题。该法成本低、生产率高、界面清洁、无微孔、晶粒度易控制。但因其依赖于非晶态固体的获得，只适用于非晶形成能力较强的合金系，且所得材料的塑性对晶粒尺寸十分敏感，只有晶粒直径很小时，塑性才较好，否则材料很脆，因此，只有成核激活能小、晶粒长大激活能大的非晶合金，采用此法才能获得塑性较好的块体纳米材料。

（3）聚合物化学与高温材料加工法

① 落管技术。把经水清洗后去除表面氧化层的合金样品置入位于 1.2m 的落管顶部的带喷嘴的石英坩埚内，一起被抽真空至 2.7×10^{-3} Pa，采用高纯度的氦气将整个落管系统清洗后，再一起被抽真空至 2.7×10^{-3} Pa，并保持该真空状态。使用钼电阻丝加热炉将该合金加热至约 850℃，然后将熔态合金分散成液滴并使之自由下落，使下落的样品用位于该落管底部的内装硅油的容器进行收集。目前，研究人员已经采用该技术制备出了较大尺寸的 Pd-Ni-P 金属玻璃，这就为进一步制备大块纳米晶材料打下基础。该技术的优点是可以产生短时间的微重力和无容器状态，从而改变熔体凝固过程中的晶体形核、传热和传质规律，还可以将深过冷和急冷这两种技术有机地结合到同一工艺中实现快速凝固。缺点在于经压制所制备的块体样品致密度还不理想，也不能完全消除微孔隙。

② 高温高压固相淬火法。该方法是将真空电弧炉熔炼的样品置入高压腔体内加压至数个吉帕后升温，用高压来抑制原子的长程扩散和晶体的生长速率，从而实现晶粒的纳米化，然后再从高温下固相淬火以保留高温高压状态下的组织形态。中科院金属所的胡壮麒等人采用此方法制备了晶粒尺寸为 $10 \sim 20$nm 的 $\phi 4$mm × 3mm 合金 $Cu_{60}Ti_{40}$ 和 $\phi 4$mm × 3mm 合金 $Pd_{78}Cu_6Si_{16}$ 块体纳米晶样品。该方法的优点是工艺简单、界面清洁，且能直接制备出致密的大块纳米晶样品。但是，其缺点也是显而易见的，因为它需要很高的压力，工艺要求复杂、苛刻，且设备构造也很复杂，所以要用该方法制备出大尺寸的纳米晶块体样品则比较困难。

1.6　快速凝固其他新型合金材料

1.6.1　快速凝固镁合金的研究

镁合金是所有结构金属中最轻的一种，具有密度小、比强度、比刚度高、耐冲击等一系列优点，在汽车、电子电器、航空航天等领域具有广阔的应用前景，但镁合金的加工成形性能及耐蚀性能较差，大大限制了其发展。目前，国内在高性能镁合金的管、棒、板、型材及一些结构件方面研究得较少，而传统的铸造冶金方法又难以满足材料的性能要求。因此，研究新的制备工艺和加工技术是发展高性能型材和结构件的必然之路，快速凝固镁合金将成为未来变形镁合金的主要制备工艺。20 世纪 70 年代初，快速凝固实验表明，镁基合金具有明显的非晶形成能力，非晶镁合金主要通过快速凝固合金熔体制备，非晶态镁合金的力学性能优异，是潜在的结构材料。除力学性能外，非晶态镁合金的抗腐蚀性和贮氢性能优良，是一种很有发展前途的新型材料。

1.6.2　快速凝固耐热铝合金的研究

通过用快速凝固耐热铝合金来替代 Ti 合金在飞机和导弹上的应用，可以明显地减轻飞行器质量，降低成本。以飞机发动机为例，实现以铝代钛，可以减轻质量 15%～25%，降低成本 30%～50%，提高运载量 15%～20%，经济效益十分可观.为了能在 150～350℃ 范围内用低密度、低价格的铝合金代替钛合金，过去的 20 年内，快速凝固耐热铝合金受到广泛重视。近十几年来，科研工作者们对耐热铝合金进行了大量的研究，相继开发了一系列快速凝固耐热铝合金。Al-Fe-V-Si 系耐热铝合金具有良好的室温和高温强度、塑性、热稳定性和断裂韧性以及耐腐蚀性能，近 20 年来广泛应用于航空航天领域。快速凝固 Al-Fe-V-Si 系耐热铝合金首先是由美国 Allied-Signal 铝业公司的金属及陶瓷材料研究所采用其专利技术——平面流铸造法研究开发的。目前该合金已成为研制最为成熟的高性能耐热铝合金，对它的研究也成为耐热铝合金开发研究的热点。

利用传统快速凝固/粉末冶金（RS/PM）工艺制备的 Al-Fe-V-Si 系耐热铝合金，在组织上获得了单一的、弥散分布的球状耐热相 $Al_{12}(Fe,V)_3Si$，该相具有良好的热稳定性，研究表明即使在 480℃下保温 100h，仍未发现明显的粗化现象，从而保证材料在室温和高温条件下均有较高的强度。因此，自 20 世纪 80 年代末以来，该系列的耐热铝合金已在航空航天等领域获得了广泛的应用。20 世纪 90 年代国内外的研究人员开始应用喷射成型技术制备 Al-Fe-V-Si 系耐热铝合金，以期达到提高性能、降低生产成本的目的。随着航空航天事业的发展，对作为结构件材料的铝合金的工作温度提出了越来越高的要求，Al-Fe-V-Si 系耐热铝合金具有良好的综合性能，而且可以根据需要调整 Fe、V、Si 的含量，控制强化相体积分数，获得不同性能的组合。因此，对 Al-Fe-V-Si 系耐热铝合金的研究制备和开发应用受到了国内外的普遍关注。

习题与思考题

1. 快速凝固技术如何影响材料的组织和性能特征？
2. 实现快速凝固的途径有哪些？
3. 简述金属粉体的快速凝固方法及工艺特点。
4. 用单辊法制备金属带材的快速凝固工艺特点是什么？
5. 试述快速凝固镁合金和铝合金的研究现状及应用。
6. 常用金属线材的快速凝固方法有哪些？它们的工艺特点是什么？

参 考 文 献

[1] 马幼平，许云华主编. 金属凝固原理及技术. 北京：冶金工业出版社，2008.
[2] 陈振华主编. 现代粉末冶金技术. 北京：化学工业出版社，2007.
[3] 谢建新编著. 材料加工新技术与新工艺. 北京：冶金工业出版社，2004.
[4] 严彪，唐人剑，王军编著. 金属材料先进制备技术. 北京：化学工业出版社，2006.
[5] 李洁琼，王鲁，程焕武等. 快凝块体镁合金的制备及准静态力学性能研究. 兵器材料科学与工程，2008，31（3）：5-7.
[6] 赵青才. 快速凝固 AZ91 镁合金及 SiCp/AZ91 镁基复合材料的研究［学位论文］. 长沙：湖南大学，2008.
[7] 常海龙. 深过冷条件下 Pb-Sb-Sn 和 Pb-Sn-Zn 三元共晶的生长规律研究［学位论文］. 西安：西北工业大学，2006.
[8] 刘天喜. 快速凝固 AZ91 镁合金制备工艺及组织性能的研究［学位论文］. 长沙：湖南大学，2006.
[9] 粟剑波. 快速凝固制备 Mg-Al-Zn 系镁合金薄带工艺及组织性能的研究［学位论文］. 长沙：湖南大学，2005.
[10] 金澜. 回转水纺丝工艺及其在铝合金线材制备中的应用［学位论文］. 上海：上海交通大学，2006.
[11] 蒲健. 共晶系合金的深过冷与块体非晶合金晶化研究［学位论文］. 武汉：华中科技大学，2003.
[12] 李克，闫洪，王俊等. 旋转液体纺绩法制备铝硅合金线工艺参数选择. 机械工程材料，2006，30（4）：30-33.
[13] 刘艳，周成，谢建新. 双带式金属带材快速成形过程的流动场与温度场三维耦合模拟. 塑性工程学报，2008，15（3）：174-179.
[14] 李培友. 稀土基块体金属玻璃的形成能力及热动力学的研究［学位论文］. 福建：福建师范大学，2009.
[15] 周彼德，谢壮德，沈军. 超音速气体雾化高硅铝合金粉末冷却速度计算. 材料科学与工艺，2004，12（2）：190-192.
[16] 李克，饶磊，闫洪. 快速凝固处理对 Al-Ti-B 中间合金组织和细化效果的影响. 铸造，2006，55（9）：894-897.
[17] 谢壮德. 快速凝固高硅铝合金的组织性能及超塑性研究［学位论文］. 上海：上海交通大学，2003.
[18] 张中武，陈国良，陈光. 机械合金化粉末冶金制备块体非晶材料. 金属热处理，2005，30（10）：22-26.

[19] 张永忠, 席明哲, 石力开等. 激光快速成形 316L 不锈钢研究. 材料工程, 2002, (5): 1-4.

[20] 陈欣. 紧耦合气雾化流场结构和雾化机理研究 [学位论文]. 长沙: 中南大学, 2007.

[21] 甘章华. 块体非晶、纳米晶软磁材料的制备 [学位论文]. 武汉: 华中科技大学, 2003.

[22] 盛绍顶. 快速凝固 AZ91 镁合金及其颗粒增强复合材料的研究 [学位论文]. 长沙: 湖南大学, 2008.

[23] 刘静远. 快速凝固 Mg-Zn-Y 合金的制备、组织及性能 [学位论文]. 南京: 南京工业大学, 2006.

[24] 刘志光, 柴丽华, 陈玉勇. 快速凝固 TiAl 化合物的研究进展. 金属学报, 2008, 44 (5): 569-573.

[25] 王倩, 李青春, 常国威. 快速凝固技术的发展现状与展望. 辽宁工学院学报, 2003, 23 (5): 40-44.

[26] 梁玮, 劳远侠, 徐云庆. 快速凝固技术在新材料开发中的应用及发展. 广西大学学报, 2007, 32 增刊: 36-40.

[27] 刘天喜, 傅定发, 何姣莲. 快速凝固镁合金挤压棒材及其组织性能研究. 铸造, 2007, 56 (8): 797-800.

[28] 肖冬飞, 谭敦强, 欧阳高勋. 镁合金快速凝固技术的研究现状及进展. 铸造, 2007, 56 (9): 909-913.

[29] 罗海荣, 崔华, 李永兵. 喷射沉积快速凝固技术制备镁合金的研究现状及展望. 材料导报, 2006, 20 (8): 119-121.

[30] 陈娓. 偏晶合金的快速凝固及相分离研究 [学位论文]. 西安: 西安理工大学, 2008.

[31] 黄丽琴. 浅述快速凝固技术及其对合金性能的改善. 高校教育研究, 2008, (15): 181-185.

[32] 彭坤, 成奋强, 胡爱平. 双层复合材料的软磁性能. 中国有色金属学报, 2004, 14 (7): 1129-1132.

[33] 杨劲松, 周成, 谢建新. 双带快冷法制备 1050 纯铝带材. 中国有色金属学报, 2004, 14 (11): 1799-1804.

[34] 刘天喜, 傅定发, 许芳艳. 双辊快淬 AZ91 镁合金带材的热处理工艺研究. 轻合金加工技术, 2005, 33 (12): 45-47.

[35] 游涛, 袁小川, 苏贵桥. 钛合金快速凝固技术及其研究现状. 铸造, 2007, 56 (6): 567-571.

[36] 王成全, 于艳, 方园. 亚快速凝固的研究进展. 钢铁研究学报, 2005, 17 (5): 11-15.

[37] 刘振宇, 王国栋. 钢的薄带铸轧技术的最新进展及产业化方向. 鞍钢技术, 2008, (5): 1-22.

[38] Govind, Nair K S, Mittal M C, et al. Development of rapidly solidified (RS) magnesium-aluminium-zinc alloy. Materials Science and Engineering A, 2001, (304~306): 520-523.

[39] Hehmann F, Sommer F, Predel B. Extension of solid solubility in magnesium byrapid solidification. Materials Science and Engineering A, 1990, 125 (2): 249-265.

[40] Larionova T V, Park W W, You B S. A ternary phase observed in rapidly solidified Mg-Ca-Zn alloys. Scripta Materialia, 2001, 45 (1): 7-12.

[41] Kawamura Y, Morisaka T, Yamasaki M. Structure and mechanical properties of rapidly solidified M997ZnIRE2 alloys. Materials Science Forum, 2003, 419-422: 751-756.

[42] Jayamathy M, Kailas S V, Kumar K, et al. The compressive deformation and impact response of a magnesium alloy: influence of reinforcement. Materials Science and Engineering A, 2005, 393 (1~2): 27-35.

[43] Jiang Q C, Wang H Y, Ma B X, et al. Fabrication of B₄C participate reinforced magnesium matrix composite by powder metallurgy. Alloys and Compounds, 2005, 386 (1~2): 177-181.

[44] Braszczyfiska K N, Lityfiska L, Zyska A, et al. TEM analysis of the interfaces between the components in magnesium matrix composites reinforced with SiC particles. Materials Chemistry and Physics, 2003, 81 (2~3): 326-328.

[45] Xi Y L, Chai D L, Zhang W X, et al. Titanium alloy reinforced magnesium matrix composite with improved mechanical properties. Scripta Materialia, 2006, 54 (1): 19-23.

[46] Huang J S, Liu Y, Chert S Q, et al. Preparation and microstructure of Al-Ni-Y powder by rapid solidification. Cent. South. Univ. Techn01., 2004, 11 (1): 1-5.

[47] Ouyang H W, Hnang B Y, Chen X, et al. Melt metal sheet breaking mechanism of close-coupled gas atomization. Trans. Nonferrous Met. Soc. China, 2005, 15 (5): 985-992.

[48] Ting J, Anderson I E. A computational fluid dynamics (CFD) investigation of the wake closure phenomenon. Materials Science and Engineering A, 2004, 379: 264-276.

[49] Ting J, Connor J, Ridder S. High speed cinematography of gas metal atomization. Materials Science and Engineering A, 2005, 390: 452-460.

第 2 章　喷射成形技术

通过本章的学习，能够使学生对喷射成形的生产工艺过程有一个全面的了解；加深对喷射成形技术原理和工艺特点的理解；掌握喷射成形的关键技术；全面地认识和了解喷射成形技术的应用范围和发展前景；以利于学生工作后更好地适应我国经济发展的需要。

2.1　喷射成形技术原理与工艺

喷射成形（spray forming）是 20 世纪 60 年代末提出的学术思想，经过多年的发展于 80 年代逐渐成熟的一种快速凝固新技术。喷射成形（spray forming），又称喷射雾化沉积（spray atomization and deposition）或喷射铸造（spray casting）等，是用快速凝固方法制备大块、致密材料的高新科学技术，它把液态金属的雾化（快速凝固）和雾化熔滴的沉积（熔滴动态致密化）自然地结合起来，以最少的工序，直接制备整体致密并具有快速凝固组织特征的块状金属材料或坯件。喷射成形技术与传统的铸造、铸锭冶金、粉末冶金相比具有明显的技术和经济优势，近年来被广泛用于研制和开发高性能金属材料，如铝合金、铜合金、特殊钢、高温合金、金属间化合物以及金属基复合材料等，可制备圆柱形棒料或锭坯、板材、管件、环形件、覆层管等不同形状的成品、半成品或坯料，喷射成形材料已进入产业化应用阶段，用于冶金工业、汽车制造、航空航天、电子信息等多个领域，在国内外得到了快速的发展。

2.1.1　技术原理

喷射成形主要由合金熔液的雾化、雾化熔滴的飞行与冷却、沉积坯的生长三个连续过程构成。其成形过程如图 2-1 所示，其基本原理：在高速惰性气体（氩气或氮气）的作用下，将熔融金属或合金液流雾化成弥散的液态颗粒，并将其喷射到水冷的金属沉积器上，迅速形成高度致密的预成形毛坯。由此可见，喷射成形是把液态金属的雾化（快速凝固）和雾化熔滴的沉积（熔滴动态致密固化）自然地结合起来，在一步冶金操作中以较少的工序直接从液态金属制取具有快速凝固特征、整体致密、接近零件最终形状的坯件，具有巨大的经济效益。

2.1.2　工艺过程

喷射成形工序简单，可以在一道工序中制造近终形和复合产品，产品形状包括坯段、管、板等。工艺过程包括：①提供液态金属；②将金属液转变为熔滴；③在基板上沉积形成高密度的半成品（坯件）。沉积坯件既可以在沉积态使

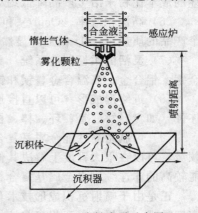

图 2-1　喷射成形示意图

用，也可以经过普通冷热加工后使用。

2.1.3 工艺特点

在空气或惰性气体环境中，金属在坩埚中加热到合金液相线温度以上。一个塞子通过坯料的中心堵在坩埚中心的导流管的上部，如图2-1所示。塞子中间有一个热电偶，可连续测量坯料的温度。当达到预定温度时，一般高于合金液相线50～200℃，接通雾化器的高压惰性气体，提起塞子使金属液流过导流管。此外，也可以将金属液倒入雾化器上部的加热的漏包中。对用于飞机涡轮盘的镍基锻造坯件，采用电渣重熔和冷室感应加热坩埚。对铝合金还采用了陶瓷过滤器。金属导流管一般为陶瓷，如石墨、ZrO_2、Al_2O_3，或耐热金属，如W等。液态金属流进入雾化室，被高速气流雾化成不同尺寸的熔滴。为补偿液体流出造成的水静压力的降低，以及相应的金属流速的降低，有时采用逐渐增加熔炼室气压的方式。

雾化熔滴在沉积器上沉积，沉积器可发生转动或平动。过喷的颗粒不断被分离器由雾化室排出。由于过喷颗粒的表面积较高，对某些金属，如铝或钛会发生强烈的放热反应，必须避免粉末的聚集和点火或快速氧化，需采用奥氏体（抗火花）钢容器。必须小心处理过喷粉末，以避免粉末与呼吸道、皮肤或眼睛接触。

2.1.3.1 优点

（1）高致密度 直接沉积后的密度一般可达理论值的95%以上，如果工艺控制合理，则可达99%以上，经冷加工或热加工后很容易达到完全致密。

（2）低含氧量 由于沉积过程的时间很短（约10^{-3}s）且受到惰性气体的保护，沉积体内的氧含量一般远低于同类粉末合金的水平，而与同类铸造合金相近。

（3）快速凝固的显微组织特征 包括形成细小的等轴晶组织（10～100/μm）、宏观偏析的消除，显微偏析和偏析相的生成受到抑制，一次相的析出均匀细小（0.5～15/μm），二次析出和共晶相细化，合金成分更趋均匀和可形成亚稳过饱和固溶体等。

（4）合金性能提高 喷射沉积材料的性能（如耐蚀、耐磨、磁性及强度和韧性等理化和力学性能）与常规铸锻材料相比有较大提高，与粉末材料相当。此外，合金的热加工性能大大改善，使通常不能变形加工的铸造材料可以热加工成形，甚至可以获得超塑性。

（5）工艺流程短，成本低 这是目前从熔炼到最终产品最短的工艺路线之一，可降低能耗，提高经济效益。特别是可以避免粉末冶金中间工序造成污染的可能性，增加了产品的可靠性，比粉末冶金产品具有更强的竞争力；同时具有明显的节能与环境保护功效。日本住友轻金属制造的直径350mm、长1.2m的Al-17Si-6Fe-4.5Cu-0.5Mg（摩尔分数）喷射沉积成形挤压坯的成本比粉末冶金产品降低约22%。

（6）高沉积效率 Osprey和MIT雾化器的生产率分别达到25～200kg/min和100t/h。单个产品的质量可达1t以上，显然有利于实现工业化生产。

（7）灵活的柔性制造系统 具有通用性和产品的多样性，适用于多种金属材料（如高低合金钢、铝合金、高温合金、镁和铜合金及金属间化合物等），有些是用其他方法难以制造的。

（8）近终形成形 可以直接形成多种接近零件实际形状的大截面尺寸的挤压、锻造或轧制坯件（如盘、饼、管、环、棒、板和带等），有些可直接使用。

（9）可制备高性能金属基复合材料 这是近年来开发成功的喷射沉积成形技术的重要应用领域，可以在很大程度上解决其他复合材料制备技术所遇到的各种问题，制造出成本较低而性能较高的非连续增强金属基复合材料，具有很强的竞争力，近年来发展很快。

正是由于喷射沉积成形技术具有以上突出的优点，近年来受到了国内外学术界及工业界的高度重视，世界各国竞相参与该技术的开发应用，各方面的发展很快，被人们形象地誉为"冶金工业的未来之星"。

2.1.3.2　缺点

沉积态坯件中总是含有一定量的疏松，但通常经过挤压、热/冷轧或热等静压，可达到完全密实。采用进一步热处理或锻造可优化显微组织和力学性能，在这些过程中，通常会发生一些显微组织粗化和形成织构。

达到最终产品的效率一般明显低于100%。材料的损失来源于：①熔滴的过喷，即不与坯件表面相碰撞；②熔滴或颗粒从坯件表面弹开；③检测报废或加工损耗以及坯件基体和顶部的去除；④由于冶金质量问题的报废。

2.1.4　喷射成形技术工艺分析

喷射成形是一个非常复杂的过程，它受许多因素的影响。为获得高质量的沉积毛坯，必须深入分析影响沉积过程的各种因素，有效地控制各个工艺参数，如金属熔体过热度、金属质量流率、气体雾化压力、喷射角度、喷射距离以及沉积器的运动状态（旋转速度、平移速度、倾斜角度）等。

喷射成形过程大体上可以分为四个阶段：雾化阶段、喷射阶段、沉积阶段、沉积体凝固阶段。

（1）雾化阶段　金属液体雾化是指利用高速流体（一般为惰性气体）将熔融金属液粉碎成小液滴的过程。雾化方法主要包括气流雾化、离心雾化和机械雾化三类。气流雾化是利用高速、高压的流体作为雾化介质，冲击熔体使之分离成金属液态颗粒。它是目前生产中最常用的方法之一。离心雾化是使金属液体在离心力的作用下分离破碎形成金属液态颗粒。机械雾化则是通过机械的作用分离和破碎熔体以形成金属液态颗粒。离心雾化和机械雾化主要用于制备特殊的金属液态颗粒。

金属液体雾化机理十分复杂，有许多问题尚未明了。雾化模型用于描述金属颗粒的尺寸分布与喷射沉积工艺参数的关系。研究结果表明，颗粒的尺寸呈对数正态分布，其尺寸随着气体流速的增大而减少，合金液的表面张力及黏度越小、密度越大，越容易获得细小的液滴。影响雾化过程的主要因素有雾化介质压力、金属液与雾化气体的流量比和喷嘴结构。通过控制调整上述参数，可以使雾滴的尺寸分布、运动速率、冷却速率保持稳定，为沉积组织的均匀提供保障。

（2）喷射阶段　喷射过程中最重要的参数是喷射速率和雾化颗粒的状态。只有使液滴具有足够的喷射速率才能保证有最大的冲击力，使之在沉积时获得很高的致密度。另外喷射颗粒大小不同，而不同尺寸的颗粒冷却和凝固速率也不同，小颗粒的比表面积大于大颗粒的比表面积，更容易冷却，因此喷射颗粒由固态、液态和半凝固态颗粒组成。这些即将沉积的喷射颗粒的状态（颗粒中固相量大小）对沉积毛坯的形状、组织和性能起关键作用。颗粒固相量过高时，只能简单地获得松散的粉末，而不能形成致密的喷射沉积体；相反，当颗粒液相量过高时，金属在沉积后的凝固过程类似于传统的金属型铸造，失去了喷射沉积快速凝固的优势。理想的状态应该是：金属雾化颗粒应处于半凝固态，其液相量应足以充填已凝固颗粒之间的空隙；要有尽可能大的速率，以增加沉积过程的冲击力，提高沉积体的致密度。

喷射模型的计算结果表明，在通常的工作条件下50%～70%的喷射颗粒呈凝固或半凝固状态，处于这种凝固状态的颗粒冷却速率为10^3～10^6℃/s，可获得组织均匀细小且致密的沉积体。

（3）沉积阶段　金属颗粒的沉积是喷射沉积过程中最关键的阶段。沉积颗粒由液态、固态

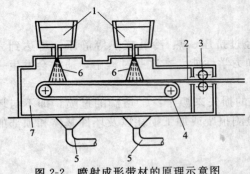

图 2-2　喷射成形带材的原理示意图
1—熔液池；2—铸带；3—导辊；4—激冷带；
5—除尘系统；6—雾化系统；7—惰性气体室

和半固态雾滴组成，其中大部分颗粒黏附在沉积体表面，而其他颗粒会从沉积体表面反弹出来或喷射到沉积体以外。颗粒沉积模型根据沉积体几何外形和热交换条件预测颗粒的黏附效率，其中热交换条件取决于喷射颗粒的状态和沉积体表面状态。理论和实验表明，为了获得最大喷射沉积收得率，沉积体表面液相量在喷射开始时就需要接近 50%，并且在整个喷射沉积过程中始终保持这个液相量。

另外，在沉积过程中通过控制沉积器的位向和运动方式、沉积器与雾化喷嘴之间的距离、沉积器的表面状态等参数，就可以得到所要求形状和性能的沉积体。以喷射成形生产带材为例，其工作原理如图 2-2 所示。通过喷射将雾化液滴沉积在激冷带上，在激冷带的激冷作用下发生凝固和冷却。通过激冷带的连续运动，将铸带从一侧送出。在该过程中，铸带的上表面是完全开放的自由表面。热量只能通过下部的激冷带导出。由于合金液滴是通过雾化后喷射到激冷带上的，所以可以获得很大的冷却速率，得到组织细密的薄带。

（4）沉积体凝固阶段　合金液在完成沉积后的凝固过程是由基板和沉积体的传热过程控制的。为了获得大的凝固速率，基板应具有较大的蓄热系数。然而，随着沉积体厚度的增大，沉积体中的热阻增大，成为传热的控制环节。同时，随着沉积过程的进行，沉积体和基板吸收的热量越来越多，温度不断升高，导致凝固速率减小。因此提高基体冷却速率并保证凝固速率的稳定，成为喷射沉积技术工艺过程控制的关键。对此可采取以下工艺措施：对基板和沉积体采取必要的冷却措施；控制沉积速率等。

总之，喷射沉积法通过控制合金液滴的尺寸、飞行速率、液滴接触基板时的温度、凝固状态、基板的冷却速率与表面状态等来获得理想的产品。

2.2　喷射成形的雾化过程

雾化过程是整个喷射成形技术的关键之一，直接决定所形成的雾化锥的形状及熔滴的行为，包括熔滴的形貌、尺寸分布、飞行速率和冷却速率等。这些参数对后续过程及沉积坯件中显微组织的形成有重要影响。本节主要介绍目前喷射成形技术采用的主要雾化技术及其主要特点。

2.2.1　气体雾化

在气体雾化中，高速气体射流的动能将连续金属液流分散成熔滴。空气或水也可用作雾化介质，但因过度的氧化，在喷射成形技术中很少采用。雾化介质的选择主要考虑以下因素：①金属粉末成分（是否发生不良反应）；②所需的冷却速率（同最终坯件的显微组织密切相关）；③成本。

雾化喷射成形工艺一般采用惰性气体（Ar、He、N_2）作为雾化介质，主要物理参数见表 2-1。由于氮气成本低于其他惰性气体，一般情况下多采用氮气作为喷射成形的介质。一般采用高压气瓶或液氮蒸发供气。对大型制造工厂一般安装有氮气回收和再利用设备，可循环使用，以降低成本，保护环境。

表 2-1　常用喷射成形雾化介质的主要物理参数

介　质	相对分子质量	热导率/[W/(m·K)]	比热容 c_p/[kJ/(kg·K)]	密度/(g/cm³)
Ar	39.95	0.018	0.54	1.78
He	4.00	0.157	5.23	0.1785
N₂	28.01	0.025	1.05	1.25

目前用于喷射成形的气体雾化方法主要包括以下几种。

（1）亚音速气体雾化　这是通常采用的气体雾化方法，大部分 Osprey 工艺采用此方法。典型的气体出口速度为 0.3～0.6M（马赫）。在足够高的过热度和适当气体流动设计的条件下，雾化熔滴为球形。在亚音速气体雾化条件下，雾化熔滴的分布较宽（如 1μm～0.5mm），主要原因是气体射流与液流的撞击点到熔滴形成区无法控制，亚音速气体雾化一般采用较低的气压（0.6～1.8MPa）和较大的气体流量进行。

（2）超声气体雾化　以美国麻省理工学院（MIT）为代表的 LDC 喷射成形工艺采用此类雾化方式。超声气体雾化是在喷嘴附加一个超声波发生装置，使喷出的气体射流具有一定频率（10⁵Hz）的超声波，气体的典型出口速度为 2.5M（马赫），典型的雾化压力为 8.3MPa。超声能量作用于液流，可获得平均尺寸为 20μm 左右的熔滴。与亚音速气体雾化相比较，可获得较大的熔滴冷却速率及更加细小的沉积组织。但目前还没有见到利用此类技术进行工业化生产的报道。

常用的雾化器结构有两种基本类型，如图 2-3 所示。

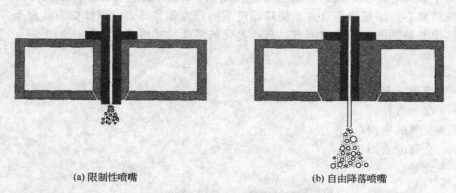

(a) 限制性喷嘴　　　　　　　　　　(b) 自由降落喷嘴

图 2-3　典型雾化器示意图

（1）限制性（闭）雾化器［图 2-3(a)］　气体出口接近液流出口，气体直接在导流管边缘处雾化金属液，可以使最大的能量聚集于相对较小的液态金属，只有很少一部分能量损失在气流出口至液流之间的紊流中。同时气体可以较大的角度作用于液流，减少动能损失。气体喷口多采用拉瓦尔型，即先收缩后扩张。在临界截面处气体速率已经达到音速；通过临界截面后，气体继续作绝热膨胀，从而使气体出口速度超过音速。限制性雾化器中气体的动能高于自由降落雾化器，结果可获得直径较小的熔滴。但是，由于导流管的前端受到雾化气体的冷却，金属液在发生雾化前可能凝固，所以限制性喷嘴一般用于低熔点合金，此时金属液和气体的温差较小。

（2）自由降落（开）雾化器［图 2-3(b)］　金属液在无约束条件下进入发生雾化的区域。

雾化器是获得理想沉积坯件显微组织的关键。由于雾化过程的复杂性，雾化器的设计方案层出不穷，不同的研究者采用的喷嘴设计实际上均有一定差别。喷嘴设计需要考虑的因素主要包括：①雾化介质能够获得尽可能大的出口散射束和能量；②雾化介质与金属液流之间能形成合理的喷射角度；③金属液流能产生最大的紊流；④工作稳定性好，不被阻塞；⑤加工制造简单；⑥装卸安装方便。

雾化器可进一步分为圆形［气体由连续的圆孔释放，图 2-4(a)］、环孔型喷嘴［气孔非连续分布在圆周上，图 2-4(b)］以及线性雾化器［圆形排气孔分布在导流管两侧，图 2-4(c)］。一些线性雾化器可用于制造宽板。气体雾化粉末的直径为 $20\sim200\mu m$。

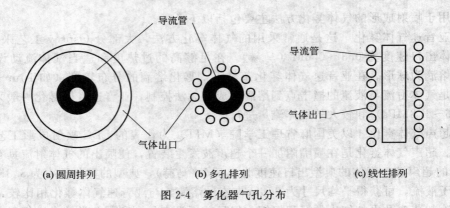

(a) 圆周排列　　　　　　(b) 多孔排列　　　　　　(c) 线性排列

图 2-4　雾化器气孔分布

2.2.2　离心雾化

对最简单的离心雾化，液态金属由快速转动的板或盘甩出，如图 2-5 所示。为实现雾化，转动盘边缘的离心力加速液态金属，使其超过表面张力和黏滞力，液体变为非稳态并破碎。假设熔滴直接由非稳态的液态金属形成，离心雾化的熔滴尺寸可表为

$$d\omega\left(D\,\frac{\rho}{\gamma}\right)^{\frac{1}{2}}=A \tag{2-1}$$

式中　ω——盘的转速；

$\quad\quad D$——盘的直径；

$\quad\quad \rho$——金属的密度；

$\quad\quad \gamma$——金属的表面张力；

$\quad\quad A$——常数。

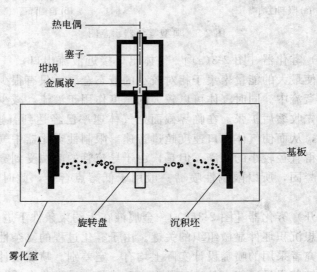

图 2-5　离心雾化喷射成形的示意图

这一熔滴形成的表达式对高速金属液流是不适用的，因为此时以碎片或薄膜形成机制为主。由离心雾化产生的熔滴尺寸为 $10\sim1000\mu m$，它取决于工艺条件，尤其是转速，平均颗粒尺寸约为 $150\mu m$，相应的冷却速率对小熔滴达到 $10^6 K/s$。离心雾化器主要工作在密封的惰性气体室内，有些工艺可在低压下进行。

离心雾化喷射成形的研究有限，主要包括 200mm 和 380mm 直径的 Nimonic80A 环、IN718 合金环，以及 400mm 直径的 Ti-48Al-2Mn-2Nb（原子分数）环，分别采用旋转阳极雾化器和旋转盘。沉积合金均表现出基板/坯件界面处的激冷层，因为基板/坯件的表面积很大，可有效地吸热。超过激冷层后，Nimoinic80A 迅速形成定向排列的柱状晶，因为存在强烈的定向热流，而钛合金环基本保持等轴晶组织。

2.3　喷射成形技术关键和装置

对于某一具体产品形式的雾化沉积坯，它的质量、形状、尺寸主要通过具有一定功能的喷射成形装置和按照优化的雾化沉积工艺来实现和保证的，装置和工艺之间有内在的相互依存关系。喷射成形装置的技术关键主要包括装置总体布局、雾化喷嘴、沉积器结构和运动方式等。

2.3.1　装置结构布局

（1）倾斜布局　沉积器按一定的角度倾斜配置，如图 2-6(a) 所示。由于雾化锥中熔滴射流的质量分布（流率分布）不均匀，为了得到形状、尺寸、质量优良的柱形坯，坯件的成形生长方向和熔滴射流方向之间必须保持一定角度的倾斜关系。Osprey 装置中沉积器优化配置的角度值 35°。由于重力与旋转离心力对结构稳定性的影响，这种布局限制了大尺寸坯的成形。坯件最大尺寸约 $\phi300mm\times500mm$，以钢坯计算，质量在 $150\sim300kg$ 之间。

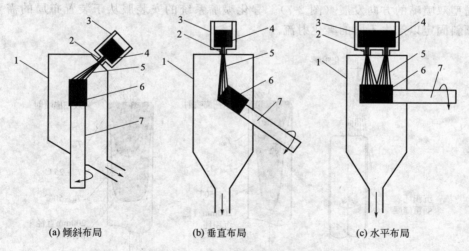

(a) 倾斜布局　　　　(b) 垂直布局　　　　(c) 水平布局

图 2-6　喷射成形装置示意图
1—雾化室；2—雾化器；3—坩埚；4—金属液；5—雾化流；6—沉积坯；7—沉积器

（2）垂直布局　如图 2-6(b) 所示，为了克服倾斜布局对坯件尺寸限制，发展了大尺寸沉积坯垂直生长的结构布局。倾斜固定的雾化喷嘴，产生倾斜的雾化熔滴射流，射流方向与坯件生长方向的相对关系仍保持固定的倾角。垂直布局坯件的最大尺寸：铝合金 $\phi400mm\times2600mm$，铜合金 $\phi300mm\times2200mm$，钢坯尺寸 $\phi550mm\times2500mm$，重 4.5t。

（3）水平布局　如图 2-6(c) 所示，这种布局的最大优点在于能够沉积很长的坯，在液体金属源足够充分时甚至有可能沉积连续的大直径坯件，而不受厂房高度的限制。它的难点在于对沉积坯支撑的准确固定和沉积过程中的精密调整。此外，这种布局对沉积器的结构、运动形式、承载能力和坯件成形功能都将产生影响。这种水平布局的设备主要用于大型柱形坯，直径 $\phi400mm\sim600mm\times$ 长 $>400mm$，和管坯 $\phi800mm$（厚 $100mm$）× 长 $>8000mm$ 喷射成形。特别是与双喷嘴系统联合使用，可以保证大规格柱形坯件质量。如果配置多个不同喷嘴和专用的预热装置，可以沉积高质量的双性能的材料、覆层管和轧辊，大大减轻厚壁管坯内壁的疏松，保证材料的高冶金质量。

用于制备大尺寸沉积坯的沉积器，在形状、结构和功能上均有较大变化。结构布局改变，沉积器在结构上相应改变，它的成形、承载和传热功能也随之改变。首先，为了保证坯件的成形和尺寸控制，它的运动形式须做相应调整。垂直布局的沉积器的运动传动机构和承载是统一的，制备的立式坯件的径向尺寸公差和表面质量主要依靠喷嘴扫描的优化控制使熔滴射流交叉覆盖来保证；而在水平（卧式）布局时，沉积器的功能已经分化，实际上已经演变为受传动机构驱动的水平拉锭杆端部连接的底锭，以旋转和水平后撤的运动来实现坯件成形的功能，它的支撑功能则由水平布置的一组支承辊来实现，这时坯件的尺寸和径向公差等要求则由这些支承辊准确调整来固定，并在沉积过程中通过与辊轮连接的传感器进行精密微调来达到。关于沉积器的传热功能，主要依靠与环境的对流和辐射，沉积器的冷却和散热只限于对其传动机构和密封件的冷却和保护。在某些特定情况下，例如沉积大尺寸厚壁管坯时为了减少以致消除内壁的疏松，或在双性能覆层管坯的沉积时，为了达到不同材料界面之间真正形成冶金结合，必须对沉积器表面或覆层的基体材料表面用专门配置的预热装置进行加热来保证。

2.3.2　雾化喷嘴系统

喷嘴系统始终是喷射成形装置的关键技术，大体上沿着固定式单喷嘴→扫描型喷嘴→双喷嘴→扫描型双喷嘴的方向发展（图 2-7）。雾化喷嘴系统的安装服从于装置布局的需要，可以垂直或倾斜固定以产生不同的雾化射流。

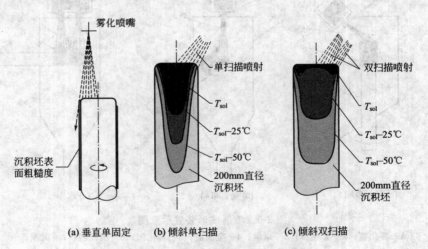

图 2-7　雾化喷嘴及沉积温度场示意图

（1）单喷嘴　固定式单喷嘴及垂直布局是最初采用的结构，沉积坯形状难以控制、收得率低、沉积坯尺寸小、表面质量差，用于实验室研究。

（2）扫描型喷嘴　扫描型喷嘴和倾斜布局能改善雾化锥的熔滴质量（流率），使其分布更趋均匀。喷嘴前后的扫描角度和频率可以根据沉积坯的形状、尺寸按优化工艺确定的参量，通过控制伺服电机来驱动喷嘴扫描机构的工作。扫描喷嘴和倾斜布局降低了坯件疏松，改善了表面质量，使沉积材料收得率平均提高约 10％，有时可以达到 70％～75％。

（3）双喷嘴 对于一种给定的合金成分、液体金属过热度，喷射沉积高度在喷嘴类型一定的情况下，坯件的显微组织靠控制雾化气体/液体金属的质量流率比（即 GMR 气/液比）来确定。由过热液态金属携带热量的相当部分基本上必须由雾化气体在熔体雾化到沉积表面的飞行中快速带走，以使得在沉积坯表面层的金属是糊状半液态的，不致自由流动。单喷嘴下坯件心部的晶粒和沉淀较粗而边部较细，但疏松增加。采用双喷嘴使坯件的温度剖面得到很大改善，中心的射流通常在较高气/液比下工作，相应地形成坯件的心部，而另一个射流形成坯的边部外壳，两个射流相互覆盖，提供一种渐变的条件。射流中液相的含量可以按坯件的半径来控制，从而促进沿坯件半径的组织更加均匀。第二个边部的雾化射流，由于所用气/液比较小，是一股较"热"的射流，能有效地去除坯件表面层的疏松。双喷嘴系统可以制备大直径沉积坯，金属流率高、气体消耗少、沉积收得率进一步提高（达 80％），表面疏松深度大幅度减低。

（4）扫描型双喷嘴 扫描型双喷嘴系统可制备在大直径沉积坯，同时也能达到整体致密，表面质量改善，坯件尺寸精度提高。这一改进不仅是喷嘴结构自身的改进和组合，而且还涉及液体金属输送中两股金属的分流和喷嘴运动的调整及控制，是雾化沉积技术向工业化大生产推进中的重要突破。扫描型双喷嘴可制备 ϕ600mm×2600mm 的柱形沉积坯，沉积速率达 100kg/min（工具钢），气体消耗减少 25％，沉积收得率达 90％，可用于规模化生产。

2.3.3 喷射成形装置

一般的喷射成形装置应包含熔炼部分、金属导流系统、雾化喷嘴、雾化气体控制系统、沉积器及其传动系统、收粉及排气系统。

典型真空喷射成形装置主要由以下几部分组成。

① 真空熔炼部分。60kW 中频电源；25～75kg 容量、液压控制翻转式感应熔炼坩埚；中间保温漏斗坩埚测控温装置。

② 雾化喷嘴系统。密耦限制型或自由降落型喷嘴；高熔点材料导流管；雾化气体控制系统。

③ 液压传动多功能沉积器。可同步平移、倾斜、旋转、升降。

④ 抽真空系统。由机械泵、罗茨泵、扩散泵组成。

⑤ 磁振荡送粉器和增强颗粒输送系统。

⑥ 收粉除尘系统。

⑦ 真空排气及压力控制系统。

⑧ 冷却水循环系统。

该装置兼具三项主要功能：①制备高温材料沉积坯；②生产球形低氧金属粉末；③制备颗粒增强金属基复合材料。

2.4 喷射成形材料特性

2.4.1 晶粒组织

在雾化沉积过程中，部分金属熔滴快速冷凝形成了细小的枝晶组织，也有部分熔滴仍为完全的熔融状态。不同凝固状态的雾化熔滴在沉积坯表面形成半液态层后迅速凝固成细小的枝晶组织（凝固潜热的释放会导致局部区域发生再辉、枝晶重熔等，同时细小的破碎枝晶也为半液态层的凝固提供了较多的核心），然后沉积坯发生缓慢的高温退火过程（约 1K/s），形成均匀、等轴细晶的显微组织。喷射成形高温合金晶粒为等轴晶粒，其尺寸一般为 $20\sim40\mu m$，同时它的碳化物尺寸一般小于 $2\mu m$，均明显小于常规变形材料。

2.4.2 气体含量

喷射成形过程中，金属熔滴的雾化是在惰性气体保护下进行的，且时间较短（一般为 $10^{-3}s$），被氧化程度很低。同时，喷射成形是在一步冶金操作中完成的，工序简单，避免了粉末冶金因筛分、储藏、运输、装套等带来的氧化与污染。用氩气作为雾化气体时，喷射成形高温合金的增氧量小于 20×10^{-6}，氮、氢增量也很低。用氮气作为雾化气体时沉积坯中氮含量普遍较高，其含量多少主要受合金中某些元素如铬、钛、铌等影响。研究表明，氮在合金中主要以弥散分布的亚微米尺寸的氮化物、碳氮化物颗粒形式存在，一定含量对合金性能无负面影响。

2.4.3 宏观偏析

在雾化过程中，雾化熔滴中溶质原子的扩散和偏聚被限制在微小的金属熔滴尺寸范围内。在沉积过程中，冷却速率较快且沉积坯表面处于半凝固状态，溶质原子来不及扩散与偏聚。因而，喷射成形材料无宏观偏析，其微观偏析也相对较低。

2.4.4 致密度

沿沉积坯中心纵截面取试样测试密度，相对密度值由测量值/标准密度值所得。对沉积坯试样的密度测量结果表明，工艺参数经过优化后，氮气雾化和氩气雾化沉积坯的整体致密度分别可达 99.0% 和 98.0% 以上。由密度分布图可见，氩气雾化沉积坯底部和外部的密度较高，中心部位的密度略低，这与该部位存在气孔有关。经热等静压处理后，氮气雾化沉积坯完全密实，致密度可达 100%；合适的热等静压温度也可使氩气雾化沉积坯致密度接近 100%，晶粒及组织保持细小均匀。

2.4.5 热塑性

快速凝固细化了晶粒组织，极大地改善了合金的热塑性。通常不能锻造的高强度铸造高温合金或难变形高温合金经喷射成形后，即可进行热加工。如喷射成形 GH742 在 1100℃ 一次锻造变形 70%，试样表面及边角处均无裂纹出现；常规变形 GH742 合金变形量到 40% 即产生裂纹，如图 2-8 所示。

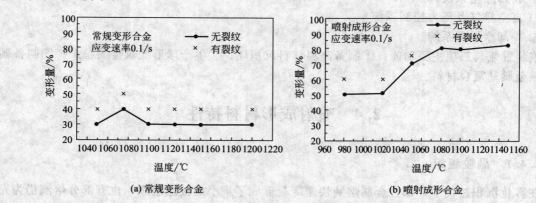

(a) 常规变形合金　　　　　　　　(b) 喷射成形合金

图 2-8　GH742 合金的热工艺塑性

2.4.6　力学性能

喷射成形细化了晶粒组织，材料的拉伸强度和塑性均得到明显提高，一般高于常规变形工艺，与粉末冶金工艺相当。同时，喷射成形由于快速凝固作用，提高了合金元素的固溶度，抑制了初生相的粗化，从而提高了合金的综合性能。表 2-2、表 2-3 给出了 GH742 和 IN718 两种合金的拉伸性能。可以看出，喷射成形的两种合金屈服强度、断裂强度、延伸率、断面收缩率均明显高于常规变形高温合金。另外，针对喷射成形高温合金的应用研究表明，不仅合金的拉伸性能得到提高，而且它的持久性能也满足技术指标要求，特别是 650℃ 持久性能还高于常规变形合金。

表 2-2　喷射成形合金（GH742、IN718）的拉伸性能

测试温度/℃	制备方法	屈服强度 $\sigma_{0.2}$/MPa	抗拉强度 σ_b/MPa	伸长率 δ/%	断面收缩率 A/%	测试温度/℃	制备方法	屈服强度 $\sigma_{0.2}$/MPa	抗拉强度 σ_b/MPa	伸长率 δ/%	断面收缩率 A/%
20	SF 盘件(742)	1060	1449	23.6	41.2	20	SF 环件(718)	1228	1446	18.6	31.7
20	IM 盘件(742)	864	1329	17.7	18.9	20	IM 技术指标	1035	1275	12	15
650	SF 盘件(742)	957	1326			650	SF 环件(718)	1039	1190	22.0	36.6
650	IM 技术指标	686	1127			650	IM 环件(718)	960	1142	19.3	21.8

注：SF 指喷射成形工艺，IM 指常规变形工艺。

表 2-3　喷射成形合金（GH742、IN718）的拉伸性能

制备方法	650℃/834MPa	750℃/539MPa	制备方法	650℃/690MPa
SF 坯件(742)	165	90	SF 环件(718)	146
SF 盘件(742)	274	63	SF 轧环(718)	235
IM 技术指标	>50	>50	IM 技术制备	>25

注：SF 指喷射成形工艺，IM 指常规变形工艺。

2.5　共喷射成形技术

随着喷射沉积技术的发展和成熟，近几年，人们又开发出了共喷射成形技术，克服了传统喷射成形技术的一些局限性。

2.5.1　共喷射成形的技术特点与工艺

（1）技术特点　共喷射沉积技术是在基体材料合金液喷射沉积工艺的基础上，将增强颗粒加入到雾化的合金液流中，使两者同时沉积，获得复合材料的技术。与合金液喷射沉积快速凝固技术相同，雾化的合金液在进入沉积体以前，有些为凝固状态，有些为液态，而有些为半凝固状态，从而在沉积体的表面维持一个很薄的液膜，凝固在较高速率下完成。

采用共喷射沉积技术制备颗粒增强复合材料具有以下优点：

① 由于增强颗粒与合金液的接触时间短，凝固速率快，合金液与增强颗粒之间发生化学反应的倾向小；

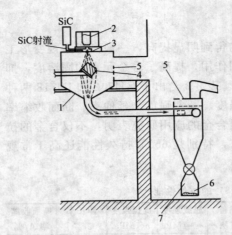

图 2-9　共喷射沉积工艺原理示意图
1—雾化室；2—熔化炉；3—雾化器；
4—沉积体；5—压力释放阀；
6—粉末回收料；7—搜集室

② 不会发生由重力作用引起的增强颗粒沉聚，也可减少偏析；

③ 增强颗粒在与合金液滴接触的过程中，由于合金液的冷却速率快，颗粒被熔化的程度小，所以颗粒可以基本保持其原始尺寸；

④ 通过控制喷射角度和速率可以控制增强颗粒的加入量和分布。

（2）工艺过程　如图 2-9 所示为共喷射沉积工艺原理示意图。在合金液雾化喷嘴附近将增强颗粒引入合金雾化体中并沉积成锭。未被沉积的雾化合金液在飞行中凝固，并与偏离沉积方向的增强颗粒一起被循环气流带入收集室获得混合的粉末回收料。其中增强颗粒以较低的速度进入合金液并与合金液同时雾化。应该说，工艺过程与一般的雾化沉积技术没有太大的区别。若将增强颗粒的喷射流向下移动，直接喷入雾化的合金液流束中，则可以通过改变喷射速率、喷射角度及喷射流量更好地控制增强颗粒的分布。其中增强颗粒的喷射角度对其在沉积体中的分布均匀性具有至关重要的影响。

增强颗粒的喷射过程：首先采用流化床获得增强颗粒与惰性气体混合的二相流体，然后通过一定的管道引入到雾化室，并以一定的速率和喷射角度喷入雾化的合金液滴流束中，与合金液滴同时沉积，获得复合材料铸锭。目前，这一工艺已经发展到每分钟沉积 6～10kg，可生产数百千克复合材料铸锭的工业化水平。

2.5.2　增强颗粒对喷射沉积过程的影响

与金属材料喷射沉积快速凝固技术相比，在共喷射沉积法复合材料制备过程中，由于增强颗粒的加入带来两个新问题：①增强颗粒与雾化合金液滴的相互作用；②增强颗粒对沉积体表面液膜凝固过程的影响。

（1）增强颗粒与雾化合金液滴的相互作用　当颗粒加入合金液滴流束后，可能与液滴发生碰撞。碰撞后会出现以下三种情况：①增强颗粒嵌入液滴内部；②增强颗粒黏附在液滴表面；③增强颗粒被液滴反弹。

当液滴尚未凝固或仅发生部分凝固时，与增强颗粒的相互作用过程取决于合金液对增强颗粒的润湿性和碰撞动量。实验表明，由于增强颗粒流速与雾化合金液滴流速相比低得多，并且增强颗粒的颗粒数量比雾化合金液流中雾化液滴数少得多。所以当增强颗粒流束与雾化合金液滴流束合并后，增强颗粒流束受到雾化的气流作用，将改变飞行方向并基本沿雾化合金液滴流束的方向飞行，与合金液滴一同进入沉积体表面的合金液膜，随后被后续的颗粒或合金液滴覆盖，被凝固在沉积体中。从这个意义上讲，增强颗粒与合金液滴的碰撞与否及与之发生的相互作用，对共喷射沉积过程的影响并不大。而在雾化气流中分布的均匀性则对获得均匀的复合材料具有重要的影响。因此需要重点考虑增强颗粒流束的喷射角度、速率及喷嘴的分布设计以保证增强颗粒分布的均匀性。

（2）共喷射沉积复合材料的凝固特性　在共喷射沉积法复合材料的制备过程中，增强颗粒对凝固过程的影响表现在两个方面。

① 增强颗粒对合金液滴凝固过程的影响。增强颗粒对合金液滴凝固过程的影响有两个方

面：增强颗粒与合金液滴发生热交换，这主要取决于增强颗粒的预热温度；增强颗粒具有异质形核作用，它能够加速凝固过程。因此，在生产中，通过控制合金液的预热温度和增强颗粒的预热温度，以保证两者在相互作用中得到最优的热力学状态。

② 增强颗粒对沉积体表面凝固过程的影响。增强颗粒在沉积体表面液膜中同样将影响凝固过程的热平衡及形核、生长条件。

a. 形核作用。增强颗粒在液膜中的形核作用与通常条件下异质晶核的作用相同，取决于固相对异质晶核的接触角。但由于增强颗粒是在凝固的同时进入的，其温度与合金液本身的温度可能不同，与合金液之间的热交换将对形核作用产生影响。如果增强颗粒在进入液膜之前具有很低的温度，则即使合金液膜本身过冷度较小，增强颗粒附近的合金液也将被激冷，达到异质形核所必需的过冷度而发生形核。同时，由于共喷射沉积技术快速凝固的特点，增强颗粒与合金液接触的时间短，润湿动力学过程可能进行得不够充分，致使对于相同的基体合金和增强颗粒，形核过冷度也可能随搅拌工艺过程的不同而不同。因此增强颗粒的温度对其形核起到很大作用。

b. 生长特性。增强颗粒在液膜中与凝固界面的交互作用和搅拌法凝固过程的规律相同，取决于固相与增强颗粒之间的接触角和凝固速率。但由于共喷射沉积法中的凝固速率比较大，增强颗粒嵌入凝固界面的可能性较大，因此不会形成大的晶粒，只能得到细小的晶粒组织。

c. 凝固组织。由于增强颗粒是以固相状态进入液膜的，为了维持均匀的液膜以保证沉积与凝固过程的连续进行，对合金液应采用更高的雾化温度，控制合金液滴在飞行过程中的凝固，使之在较低的固相含量下沉积。

共喷射沉积技术在制备颗粒增强复合材料上的应用越来越广泛，将氧化物、碳化物等颗粒与铝合金、镁合金等复合可以得到具有良好耐磨性及高温稳定性的复合材料。与浸渗法制备颗粒增强复合材料相比，其致密度更高。因此利用共喷射沉积技术生产复合材料有着广阔的发展前景。

2.6 非连续增强金属基复合材料的喷射成形技术

金属基复合材料制备过程中有害的界面反应及其对材料室温及高温性能的影响，促使新型制备技术的快速发展。近年来，共喷射成形技术已经发展成为制备金属基复合材料的重要技术手段之一，并在不同材料体系中获得了应用。这一技术包括三个不同但相关的过程：雾化、共喷和沉积（图2-9）。经过雾化过程将液态金属破碎成微米尺度的雾滴（雾化）后，在雾化锥经过的某一区域将增强颗粒射入雾化锥（共喷），此时雾化锥由单一的金属熔滴变成为金属熔滴、增强颗粒的混合体。最终，这一混合体组成的雾化锥在基板上沉积形成高密度的复合沉积坯（沉积）。这一技术的主要优势在于快速凝固的特性、高温暴露时间短（可减少基体和增强相之间的不良反应）、简化工艺过程（将粉末制备、筛分、除气和致密化集于一步完成）。

各种主要的非连续增强金属基复合材料制备技术的发展现状和存在的优缺点见表2-4。从表中的对比来看，现有的非连续增强金属基复合材料的制备技术虽然各有优点，但也存在明显的问题，主要包括界面反应、高氧含量、气体含量和夹杂含量、工艺复杂和成本偏高等。而共喷射成形技术可以在很大程度上减小或克服以上问题，受到世界各主要工业国的普遍重视，相应的研究工作十分活跃，并已开始向市场提供商业化产品。

表 2-4　非连续增强金属基复合材料的主要制备技术比较

合成技术	主要工艺	主要优点	存在的主要问题
液相合成	铸造、压铸、浸渗等	低成本	增强相数量和尺寸受到限制[一般分别<20%（体积分数）和>$50\mu m$]；易发生不利的增强相和基体之间的界面反应；为提高增强相和基体的润湿性，有时需采用昂贵的增强相表面处理和加入适当的合金元素，会影响复合材料的性能
固相合成	粉末冶金（真空热压、高性能、热等静压、粉末挤压、粉末锻造、机械合金化等）	高性能、增强相的类型、数量和大小可任意选择和控制	制造工艺复杂、效率低、综合成本偏高，使其应用限于小批量的高性能复合材料；易氧化合金系统易发生氧化污染，造成性能降低和使用安全性下降
两相区合成	喷射成形（惰性气体喷射成形、反应喷射成形和热喷涂沉积成形）、流变铸造	高性能；减小界面反应；方法灵活	热喷涂方法沉积效率较低；流变铸造方法工艺控制要求高，可选用的合金系统有限

　　复合材料的性能主要取决于增强相的形貌、尺寸、分布和体积分数，以及基体与增强相之间界面的特性。但传统的合成技术，如搅拌铸造、粉末冶金、液渗和流变铸造等，对增强相的选择及其与基体界面特性的控制等方面仍存在许多不尽人如意的问题。如增强相颗粒尺寸不能太小（需大于 $3\mu m$）、增强相易于偏聚、增强相与基体界面结合不良，在制备或高温使用过程中易于发生界面反应，造成性能的降低等。此外，这些合成技术往往较为复杂，成本仍然偏高，较突出的如粉末冶金技术。针对这种情况，近年来正在发展一种新型合成技术，即反应合成或原位合成技术。其主要特点包括：①颗粒与基体处于热力学平衡状态，界面强度较高，无不良的界面反应；②颗粒尺寸细小，一般为 $0.1\sim3\mu m$，达到弥散强化的要求。这是传统合成技术无法实现的；③增强相的体积分数和分布易于控制，体积分数可达50%以上且分布较均匀；④材料的强度和韧性明显提高，尤其是高温性能及其稳定性得到明显改进；⑤工艺简单、成本较低、易于实现工业化。反应合成金属基复合材料技术主要可分为三种类型：

　　① 液态反应合成，主要包括气-液反应法、固-液反应法和加盐反应法等；

　　② 固态反应合成，主要包括白蔓延高温合成法（SHS）、反应烧结法和机械合金化（MA）等；

　　③ 反应喷射沉积，主要包括反应喷射成形和反应低压等离子喷射沉积等。

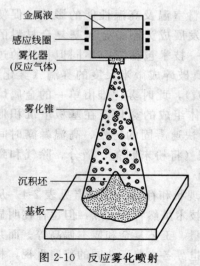

图 2-10　反应雾化喷射沉积成形示意图

其中反应喷射成形技术是一种新型的材料合成技术，其突出的优点是具有快速凝固、近成形的能力，可以一步直接由液态金属形成具有快速凝固组织和性能特征的、具有一定形状的坯件，减少或消除了各种高成本的制造和加工中间环节。将近成形的快速凝固喷射成形技术与原位反应合成技术结合起来就出现了反应喷射成形金属基复合材料合成技术。反应喷射成形是近年来新开发的金属基复合材料的制备技术，可一步完成弥散强化材料的雾化、反应和成形，如图2-10所示。这一技术可以控制合金成分以及雾化熔滴和反应雾化气体之间的化学反应。根据热力学分析仔细选择合金成分和反应气氛，可以制造含碳化物、氮化物或氧化物弥散分布的复合材料。

　　通过在喷射成形过程中加入适当的反应性组元，即可获得原位反应合成的金属基复合材料。显然，雾化喷射沉积成形过程中金属熔滴大的表面积与体积之比以及高的温度，提供了通过化学反应原位形成增强相的可能性。可能的反应雾化喷射沉积成形包括以下几种。

（1）气-液反应　在喷射成形过程中，在雾化气体中混入一定比例（或全部）的反应性气体（如 N_2、O_2 或 CH_4 等），通过调整雾化气体和熔融金属的成分促使第二相颗粒的原位形成。目前反应雾化喷射沉积成形的研究主要集中在这一方面。Lawley 等对氮气雾化条件下氧（不同分压）对飞行过程中（约毫秒间隔）Fe-Al 熔滴可能发生的氧化过程进行了理论分析。分析模型包括五个步骤：①气相的质量传输；②气体/氧化物界面处的化学反应；③通过氧化膜的质量传输；④氧在氧化物/金属界面处的溶解；⑤金属中的传输。分析得出的结论是氧化受气相质量传输速度、熔滴表面化学反应速率或两者联合的控制。实验证实，雾化过程中的气-液反应的确可以原位形成 MMCs。根据坯件中氧含量的测定，可以确定熔滴在飞行中的氧化受表面化学反应速率的控制。坯件中的氧含量同雾化气体中的氧分量成正比。美国 California 大学的 Lavernia 等采用 N_2-O_2 混合气体喷射成形 Ni_3Al 合金（含 Y 和 B），形成了弥散分布的 Y_2O_3 和 Al_2O_3 颗粒。通过控制混合气体中的氧分压，可以控制氧化物颗粒的含量及其尺寸分布。如增大混合气中的氧含量或增大铝液的分散度（即减小熔滴尺寸），可提高熔滴的氧化程度，即增加氧化物的形成量。Perez 等采用 N_2-O_2 混合气雾化喷射沉积成形 Cu-1％Al 合金（原子分数）。当氧含量为 8％ 时，原位形成了约 1％（体积分数）的 Al_2O_3 和 2％～4％（体积分数）的 CuO/Cu_2O。彭晓东等人在氧化气氛中将铝液分散成大量的细小熔滴，使其表面氧化生成 Al_2O_3 膜，在沉积过程中熔滴之间相互碰撞使表层的 Al_2O_3 膜破碎并分散开来，最终形成了弥散分布的 Al_2O_3 增强铝基复合材料。

（2）液-液反应　在雾化过程中将两种液态金属混合，反应将形成高熔点颗粒。通过控制金属熔滴中的冷却速率和坯件中的冷却速率，有可能控制弥散相的尺寸。这一技术可用来制造含细小 TiB_2 颗粒的铜合金。该复合材料表现出良好的热稳定性和适当的电导率。但由于化合物形成时放出大量的反应热，使熔体迅速加热，给喷射成形过程的控制带来很大困难，限制了这一方法的应用。

（3）固-液反应　在喷射成形过程中，存在一些可能的液-固反应。喷入的颗粒在雾化过程中溶解并与基体中的一种或多种元素反应形成稳定的弥散相。控制喷雾的冷却速率以及随后坯件的冷却速率可以控制弥散相的尺寸。

由以上结果可以看出，原位析出的增强颗粒均匀地在基体中弥散分布，以及干净、稳定的界面结构，可以使复合材料的力学性能获得大幅度的提高。在其他反应合成技术制备的复合材料中也可获得类似的结果。如反应合成 Al-20％TiB_2（体积分数）与粉末冶金方法混合获得的含类似体积分数 TiB_2 比较，屈服强度和抗拉强度分别为 235/334MPa 和 121/166MPa，提高的幅度将近一倍。反应合成的 NiAl-20％TiB_2（体积分数）的屈服强度几乎是基体的两倍，而且可以保持到 1000℃。

可见，获得均匀弥散析出的增强颗粒是获得高性能复合材料的关键之一。就反应喷射成形技术而言，不同的反应类型有不同的结果。气-液反应主要在熔滴的外表面进行，结果造成增强相主要聚集分布在晶界区，强化效果并不理想。液-液反应往往反应过于激烈，难以控制，也难获得广泛的应用。而目前的固-液反应，由于可在喷射成形的短时间内迅速溶解并发生反应的固态颗粒的选择较为困难，所以目前的应用范围也十分有限。但已有的少量研究却得出了十分令人鼓舞的结果。如能通过研究扩大其应用范围，将是十分有意义的。采用亚稳（或高反应性）固态颗粒将可能解决固态颗粒选择难的问题。通过热力学和动力学分析选择适当的反应成分，采用各种非平衡技术制取所需的含过饱和反应元素的颗粒（如快速凝固或机械合金化得到的非晶、微晶甚至纳米晶颗粒等）。将此颗粒喷入雾化的金属熔滴中，将增加其与熔滴中的反应组元的反应速率，也可以在后续的热加工或热处理过程中进一步发生反应。实现增强颗粒的均匀弥散分布，提高复合材料的综合性能。由于非平衡技术可以在很大的成分范围内制取亚稳（或高活性）的颗粒，所以，该项技术如果开发成功，将极大地扩展反应雾化喷射沉积成形技术在金属基复合材料研究中的应用范围。下面进一步分析此项设想在科学上的可行性及主要特点。

反应合成的基本类型如下。

合成反应：
$$A[M] + B[M] \longrightarrow AB[S] \tag{2-2}$$

替代反应：
$$AB + C \longrightarrow AC + B \tag{2-3}$$

其中 AB 和 AC 可以是氧化物、氮化物、硼化物以及各种有强化功能的金属间化合物。以反应式（2-2）为例，基体合金（M）中含有反应组元 A，另一个反应组元 B 由喷入的亚稳颗粒带入并溶解在熔滴中。平衡时的自由能变化为

$$\Delta G^0 = -RT \ln \left(\frac{1}{a_A a_B} \right) \tag{2-4}$$

式中　T——反应温度；

a_A，a_B——A 和 B 在 M 中的活度；

R——气体常数。

当 A 和 B 的活度满足以下条件时

$$a_A a_B > e^{\frac{\Delta G^0}{RT}} \tag{2-5}$$

将形成化合物 AB。因此，采用亚稳颗粒可能产生以下效果：

① 由于亚稳相的活度较高，在较低的温度下即可以满足式（2-5），形成化合物 AB。此外，亚稳相分解释放的原子也具有较高的反应活性，有利于析出反应。

② 可以选择合金中熔点较低的组分作为反应组元的载体，将这样的颗粒喷入液态金属熔滴，可以在较宽的温度范围内发生溶解，提高了固体颗粒在熔滴中的溶解速率，有利于颗粒中携带的反应组元均匀分布在基体中，促进原位反应的进行。

③ 亚稳相颗粒具有较高的反应活性，即使在喷射成形过程中来不及全部溶入基体合金的熔滴中，在随后的热加工或适当的热处理过程中也可以通过颗粒分解和固态扩散进入基体，继续完成析出反应。

④ 同普通的陶瓷增强相不同，亚稳相颗粒具有较高的表面活性和较高的表面粗糙度，在喷射成形过程中易于同金属熔滴发生润湿，使颗粒均匀分布到熔滴的各个部分，有利于增强相的均匀析出。

⑤ 利用亚稳技术可以使众多的合金元素相互之间形成各种成分的亚稳过饱和固溶体，如采用机械合金化几乎可以使任意成分组合的材料互溶，并形成纳米材料。这就为人们提供了很大的选择反应组元的自由度，可以根据合成反应的热力学和动力学分析，选择加入的反应组元及其加入量。

反应合成的复合材料的显微组织和力学性能主要取决于熔滴的凝固过程，以及弥散相的尺寸、类型和分布。

2.7　多层喷射沉积技术

多层喷射沉积技术是在传统喷射沉积技术的基础上发展而来的，它克服了传统喷射沉积技术的局限性，具有独特的优越性。目前多层喷射沉积工艺及设备已逐步成熟，在制备大型喷射沉积坯件方面取得了突破性进展，并且在耐磨材料、耐热材料和复合材料等新材料的制备方面

得到了广泛应用。

多层喷射沉积技术仍是利用金属液雾化成金属液滴经喷射沉积凝固成形。与传统喷射沉积技术的最主要区别在于多层喷射沉积技术的雾化器是由曲柄连杆机构驱动的，使之能在驱动平面内来回移动而实现多层喷射沉积，并根据基体形状和其运动方式的不同而制备出管坯、板坯和锭坯。其基本原理如图 2-11 和图 2-12 所示，在管坯的喷射沉积过程中，雾化器沿基体圆柱母线方向往复运动，同时，基体圆柱绕其中心轴做匀速转动。因此，金属液滴的沉积轨迹为圆柱形螺线，整个坯件是由多层螺线叠合而成。在多层喷射制备板坯的过程中，由于板坯基体和雾化装置在垂直方向上的往复直线运动，雾化器在板坯基体上的扫描轨迹为多重正弦曲线的组合而非简单的层叠。通过控制两个运动之间的相对速率，得到最优化沉积扫描轨迹，可以制备表面平整的板坯。

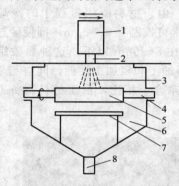 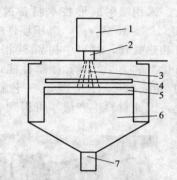

图 2-11　多层喷射沉积管坯生产装置原理图
1—加热坩埚；2—喷嘴；3—雾化金属液滴；
4—旋转轴；5—喷射沉积坯；6—雾化室；
7—强制外冷装置；8—排气口

图 2-12　多层喷射沉积板坯生产装置原理图
1—加热坩埚；2—喷嘴；3—雾化金属液滴；
4—强化外冷装置；5—水冷小车；
6—雾化室；7—排气口

与传统喷射沉积相比，多层喷射沉积技术具有以下独特的优点。

① 沉积是由多层嵌套而成，每一薄层均沉积在相对较冷的已凝固的沉积层上，因而沉积过程中的冷却速率比传统喷射沉积坯要高，快速冷却效果较好。

② 由于基体和雾化装置的运动特点，雾化器在基体上做多层往复扫描，可以制备大尺寸坯件，且冷却速率基本不受影响。

③ 多层喷射沉积工艺操作简单，易于制备尺寸精度较高、表面均匀平整的沉积坯。

④ 多层喷射沉积时，每一薄层液相量可以比传统喷射沉积的大，这样可以减小喷射高度，传统喷射沉积的喷射高度为 300~400mm；而多层喷射的喷射高度仅为 150~200mm，且液滴的二次破碎较好，可以提高沉积率。

⑤ 多层喷射沉积技术制备颗粒增强金属基复合材料、互不固溶的双金属材料时的工艺简单，材料显微组织均匀细小，无明显界面反应，材料性能较好。

2.8　喷射成形技术的工业化应用现状

喷射成形技术经过多年的发展和完善，自 20 世纪 80 年代末起逐步进入了工业化应用阶段，欧美工业发达国家已经将喷射成形技术应用于制造多种具有重要应用价值的产品，取得了显著的技术效果和可观的经济效益。

2.8.1　喷射成形铝合金

铝合金具有密度低、比强度高、韧性好和耐腐蚀等优点，是航空航天、交通运输、机械制造行业中不可缺少的重要结构材料。将喷射成形技术用于一些合金化程度高的铝合金的制备，可以显著细化合金坯锭的组织，消除粗大的第二相质点，减轻宏观和微观偏析，增加合金元素在铝中的固溶度，从而获得各种性能优异的铝合金材料。

2.8.1.1 喷射成形过共晶铝硅合金

过共晶 Al-Si 系合金具有质量轻、热膨胀系数低、耐磨性好等优点，目前已被世界各国工业界广泛使用，主要用于制造汽车发动机、空气压缩机、氟里昂压缩机、耐磨泵等中的各种耐磨零部件。但采用传统铸造工艺生产过共晶 Al-Si 系合金时，由于材料凝固过程中的冷却速率慢，造成材料中的初晶 Si 相粗大且形状不规则，即使在冶炼过程中采用了变质处理工艺后，材料中初晶 Si 相尺寸仍将高达 $100\mu m$ 以上，从而限制了这种材料性能的进一步提高和应用范围的扩大。采用喷射成形技术制备过共晶 Al-Si 系合金，由于材料凝固过程中的冷却速率快（一般可达 $10^2 \sim 10^4 ℃/s$），沉积坯件中初晶 Si 相尺寸通常可控制在 $1 \sim 3\mu m$，即使经过后续多道热加工和热处理，材料中初晶 Si 相尺寸一般也可控制在 $5 \sim 6\mu m$ 以下，这种显微组织使得材料具有优良的力学性能和耐磨性能，以及良好的热变形加工和机加工性能，同时与采用传统快速凝固/粉末冶金（RS/PM）工艺制备的过共晶 Al-Si 系合金相比，由于材料制备工序的大幅度缩短，因此材料生产成本可得到有效的控制。

(a) 生产设备　　　　　　　　　　　　　　　(b) 合金圆锭产品

图 2-13　喷射成形过共晶 Al-Si 系合金圆锭生产设备和产品（德国 PEAK 公司）

喷射成形过共晶 Al-Si 系合金目前在国外最主要的用途是被用于制造汽车发动机中的一些关键部件。例如，德国 PEAK 公司从 1997 年开始采用喷射成形技术批量生产最大尺寸 $\phi300mm \times 2500mm$ 的过共晶 Al-Si 系合金圆锭（单锭重约 500kg），其产量 2004 年已达 6000t 以上，如图 2-13 所示，这种过共晶 Al-Si 系合金圆锭经过多道后续冷热加工后，被制成轿车发动机汽缸内衬套，是目前德国 Daimler Benz 公司生产的号称世界上最为先进的 V6 和 V8 轿车发动机中的标准部件，如图 2-14 所示。另外，日本 Sumitomo Light Metals 公司从 1997 年开始采用喷射成形技术生产最大尺寸 $\phi250mm \times 1400mm$ 的过共晶 Al-Si 系合金圆

图 2-14　喷射成形过共晶 Al-Si 合金
缸套（德国奔驰公司 V6 发动机）

锭,其年产量 1999 年已达 1000t 左右,主要提供给日本 Mazda 公司生产制造轿车发动机中的一些关键部件,其中的一个主要产品为 Mazda EUNOS800 型轿车中 Miller 循环发动机中的叶片。除上述德国、日本两个国家外,目前美国福特汽车公司、韩国大宇汽车公司等亦在联合诸如美国加州大学、韩国 KIST 中央研究院等开发上述喷射成形过共晶 Al-Si 系合金轿车发动机汽缸内衬套产品。

表 2-5 为不同工艺制备的过共晶 Al-Si 系合金沉积坯中初晶 Si 相的尺寸,表 2-6 为不同快速凝固工艺制备的过共晶 Al-Si 系合金的力学性能。

表 2-5 不同工艺制备的过共晶 Al-Si 系合金沉积坯中初晶 Si 相的尺寸

合金(质量分数)/%	工 艺	Si 相的尺寸/μm
Al-17Si-4.5Cu-0.6Mg	铸锭冶金	80
Al-17Si-4.5Cu-0.6Mg	喷射成形	5
Al-20Si-5Fe	喷射成形	2
Al-20Si-5Fe-3Cu-1Mg	快速凝固/粉末冶金	3
Al-20Si-3Cu-1Mg	快速凝固/粉末冶金	2~7
Al-20Si-3Cu-1Mg	铸锭冶金	70
Al-17Si-4.5Cu-0.6Mg	喷射成形	5~11
Al-12Si	喷射成形	<0.5

表 2-6 不同快速凝固工艺制备的过共晶 Al-Si 系合金的力学性能

合金及成分	状 态	制坯工艺	力 学 性 能		
			抗拉强度 σ_b/MPa	屈服强度 $\sigma_{0.2}$/MPa	伸长率 δ/%
A390	金属型铸造+T6	铸锭冶金	290	290	—
Al-12Si	RS/PM+热挤压	离心雾化	244	162	19
Al-12Si-2Cu	RS/PM+热挤压	离心雾化	386	233	7
Al-12Si-2Cu	RS/PM+热挤压+T6	离心雾化	476	363	5
Al-12Si-3Mg	RS/PM+热挤压	离心雾化	296	233	15
Al-12Si-3Mg	RS/PM+热挤压+T6	离心雾化	425	380	5
Al-12Si-1.1Ni	RS/PM 热挤压	离心雾化	333	253	13
Al-12Si-0.5Co	RS/PM+热挤压	离心雾化	254	207	20
Al-12S1-0.07Sr	RS/PM+热挤压	离心雾化	283	197	18
Al-12Si-7.5Fe	RS/PM+热挤压	气体雾化	325	260	8.5
Al-20Si-7.5Fe	RS/PM+热挤压	气体雾化	380	260	2
Al-12Si-5Fe-3Cu-0.5Mg	RS/PM+热挤压+T6	气体雾化	486		0.6
Al-20Si-5Fe-1.9Ni	RS/PM+热挤压	气体雾化	413.6		1
Al-20Si-3Cu-1Mg-5Fe	RS/PM+热挤压+T6	气体雾化	535		
Al-25Si-2.5Cu-1Mg	RS/PM+热挤压+T6	气体雾化	490		1.2
Al-12Si-7Ni-0.45Zr	RS/PM+热挤压	气体雾化	400		3
Al-25Si-4Cu-1Mg	SF+热挤压+T6	喷射成形	416	389	1.3
Al-20Si-5Fe-3Cu-1Mg	SF+热挤压+T6	喷射成形	436	414	0.9
Al-20Si-5Fe-3Cu-1Mg-2Mn	SF+热挤压+T6	喷射成形	442	421	0.8
Al-17Si-6Fe-4.5Cu-0.5Mg	SF+热挤压+T6	喷射成形	550	460	1

喷射成形过共晶 Al-Si 系合金沉积坯的组织一般由 α-Al 基体、颗粒状的初晶 Si 相、少量的第二相和部分孔洞组成。从表 2-5 中可以看出，与传统的铸造材料相比，沉积坯中的初晶 Si 相尺寸显著变小，Si 颗粒弥散分布于基体上，经过后续加工后，有利于合金获得良好的综合性能。

　　从表 2-6 中可以看出，喷射成形过共晶 Al-Si 系合金的各项力学性能与传统铸造合金相比，获得了明显的提高。为了改善喷射成形过共晶 Al-Si 系合金的组织与性能，从合金设计角度考虑，一般需要在过共晶 Al-Si 系合金中加入 Cu、Mg、Fe、Ni、Mn 等合金元素，其中加入 Cu、Mg 的主要作用是利用合金在热挤压和热处理时效过程中析出的 $Al_2Cu(\theta)$ 和 Mg_2Si 相，起沉淀强化作用，进一步提高合金的室温强度、改善合金的耐磨性能；而进一步加入一定量的 Fe、Ni、Mn 等元素后，可以在合金中形成大量新型的弥散相，这些弥散相一般具有较高的热稳定性，除了可以进一步提高合金的室温强度外，还可有效改善合金的高温稳定性。例如在 Al-20Si-5Fe-3Cu-1Mg 合金中，金相实验结合 X 射线衍射实验结果表明，沉积态合金的微观组织是由 α-Al、大量细小的初晶 Si 相、亚稳的针状 δ-Al_4FeSi_2 金属间化合物和少量的 $Al_2Cu(\theta)$ 相组成，经过热挤压后，亚稳的针状 δ-Al_4FeSi_2 相转变为短棒状的稳定相 β-Al_5FeSi，这些金属间化合物以细小的尺寸均匀分布在合金中的晶界、亚晶界和晶内，具有较高的热稳定性，成为包括 Si 在内各种元素扩散的障碍，从而有效地改变了合金的再结晶行为，阻止了初晶 Si 相的长大，提高了合金的高温稳定性，使合金具有良好的高温力学性能。一些研究中还发现，在 Al-20Si-5Fe-3Cu-1Mg 合金中加入一定数量的 Mn 后，沉积态合金中原有的含 Fe 针状金属间化合物相消失了，X 射线衍射实验结果表明，合金中形成了 Al_6Mn 和 $Al_{15}(FeMn)_3Si_2$ 等金属间化合物，这些金属间化合物形貌呈颗粒状，从而消除了针状金属间化合物的存在对合金断裂韧性、疲劳性能和加工性能的不利影响，使合金性能进一步提高。

图 2-15　国内采用喷射成形过共晶 Al-Si 系合金制备的发动机新型缸套样品

　　国内从 1999 年起，由北京有色金属研究总院、北京科技大学、江铃汽车股份有限公司、重庆汽车研究所合作，开始了喷射成形过共晶 Al-Si 系合金在轿车发动机关键零部件方面的应用开发研究，目前已经制备出了常规力学性能优良的喷射成形过共晶 Al-Si 系合金薄壁缸套样品，如图 2-15 所示。

2.8.1.2　喷射成形 Al-Zn 系（7000 系）超高强铝合金

　　Al-Zn 系（7000 系）铝合金是 20 世纪 40 年代国际上以航空用材为背景研制并发展起来的一类高强、高韧铝合金材料，传统使用的 7000 系铝合金材料一般是通过铸锭、冷热变形加工、热处理等工序获得最终的各种型材产品，长期以来被广泛用于各种飞机机身、机翼梁、机舱壁板、飞机和火箭中高强度结构零件等的制造，是世界各国航空航天工业中不可缺少的重要材料。目前全世界已开发出了数十种不同合金成分标准牌号的 7000 系铝合金产品，相应的合金热处理标准工艺更达数百种之多。在新型 7000 系铝合金产品的开发过程中各国研究人员均发现，通过提高 7000 系铝合金中 Zn 元素的含量，可有效改善合金的综合性能，但当合金中 Zn 含量过高［超过 8%（质量分数）］时，由于这类合金的结晶范围宽、析出相与基体之间密度差异大，在采用传统的工艺生产这类高 Zn 含量的 7000 系铝合金时，容易造成合金中的晶粒粗大且存在明显的宏观偏析、铸锭内部容易产生热裂现象，因此采用传统的工艺一般不能够生产 Zn 含量超过 8%（质量分数）的 7000 系铝合金，同时也使得传统工艺生产的 7000 系铝合金的极限抗拉强度很难突破 700MPa 这一大关。

喷射成形技术的出现，使得各国工业界突破传统 8%（质量分数）含 Zn 量的限制、研制开发新一代 7000 系超高强铝合金材料变为了现实。采用喷射成形技术制备含高 Zn 量 [8%（质量分数）以上] 时，由于合金中的晶粒被显著细化、各种宏观和微观偏析受到抑制，可有效控制沉积坯件凝固过程中内部产生热裂的倾向，同时由于凝固速率加快使沉积坯件中各种合金元素的过饱和度提高、后续热处理过程中各种沉淀相的析出更加充分，有利于使材料获得更佳的力学性能。

喷射成形工艺制造出来的材料力学性能优越，材料综合力学性能达到或超过快速凝固/粉末冶金材料，明显优于铸锭材料，表 2-7 和表 2-8 反映了 7××× 系铝合采用粉末冶金和喷射成形制备技术时的力学性能和氧含量的对比（直接导致了喷射沉积材料的强度高于由粉末冶金工艺制得的材料）。因此，自该技术诞生以来，弥补了传统加工方法在技术上的不足或无法制作的缺陷，在工业发达国家获得迅速发展，7××× 系铝合金便是喷射成形技术首先应用的领域之一，具有巨大的技术经济效益和广阔的应用前景。

表 2-7 喷射成形与粉末冶金技术制备材料的力学性能

试样	热处理制度	屈服强度 $\sigma_{0.2}$/MPa	抗拉强度 σ_b/MPa	断面收缩率 A/%
SD-1	T6	790	810	4.9
PM-1	T6	716	735	1.9
PM-2	T7X	660	691	6.7

表 2-8 喷射成形与粉末冶金技术制备材料的氧含量

材 料	氧含量/×10^{-6}	氢含量/×10^{-6}
SD 式样	50～200	0.1～0.2
PM 式样	1000～3000	1～4

20 世纪 90 年代期间，以英国 Osprey Metals Ltd. 和美国宾州大学为代表的单位已开发成功含 Zn 量最高达 11.5%（质量分数）的 7000 系超高强铝合金，在采用了 T6、T77 等热处理工艺进行处理后，其室温极限抗拉强度高达 800MPa 以上，同时其延伸率可保持在 5% 以上，大幅度超过了采用传统工艺生产的各种 7000 系铝合金，上述材料产品有望在一些赛车发动机连杆和轴支撑座、高速列车挂钩等关键部件的制造中获得实际应用。

国内从 1998 年开始，由北京有色金属研究总院、北京科技大学与东北轻合金有限责任公司一起，开始了喷射成形超高强 7000 系铝合金的研制开发工作，目前已取得了相当的进展——研制成功了 Zn 量达 10%（质量分数）以上喷射成形高强铝合金，如图 2-16 所示为利用喷射成形技术制备的超高强 7000 系铝合金沉积坯件。将喷射成形高强铝合金沉积坯进行后续的变形加工和相应的热处理，生产出具有优异的常规力学性能、动态力学性能和抗应力腐蚀性能的喷射成形超高强 7000 系铝合金材料，见表 2-9。如图 2-17 所示为采用喷射成形及热变形加工/热处理工艺制备的超高强 7000 系铝合金锻件和挤压件。

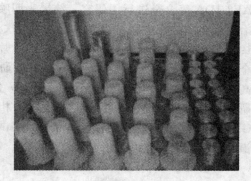

图 2-16 国内采用喷射成形工艺制备的超高强 7000 系铝合金沉积坯件

表 2-9　喷射成形超高强 7000 系铝合金的力学性能

合金及成分	制备加工工艺	力学性能		
		抗拉强度 σ_b/MPa	屈服强度 $\sigma_{0.2}$/MPa	伸长率 δ/%
7034（英国）	喷射成形＋热挤压＋T6	800～815	90～805	4～6
Al-10.8Zn-2.9Mg-1.7Cu（国内）	喷射成形＋热挤压＋T6	800～810	790～800	9～11

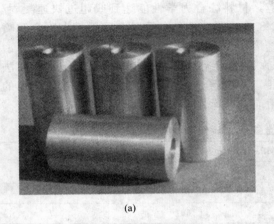 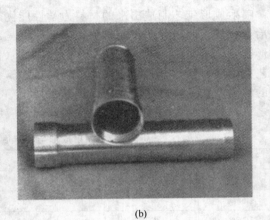

(a)　　　　　　　　　　　　　　　　　　　(b)

图 2-17　国内采用喷射成形及热变形加工/热处理工艺制备的超高强 7000 系铝合金锻件和挤压件

2.8.2　喷射成形高温合金

高温合金中的强化元素多，成分复杂，使得热加工性能变差。传统的铸造高温合金具有严重的组织偏析，晶粒较为粗大，快凝粉末冶金工序繁多，成本昂贵，氧化严重。喷射成形技术在制造高温合金方面具有十分明显的优势，它既解决了粉末冶金工艺氧化严重、工序复杂的问题，又能使生产成本大幅度下降。喷射成形高温合金的应用对象是航空、航天飞行器动力系统以及舰艇水下武器系统等承力结构件或涡轮盘一类重要承力结构件，材料的技术要求高，零件质量控制严。

喷射成形技术制备高温合金始于 1980 年。GE 公司在获得 Osprey Metals 公司的许可证后，首先将喷射成形技术应用于高温合金的研究，他们先后对 Rene80、IN718、Rene95、AF2-1DA 等合金进行了研究，结果表明喷射成形高温合金的晶粒组织明显细化，消除了粉末冶金合金中的有害颗粒边界和粗大的一次金属间化合物相，合金中的氧含量显著降低。1982～1983 年，英国 Evans 对高强度难变形叶片合金 Nimonic115 和含 Ta、Hf 的高强度铸造叶片合金 Mar M002 的喷射成形坯进行了试验研究，表明合金成分均匀，晶粒细化，热加工塑性提高。1984～1985 年，美国 MIT 对 P&W 公司粉末涡轮盘合金 IN100 和 MERL76 进行了试验研究，结果表明喷射成形合金的性能与相同成分的粉末合金性能完全可比。与此同时，美国 GE 公司对不同工艺 Rene80 进行了对比试验评价，也证明喷射成形高温合金所具有的优势和潜力。

2.8.2.1　涡轮环

喷射成形高温合金研究是近年来喷射成形技术加速发展的一个十分重要的方向。美国 Howment 公司是喷射成形高温合金环形件研制和生产的先驱。该公司以 Osprey 工艺为基础，加上真空熔化和处理技术，采用喷射铸造-X 工艺（Spraycast-X）能经济地生产出高强度的用于燃气涡轮发动机镍基高温合金的环套组件，如图 2-18 所示。热等静压是整个喷射铸造的一个重要组成部分，它可以有效地对喷射态材料实现致密化处理。目前已经制成了不同型号发动机用环形件，尺寸已达 $\phi 850mm \times 500mm$，其中喷射成形（热等静压＋环轧）IN718 的 PW4000 高压涡轮机匣已成功通过了 PW 的发动机试车。为满足市场要求，Howment 与 PW 公司合资成立了喷射成形国际公司，把原装置的容量扩大到

图 2-18　美国 Howment 公司生产的喷射成形高温合金环形件

400kg，同时新建了一台 3t 容量的环形坯专用的雾化沉积装置，可提供最大直径 1500mm 的环形坯，年产量可达 500t。

2.8.2.2　涡轮盘

喷射成形高温合金用于航空发动机涡轮盘是喷射成形技术产业化的重要方向之一。涡轮盘是航空发动机的核心部件，除要求材料必须达到一系列性能指标外，还对直接影响使用可靠性和安全寿命的显微组织及冶金质量有严格的标准规定。20 世纪 70 年代美国 GE 和 PW 发动机公司投巨资大力发展粉末高温合金技术，采用氩气雾化快速凝固粉末制备发动机涡轮盘，满足了高性能发动机的需求，把涡轮盘的制造技术向前推进了一步。但在 1980 年热等静压粉末高温合金涡轮盘破坏引发的飞行事故，对高温合金涡轮盘的发展产生了深远的影响。采用喷射成形技术可以使涡轮盘的生产工序大大减少，生产成本显著降低。1984 年以来，美国 GE 公司用 Osprey 装置和技术对 IN718 和 Rene95 合金喷射成形小型盘件成形和组织性能进行了较全面的试验与评价。锻造盘件取样的拉伸、持久等常规力学性能与粉末合金相当，低周疲劳性能也达到粉末合金的水平，但因非金属夹杂物造成较大分散。为了保证涡轮盘安全和可靠性，1995 年，GE 公司与 Osprey、ALD 等公司合作建成半工业性涡轮盘柱形坯专用的雾化沉积装置，他们将电渣重融和水冷导流管相结合，从根本上避免了导液管和坩埚壁陶瓷颗粒进入金属液的可能性，获得了高纯度的液体金属流，以提高喷射成形坯的纯度。GE 公司利用该工艺已制造了 Rene95、Rene88 和 IN718 等合金坯，质量可达 500kg。由于该工艺在技术上和经济上的优势，将对高温合金涡轮盘喷射成形技术的实用化起到积极的推动作用。

在我国，北京航空材料研究院自行设计、研制的高温合金雾化沉积装置上，以涡轮盘的实际应用为最终目标，自 1992 年开展了喷射成形高温合金的研究，涉及的合金有 K5、K6、K17、Rene95、GH742、D97、IC218、IC6、IC6/TiB$_2$ 等，沉积坯密度高，氧含量低，组织均匀细小，变形性和力学性能得到明显的改善。表 2-10 为北京航空材料研究院制备的高温合金 B 的力学性能。

表 2-10　喷射成形高温合金 B 的力学性能

序号	状态	拉 伸 性 能				持久断裂 （650℃/834MPa） 时间/h	冲击值 α_{kV} /(kJ/m^2)
		抗拉强度 σ_b/MPa	屈服强度 $\sigma_{0.2}$/MPa	伸长率 δ/%	断面收缩率 A/%		
E01	SF	1356	898	26.3	36.6	164	47
E02	HIP	1316	186	26	37	97	—

| 序号 | 状态 | 拉 伸 性 能 | | | | 持久断裂（650℃/834MPa） | 冲击值 α_{kV} /(kJ/m²) |
		抗拉强度 σ_b/MPa	屈服强度 $\sigma_{0.2}$/MPa	伸长率 δ/%	断面收缩率 A/%	时间/h	
E03	SF＋F＋HT1	1392	947	25.8	32.8	—	54
E04	SF＋F＋HT2	1468	1064	22.2	22.9	175	62
	标准	1210	755	13	14	50	24

注：SF 为喷射成形；F 为锻造；HT1 为 1140℃固溶处理；HT2 为 1180℃固溶处理。

2.8.2.3 高温合金管

大口径厚壁 IN625 管坯用于舰艇鱼雷发射管、尾轴及轴密封套等。美国海军水面武器中心在 1984 年引进 Osprey 实验装置和技术，对耐海水腐蚀的 IN625 高温合金管坯的成形进行了研究，结果表明喷射成形 IN625 高温合金管成型工艺大大简化，组织性能优于常规工艺生产的管材。通过对管坯沉积的芯棒表面加热，解决了管内壁严重疏松的技术关键，经过直径400mm、壁厚 50～100mm、长 4000mm 的大尺寸厚壁管坯的研制过渡到建成能沉积直径800mm、壁厚 100mm、长 8000mm 的大型装置。

瑞典的 Sandvik 工厂利用喷射成形技术生产的复合钢管，如一种内层为碳钢、外层为 Ni基高温合金（Ni-21Cr-8.5Mo-3.4Nb-3Fe）的复合管，在垃圾焚烧炉应用中，复合管的使用寿命可达 10 年，大大降低了换管的高成本，如图 2-19 所示。将雾化沉积覆层管坯，经定尺切割、钻孔机加工成为挤压坯，经热挤压成管坯，再按定尺切割加工成冷轧管坯，经过冷轧、减径、精整后，再通过超声波探伤、理化检验，其中包括弯管的工艺性能检验，合格成品直接用于锅炉制造。它的成功在于能够很好地解决垃圾焚化锅炉烟气中氯离子参与的管道严重腐蚀的问题，而且经济上十分有利。该产品充分发挥了雾化沉积技术的优势，覆层合金不仅具有高的抗腐蚀性，而且与基体材料在使用温度范围内的热膨胀系数十分接近。雾化沉积彻底解决了合金的偏析问题，大大改善了覆层合金的热变形能力。Sandvik 已经专门为喷射成形工艺的这一重要用途开发了一种新的强耐蚀合金，用于垃圾焚烧炉内汽化器和超级加热器材料。

图 2-19 瑞典的 Sandvik 工厂利用喷射成形技术生产的复合钢管

2.8.3 喷射成形钢铁合金

喷射成形对于提高工具钢、模具钢、高速钢等特殊钢的性能已得到世界各国工业部门的普遍关注。利用喷射成形快速凝固技术可以解决传统方法制备合金中较易出现的偏析、一次碳化物粗大、热加工性能差的问题。为了推进工业化生产喷射成形特殊钢，在英国特冶产品公司、丹麦钢厂、德国曼内斯曼-德马克公司、奥斯普瑞金属公司等在欧共体煤钢联盟和丹麦钢厂的共同资助下，在丹麦钢厂研制成功一台大型卧式喷射成形设备，用以研究是否可用低成本在工业规模上实现实验室喷射成形材料所具有的冶金优势。1994 年英国锻造轧辊（Forged Rolls）、英国制辊（Britsh Rollmarks）、Osprey 金属公司及 Sheffield 大学等联合进行了一项四年计划的研究，目标是利用喷射成形直接制备热轧机和冷轧机用的覆层轧辊。

2.8.3.1　轧辊

轧辊是轧制轧件的工具，是轧机上的主要消耗部件。20 世纪 80 年代末，日本住友重工铸锻公司建立了半生产型喷射成形轧辊生产装置，利用喷射成形技术制备了高铬铸铁和高碳高速钢轧辊。由于芯棒和喷射合金的界面难以形成致密性高的冶金结合，因此首先利用喷射成形制备出环状件，再将其组装到轧辊芯棒上。实践表明，喷射成形改变了高碳高速钢和高铬铸铁中一次碳化物的形状和分布。由于晶粒细化，碳化物分布均匀，合金化程度高，使得材料的耐磨性、硬度、韧性等性能提高，显著改善了轧辊的质量，提高了轧辊的热疲劳性能，使轧辊的工作寿命提高了 3～20 倍。近年来，英国 Forged Rolls 制造公司、Osprey 金属公司和 Sheffield 大学之间正在进行一项联合计划，通过将芯棒预热并采用多喷嘴和其他特殊技术，将轧辊合金直接复合到芯棒上，从而解决了先生产环状轧辊坯，再装配到轧辊芯棒上的复杂工艺问题，并在 17Cr 铸铁和 0.8V3.5Cr 钢的轧辊生产上得到了应用。国内上海钢研所在制成铜合金-碳钢复合轧辊后，也成功地制备了高铬钢-碳钢复合轧辊样品。

2.8.3.2　高合金钢

最初 Osprey 公司用 300kg 容量的水平设备生产 200mm 直径的钢锭，在同 Danish steel 等三家公司合作开发大直径钢锭计划实施过程中，将设备容量扩大到 1.2t，目前能生产直径为 250mm、325mm 和 400mm，长度达 1.2m 的工具钢和沉淀硬化不锈钢以及高速钢锭坯，如图 2-20 所示。这些高合金钢具有优良的性能，其制造成本可与冶金铸造工艺相竞争。此外，瑞典的 Sandvik 工厂在世界上首先应用喷射成形技术开发生产了不锈钢管和复合钢管，其生产的不锈钢管的最大尺寸为 $\phi400\text{mm}\times8000\text{mm}$，质量为 1t 左右。目前两班连续生产年产量达数百吨。

图 2-20　Osprey 公司生产的特殊
钢坯（直径 400mm，长 1m）

图 2-21　瑞士 Swissmetall Boillat 公司
生产的喷射成形铜合金坯锭

2.8.3.3 钢板

为使喷射成形技术进入板材生产的巨大市场，早在 20 世纪 90 年代初，在美国能源部的支持下就已建立了"钢铁倡议"项目。1992 年公布的第二阶段喷射成形研究发展计划，提出建立半生产型工厂，专门生产供热、冷轧薄板用的板坯。参加单位有高温合金、耐热钢和不锈钢板材生产厂 Haynes International、美国铝公司 Alcoa 以及 MIT、ORNL、INEL 等。

2.8.4 喷射成形铜合金

汽车工业中大量使用的焊接机用焊接电极头，要求有好的电导性、高的硬度和足够高的高温强度，以保证产品的使用寿命，降低维护费用。德国 Wieland 工厂 1991 年进入这一领域从事开发，他们利用喷射成形技术制备的 Cu-Cr-Zr 电极头，具有均匀细小的显微组织，其寿命是连铸电极头的 2 倍；开发的氧化铝颗粒增强 Cu-Cr-Zr 复合材料电极头，已用于汽车工业中镀锌钢板的焊接。为了满足市场的需要，瑞士 Swissmetall Boillat 公司开发了 4 种喷射成形铜合金，如 Cu-Bi 合金、Cu-Ni-Sn 合金等。该公司利用喷射成型技术制备了长达 2500mm 的铜合金棒坯，如图 2-21 所示。经过后续热挤压、拉拔、轧制工艺制备成细棒、线材、薄板、窄带等产品。目前 Swissmetall Boillat 公司生产的喷射成形接触器已经开始逐步取代传统工艺制备的 Cu-Be 合金和粉末冶金制备的 Cu-Ni-Sn 合金接触器。此外，该公司还充分利用喷射成形优势，开发了采用常规工艺因宏观偏析而无法生产的锡含量高达 14% 的锡青铜合金，其强度水平高于传统的可加工青铜合金。如图 2-22 所示为我国的北京有色金属研究总院和北京科技大学利用喷射成形技术开发出了高熔点的 CuCr50 和 CuCr25 合金触头材料棒坯，材料中的 Cu 基体呈网格状分布，而类球形的 Cr 相均匀分布在 Cu 基体上，其中 Cr 相颗粒尺寸平均为 $15\mu m$。

图 2-22　国内采用喷射成形工艺制备的 CuCr50 合金触头材料

图 2-23　喷射成形 Al-70Si 合金封装的功率放大器

2.8.5 喷射成形硅铝合金

硅铝合金是一种性能优越的电子封装材料，它具有低的热膨胀系数、高的热导率和低的密度，而且，可以根据具体的需要，通过铝硅合金成分的调整，得到不同热膨胀系数的封装材料，此外，该材料还具有良好的热、机械稳定性（使用温度可达到 550℃），良好的机械加工性能，可采用碳化物或多晶金刚石刀具获得较高的加工精度，易于加工成不同的形状（包括各种凹槽、窄槽和边角等），而且，该材料与环境友好，不含有害健康的元素，易于循环处理，易于进行镀金、银和镍等表面涂装材料，并具有良好的焊接性能，这些都显示该材料的研究开发具有广阔的产业化应用前景。

因此，硅铝合金电子封装材料近几年在国内外的研究开发十分活跃。日本住友电气公司用传统的粉末冶金法生产 40Si/Al（质量分数）材料，欧共体目前正在进行一个合作开发计划（BRITE/EURAM，R&D 计划）来发展这种以 Si-Al 合金为基础的新型电子封装系列材料，如图 2-23 所示为利用喷射成形 Al-70Si 合金作为封装材料的功率放大器。英国 Osprey 金属公司用喷射成形法生产出 Si-Al 系列合金，现在已经批量生产，在高频电路载波器、信号放大器等方面获得了应用。中国台湾的 Lee 等采用压力熔渗的方法制备出综合性能优良的 Si-Al 合金，台湾成功大学用喷射成形法制备出 Al-50 Si 合金，中南大学用粉末冶金的方法制备出 Al-50 Si 合金，北京有色金属研究总院和北京科技大学用喷射成形法制备出 Al-50 Si 和 Al-60 Si 合金，并通过热等静压对材料进行致密化处理，得到综合性能优异的电子封装材料，如图2-24所示。

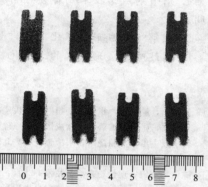

图 2-24　国内利用喷射成形技术制备的 Al-60～70Si 合金热沉片

含硅量较低的 Al-Si 合金是可以通过熔化铸造成形的，但是，当硅的含量大于 50%（质量分数）时，Si-Al 合金铸态显微组织主要由大的、孤立的、多面化的和高纵横比的一次 Si 晶体组成，这对于材料的力学性能和加工性能非常不利。针状一次硅相的尺寸为毫米级，使得显微组织各向异性非常明显。显然，铸造 Si-Al 合金中存在的这些针状硅相会造成材料的机械脆性，使得 Si-Al 合金的应用受到限制，因此用此方法制备的 Si-Al 合金不能用作电子封装。例如，用于电子封装的板材厚度一般为 1～5mm，如果用铸造成形法制备，单个的 Si 晶粒有可能会穿透整个板厚。这将使材料极难加工到表面涂装所需的高精度质量，因为 Si 颗粒易于沿择优晶体学平面生长，材料易发生单方向开裂。此外，由于大的 Si 颗粒尺寸，材料的局部 CTE 和热传导率将发生大幅度变化，取决于与芯片相接触的部位是 Al 或是 Si。一般认为具有这样显微组织的合金没有工程应用价值，只能用作液态金属制备工艺的母合金或炼钢的脱氧剂。

通过采用可以制备细小、各向同性显微组织的合金可以解决上述问题。粉末冶金技术虽然可以达到这一目的，但是由于粉末冶金技术往往涉及复杂的工序、造成成本的增加以及成形困难等一些问题，所以一直未能在 Si-Al 合金的制备中获得推广应用。可以达到以上目的的另一项工业化技术就是喷射成形技术。采用喷射成形，然后热压或热等静压致密化工艺，可以在一定程度上缓解此类问题。在喷射成形过程中，将熔融金属通过雾化器用高速惰性气体进行雾化，产生细小的雾滴（一般直径约为 40μm）。这些雾滴在一个冷态旋转的基板上沉积，经历快速凝固后形成具有细小的各向同性组织的坯件。经过雾化的 Si-Al 合金熔滴在飞行过程中即开始形成 Si 的晶体，在沉积坯表面凝固相被破碎产生了大量的 Si 相形核位置，这些核心长大并相互碰撞限制了 Si 相的长大过程，无法形成铸造组织中那样的孤立的、高度取向性的 Si 相，而且所形成的 Si 晶体随机取向，解决了显微组织与性能各向异性的问题。结果使沉积坯结构上实现连贯性，产生各向同性的合金的组织和性能，并且有利于表面的精细加工。经过适当的后续处理消除沉积过程中形成的少量疏松后，这些沉积坯件就可以用来制造各种高性能的封装部件。

喷射成形 Si-Al 合金已广泛地应用于功率电子器件（如整流管、晶闸管、功率模块、激光二极管、微波管等）和微电子器件（如计算机 CPU、DSC 芯片）中，在微波通信、自动控制、电源转换、航空航天等领域发挥着重要的作用。

习题与思考题

1. 喷射成形的基本原理是什么？其基本特点有哪些？
2. 喷射成形关键装置指的是什么？
3. 喷射成形材料和传统材料相比有什么不同？要获得性能优异的喷射成形材料应从哪几方面入手？
4. 用喷射成形技术制备复合材料时有什么优势？是否任何复合材料都能用该方法来制备？说明理由。
5. 理解喷射成形的雾化过程，如何掌握和控制好雾化过程？
6. 简述喷射成形技术的工业化应用现状及其发展趋势。

参 考 文 献

[1] 张济山，熊柏青，崔华著. 喷射成形快速凝固技术——原理与应用. 北京：科学出版社，2008.
[2] 吴成义，张丽英编著. 粉体成形力学原理. 北京：冶金工业出版社，2003.
[3] 郭庚辰主编. 液相烧结粉末冶金材料. 北京：化学工业出版社，2003.
[4] 李凤生著. 特种超细粉末制备技术及应用. 北京：国防工业出版社，2002.
[5] 陈振华主编. 现代粉末冶金技术. 北京：化学工业出版社，2007.
[6] 王运赣，张祥林编著. 微滴喷射自由成形. 武汉：华中科技大学出版社，2009.
[7] 朱奇林，曹福洋，吴成龙. 喷射成型高硅铝合金的致密化研究. 材料·工艺·设备，2007，(11)：48-51.
[8] 任芝兰，张蓉. 喷射沉积技术的发展及其在合金制造中的应用. 金属铸锻焊技术，2008，37 (15)：125-131.
[9] 张国庆，李周，田世藩等. 喷射成形高温合金及其制备技术. 航空材料学报，2006，(3)：258-264.
[10] 康福伟，孙剑飞，沈军等. 喷射成形工艺的发展及应用. 稀有金属，2004，28 (2)：402-407.
[11] 霍光，匡星，况春江等. 喷射成形工艺的理论研究进展. 粉末冶金技术，2008，26 (5)：282-289.
[12] 刘宏伟，张龙，王建江，杜心康. 喷射成形工艺与理论研究进展. 兵器材料科学与工程，2007，30 (3)：63-67.
[13] 符世继，谢明，陈力等. 喷射成形过共晶 Al_2Si 合金材料的研究现状. 材料导报，2006，20 (5)：437-449.
[14] 张雁，费群星. 喷射成形技术的研究概况. 现代制造工程，2006，(7)：134-137.
[15] 李荣德，刘敬福. 喷射成形技术国内外发展与应用概况. 铸造，2009，58 (8)：797-803.
[16] 刘星星，严彪，邹洪流等. 喷射成形钛铝合金的研究. 上海有色金属，2007，28 (3)：119-145.
[17] 古元军，曲道东，叶正涛等. 喷射成形新型自由式雾化器的设计研究. 铸造，2009，58 (6)：582-588.
[18] 刘春林. 金属粉末喷射成型技术与应用. 宁波高等专科学校学报，2004，16 (2)：26-31.
[19] 陈远望. 金属喷射成型的最新发展态势. 世界有色金属，2009，5：78.
[20] 杨占尧，王学让，李长胜等. 论快速成型技术的发展方向. 工程塑料应用，2002，30 (1)：45-48.
[21] 马鸣图，石力开，熊柏青. 喷射沉积成型铝合金在汽车发动机缸套上的应用. 汽车工艺与材料，2000，(2) 16-19.
[22] 马力，陈伟，翟景等. 喷射沉积铝合金材料研究现状与发展趋势. 兵器材料科学与工程，2009，32 (2)：120-124.
[23] Zhou Yizhang, Li Jihong, Nutt S, et al. Spray forming of ultra-fine SiC particle reinforced 5182 Al-Mg. Journal of Materials Science, 2000, 35 (16)：4015-4023.
[24] Tan Takao, Watanabe Naoyoshi, Takatori Kazumasa. Emulsion Combustion and Flame spray Synthesis of Zinc Oxide/Silica Particles. Journal of Nanoparticle Research, 2003, 5 (2)：39-46.
[25] Kim H J, Lim K M, Seong B G, et al. Amorphous phase formation of Zr-based alloy coating by HVOF spraying process. Journal of Materials Science, 2001, 36 (1)：49-54.
[26] Srivastav V C, Manda R K, Ojha S N. Microstructural evolution during spray forming of an Al-18Si alloy. Journal of Materials Science Letters, 2001, 20 (1)：27-29.
[27] Zhou Yizhang, Li Jihong, Nutt S, et al. Spray forming of ultra-fine SiC particle reinforced 5182 Al-Mg. Journal of Materials Science, 2000, 35 (16)：4015-4023.
[28] Srivastava A K, Ojha S N, Ranganathan S. Microstructural features associated with spray atomization and deposition of Al-Mn-Cr-Si alloy. Journal of Materials Science, 2001, 36 (14)：3335-3341.
[29] Lawrynowicz D, Liang X, Srivatsan T S, et al. Processing, microstructure and fracture behaviour of a spray-atomized and deposited nickel aluminide intermetallic. Journal of Materials Science, 1998, 33 (6)：1661-1675.

第3章 机械合金化技术

【学习目的与要求】

通过本章的学习，使学生对机械合金化技术有了一个系统而全面的了解；掌握典型球磨机的结构和工作原理；加强对球磨过程和球磨机理和机械力化学作用过程及其机理的理解；熟悉和掌握采用机械合金化技术制备弥散强化合金、贮氢材料、电工材料、非晶材料、准晶材料以及纳米晶材料的基本原理和方法；了解机械合金化技术的发展历史和现状；为将来走向工作岗位打下良好的基础。

3.1 机械合金化概述

3.1.1 机械合金化的概念

机械合金化（mechanical alloying，MA）是指金属或合金粉末在高能球磨机中通过粉末颗粒与磨球之间长时间激烈地冲击、碰撞，使粉末颗粒反复产生冷焊、断裂，导致粉末颗粒中原子扩散，从而获得合金化粉末的一种粉末制备技术。具有成本低、产量大、工艺简单及周期短等特点，自20世纪60年代末由美国国际镍公司的 Benjamin 首先用高能球磨的方法成功地制备出氧化物弥散强化合金以来，机械合金化已经成为材料制备技术中的重要方法之一。到目前为止已成功制备出了弥散强化合金、磁性材料、高温材料、贮氢材料、过饱和固溶体、复合材料、超导材料、非晶、准晶和纳米晶等。

3.1.2 机械合金化的球磨装置

通常实现金属粉末机械合金化的球磨装置主要有以下几种：搅拌球磨机、滚动球磨机、行星球磨机和震动球磨机，如图3-1所示。其工作原理如下。

（1）搅拌球磨机［(图3-1(a)]　搅拌球磨机是一种最有发展前途而且是能量利用率最高的超细粉破碎设备，同样也是最重要的机械化设备。搅拌球磨机又称搅拌摩擦式球磨机，它主要由一个静止的球磨筒体和一个装在筒体中心的搅拌器组成，筒体内装有磨球，磨球由装在中心的搅拌器带动，搅拌器的支臂固定在搅拌器上，当搅拌器旋转时，磨球和物料作多维的循环运动和自转运动，从而在磨筒内不断地上下、左右相互置换位置产生剧烈的运动，由球磨介质重力及螺旋回转产生的挤压力对物料产生冲击、摩擦和剪切作用，使物料粉碎。

（2）滚动球磨机［图3-1(b)]　也称卧式球磨机，球磨筒体绕其横轴转动。粉碎物料的作用效果主要取决于球和物料的运动状态，而球和物料的运动状态又取决于球磨筒的转速。在重力和旋转所产生的离心力综合作用下，球体上下翻滚砸在粉末上。当球磨机转速较低时，球和物料沿筒体上升至自然坡角度，然后滚下，称为泻落，如图3-2(a)所示。这时物料的粉碎主要靠球与球以及球与筒壁之间的摩擦作用。当球磨机转速较高时，球在离心力的作用下，随着筒体上升的高度较大，然后在重力作用下下落，称为抛落。如图3-2(b)所示。这时物料不仅

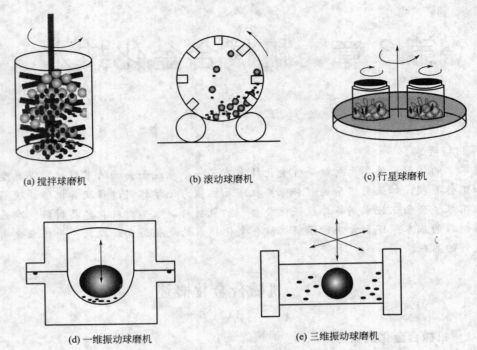

(a) 搅拌球磨机　　　　(b) 滚动球磨机　　　　(c) 行星球磨机

(d) 一维振动球磨机　　　　　　　(e) 三维振动球磨机

图 3-1　机械合金化的球磨装置

靠球与球及球与筒壁之间的摩擦作用，而且靠球落下时的冲击作用而粉碎，其破碎效果最好。当球磨机转速进一步提高，离心力超过球的重量时，紧靠衬板的球不脱离筒壁而与筒体一起回转，此时球对物料的粉碎作用将停止，这种转速称为临界转速，如图 3-2(c) 所示。

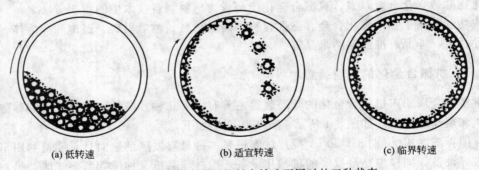

(a) 低转速　　　　　　(b) 适宜转速　　　　　　(c) 临界转速

图 3-2　球磨筒内球和物料在转速不同时的三种状态

（3）行星式磨机 ［图 3-1(c)］　筒体固定在工作台上，工作台可以旋转，并且离心加速度值可达到 30～50 倍的重力加速度值。筒体自身也能旋转，旋转时可以顺着工作台旋转方向，也可逆向。行星球磨机是靠本身强烈的自转和公转，使磨球产生巨大冲击、球磨作用，使物料粉碎的设备。

（4）振动球磨机 ［图 3-1(d)、(e)］　振动球磨机是利用磨球在作高频振动的筒体内对物料进行冲击、摩擦、剪切等作用从而使物料粉碎的球磨设备。一维振动式球磨机，筒体做纵向振动，在此过程中，磨球抛起落下，砸在粉末上进行研磨。三维振动式球磨机，其工作原理和一维振动式球磨机相同，但是在三个方向上，自由振动工作情况更为复杂，球体不但和筒壁发生碰撞，还与筒体的顶部和底部碰撞，其球磨效果明显好于一维的球磨机。

3.2　金属粉末的球磨过程

一般来说金属粉末在球磨时，有四种形式的力作用在颗粒材料上：冲击、摩擦、剪切和压缩。冲击是一物体被另一物体瞬时撞击。在冲击时，两个物体可能都在运动，或者一个物体是静止的。脆性物料粉末在瞬间受到冲击力而被破碎。摩擦是由于两物体间因相互滚动或滑动而产生的，摩擦作用产生磨损碎屑或颗粒。当材料较脆和耐磨性极低时，摩擦起主要作用。剪切是切割或劈开颗粒，通常，剪切与其他形式的力结合在一起发挥作用。两物体斜碰可以产生剪切应力，剪切有助于通过切断将大颗粒破碎成单个颗粒，同时产生的细屑极少。压缩是缓慢施加压力于物体上，压碎或挤压颗粒材料。

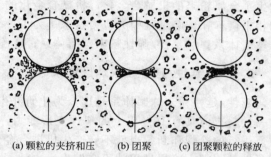

(a) 颗粒的夹挤和压　　(b) 团聚　　(c) 团聚颗粒的释放

图 3-3　夹挤两球间粉末增量容积的变化过程

如图 3-3 所示，球磨机运动时，将一定容积的粉末夹挤在两个冲撞球之间。夹挤在两球之间粉末的质量和容积大小取决于许多因素，如粉末粒度、粉末松装密度、球体的速率及其表面粗糙度等。球体相互接近时，大部分颗粒被排出，只有剩余的少量颗粒在球体碰撞的一瞬间，被夹挤在减速球体之间，并且受到冲撞 ［图 3-3(a)］。若冲击力足够大，则粉末的夹挤容积将受到压缩，以致形成团聚颗粒或丸粒 ［图 3-3(b)］，当弹性能促使球体离开时，则释放出团聚颗粒或丸粒 ［图 3-3(c)］。若接触颗粒的表面间因焊接相结合或机械咬合在一起，并且结合力足够大时，则团粒不会分裂开。

碰撞压缩过程可分为三个阶段，第一阶段是粉末颗粒的重排和重新叠置。粉末颗粒间相互滑动，这时颗粒只产生极小变形和断裂。在这一阶段颗粒形状起着重要作用。流动性最好和摩擦力最小的球形颗粒，几乎全部从碰撞体间被排出；流动性最差和流动摩擦阻力最大的饼状和鳞片状颗粒，很容易被夹挤在球体表面之间。表面不规则的颗粒因机械连接也趋向于形成团粒。碰撞压缩的第二阶段为颗粒的弹性和塑性变形以及金属颗粒发生冷焊，塑性变形和冷焊对硬脆粉末的粉碎几乎没有什么影响，但可以强烈改变塑性材料的球磨机理。在第二阶段大多数金属发生加工硬化。碰撞压缩的第三阶段是颗粒进一步变形、密实或者被压碎破裂。对于硬脆粉末多为直接碎裂，对于延性粉末则为变形、冷焊、加工硬化或者断裂。

不能进一步被破碎的微小压坯的大小（最终破碎的程度），取决于颗粒间结合强度以及粉末颗粒的形状、大小、粗糙度和氧化程度。在球磨过程中，对于单一粉末颗粒来说发生了一系列的变化，如微锻、断裂、团聚和反团聚。

微锻是指在最初的球磨过程中，由于磨球的冲击，延性颗粒被压缩变形。颗粒反复地被磨球冲击压扁，同时单个颗粒的质量变化很小或没有变化。脆性粉末一般没有微锻过程。

断裂是指球磨一段时间后，单个颗粒的变形达到某种程度，裂纹萌生、扩展并最终使颗粒断裂。颗粒中的缝隙、裂纹、缺陷及夹杂都会促进颗粒的断裂。

团聚是指颗粒由于冷焊，海绵状或具有粗糙表面的颗粒机械连接或自黏结产生的聚合。自黏结是颗粒间分子相互作用，具有范德华力的特性。反团聚是一种由自黏结形成团粒的破碎过程，但对单个粉末颗粒来说，并没有进一步破碎。

金属粉末的破碎机理：金属粉末在球磨过程中的第一阶段为微锻过程，在这一阶段，颗粒发生变形，但没有发生因焊接而产生的团聚和断裂，最后，由于冷加工，颗粒的变形和脆裂非常严重。第二阶段，在无强大聚集力情况下，由于微锻和断裂交替作用，颗粒尺寸不断减小。当颗粒（特别是片状颗粒）被粉碎得较细时，相互间的连接力趋于增加，团粒变得密实。最后阶段，反团聚的球磨力与颗粒间的相互连接力之间达到平衡，从而生成平衡团聚颗粒，这种平衡团聚颗粒的粒度也就是粉碎的极限粒度。

3.3　机械合金化的球磨机理

金属粉末在长时间的球磨过程中，颗粒的破碎和团聚贯穿于整个过程，在这一球磨过程中发生了金属粉末的机械合金化。机械合金化的球磨机理取决于粉末组分的力学性质、它们之间的相平衡和在球磨过程中的应力状态。为了便于讨论问题，可以把粉末分成：①延性/延性粉末球磨体系；②延性/脆性粉末球磨体系；③脆性/脆性粉末球磨体系。

3.3.1　延性/延性粉末球磨体系

延性/延性粉末球磨体系是迄今为止研究得最广泛的合金体系。Benjamin 等人认为，至少有一种粉末应具有 15％以上的塑性变形能力，如果颗粒没有塑性就不会发生冷焊，没有不断重复进行的冷焊和断裂也就不会产生机械合金化。一般金属属于延性体系。如果金属粉末属于非延性的，那么冷焊过程就不会发生，也就不可能形成合金化。如果二元合金的两组元都是延性金属粉末，对于机械合金化是理想的组合。在球磨初期粉末受外力被拉平，形成相互交叠的层片状结构，也就是冷焊。这时粉末的颗粒尺寸变大。随后经反复断裂、冷焊，两组元相互扩

(a) 冷焊　　(b) 粉末断裂

图 3-4　球-粉末-球碰撞过程示意图

如图 3-4 所示为球-粉末-球碰撞过程示意图。

散达到原子水平，形成真正的固溶体、非晶相或金属间化合物。到达合金化以后，层状的粉末结构就消失了。一些由面心立方（fcc）结构的金属与金属组成的合金体系属于延性/延性体系，如 Al-Cu、Cu-Ag、Cu-Ni、Al-Ni 等，另外 Fe-Cr 和 Ni-Cr 合金系也属于延性/延性粉末球磨体系。一般来说，延性/延性粉末球磨体系比脆性/脆性球磨体系粉末的粒度要小些。

3.3.2　延性/脆性粉末球磨体系

延性组分和脆性组分的粉末机械合金化球磨机理大体上和延性/延性粉末体系的相同，金属和陶瓷组成的体系就是这类体系的代表。此外，金属与类金属（Si、B、C）以及金属与金属间化合物也属于延性/脆性体系。在球磨初期，延性的金属粉末在碰撞中变平，脆性粉末破碎，这些破碎的脆性粒子容易嵌在延性的粉末里。继续球磨后延性粉末的层状结构变弯曲、变硬，脆性粒子逐步均匀混合在变了形的层状的延性粒子内。如果这两种延性和脆性的组元可以互溶，这时就会发生合金化，形成真正化学意义上的均匀状态。如果脆性相与基体不相溶，则导致脆性相的进一步细化且弥散分布，如 ODS（氧化物弥散强化）合金。若脆性相与基体相溶，则产生合金化反应，这和延性/延性粉末的球磨机理类似。一般来说，弥散质点间距和冷焊间距相当，片间距一般为 $0.5\mu m$，经过很长时间的球磨后，最小片间距可达 $0.01\mu m$ 以下。

延性/脆性体系是否发生合金化也取决于脆性组分在延性组分中的固溶度。Si-Fe 在球磨过程中可以形成成分均匀的合金，而 B-Fe 在球磨时却不会发生合金化反应，只能得到 B 在 Fe 中弥散分布的复合体。参照它们的平衡相图，发现 B 在 Fe 中溶解度极小，而 Si 在 Fe 中却有一定的溶解度，这说明延性/脆性组元有一定溶解度或化学亲和力是延性/脆性系材料发生合金化的有利条件。

3.3.3 脆性/脆性粉末球磨体系

在机械合金化技术研究的初期，人们普遍认为脆性/脆性组分的粉末球磨体系不可能发生机械合金化，球磨只不过使脆性粉末的粒度减小到所谓的粉碎极限，继续球磨，颗粒不会再进一步破碎。

实验结果表明，某些脆性组分在球磨时会产生机械合金化。如形成固溶体的 Si/Ge 系，形成金属间化合物的 Mn/Bi 系和形成非晶合金的 $NiZr_2/Ni_{12}Zr_8$ 系和 $NiZr_2/Cu_{50}Tr_{50}$ 系。

脆性组分间的机械合金化机理至今尚不清楚。在球磨过程中，脆性/脆性组分的显微组织变化与延性/延性组分的层状组织明显不同。Ge 和 Si 粉末在 SPEX 振动磨机上球磨 2h 后，发现较硬的 Si 粒子被嵌在较软的 Ge 基体中，同时发现在液氮冷却下球磨时，可以抑制 Si-Ge 系的机械合金化。显然，在脆性/脆性体系的球磨过程中，热激活-扩散过程是机械合金化的一个重要条件。在低于室温球磨时，延性/延性和延性/脆性组元粉末间的机械合金化是可以实现的，如 Ni/Ti 体系在 233K 及 Nb/Ge 体系在 258K 都能实现机械合金化。产生这些差别的原因是与延性/延性体系球磨产物中的微细层状组织相比，脆性/脆性组元间的扩散距离较长，或者说延性/延性体系在球磨时发生的剧烈塑性变形造成了晶体缺陷，提供了更多的扩散路径。

脆性/脆性体系粉末在球磨过程中，某些组分间能够发生扩散传输。塑性变形是对这种扩散传输过程有贡献的可能机制之一。球磨时脆性组分能够发生塑性变形的原因为：①局部温度升高；②具有无缺陷区的微变形；③表面变形；④球磨过程中粉末内部的静水应力状态。

Harris 认为，脆性材料的球磨存在一个粒度极限，当达到这一极限值时，进一步球磨粉末颗粒的尺寸不再减小，这时球磨提供的能量有可能改变粉末的热力学状态，引起合金化。

摩擦磨损也可能是脆性/脆性粉末实现机械合金化的机制之一。在球磨脆性材料时，具有低粗糙度和锋利边缘的脆性不规则尖锐粒子可嵌入到其他粒子中，并引起塑性流变-冷焊，而不是断裂，因此使得机械合金化能够进行。

3.4　机械合金化原理

3.4.1　机械力化学原理

3.4.1.1　机械力化学的概念

所谓机械力化学就是通过机械力的不同作用方式，如压缩、冲击、摩擦和剪切等，引入机械能量，从而使受力物体的物理化学性质及结构发生变化，改变其反应活性。机械力化学的概念于 1919 年由 Ostwald 根据能量观点对化学进行分类时首次提出。他认为，像热化学、电化学、光化学等一样，研究机械力引发的物质化学变化的学科，应称为机械力化学。不过真正给予机械力化学以明确定义并引起全世界科学工作者广泛关注的是 Peters 等人从 1951 年起所做的一系列工作，并在 1962 年第一届欧洲粉碎会议上发表的名为"机械力化学反应"的论文，文章认为机械力化学应被定义为"物质受机械力的作用而发生化学反应或物理化学变化的现象"。他指出在球磨的过程中各种凝聚态反应都能观察到。因为在球磨的过程中，磨球和颗粒不断地碰撞，颗粒被强烈地塑性变形，产生应力和应变，颗粒内产生大量的缺陷（空位和位错），使得反应势垒降低，诱发一些利用热化学难以或无法进行的化学反应。机械力化学是化学的一个分支，它着重研究物质受机械能作用时所发生的化学或物理化学变化。

3.4.1.2　机械力化学的特点

机械力化学反应具有与常规化学反应不同的特点。同时，机械作用诱发的机械力化学反应机理、热力学和动力学特性也显著不同于常规化学反应，其特点可概述如下。

（1）在机械力作用下可以诱发一些利用热能无法发生的化学反应　施加于物质上的机械能对其结构产生强烈影响，破坏其周期性结构，并使其化学键处于不饱和状态。另外，机械能诱发了结构缺陷的产生，缺陷的产生导致了能量增加，从而改变了其热力学状态，使其反应活性增加。表 3-1 列出了一些机械力化学反应类型。

表 3-1　一些机械力化学反应类型

反应类型	反应实例
分解反应	$M_xCO_3 \longrightarrow M_xO + CO_2$（$M = Na^+, K^+, Mg^{2+}, Ca^{2+}, Fe^{2+}$）
合成反应	$Mg + \gamma\text{-}Al_2O_3 \longrightarrow MgAl_2O_4$ $Ca_9HPO_4(PO_4)_5OH + CaF_2 \longrightarrow Ca_{10}(PO_4)_6F_2 + H_2O$ $Sn + 2PhCH_2X \longrightarrow (PhCH_2)_2SnX_2$　（$X = Cl, Br, I; Ph = C_8H_5$）
氧化还原反应	$xM + y/2O_2 \longrightarrow M_xO_y$　（$M = Ag^+, Cu^+, Zn^{2+}, Ni^{2+}, Co^{2+}$） $Au + 3/4CO_2 \longrightarrow 1/2Au_2O_3 + 3/4C$ $3/2TiO_2 + 2Al \longrightarrow Al_2O_3 + 3/2Ti$
晶型转变	$\gamma\text{-}Fe_2O_3 \longrightarrow \alpha\text{-}Fe_2O_3$　$\alpha\text{-}PbO_2 \longrightarrow \beta\text{-}PbO_2$

此外球磨汞或银的卤化物很容易引起分解，但常规下，氯化汞会直接升华而氯化银加热到熔融态也不分解。通常用 Mg 还原氧化铜，需要在很高的温度下，提供大量的热驱动能来进行，但在机械力化学作用下，还原在室温下就可以进行。

（2）有些物质的机械力化学反应与热化学反应的机理不一致　如溴酸钠的热分解为：$NaBrO_3 \xrightarrow{\text{热能}} NaBr + \frac{3}{2}O_2$。而机械力化学过程则为：$2NaBrO_3 \xrightarrow{\text{机械能}} Na_2O + \frac{5}{2}O_2 + Br_2$。

（3）机械力化学反应速率快　机械力化学反应速率有时要比热化学反应快几个数量级。如羰基镍的合成，在 298K，无机械力作用时的反应速率为 5×10^{-7} mol/h，而在机械力作用的情况下该值为 3×10^{-5} mol/h，相差近两个数量级。

（4）某些机械力化学反应受周围环境影响小　与热化学反应相比，机械力化学反应对周围环境压力、温度的依赖性小，有些甚至与温度无关。如硝酸盐的机械化学分解速率无论在室温还是在液态氮温度下都是一样的。

（5）机械力化学平衡　有些反应如 $MeCO_3 \longrightarrow MeO + CO_2$ 可以建立"机械力化学平衡"。该平衡取决于固相组成，或者说取决于氧化物和碳酸盐的摩尔比，这是与相律相抵触的。它区别于"热化学平衡"。

3.4.1.3　机械力化学效应

物质受到机械力作用时，如球磨过程产生的冲击力和球磨力，物体产生冲击波时的压力和物体承载时的压力、拉力和摩擦力等，因此产生激活作用。若体系的化学组成不发生变化时称为机械激活；若化学组成和结构发生变化则称为机械化学激活，也可以称为机械力化学效应。

一般认为，物质在机械力作用下会产生如下机械力化学效应。

（1）在机械力作用下导致物质晶型转变　机械力作用可使物质发生晶型转变生成亚稳晶型。例如方解石转变为霞石、石英转变为硅石，$\gamma\text{-}Fe_2O_3$ 转变为 $\alpha\text{-}Fe_2O_3$ 等。一般来说，晶型转变就是强烈的机械力化学作用使物质不断吸收并积累能量，晶粒尺寸减小，比表面积增大。另外，产生晶格畸变和缺陷，并最终使之发生结构转变。

机械力作用还可引起离子在阴离子和阳离子超晶格中的再分布，如铁酸锌在晶体尺寸足够小而机械冲击足够大时，就会引起氧超晶格在 [111] 方向的切变，从而导致阳离子在四面体和八面体空间的再分布，改变了铁酸盐的物理和化学性质。

(2) 机械力改变物质的表面性质　机械作用使晶体离子局部发生晶格畸变，形成位错，使晶格点阵中粒子排列部分失去周期性，形成晶格缺陷，导致晶体内能增高、表面改性、反应活性增强。例如振动球磨可以使 Al_2O_3 的晶格畸变增大数倍，而球磨铅黄矿和黏土矿可以使位错密度增大，活性增加。

(3) 机械力作用下使得物质无定形化　在强烈的机械力作用下，晶体表面晶格受到强烈破坏，最终使晶格崩溃而导致非晶化。或者由于机械力的作用导致位错增多，引起层扩散导致非晶化。而材料在无定形化后的某些物理化学性质发生很大变化。例如对石英长时间球磨（400h），得到的 X 射线图谱上的尖锐峰几乎完全消失，只存在非晶态漫散射峰，滑石由于球磨导致脱水而无定形化。

(4) 诱发机械力化学反应　机械力作用引起化学键的断裂，生成不饱和基团、自由离子和电子，产生新的表面，造成晶格缺陷，使物质内能增高，处于一种不稳定的化学活性状态，激发化学反应的发生。由于机械力作用使得金属、离子晶体、半导体等材料在切削、碾磨、压延和粉碎等过程中产生新生表面，并在常温下引起电子放射的效果被称为 Kramer 效应。机械作用可以使许多在常规室温条件下不能发生的反应成为可能。

(5) 机械力引起的其他一些性质变化　除了上面提到的几点外，机械力还会引起材料某些物性的变化，如粉末材料的比表面积和密度等。

3.4.2　机械力化学作用过程及其机理

3.4.2.1　机械力化学作用过程

在机械力化学过程中，颗粒发生塑性变形需消耗机械能，同时在位错处又贮存能量，这就形成了机械力化学的活性点。而作为机械力化学的诱发源的活化点则开始分布在表面，然后集中在局部区域，最后均匀地分布在整个区域。活化点的分布模型如图 3-5 所示。

3.4.2.2　机械力化学作用机理

(1) 局部升温模型　在机械力化学作用机理中，局部碰撞点的升温是一个

(a) 分布在表层　　(b) 分布在局部区域　　(c) 分布在整个区域

图 3-5　活化点的分布模型

重要机理。虽然对球磨筒体来说，温升可能不是很高，但是在局部碰撞点中可能产生很高的温度，并可能引起纳米尺度范围的热化学反应，而在碰撞点处因为高的碰撞力会导致晶体缺陷的扩散和原子的局部重排。最近 Urakaev 等人采用非线形弹塑性理论（Hertz 理论）计算得出，在行星球磨的机械力化学过程中可以产生瞬时（$10^{-9}\sim10^{-8}$ s）的高温（1000K）和高压（1~10GPa）。Heinicke 等人通过控制高压振动波试验，发现当压力为 13GPa、20GPa 时可以产生 4×10^{-3}、8×10^{-3} 的晶格变形量，如在行星球磨机上球磨 ZrO_2 粉 24h 后，晶格畸变达 $6\times10^{-3}\sim16\times10^{-3}$。畸变主要由局部高压引起，瞬间压力可以达到 10GPa 数量级。

(2) 缺陷和位错模型　一般认为活性固体处于一种热力学上和结构上均不稳定的状态，其自由能和熵值较稳态物质的都要高。缺陷和位错影响到固体的反应活性。

物体在受到机械力作用时，在接触点处或裂纹顶端就会产生应力集中。这一应力场可以通过种种方式衰减，而这取决于物质的性质、机械作用的状态及其他有关条件。碰撞时球的动能被粉末吸收，转变为压缩能，碰撞后粉末内残余应力继续变化，局部应力的释放往往伴随着结构缺陷的产生以及向热能的转变，实际温度的增加取决于向热能转化的比例。

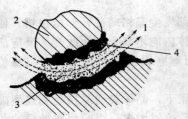

图 3-6 摩擦等离子模型
1—外激电子放出；2—正常结构；
3—等离子区；4—结构不完整区

（3）摩擦等离子区模型　Tehiessen 等人提出的"摩擦等离子区模型"认为物质在受到高速冲击时，在一个极短的时间和极小的空间里，对固体结构造成破坏，导致晶格松弛和结构裂解，释放出电子、离子，形成等离子区（图 3-6）。高激发状态诱发的等离子体产生的电子能量可以高达 10eV，而一般的热化学反应在温度高于 1273K 时的电子能量也不会超过 6eV，因此机械力有可能诱发通常情况下热化学不能进行的反应，使得固体物质的热化学反应能力降低，反应速率加快。不过等离子区处于高能状态，粒子分布不服从 Boltzman 分布，这种状态寿命仅维持 $10^{-8} \sim 10^{-7}$s，随后体系能量迅速下降并逐渐趋缓，最终部分能量以塑性变形的形式在固体中贮存起来。

（4）新生表面和共价键开裂理论　固体受到机械力作用时，材料破坏并产生新生表面，这些新生表面具有非常高的活性。有些材料（如 SiO_2）产生破坏时，共价键产生裂开现象，并且带正负电子，提高了材料的活性，有利于化学反应的发生。

（5）综合作用模型　上述的机械力化学作用机理之间的差异较大，也有可能是几种因素共同作用的结果，例如新生表面具有非常高的活性的原因可以用 Tehiessen 等人提出的"摩擦等离子区模型"和键裂开模型来解释。最近 Urakaev 和 Boldyrev 等人根据这一思路提出了一个关于机械力化学的动力学模型：

$$\alpha = \alpha(\omega_k, N, R/l_m, X), \alpha(\tau) = Ka(\tau) \tag{3-1}$$

式中　α——机械力化学引起的反应转化率；

　　　ω_k——球磨机的转动频率

　　　N——球磨筒内的钢球数目；

　　R/l_m——钢球大小和球磨筒直径比；

　　　X——钢球及被球磨物料的性质；

　　　K——反应速率常数；

　　$a(\tau)$——与球磨时间有关的函数。

这个模型给出了影响机械力化学反应的基本因素，尤其是将时间和其他因素区别开来。利用该模型计算的反应速率常数和实测值基本吻合。

虽然有关机械力化学作用机理的理论和模型都有不少，但都是一些唯像理论和半经验模型，真正令人满意的机械力化学机理还有待进一步研究。

3.4.2.3　机械力诱发的化学反应机制

机械力可以诱发的化学反应类型虽然很多，但其反应机制基本可以概括为以下几个方面。

（1）界面反应机制　金属氧化物（MO）与更活泼的金属还原剂（R）反应生成纯金属 M。另外，金属氯化物和硫化物通过这种方式也可还原成纯金属，这类反应的一个特征是具有大的负自由焓变化，室温下在热力学上是可行的，反应的能否发生仅受动力学的限制。对于普通的固-固和固-气反应，生成的产物层阻碍反应的进一步进行，故通常需要高温来促进反应的进行，且反应速率取决于两者间的接触面积。原料粉末的粒度越细，反应速率越快。但在高能球磨过程中，粉末颗粒处于高能量状态，在球与粉末颗粒发生碰撞的瞬间形成高活性区，并产生温升，可以诱发此处的瞬间化学反应。随着球磨过程的连续进行，不断产生新鲜表面，反应产物不断被带走，从而维持了反应的进行。每一次的碰撞都可以诱发一次瞬时反应。这种反应是渐变式的，该机理已经在 Ti、Nb/N_2 等体系的反应中得到证实。在 Nb/N_2 体系的球磨过程中，不断变形、断裂的 Nb 颗粒中暴露出来的新鲜表面与 N_2 反应，生成 NbN 相，同时反应产物不断被破碎后脱离金属颗粒表面，维持反应的进行。

（2）自蔓延反应（SHS）机制　根据球磨条件的不同，有两种完全不同的反应动力学：①碰撞过程中反应在很小的体积内发生，转变逐渐进行；②如果反应生成熵足够高，则可引发自蔓延燃烧反应。

Tschakarov 等人在对元素粉末混合物进行机械力化学合成硫族化合物时首次发现了球磨引发的燃烧反应。与化学反应有关的大的自由熵变化是造成燃烧反应的主要原因，如果球磨过程中产生的温度（由于碰撞）T_c 超过了燃烧温度 T_{ig}，燃烧反应就会进行，燃烧温度 T_{ig} 是自由熵变化以及微观结构参数（如颗粒尺寸和晶粒尺寸）的函数。图 3-7 给出了 T_c 和 T_{ig} 随球磨时间变化的曲线。T_c 和 T_{ig} 相交的时间为临界球磨时间 T_{ig}。在 T_{ig} 之前这段时间内，只有粉末颗粒混合，尺寸细化，晶格缺陷增加，这些都有利于燃烧反应的发生。还原反应发生在燃烧反应之后，文献指出直到 28min21s 燃烧反应发生，PbO_2 和 TiO 之间没有发生反应，而导致 Pb-TiO_3 形成的反应在 28min23s 完成。

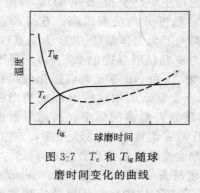

图 3-7　T_c 和 T_{ig} 随球
磨时间变化的曲线

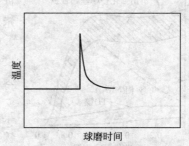

图 3-8　球磨筒中温度随球磨
时间变化的曲线

对于能够发生自蔓延化学反应（SHS）的反应体系，在普通状态下启动反应时需要很高的临界加热温度 T_{ig}。在高能球磨过程中，由于粉末组织不断细化、粉末系统的储能逐渐升高，反应体系的 T_{ig} 逐渐下降，这与普通固态反应相反。此外，随球料比的增大，T_{ig} 下降的速率加快。由于球磨体系的温度在不断升高，当某次碰撞瞬间，碰撞界面处的温度达到 T_{ig} 时，反应就被启动，这种反应是突发式的。图 3-8 给出了球磨筒中温度随球磨时间变化的曲线。

不同的球磨工艺和反应系统中启动 SHS 反应所需的临界球磨时间不同。在这类反应中，原料的特性及初始接触状态很重要。在延性/脆性反应系统中，在球磨时粉末颗粒发生团聚，脆性的氧化物颗粒分布于延性的金属基体中，接触面积增大，有利于反应的进行。但在脆性/脆性系统中，颗粒间一般不会发生团聚，很难诱发自蔓延反应。

CuO/Ti 系统的反应产物 Cu 粒子为球形，而 V_2O_5/Al 系统的反应产物为复合粒子（V 粒子和 γ-Al_2O_3 粒子），γ-Al_2O_3 为高温相，因此推断这两个系统都发生了熔化和再结晶，生成的 γ-Al_2O_3 粒子形貌和气相急冷生成的粒子形貌一致，表明了 Al_2O_3 粒子产生了蒸发现象，局部反应达到了很高的温度。

（3）固溶-分解机制　在球磨过程中，反应剂元素在金属基体内扩散形成过饱和固溶体，随后进一步球磨时或热处理时，过饱和固溶体分解，生成金属化合物。这一机理在 Fe/N_2、Ni/C、Si 和 Ti/庚烷等系统的研究中得到了证实。Murry 研究了球磨强度对金属碳化物和氮化物制备的影响，结果表明，在球磨强度较小时，先形成间隙式固溶体，然后在热处理时才形成化合物；在球磨强度大时可以直接生成纳米碳化物相。在球磨 Ni/C 系统时先生成了过饱和固溶体相 [C 的固溶度达 12%（质量分数）]，继续球磨时过饱和固溶体分解，生成 Ni_3C 相。球磨 Ti/庚烷系统时先形成 Ti-C 过饱和固溶体，然后生成 TiC 相。

3.5 机械合金化技术制备弥散强化合金

机械合金化技术可以用于通常熔炼技术难以或不可能使合金元素产生合金化的场合。该技术在弥散强化合金的制备中得到了广泛而成功的应用。弥散强化合金按其弥散相的种类大体可分为氧化物弥散强化合金（ODS 合金）和碳化物弥散强化合金（CDS 合金）。机械合金化技术最初应用于制备 Ni 基和 Fe 基弥散强化超合金，近年又发展到铝基、铜基等其他合金体系。下面简单介绍各种机械合金化弥散强化合金的研制。

3.5.1 镍基 ODS 超合金

（1）析出强化型镍基超合金

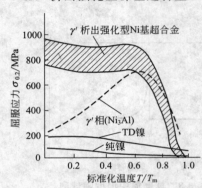

图 3-9　纯镍和镍基合金在高温
下的屈服强度变化曲线
T—绝对温度；T_m—以
绝对温度表示的熔点

析出强化型镍基超合金是一种在中、高温（973～1173K）下具有高强度的合金，广泛用于制备各种高温材料和部件。这种合金的析出相主要是 γ' 相（Ni_3Al）。如图 3-9 所示，γ' 相的强度随着温度升高反而提高，在 T/T_m 约为 0.6（973K 附近）时（T 为工作温度，T_m 为熔点），其强度达到最高值（约为室温屈服强度的 3.5 倍）。利用 γ' 相强化并在合金中添加 Ti 和 Nb 等元素后强化效果还可进一步提高。Ni 基超合金就是利用这种 γ' 相的析出强化效果，在 $0.6T_m$ 的温度获得最高的强度，其屈服强度为纯镍的 20 倍左右。但随着温度的进一步升高，γ' 相固溶、凝聚和粗化，镍基超合金的高温强度会急剧降低。

（2）机械合金化制备 ODS 镍基超合金　由表 3-2 可知，Y_2O_3 是一种在高温下比碳化物还要稳定得多的氧化物弥散相。但是使用 Y_2O_3 作为弥散相时，只有粒子的平均直径在 30nm 以下时才能得到最好的强化效果，所以只有使用机械合金化工艺，才能使这种高熔点粒子非常好地弥散分布在超合金基体中，其他任何方法都有一定的缺点。机械合金化法生产的 ODS 合金是把一种或数种金属粉末在高能球磨机中混合，反复进行压合和破碎，从而实现合金化和氧化物颗粒的均匀弥散分布。采用机械合金化生产的 ODS 合金是在传统的固溶强化或析出强化的基础上进一步利用氧化物颗粒的弥散强化效果，以获取更优异的高温强度。通过氧化物弥散强化的方法来提高合金高温强度的机理为：细小的 Y_2O_3 粒子能够阻碍位错的运动，增大合金的蠕变抗力。弥散相粒子还可以阻碍再结晶过程，从而在最终退火期间可以促进稳定的大晶粒生成。在高温加载期间，这种粒子可以阻碍晶粒转动和晶界滑移，使合金的高温强度增大。

表 3-2　高温下各种弥散相的稳定性比较

分　散　相	1273K 时生成自由能的估算值/（kJ/mol）
γ'	−105
碳化物	−170
Y_2O_3	−920

在镍基高温合金粉末中获得均匀分布的弥散相粒子仅仅是充分发挥氧化粒子的弥散强化作用的第一步。若要使合金的高温持久强度高，还要靠二次再结晶来获得具有很高晶粒方位比的

粗晶组织，晶粒方位比的定义是平行于试验方向的平均晶粒截距长度除以垂直于试验方向的平均晶粒截距的长度。典型的平行于加工方向的晶粒尺寸为 $500\sim700/\mu m$，垂直截面上的晶粒尺寸为 $15\mu m$。

（3）机械合金化法制备的几种典型的镍基 ODS 超合金　表 3-3 是美国国际镍公司（INCO）开发的镍基 ODS 合金的成分，表 3-4 为几种机械合金化 ODS 镍基超合金的典型性能。其中 MA754 和 MA6000 是在 20 世纪 70 年代研制成功的。MA754 合金是含有 1%（体积分数）Y_2O_3 强化粒子的 Ni-20Cr 合金，它具有良好的抗热疲劳、抗蠕变和抗氧化性，特别适合于制作航空燃气涡轮叶片。采用这种材料制造的军用喷气发动机高温环境组件的使用时间长达十多年。

表 3-3　INCO 公司开发的镍基 ODS 合金的成分　　　　　　　　　　单位：%

合金	Al	Cr	Ti	Ta	W	Mo	Fe	Zr	C	C	Ni	Y_2O_3
MA6000	4.5	15	2.5	2.0	4.0	2.0	—	0.15	0.05	0.01	Bal.	1.1
MA760	6.0	20	—	—	3.5	2.0	—	0.15	0.05	0.01	Bal.	0.95
MA754	0.3	20	0.5	—	—	—	1.0	—	0.05	—	Bal.	1
MA758	0.3	30	0.5	—	—	—	1.0	—	0.05	—	Bal.	0.6
MA757	4.0	16	0.5	—	—	—	—	—	0.05	—	Bal.	0.6
合金 3002	4.0	20	0.5	—	—	—	—	—	0.05	—	Bal.	0.6

通用电气公司制造的无涂层的 MA754 叶片用于 F101、F110 和 F404 发动机可在高于 1273K 的温度下工作。MA6000 合金是用如下三种方式强化的 Ni-Cr-γ' 合金：γ' 相析出强化、加入难熔金属如 W、Mo 产生的基体固溶强化和由 1.1% Y_2O_3 粒子产生的弥散强化。弥散粒子的尺寸为 30nm，平均厚度为 $0.1\mu m$。高温下该合金的强度高而且抗氧化腐蚀性能良好。它以挤压棒的形式生产，通过区域退火产生粗大的晶粒组织。MA758、MA760 和 MA757 都是在 20 世纪 80 年代研制出的第二代超合金。MA758 合金含 30% 的 Cr，是 MA754 的改型材料，提高了对熔融玻璃的耐蚀性。MA760 合金是比 MA6000 合金含有更多的 Cr 和 Al 的 Ni-Cr-γ' 材料，可用于制作在腐蚀环境下使用的工业燃气涡轮的叶片和导向叶片。它除了具有常规超合金的性能外，还兼有极好的耐热蚀性和长时间的高温强度。MA757 合金和实验合金 3002 是将高温强度和抗氧化性结合起来的新材料。

表 3-4　几种机械合金化 ODS 镍超合金的典型性能[①]

性能[①]	合　　金			
	MA754	MA6000	MA758	MA760
合金类型	Ni-Cr	Ni-Cr-γ'	Ni-Cr	Ni-Cr-γ'
密度/(g/cm³)	8.3	8.11	8.14	7.88
弹性模量(293K)/GPa	149	203	—	—
屈服强度[②](0.2%残余变形)/MPa	134	192	147	140
拉伸强度[②]/MPa	148	222	153	141
断裂伸长率[②]/%	12.5	9	9	15
断裂应力(1368K)/MPa				
100h	102	131	50	110
1000h	94	127	—	107

① 除另外标注外，均在 1368K 试验。

② 纵向方向。

3.5.2　铁基 ODS 合金

工业上有应用价值的铁基 ODS 合金主要是含有高 Cr 的铁基弥散强化材料。要想获得良好的高温性能，铬含量必须在 13%～30%（质量分数）范围内。弥散强化 Fe-Cr 和 Fe-Cr-Al 合金主要是以铁素体/马氏体耐热钢为对象而进行开发的。这类耐热钢与奥氏体耐热钢相比具有：熔点高、耐高温腐蚀性好、传热性好、热膨胀系数小、耐热疲劳性好以及由快中子辐照引起的膨胀小等优点。但是，铁素体耐热钢在 923K 以上的高温强度比奥氏体耐热钢的差。为提高铁素体耐热钢的高温强度并充分利用这类钢的特性，所以开发了铁基 ODS 合金。表 3-5 为目前投入市场和正在研究的铁基 ODS 合金。表中合金大致分为两类：一类为在 1273K 以上的高温下抗氧化性优良并且有很高的耐燃气腐蚀的 Fe-Cr-Al 基 ODS 合金；另一类为针对核反应堆用材料而开发的，耐快中子辐射、尺寸稳定、蠕变强度高的 Fe-Cr-Mo-Ti 基 ODS 合金。另外，在球磨过程中粉末的颗粒形态、粒径和组成都会发生变化。合金中含有 Ti、Zr、Al 等易氧化元素时，就会使混合的氧化物起反应而生成复合氧化物。MA956 合金同时含有 Ti 和 Al，但比 Ti 更易氧化的 Al 将首先与 Y_2O_3 发生反应，而生成 Al 与 Y 的复合氧化物，其粒径较大。而 MA957 合金只含 Ti 不含 Al，则生成 Ti 与 Y 的复合氧化物，其粒径相当细小。因此，虽然 MA957 合金中的弥散相 Y_2O_3 粒子含量仅有 MA956 合金的一半，但 MA957 的蠕变断裂强度却比 MA956 合金的高得多。

表 3-5　几种典型的铁基 ODS 合金　　　　单位：%（质量分数）

合金名称	Cr	Mo	Ti	Al	弥散颗粒	用途
Incoloy MA956	20	—	0.5	4.5	$0.5Y_2O_3$	高温部件材料
PM2000	20	—	0.5	5.5	$0.5Y_2O_3$	
ODM751	16.5	—	0.6	4.5	$0.5Y_2O_3$	
Incoloy MA957	14	0.3	1.0	—	$0.2Y_2O_3$	快中子堆燃料包壳管用材料
DT2203Y05	13	1.5	2.2	—	$0.5Y_2O_3$	
DT2906	13	1.5	2.9	—	Ti_2O_3	

通过电镜观察前者的弥散物颗粒尺寸为 10～40nm，后者的弥散物颗粒尺寸小于 10nm。这是由于加入 Ti 后经过机械合金化处理时生成 Y_2O_3 和 TiO_2 的复合氧化物。添加钛对于提高含 Y_2O_3 ODS 钢的蠕变断裂强度很有效。因此，最近开发了一系列含 Ti 和 Y_2O_3 的 ODS 合金。比利时 Dour 金属公司新近开发了 ODM751 铁基 ODS 合金，利用机械合金化法制得合金粉末，经冷压制和热压制全致密化后，采用热挤工艺获得型材、棒材和板材，经冷拉、冷轧和热处理后的产品，其 1373K 时的抗拉强度高达 135MPa，抗高温氧化性能也很好，并且合金试样在 1173～1473K 经过 10000h 的蠕变断裂试验表明，这种采用机械合金化法生产的铁基合金，其强度比传统的 Ni 基超合金（IN617，H230）的要高得多。有望成为高温换热器及其他先进换能系统的一种理想新材料。日本住友金属工业公司新开发了一种 ODS 铁素钢，其标准成分（质量分数）为 Fe-13Cr-3W-0.5Ti-0.5Y_2O_3。这种 ODS 钢由于添加了 W，提高了高温强度，加入的 Ti 显著减小了氧化物颗粒尺寸并形成了 Y-Ti 复合氧化物，显著改善了钢的高温性能，这种钢在 923K、1000h 下蠕变断裂强度约为 400MPa，比奥氏体不锈钢高得多，而且在快中子辐照下的抗膨胀性优良，所以是一种很好的快中子增殖核反应堆用燃料包壳材料。

3.5.3　弥散强化铝合金

（1）高强度铝合金　用 MA 工艺制备的高强度铝合金已试用在飞机上，如 INCO MAP

Al-9021，其屈服强度达 613MPa，延伸率达 12%，主要用于飞机结构件。又如低密度（2.58kg/m³）的 INCOMAPAl-905XL 是一种用 MA 工艺制备的 Al-Mg-Li 合金，其屈服强度为 468MPa，延伸率为 9%，高温蠕变强度亦优，主要用作飞机机身材料。近年来，已开发出在汽车工业中有应用前景的高强度 MA 铝合金，按其成分可分为三类，即 Al-Zn-Mg-Cu 系合金、Al-Mg-C-O 系合金以及 Al-Li-Cu-Mg-C-O 系合金。这些合金的极限拉伸强度大于800MPa，且延伸率为 5%～8%。其中 Al-Mg-C-O 和 Al-Li-Cu-Mg-C-O 系合金还具有较高的高温强度，这是因为氧化铝和碳化铝颗粒均匀弥散地分布在基体合金中，强化了合金。这类合金主要用于汽车中低负荷的部件。此外，还可改善这两种合金的低周疲劳寿命。有研究表明，这两种合金的低周疲劳寿命均比传统的熔铸法生产的 Al-Mg 和 Al-Li-Cu-Mg 合金高。这是因为用熔铸法生产的铝合金中，由于 δ' 沉淀相的剪切作用，导致粗晶粒平面滑移和滑移带开裂，从而降低了疲劳寿命。然而，用 MA 生产的沉淀强化铝合金获得了极其细化的晶粒以及均匀分布的细小且无剪切作用的弥散物，使疲劳寿命得以改善。Al-Mg-C-O 与 Al-Li-Cu-Mg-C-O合金相比，前者的低周疲劳寿命大于后者，这主要是锂的存在削弱了疲劳寿命。MA 法生产Al-Li 合金具有优异的耐蚀性能和良好的综合力学性能。

（2）高温铝合金　MA 高温铝合金的高温强度高于快速凝固铝合金，这是因为在 MA 过程中形成了大量的、热稳定的、弥散的第二相颗粒。高温 MA 铝合金可用于对高温性能要求高的部件，如发动机的受热部件（活塞、连杆和汽缸内衬），其在超音速航天器中也有潜在的应用前景。

高温 MA 铝合金的使用温度高达 400℃。此类 MA 铝合金中采用稀土金属、过渡金属、钛、碳化物作为合金元素。由于 MA 铝合金的化学成分不同，其室温和高温性能也有所差异，其中 Al-Mg-C 和 Al-Ti 系合金的高温强度最高（表 3-6）。MA Al-Ti 合金的高温性能稳定，这是因为用 MA 在铝中添加钛形成了 Al_3Ti 弥散颗粒。Al_3Ti 是一种密度低（3.3g/cm³）、熔点高（1350℃）的稳定化合物。在一般铝合金中由于形成粗大的析出物，严重影响了力学性能，但采用 MA 工艺，不仅能充分利用 Al_3Ti 粗化速率低这一特点，而且还能在某种程度上阻止晶粒的长大，从而降低由长时间、高温退火引起的强度损失。MA Al-Ti 合金在温度高达500℃时仍能保持稳定的力学性能，因此有望取代部分钛合金。Sundaresan 等人的研究表明，MA Al-9Ti（质量分数）合金的蠕变强度较高，且具有优良的室温强度和延性。Brand K 等人研究了添加钒或锆对 MA Al-8Ti（质量分数）合金力学性能的影响。结果表明，三元合金 Al-Ti-V 和 Al-Ti-Zr 的硬度均高于二元 MA Al-Ti 合金，且前者的硬度不随退火时间的改变而变化，而后者的硬度都随退火时间的延长而不断下降。三元 MA 合金的热稳定性亦好于二元MA 合金，这是因为钒和锆的存在改善了弥散相与铝基体之间的结合，从而缓解了弥散相的粗化。在温度为 400℃、450℃时，三元 MA 合金 Al-Ti-V 和 Al-Ti-Zr 的屈服应力分别比二元MA 合金 Al-Ti 的高 30%～40% 和 40%～80%。可以看出，在 MA Al-8Ti（质量分数）合金中加钒和锆可改善合金的高温力学性能。

表 3-6　耐热铝合金的力学性能

合金系	伸长率 δ（室温）/%	抗拉强度 σ_b（室温）/MPa	抗拉强度 σ_b（300℃）/MPa	抗拉强度 σ_b（400℃）/MPa
Al-C	8～10	450～495	250	150
Al-Ti-C	8～10	560～580	300	
Al-Mg-C	6～8	680～700	350	250

与上述铝合金不同的是，Al-Fe 和 Al-Mn 金属间化合物很难直接由研磨元素粉形成，而

通常是在随后的热处理过程中形成的。通过一次 MA 生产出的产品中，金属间化合物相分布不均匀，其尺寸在 $1\sim10\mu m$ 之间，因此，合金的力学性能较差。为解决这一问题，比利时的 Froyen 等人开发出一种称为二次 MA 的制备铝合金的新方法。此项技术由三个步骤组成：第一次研磨元素粉末，然后进行高温热处理以促进金属间化合物的形成；第二次研磨以细化显微组织；最后固结合金粉末。一次 MA 和二次 MA Al-5Fe（质量分数）合金的力学性能列于表 3-7，显然，除延伸率外，二次 MA 合金的力学性能均优于一次 MA 合金。此外，二次 MA 合金的耐磨性能也大大好于一次 MA 合金。综合性能得以提高的原因是，通过二次 MA 工艺在铝合金中形成了均匀分布的、细小的金属间化合物和惰性弥散物 Al_4C_3 和 Al_2O_3。二次 MA 工艺可用于生产 Al-Fe 、Al-Mn 和 Al-Fe-Mn 系合金。

表 3-7　一次 MA 和二次 MA Al-5wt%Fe 合金的力学性能

工艺	温度 $t/℃$	抗拉强度 σ_b/MPa	屈服强度 $\sigma_{0.2}/MPa$	弹性模量 E/GPa	伸长率 $\delta/\%$	硬度 /HRB
一次 MA	25	342	302	62	8.8	55
	200	257	242	49	4.6	
	300	222	208	36.2	4.6	
	400	144	144	33	2.7	
二次 MA	25	454	381	81	3.6	79
	200	347	316	66.6	2.8	
	300	264.3	250	56	3	
	400	186.3	182.3	47	0.88	

3.6　机械合金化制备功能材料

3.6.1　机械合金化制备贮氢材料

贮氢材料作为一种新型功能材料，在能源日益短缺、环境污染日益严重的今天，受到人们越来越多的重视。贮氢材料的制备方法一般有熔融法、烧结法、共沉淀、还原扩散法、急冷非晶化法和机械合金化法。

从机械合金化法用于贮氢材料制备以来，由于该方法的新颖性及产物贮氢性能的改善，其应用正日益加强。机械合金化法制备贮氢材料有如下特点：

① 可制备熔点相差较大的合金，如 MgZ（Z＝Ti、Co、Ni、Nb）体系，MgZ 合金经常规熔炼法难以制备，采用机械合金化法正发挥了其特点；

② 粒子不断破碎、折叠，产生了大量新鲜表面及晶格缺陷，从而增强了其吸放氢过程中的反应并有效降低活化能；

③ 简化了工艺，机械合金化制备的贮氢材料为超细粉末，使用时不需粉碎。

3.6.1.1　AB5 型稀土基贮氢合金

AB5 型稀土基贮氢合金具有活化容易，高倍率放电性能好，P-C-T 平台平坦、易调节，电催化活性好等特点。但其也存在着容量低，合金在循环过程中容易粉化、氧化，从而降低了合金的循环寿命。目前，降低此合金粉化、氧化的主要方法是用金属钴代替金属镍来降低合金的显微硬度，从而减轻合金的粉化、氧化程度。但钴的价格高，合金中的钴不到总含量的 10%，其成本却占总成本的 30%～40%，这就限制了合金在某些方面的应用。近年研究发现，若用机械合金化法将合金制成纳米晶合金，由于晶界的无序态、界面的各向同性以及在界面附近很难有位错塞积发生，大大地减少了应力集中，使微裂纹的出现与扩展的概率大大降低，也使合金颗粒的粉末化程度大大降低。

王志兴等人研究了机械球磨对 La(NiSnCo)$_{5.12}$贮氢合金性能的影响，发现机械球磨后的合金与未球磨的合金相比，合金的活化性能及放电速率明显改善，球磨合金在第一次周期活化后，其容量就可达到最大容量的 92%，而未经球磨的仅能达到 75%；球磨合金在 1000mA/g 放电电流密度下，其容量仍可达到 234mA·h/g，比未球磨的合金（144mA·h/g）大得多。其原因在于球磨减小了合金颗粒，增大了反应的比表面积，从而提高了电极反应的交换电流密度；同时，合金颗粒的减小，也提高了氢原子在合金相的扩散速率，降低合金在高电流密度下的极化电位，增强合金的高倍率放电能力。王金晶研究了用机械合金化法合成的 MmNi$_5$ 合金材料，并对合金化过程中的相变进行了研究，实验发现，当研磨时间超过 40h 时，混合粉末完全转变成非晶相。经测定，此相是直接由 La 和 Ni 两种元素的原始混合物形成的，没有其他任何相产生。随研磨时间的增长，晶粒粒径进一步减小，这更有利于在 La-Ni 晶界上形成非晶相。然后在 1070K 下退火 1h（高纯氩气保护），非晶合金转变为具有 CaCu$_5$ 型的六方晶体结构。G. Liang 用机械合金化法以纯 La、Ni、Al 金属粉末制成了 La-Ni-Al 系合金，当球磨 4h 后，金属 La 与 Al 首先发生反应，生成亚稳相 LaAl$_2$，它的首先出现在一定程度上避免了 La 的氧化。球磨 8h 后，Ni 金属也参加了反应，生成了三种类型金属间化合物 La$_3$Al$_{11}$、La$_7$Ni$_3$ 和 LaNi$_4$Al，这就初步制得了 LaNi$_4$Al 合金粉末。M. V. Simicic 用 MA 法制得 La$_{0.8}$Ce$_{0.2}$Ni$_{2.5}$Co$_{1.8}$Mn$_{0.4}$Al$_{0.3}$合金化合物，此合金经退火和活化处理后，在放电电流达到 10mA/cm^2 时，合金仍具有稳定的放电电压平台，放电量大，循环过程中容量衰减缓慢。V. Sarma Venkateswara 用熔炼法和 MA 法分别制备了 MmNi$_{4.6}$Fe$_{0.4}$贮氢合金，并就两种合金的性能进行了比较，发现 MA 法制成的合金可将合金的吸氢量提高到 1.7%（质量分数）［熔炼法为 1.5%（质量分数）］，吸放氢速率提高到 35cm^3/(min·g)［熔炼法为 25cm^3/(min·g)］，后经分析，其性能改善的主要原因是 MA 法制成的合金颗粒小，比表面积大。

3.6.1.2　AB$_2$ 锆基贮氢合金

AB$_2$ 型锆基贮氢合金贮氢容量大，在电解液中稳定性好，循环寿命长，被认为是最有前途的新一代 MH-Ni 电池用负极材料。但此合金因在表面形成一层致密的锆氧化物薄膜，不易活化，高倍率放电性能极差。以前，人们使用表面处理方法如氟化处理、热碱处理来改善合金的电化学性能，近年来，人们将机械合金化技术应用于 AB$_2$ 合金的制备上，以改善其电化学性能。

陈朝晖等人将纳米晶镍与 Zr-Cr 合金机械合金化，在球磨过程中，球与粉末之间的强烈碰撞使 Zr-Cr-Ni 合金表面氧化层被破坏，从而产生许多新鲜表面，使纳米晶镍与新鲜表面在钢球作用下紧密结合。纳米晶镍具有很高的催化活性和良好的导电能力，所制成的 Zr-Cr-Ni 合金具有很高的电化学容量与良好的活化性能。将 Ni 与 TiMn$_2$ 合金进行机械合金化，也有效地提高合金的电化学性能和耐腐蚀性能。Lee Sang Min 等人为提高锆基合金的活化性能，在锆基合金中添加少量的钛基合金并一起机械研磨，所制成的锆基合金因颗粒细小，增大了锆基合金与钛基合金的接触面积，为氢原子的扩散提供了通道，从而使锆基合金的活化性能（仅需 4 次即可完全活化）和动力学性能得到改善。

3.6.1.3　AB 型贮氢合金

AB 型贮氢合金主要以 FeTi 系为代表，FeTi 合金具有贮氢量大，热力学性能好及材料便宜等优点。但这种合金因密度大而活化困难（需在 400℃ 以上高温和高真空条件下进行热处理），易受 H$_2$O 和 O$_2$ 等杂质气体毒化。目前，TiFe 系机械合金化研究比较活跃。C. H. Chang 等人用机械合金化法合成了 FeTi 合金，并研究了机械合金化过程中 FeTi 合金的氢化行为，合成的纳米 FeTi 合金在氢气氛下不需活化就可吸氢。L. Zaluski 等人用机械合金化法制备了 Fe-Ti 非晶及纳米晶，并研究比较了 Fe-Ti 球磨后未松弛的非晶、纳米晶的贮氢特性与退火后合金的贮氢特性的不同，发现非晶退火后的贮氢特性与球磨后的基本相同，只是贮氢量有所下降，而纳米晶 FeTi 中氢的溶解度有所下降，平台的倾斜度加大，反应温度比退火后的低。

B. L. Chu 等人用机械合金化的方法同纯 Fe 粉和 Ti 粉合成了非晶 $Fe_{50}Ti_{50}$，发现只需经一次活化，在 30℃时，合金就能迅速吸氢。L. Sun 等人用机械合金化法制成了纳米晶及非晶 FeTi，并研究了合金化过程中氧气对 FeTi 纳米晶合成的影响，发现制成的纳米晶及非晶 FeTi 因晶粒小，表面积大（$1.18m^2/g$），不需活化即可吸氢，少量氧气的存在有助于 FeTi 纳米晶的形成。

3.6.1.4　A_2B 型贮氢合金

A_2B 型贮氢合金主要以 Mg_2Ni 系贮氢合金为代表。Mg_2Ni 贮氢合金具有贮氢量大（3.6%质量）、资源丰富、成本低等特点，很有希望成为下一代镍氢电池用负极材料。然而由于镁（932K）和镍的熔点相差大，镁蒸气压高，用传统的熔炼技术很难制得成分均匀的 Mg_2Ni 贮氢合金，而用机械合金化法可以使熔点相差悬殊的元素形成合金，且有成本低、成分均匀等特点。Mg_2Ni 机械合金化的制备最早开始于 1985 年，当时，I. Konstanchuk 用机械合金化法制备了 Mg_2Ni 合金，并首次提出了机械合金化制备的镁基合金可用作贮氢材料。而后，Huol 等人利用行星式球磨机，将镁粉、镍粉按摩尔比 2：1 进行混合球磨，在球磨 22h 后形成 Mg_2Ni 相；Aymard 在低能振动球磨条件下混磨镁粉、镍粉，经 250h 后，Mg_2Ni 形成；而 Nam 等人利用行星式球磨机，球料比 15：1、转速 100r/min，经球磨 120h 制得纳米 Mg_2Ni 贮氢合金；华南理工大学王仲民等人也用机械合金化法制成了 Mg_2Ni 贮氢合金，制成的合金因晶粒细化，增强了氢原子在合金相中的扩散能力，有利于固态反应的发生。

虽用机械合金化法制得的 Mg_2Ni 合金的综合电化学性能远优于一般方法制成的 Mg_2Ni 合金，但合金的吸放氢动力学性能和循环寿命差的缺点仍未得到解决，为改善其性能，有人利用其他元素（如 Ti、Zr、Cu、Al）来代替部分 Ni 和 Mg 元素，通过合金化法来制得镁基贮氢合金。如薛建设等人用 Al 部分代替 Ni，通过机械合金化制得纳米晶 Mg-Ni-Al，Al 的加入提高了合金表面的电催化性能，强化了合金中氢原子的扩散，同时，因在合金表面形成了 Al_2O_3 薄膜，保护了合金内部免受腐蚀，从而延长了合金充放电循环寿命；Nam Hoon Goo 等人用 Zr 来代替部分 Mg，发现 Zr 的加入有助于机械合金化过程中 Mg-Ni 非晶态的形成，提高了合金的贮氢容量（Mg-Zr-Ni 最大容量达到 530mA·h/g），同时 Zr 还可以抑制循环过程中 $Mg(OH)_2$ 的形成，提高了合金的倍率放电能力和循环寿命。Chiaki Iwakura 等人用 Ti、V 来代替部分 Mg，用机械合金化分别制取了非晶贮氢合金 $Mg_{0.9}Ti_{0.1}Ni$、$Mg_{0.9}V_{0.1}Ni$ 和 $Mg_{0.9}Ti_{0.06}V_{0.04}$，加入 Ti 和 V 都可抑制循环过程中 $Mg(OH)_2$ 的形成，提高了合金的循环寿命，Ti 和 V 联合取代 Mg，其效果更佳。

3.6.1.5　复合贮氢合金

单一类型的贮氢合金总有些缺点不能满足镍氢电池用负极材料的要求，近年来许多学者通过 MA 法，将不同类型的贮氢合金复合在一起，可制得性能优于单一类型的复合贮氢合金。因 AB_5 稀土基贮氢合金具有良好的电化学性能，许多人纷纷用它来改善其他合金的贮氢性能。如 Gross 等人用 MA 法把质量分数为 66% 的 La_2Mg_{17} 及 33% 的 $LaNi_5$ 进行球磨，发现能够大大提高 La_2Mg_{17} 的吸放氢动力学。朱文辉用 MA 法制备了 $MmNi_{5-x}(Co, Al, Mn)x/Mg$ 系复合贮氢合金，球磨过程中有新相 La_2Mg_{17} 形成，球磨制备的贮氢合金的吸放氢动力学性能明显优于熔炼的 $MmNi_5$ 合金和烧结制备的 $MmNi_5/Mg$ 复合贮氢合金。G. Liang 等人研究了机械球磨对 $Mg-LaNi_5$ 和 MgH_2-LaNi_5 贮氢性能的影响，球磨过程中会形成催化活性好的 LaH_3 和

无定形态的 Mg_2Ni，使镁更容易吸放氢。S. S. Sai Raman 等人用适量的 $CFMmNi_5$（CFMm 代表不含 Ce 的混合稀土）通过机械合金化法来改善镁的贮氢性能，制成的复合贮氢合金具有很高的贮氢容量［5.4％（质量分数），350℃］，良好的吸放氢动力学性能（90cm³/min）。陈朝晖等人将纳米晶 $MmNi_5$ 和 ZrCrNi 合金一起机械球磨，使细小的 $MmNi_5$ 粒子镶嵌在 ZrCrNi 颗粒表面，从而改善了 ZrCrNi 合金电极的活化性能。这种改善被认为与细小纳米晶 $MmNi_5$ 能穿透 ZrCrNi 合金表面氧化膜而为电化学吸附氢提供了有效通道有关。此外，将 $LaNi_5$ 和钒进行机械合金化，以改善难以活化的钒的动力学特性，也获得了较好的效果。

也有些学者将镁基合金与其他类型合金机械球磨，利用机械球磨过程中生成的活化性能优异的纳米无定形态镁基合金来改善其他类型合金的电化学性能。如 Liang Guoxian 和 Morris S 等人将镁与 FeTi 合金机械球磨，大大改善了 FeTi 合金的吸/放氢特性。钛基贮氢合金贮氢容量高，但活化困难，寿命短，将合金 MgNi 与 $TiV_{2.1}Ni_{0.3}$ 机械球磨，球磨过程中产生的非晶 MgNi 能有效抑制 $TiV_{2.1}Ni_{0.3}$ 贮氢合金的容量衰减，提高了合金的循环寿命，同时，制成的纳米复合贮氢合金放电电压平稳，吸/放氢动力学性能好。镁基合金除可用 AB_5 型稀土基合金改变其性能外，也可通过与 AB_2 型 Zr 基机械合金化改变其性能。如 Yang Jun 等人用 35％（质量分数）的非晶合金 $ZrNi_{1.6}Cr_{0.4}$ 与镁机械研磨 3h 制得纳米复合贮氢合金，此复合贮氢合金在 300℃条件下，30min 之内可放出 4.3％（质量分数）的氢气，后经实验证明，非晶 $ZrNi_{1.6}Cr_{0.4}$ 对镁基合金具有良好的吸/放氢催化效应。

3.6.2 机械合金化制备电工材料

电触头是电器开关、仪器仪表等的接触元件，主要承担接通、断开电路及负载电流的作用。制备电触头的材料主要有 Ag 基、Cu 基两大类，制备方法主要是粉末冶金法和熔炼法两类。目前应用的各系列电触头材料的组元在基体中的溶解度是十分有限的，有时在液态下也不互溶，因此常常采用粉末冶金方法制备。然而，粉末冶金法常常由于混合不均匀、粉末易团聚等，严重地影响电触头烧结材料的物理性能和电性能。而机械合金化相对于机械混合来说可以在原子级水平进行合金化，因此机械合金化可以用来制备混合均匀、性能更高的电触头材料。

机械合金化制备电触头材料具有以下特点：

① 可用来制备过饱和固溶体，使非互溶体系合金化，通过成形工艺，可以提高材料的力学性能和电学性能；

② 可以制备第二相（金属氧化物、难熔金属、硬质相）弥散分布的电触头材料，该材料显示了较好的性能；

③ 可以制备性能优异的纳米晶电触头材料；

④ 机械合金化制备电触头材料的工艺简单，方便易行，而且更经济。

3.6.2.1 机械合金化制备 Ag 基电触头材料

（1）Ag/Ni 触头 Ag/Ni 触头材料不仅具有良好的导电性、耐电蚀性以及低而稳定的电阻，还具有良好的塑性和加工性能，但 Ag/Ni 触头也存在一些不足，如抗熔焊性能较差，硬度及电寿命较低等。

郑福前等人利用急冷雾化制得 AgNi 包覆粉，然后进行机械合金化处理，得到 Ni 细小而弥散分布于 Ag 基体中的组织，使 AgNi 触头的电学及力学性能都有所提高。

王崇琳等人用粒度为 $100\mu m$ 的 Ag 和 Ni 粉按摩尔比 1:1 配料，在 QM-1Sp 行星式球磨机中球磨，球料比为 10:1，充氩气保护，球磨时间为 200h。球磨后再对粉末进行热压，制得了 $Ag_{50}Ni_{50}$ 纳米合金，结果表明，通过机械合金化方法可以制备出晶粒细小、结构致密的 AgNi 纳米晶材料。

罗群芳等人用质量比为 90：10 和 70：30 的 Ag 粉和 Ni 粉在 SPEX8000 球磨机中进行球磨，球料比为 20：1，然后对粉末进行热压，制得了 $Ag_{90}Ni_{10}$ 和 $Ag_{70}Ni_{30}$ 触头合金。与常规方法对比，通过机械合金化-热压方法制备的 AgNi 合金组织更为弥散、细小、均匀，其力学性能和电学性能也得到了改善。表 3-8 为机械合金化法与常规方法制得的试样性能对比。

表 3-8　机械合金化法与常规方法制得的试样性能对比

AgNi 合金	密度/(g/cm³)	硬度/HB	电导率/$\mu\Omega \cdot cm$
$Ag_{90}Ni_{10}$	10.1	49.8	3.6
(MA)	9.4	104	5.8
$Ag_{70}Ni_{30}$	9.5	65.2	12.0
(MA)	9.2	127	12.5

（2）Ag/MeO 触头　Ag/MeO 触头材料耐蚀性好、抗熔焊能力强、接触电阻低而稳定，如 Ag/CdO、Ag/SnO_2、Ag/NiO、Ag/ZnO、Ag/CuO、$Ag/SnO_2/In_2O_3$ 等。Ag/MeO 触头材料的物理性能和电学性能主要由所采用的制粉工艺决定，也就是与粉末混合均匀程度以及氧化物相在 Ag 基上的分布有关。传统的粉末冶金工艺制备出的 Ag/MeO 合金材料，其氧化物颗粒分布很不均匀，从而严重影响了材料的强度和导电性。而采用机械合金化工艺可以制备具有较高强度和良好导电性的 Ag/MeO 触头材料。

Joshi 等人采用机械混合法、喷涂-共沉淀法和机械合金化三种方法制粉，制备了 Ag-10.8ZnO 触头材料。研究结果表明：机械合金化法制备的材料，ZnO 强化相在 Ag 基体中呈现了较好的弥散分布状态，提高了触头材料的硬度，因而使触头在使用中的抗机械磨损性能和电寿命有了很大的提高。三种不同工艺制备的 Ag-10.8ZnO 触头材料的性能见表 3-9。Lee 等通过机械合金化工艺制备了 Ag/SnO_2 复合粉，经电镜观察发现纳米 SnO_2 颗粒均匀分布在具有较细晶粒组织的 Ag 基体上，利用热挤压技术制备了致密的纳米 SnO_2 颗粒弥散强化细晶 Ag/SnO_2 触头材料。

表 3-9　三种不同工艺制备的 Ag-10.8ZnO 触头材料的性能

制 备 工 艺	烧结密度（理论密度分数）/%	热压密度（理论密度分数）/%	硬度/HV	电导率/(%IACS)
机械混合法	89.6	98.6	257	72
喷涂-共沉淀法	92.2	97.9	293	73
机械合金化[①]	73.9	99.9	353	72

① 球料比为 17：1；球磨时间为 4h；转速为 300r/min。

（3）Ag/W 触头　Ag/W 触头材料自 1935 年问世以来一直广泛地用于自动开关以及大容量断路器、塑壳断路器中。Ag/W(WC) 触头材料将 Ag 的高导电、导热性与 W 的抗熔焊性结合为一体，含 W 量一般在 20%～80%，它具有良好的热、电传导性、耐电弧烧蚀性、抗熔焊性等优点，而引入 WC 可以使触头的耐电磨损性和耐酸性有所增强。在 Ag/W(WC) 材料中，难熔金属或硬质相的颗粒尺寸、分布均匀性对材料的性能有着较大的影响。

Aslanglu 等采用机械合金化方法对 Ag 和 W 粉末球磨 15h，经压制、烧结并复压制备了 W-35Ag 触头材料，与常规的机械混合法制备的材料相比，该材料获得了较高的密度和硬度值。对比的电性能试验表明：随球磨时间的延长，触头材料的抗电弧烧蚀性能明显提高。其中，球磨 5h 制备的触头经 10000 次通断操作后，触头质量损失仅为 $74.5mg/m^2$，而机械混合法制备的触头质量损失为 $140.7mg/m^2$，其寿命提高的主要原因在于细小的 W 颗粒均匀分布在 Ag 的基体上。

3.6.2.2 机械合金化制备 Cu 基电触头材料

（1）Cu/W 触头　Cu/W 触头材料是由高熔点、高硬度的 W 和高导电、导热的 Cu 构成的合金。该合金触头材料具有良好的耐电弧侵蚀性、抗熔焊性和高强度等优点。在油断路器、SF6 断路器及其他惰性气氛的开关断路器中使用，不易氧化，对 SF6 分解的影响较小，触头损耗也较少。

Cu/W 两组元属于非互溶体系，这一混合体系具有正的混合热，通过常规的熔炼方法无法制备，而机械合金化的一个突出的优点就是能实现非互溶体系的合金化。

Mordike 等通过机械合金化工艺分别制备了 1%、2%、4%、6%、8%、10%（体积分数）W 含量的 Cu-W 复合粉末，压制、烧结和冷挤压后制备了 Cu-W 复合材料。研究发现：强化相 W 颗粒均匀分布在 Cu 基体上，W 颗粒和基体 Cu 之间黏结较好，使材料的硬度、抗机械磨损和电磨损性提高。熊曹水等人用 200 目的 W 和 Cu 粉末在 QM-1F 球磨机中进行球磨，球料比为 10∶1，并通氩气保护。实验证明，通过球磨能在 W-Cu 系中形成体心立方的过饱和固溶体。固溶体的形成导致了 W 相的晶格常数发生变化。王皓等人用平均粒度小于 $74\mu m$ 的 W 和 Cu 粉在通氩气保护条件下在行星式球磨机中进行球磨，制备了 90%（质量分数）W-10%（质量分数）Cu 合金。张启芳研究了机械合金化 $W_{80}Cu_{20}$ 的合金化过程，证实了 Cu 固溶在 W 中形成了置换固溶体，并制备了纳米 Cu-W 复合材料。

陈文革等用 W 粉和 Cu 粉在 Simoloyer 高能球磨机中球磨 6～24h，球料比为 50∶1，球磨罐中通氩气保护，然后再经过真空热压、烧结制得了晶粒尺寸为 80nm 的块体纳米晶 W/Cu 电触头材料，密度达理论值的 99.5% 以上。表 3-10 列出了机械合金化热压烧结与传统粉末冶金 W-20%Cu 电触头材料的性能。从表中可以看出，纳米晶 W-Cu 合金的硬度和电导率虽然较传统 W-Cu 合金的有所提高，但相对于理论值而言还是较低的。另一方面说明在机械合金化过程中，杂质的影响较大；另外，晶粒细化以后，晶界增多虽然对提高强度有利，但却对电性能有不良影响。对耐压强度的测量表明，机械合金化热压烧结的耐压强度虽然较传统熔渗法的低，但随起弧次数的增加，前者的耐压强度基本不变，保持恒定，而后者的耐压强度则是先增加后急剧下降，这说明机械合金化热压烧结 Cu/W 电触头材料的电压稳定性很好，因为纳米晶触头材料的组织结构很均匀。

表 3-10　机械合金化热压烧结与传统粉末冶金 W-20% Cu 电触头材料的性能

性　　能	理　论　值	测　量　值	
		机械合金化	传统粉末冶金
硬度/HV	248～330	252	220
电导率/Ω·mm²	41	24	21

（2）Cu/Cr 触头　在众多的电触头材料中，Cu/Cr 合金触头越来越被人们所看好，特别是对中压大容量真空开关来说，Cu/Cr 的优越性尤为突出。因为在此合金的组合中，Cu 具有良好的导热、导电性，为 Cu/Cr 触头大的工作电流和开断能力提供了保证，而 Cr 相对较高的熔点和硬度保证了触头有较好的耐压和抗熔焊性能，Cr 难以产生热电子发射，保证了灭弧室在运行过程中的真空度。

胡连喜等人的研究认为机械合金化法制备的 Cu-5% Cr（质量分数）合金性能提高有两方面的原因：一方面，在机械合金化过程中形成了 Cr 在 Cu 中的超饱和固溶体，在随后的热挤压制备过程中，产生沉淀强化；另一方面，由于机械合金化过程使 Cu、Cr 颗粒细化和均匀化，未固溶的 Cr 细化后起到弥散强化的作用。这两方面的原因，使机械合金化 Cu-5％（质量分数）Cr 合金兼有细晶强化、弥散强化和沉淀强化效果，使合金具有很高的抗拉强度，其值达到 800～1000MPa。同时，合金仍具有较好的塑性和良好的导电性，其延伸率为 5％左右，相对电导率为 55％～70％ IACS。张国锋等人的研究表明，Cu-5％（质量分数）Cr 合金在高温（973～1173K）热处理后，延伸率大幅度提高，在 773K 时进行热处理可获得最佳导电性。

　　李秀勇等人采用机械合金化和真空缓慢热压工艺制备了具有较高电导率的微晶、纳米晶 CuCr 触头材料，真空中的耐压强度已接近常规 CuCr 合金的水平，制得的 $CuCr_{25}$ 合金的平均晶粒尺寸为 45.6nm，平均击穿电压强度为 2.25×10^8 V/m；$CuCr_{50}$ 的平均晶粒尺寸为 67.3nm，平均击穿电压强度为 1.52×10^8 V/m。

3.7　机械合金化制备非平衡相材料

3.7.1　机械合金化制备非晶合金

　　机械合金化是一种在常温下得到非晶粉末的方法，近年来被广泛用于制备各种非晶态合金粉末。与常规液相急冷金属法相比，它具有形成非晶成分范围广、技术简单和成本低廉等一系列优点。球磨所导致的非晶化可以分成两类：①几种元素粉末（或不同的合金）的机械合金化，在组元之间有物质的传输；②单一成分（如单一金属间化合物、非互溶混合物或单一元素）的机械碾磨，不需要物质传输。表 3-11 列出了能够通过机械合金化合成非晶相的部分合金系。

表 3-11　一些合金系通过机械合金化形成的非晶相

合　金	球　磨　机	球料比	转速 /(r/min)	球磨时间 /h	形成非晶成分 （原子分数）/％
Ag-Pd	SPEX 8000	10.4：1	—	65	50
Al-15Cr	球磨机	120：1		1000	部分非晶
Al-18.2Co	行星式球磨机 QM-1F	20：1	200	80	
Al-20Cu-15Fe	行星式球磨机 QM-1SP	10：1	200～300	300	
Al-20Fe	Fritsch P7	6：1	—	40	
Al-20Mn-30Si	Fritsch	20：1	450～650	85	
Al-50Nb	杆式球磨机		400		
Al-25Ti	Fritsch P7	10：1	645	28	
Co-33B	Fritsch P5	5.5：1		70	部分非晶
Co-B	Fritsch P5	10：1	250	18～34	33～50Co
Co-Nb	搅拌球磨机 Kitui Miike MA 1D		300	60	15～20Nb
Co-Si	实验用球磨机	64：1	360	30	30～70Si
Cu-20P	水平球磨机	30：1	80	800	部分非晶
Cu-50Sb 和 Cu-75Sb	Fritsch P0	220：1			Sb 形成非晶
Cu-10Sb 和 Cu-20Sb		150：1	110	300	部分非晶
Cu-50Ti	SPEX 8000			16	非晶＋TiH_2
Cu-50Ti	SPEX 8000	—		16	

合　金	球磨机	球料比	转速 /(r/min)	球磨时间 /h	形成非晶成分 （原子分数）/%
Cu-W	Fritsch P5				30～90W
Fe-30C-25Si	球磨机	100∶1		500	
Mg-10Y-35Cu	行星式球磨机 Retsch PM 4000	15∶1		170	部分非晶
Mn-25Si	行星式球磨机	11.3∶1	—	220	
Mo-25S	行星式球磨机	11.3∶1	—	220	
Ni-40Nb	实验用球磨机			200	
Ni-60Nb	Fritsch P6			95	
Ni-25Ta	行星式球磨机			20	部分非晶
Ti-Ni	SPEX 8000	10∶1		20	35～50Ni
Ti-18Ni-15Cu	SPEX 8000	10∶1		16	
Ti-Ni-Cu	Fritsch P7	10∶1		14～40	10～30Ni

3.7.2　机械合金化形成非晶的机制

目前认为机械合金化形成非晶的过程有以下几种方式：①混合粉末直接非晶化；②通过形成晶态材料，再转化为非晶态；③首先形成固溶体，再转化为非晶；④混合粉末形成中间化合物，再非晶化；⑤混合粉末形成纳米晶，最后形成非晶。

比较有影响力的观点是非晶态直接转变机制与非晶态间接转变机制。直接转变机制以多层膜固态反应非晶化（solid-state amorphization reaction，SSAR）理论为主，此外还有微晶极度碎化致非晶的观点。间接转变机制以先形成中间产物再进一步球磨转化成非晶的理论为主。Weeberd 等在关于机械合金化致非晶化机理的综合评述中将非晶转变机理分成三种类型：微晶极度碎化直接致非晶、多层膜固相扩散反应致非晶、形成中间相再进一步转化成非晶。也有分成四种类型的：固态非晶化反应（SSAR）、高浓度缺陷累积大量自由能致非晶、多晶约束机制、杂质影响致非晶。尽管它们分类不同，但本质还是一致的。

（1）直接转变机制　Petzoldt 等通过实验研究证实：球磨过程中，在球与筒壁对混合粉体所施加的冲击力作用下，粉末反复挤压、破碎、冷焊（啮合），形成层状组织，并且这种层状组织的厚度随进一步研磨而下降。人们推测：一定时间后，撞碎效应与啮合效应趋于平衡，粉末的颗粒度也趋于一定值；此时颗粒尺寸虽然不变，但其内部不同原子组成的层状结构越来越薄；两个颗粒碰撞到一起时便形成一个界面；若界面两侧为异类原子且界面新鲜，虽然此时温度较低，只要系统中原子的活性很大且有巨大的负混合热（有较大的扩散驱动力），那么界面附近几个原子层的原子就能相互快速扩散。值得注意的是：此时温度较低，原子扩散速率又快，原子来不及有序化而形成无序结构状态，在界面处就形成了很薄的无序区域——非晶初始区域层。

Schwarz 和 Johnson 提出：固相扩散反应实现非晶化需要同时满足热力学条件和动力学条件。它们分别是：为固相扩散反应提供驱动力的大而负的混合热，以及决定着非晶相与晶相谁能够优先形核与长大的异种元素间快速扩散程度。许多二元合金体系的研究都不同程度地对这一理论给予了支持。例如对二元过渡合金体系（TM-TM2，TM＝Ti、Zr、Hf；TM2＝Cu、Ni、Fe、Co），Weeber 等不但支持了上述理论，还细化了动力学条件：溶质对基体元素的原子体积比必须小于一定值，这个值随基本元素的不同而定。Omuro 对 Fe-A-C（A＝Cr、Mn

或 Mo）三元合金体系的研究发现：由于元素 A 与 C 具有较强的亲和性（负混合焓较大），因而元素 A 明显地促进了 C 在富 Fe 相中的分解，有利于非晶相的形成，其研究成果也完全符合 Schwarz 等的理论。

（2）间接转变机制　在机械合金化致非晶的研究过程中发现，金属间化合物与纯元素混合物非晶化过程有所不同。在纯元素粉末的机械合金化致非晶研究中也发现：部分金属粉末首先

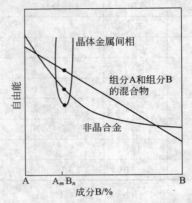

图 3-10　金属混合粉、非晶态合金和金属间化合物的自由能曲线

形成金属间化合物，进一步研磨再形成非晶。在形成非晶之前出现晶体金属间化合物的合金系有 Cu-Ti、Fe-Sn、Nb-Ge、Nb-Si、Nb-Sn、Ni-Zr、Ti-Ni-Fe-Si 和 Zr-Al 等。人们把这一过程称为间接转变致非晶。图 3-10 表示的是纯组元金属混合粉、非晶态合金和金属间化合物的自由能曲线。由图可以看出：低于液相温度时，金属体系以合金相晶体的形式存在才较为稳定。因此一些金属粉末在球磨初期首先形成合金。金属间化合物要发生非晶化，就要在研磨时使金属间化合物的自由能升高。假设体系自由能提高了 ΔG_d，则满足以下条件时体系就能自发转变为非晶：

$$G_c + \Delta G_d > G_a \tag{3-2}$$

式中　G_c——合金结晶相的自由能；
　　　G_a——合金非晶相的自由能。

当前的研究就机械合金化过程中自由能升高的原因做了以下几个假设：①晶格畸变能（即空穴、溶质原子、位错等缺陷）在粉末塑性变形时大大增加；②由于粉末微晶尺寸极度细化，使晶界及相界面积增加，体系自由能升高；③杂质原子的引入使金属间化合物的自由能增加。对于第一种假设，E. Hellstern 在研究中指出球磨产生的大量塑性变形引入的缺陷使晶体内贮存的能量可以达到其融化热的 1/2。对于第二种假设，Jang 和 Veperk 等都观测到微晶或纳米晶突然转变成非晶的现象，Veperk 指出：微晶尺寸小于 8nm 时晶格开始膨胀，达到 3nm 时合金突然转变成非晶。但目前还没有确定微晶尺寸要小到何种程度才能使晶相失稳，也无法断定粉末在球磨时的贮能与何因素有关。有关杂质的影响需要根据球磨介质、球磨强度、球磨时间以及球磨气氛等因素具体分析，对不同的球磨条件，杂质的污染程度及影响程度也不同。

（3）其他转变机制　除了以上理论，Fecht 等还提出了多晶约束型机制。他们认为在机械合金化过程中，一方面，溶质原子不断溶入溶剂中；另一方面，晶粒尺寸不断减小，内应力不断增加。当溶质原子在溶剂中的固溶度超过临界值后，溶剂的晶格失稳崩溃，形成非晶态。他们在用机械合金化法研究 Al-Zr 系合金的非晶转变时发现，其非晶化是以多晶约束型机制进行的。

Wu 等在前人研究的基础上提出压致非晶理论：机械合金化过程中微粒瞬间承受巨大冲击力（10^9 Pa），又在瞬间释放（30ms）导致晶体非晶化。最近 Zhang 等通过对 W-Ni-Fe 机械合金化的研究发现，该体系非晶化的驱动力既非由负的混合焓也非由晶界贮能提供，而是由浓度梯度提供的。他们认为：固溶体非晶化时，晶化过程被陡峭的浓度梯度所抑制。

尽管在机械合金化致非晶的形成机制的研究方面国内外众多学者做了广泛而深入的研究，但迄今仍然没有形成统一的结论，更新更多的理论成果将不断出现。

3.7.3　机械合金化制备准晶合金

Shechtman 等人在 1984 年首次发现快速凝固 Al-Mn 合金表现出尖锐的五次对称衍射花样。这一发现在材料研究领域引起了人们对这类准晶相的极大兴趣。制备准晶合金可采用快速

冷凝、溅射、气相沉积、离子束混合、非晶相热处理、固态扩散反应及熔铸等多种方法。Ivanov 等人用机械合金化制得了成分为 $Mg_3Zn_{5-x}Al_x$（其中 $x=2\sim4$）和 $Mg_{32}Cu_8Al_{41}$ 的二十面体准晶相，其结构和快冷法制备的二十面体准晶相相同。Eckert 等人对配比为 $Al_{65}Cu_{20}Mn_{15}$ 的元素粉末进行机械合金化，在产物中观察到了二十面体准晶相的形成。Eckert 等人报道在 Al-Cu-Mn 系的球磨过程中球磨强度不同，生成的合金相特征也不同。在强度为 5 时形成非晶相，强度为 9 时形成的是平衡态金属间化合物，强度为 7 时形成的是准晶相。这个结果可以从球磨过程中的温升效应的基础上理解。据估计，球磨强度为 5 时粉体的温度为 520K，强度为 7 时温度为 680K，强度为 9 时温度可达到 863K。强度为 9 时的球磨温升超过了准晶相的晶化温度，因而形成了平衡的金属间化合物。这些发现再次证实了"软"球磨条件有利于形成亚稳相，包括非晶和准晶。在研究中 Eckert 等人认为 Al-Cu-M（M＝Mn、V、Cr）体系在机械合金化过程中可以直接形成准晶相，而对 Al-Cu-Fe 系在机械合金化过程中只能得到晶体相，只有在一定温度下等温退火才可得到准晶相。对 Al-Cr-Si 和 Ti-Ni-Fe-Si 系，机械合金化可以导致非晶相的形成，再经非晶退火才可获得准晶相。对 Al-Cr 系，机械合金化虽不能导致合金化，但对机械合金化合成的 Al-Cr 多层组织等温退火亦可导致准晶相的产生。文献报道，在 QM-ISP 行星式球磨机中当球料比为 10∶1 时，球磨 300h 的 $Al_{15}Cu_{20}Fe_{15}$ 准晶相变成了非晶相（依据 XRD 结果），但 TEM 结果表明，非晶相中还存在 $10\sim15nm$ 的准晶粒子。表 3-12 给出了一些合金系通过机械合金化形成准晶的实例。

表 3-12　一些合金系通过机械合金化形成的准晶

合　　金	球磨机	球料比	球磨强度	球磨时间/h
$Al_{65}Cu_{20}Cr_{15}$	Fritsch P5	15∶1	—	55＋873K 退火 1h
Al-Cu-Cr	Fritsch P5	15∶1	9	—
$Al_{65}Cu_{20}Fe_{15}$	Fritsch P7	15∶1	7	15
$Al_{65}Cu_{20}Mn_{15}$	Fritsch P5	15∶1	5	—
$Al_{40}Cu_{10}Mn_{25}Ge_{25}$	Fritsch	20∶1	$450\sim650r/min$	66
$Al_{65}Cu_{20}Ru_{15}$	—	—	—	—
$Al_{70}Cu_{12}Ru_{18}$	—	—	—	—
$Al_{75}Cu_{15}V_{10}$	Fritsch P5/P7	15∶1	9	20＋623K 退火 10h
$Al_{50}Mn_{20}Ge_{30}$	Fritsch	20∶1	$450\sim650r/min$	47
$Al_{50}Mn_{20}Si_{20}Ge_{10}$	Fritsch	20∶1	$450\sim650r/min$	80
$Al_{75}Ni_{10}Fe_{15}$	—	—	—	40＋1073K 退火 20h
$Al_{70}Pd_{20}Mn_{10}$	Fritsch P7	15∶1	7	30
$Mg_{32}Cu_8Al_{41}$	行星式球磨机		900r/min	—
Mg-Al-Pd	行星式球磨机	40∶1	150G	4
$Mg_{32}(Al,Zn)_{49}$	行星式球磨机			3min
$Mg_3Zn_{5-x}Al_x(x=2\sim4)$	行星式球磨机		900r/min	
$Ti_{56}Ni_{18}Fe_{10}Si_{16}$	SPEX8000	6∶1	—	30＋1023K 退火 30min

3.7.4　机械合金化制备纳米晶材料

3.7.4.1　机械合金化纳米晶形成机制

利用机械合金化制备纳米粉末是一种非常有效而简便的方法。机械合金化形成纳米晶的途径有两类：一是粗晶的材料在高能球磨过程中，经过剧烈变形，晶粒不断细化而获得纳米晶；二是非晶态合金在球磨过程中发生晶化，形成纳米晶。

高能球磨使粗晶变为纳米晶的机制可简述如下。

在高应变速率下，由位错密集网络组成的剪切变形带的形成是主要的变形机制。透射电镜观察表明，由球磨引起的塑性形变可经由剪切变形带（宽 $0.5\sim1\mu m$）而产生，在球磨初期，原子水平的应变因位错密度增大而增加，当晶粒内的位错密度达到临界密度后，晶体分解为亚晶粒，这种亚晶粒开始时被具有小于 20°倾斜角的小角晶界分隔开，继续球磨导致原子水平应变的下降和亚晶粒的形成。再进一步球磨时在材料的未应变部分的剪切变形带中发生形变，而已形成的剪切变形带中的亚晶粒则进一步减少到最终晶粒尺寸。而且，亚晶粒间的相对取向最终会变成完全无规则的。由于纳米晶粒本身没有位错，当达到完全纳米晶结构时，位错运动所需要的极高应力可以阻止纳米晶粒的塑性变形。因此，进一步的形变和贮能只能通过晶界滑移来完成，这将导致亚晶粒的无规则运动，因而，球磨最终所获得的材料是由相互间无规则取向的纳米晶粒组成的。另外，有关晶粒大小的研究，Li 等人提出了一个晶粒细化的模型，指出球磨初期晶粒尺寸满足关系

$$d = Kt^{-\frac{2}{3}} \tag{3-3}$$

式中　d——晶粒尺寸；

　　　t——时间；

　　　K——常数。

Eckert 等人指出，球磨所得到的最小晶粒尺寸取决于位错堆积速率和回复速率的动态竞争，材料的熔点越高，则回复速率越低，晶粒尺寸的极限值就越小。实质上，由机械合金化得到的最小晶粒尺寸仅与 Al、Ag、Cu 和 Ti（都具有 fcc 结构）的熔点成反比，与其堆垛层错能成正比。从 bcc 和 hcp 结构金属以及一些金属间化合物的数据来看，也只有熔点较低的 fcc 金属具有这种明显的反比关系，对 hcp、bcc 和其他高熔点的 fcc 金属来说，最小晶粒尺寸和熔点高低无关。但是这些元素在机械合金化过程中能形成的最小晶粒尺寸的次序为 fcc＜bcc＜hcp。

各种球磨工艺参数对最小晶粒尺寸也有一定影响。由非晶态球磨引起晶化形成纳米晶的机理为：球磨引起的非晶晶化与加热时的晶化有所不同，温度不是前者的唯一驱动力，磨球对粉末的挤压与碰撞起了重要作用，晶化材料的晶粒度始终保持在纳米尺度。Trudeau 等人认为，球磨过程中晶体的生长仍然是一个形核和长大的过程，在非晶基体中，晶体的形核位置非常多，但在球磨筒中温度较低，因此晶体的生长速率很低。而且一旦生长，由于受到严重的变形又会使晶体破裂，所以晶体生长受到限制，仍能保持在纳米晶水平，晶粒的最终尺寸取决于晶粒本身的长大速率和破裂速率之间的竞争。

3.7.4.2　机械合金化制备纳米晶材料

（1）纳米晶纯金属的制备　大量研究结果表明，具有 bcc 结构的纯金属（如 Fe、Cr、Nb、W 等）和具有 hcp 结构的纯金属（如 Hf、Zr、Co、Ru 等）在高能球磨的作用下能够形成纳米晶结构，而具有 fcc 结构的金属（如 Cu）则不易形成纳米晶。表 3-13 给出了 bcc 和 hcp 结构的纯金属在高能球磨后的晶粒尺寸、热熔以及比热容等的变化。从表中数据可以看出，球磨纳米晶的晶界能远远大于处于平衡态的大角晶界的晶界能（1kJ/mol）。

纳米晶纯金属的制备原理为：纯金属在球磨过程中，颗粒反复形变，局域应变的增加引起缺陷密度的增加，当局域切应变中缺陷密度达到某临界值时，晶粒被破碎，这个过程不断重复，晶粒则不断细化，直至形成纳米晶结构。Fecht 等人通过透射电镜分析表明，随球磨时间延长，切变带内位错形状的胞状组织转变成随机位向的纳米晶组织。电子衍射分析表明，在含有位错胞/小角晶界的粉末组织中存在变形织构。经较长时间球磨后，织构消失，取而代之的

是近于随机分布的织构，此时粉末的组织为具有大角晶界的纳米晶。Jang 和 Koch 的试验结果表明，对用球磨方式制备的纳米晶 Fe 而言，其硬度随晶粒尺寸的减小而增大。硬度与晶粒直径的平方根之间满足 Hall-Petch 公式。具有 fcc 结构的金属，由于具有较多的滑移面，应力通过大量滑移带的形成而释放，晶粒不易破碎，则较难形成纳米晶。

表 3-13　几种纯金属在高能球磨后的晶粒尺寸、热焓、比热容等的变化

元　素	结构	平均晶粒/nm	ΔH/(kJ/mol)	$\Delta H/\Delta H_f$	Δc_p/%
Cr	bcc	9	4.2	25	10
Fe	bcc	8	1.5	15	14
Nb	bcc	9	2.0	8	5
W	bcc	9	4.7	13	6
Hf	hcp	13	2.2	9	3
Zr	hcp	13	3.5	20	6
Co	hcp	14	1.0	6	3
Ru	hcp	13	7.4	50	15

（2）纳米晶金属间化合物的制备　在一些合金系的某些成分范围内，纳米晶金属间化合物往往以中间相的形式在球磨过程中出现。如 Nb-25%Al 在高能球磨时，在球磨初期首先形成 35nm 左右的 Nb$_3$Al 相和少量的 Nb$_2$Al 相；当球磨时间为 2.5h 时，金属间化合物 Nb$_3$Al 和 Nb$_2$Al 迅速转变成具有 10nm 大小的 bcc 固溶体。Pd-Si 系合金在球磨时先形成纳米晶金属间化合物 Pd$_3$Si 而延长球磨时间，会再形成非晶相。对于具有负混合热的二元或二元以上的合金体系，在球磨过程中亚稳相的转变取决于球磨合金的体系及合金成分。如图 3-11 所示的 Ti-Si 合金系当 Si 含量在 25%～60%（摩尔分数）范围内时，金属间化合物的自由能大大低于非晶以及 bcc 和 hcp 固溶体的自由能。

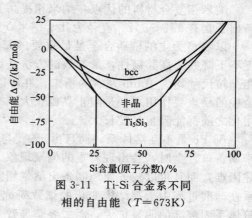

图 3-11　Ti-Si 合金系不同
相的自由能（$T=673$K）

在这个成分范围内进行球磨很容易形成金属间化合物，而在此成分以上时，由于非晶的自由能较低，球磨时易形成非晶相。

20 世纪 90 年代初，Calka 等人首先报道了采用机械合金化法使难熔金属粉末在 N$_2$ 气氛中进行反应球磨，获得了 TiN 和 ZrN 纳米晶粉末。Qin 等人采用 Ta 粉在氮气气氛中球磨制得了 Ta$_2$N 纳米晶粉末。另外，Liu 等人采用了单质 Ru 粉和 Al 粉，制得了 5nm 大小的 RuAl 金属间化合物粉末，并且研究了其热稳定性问题，这种纳米粉末在 873K 下进行 5h 退火后，晶粒尺寸仍小于 10nm，即使在 1273K 下等温退火 5h 后，晶粒尺寸也仅长大至 80nm，具有良好的热稳定性。王尔德等人制备了 50nm 大小的 TiAl 复合粉末。朱心昆等人制备了纳米级的 TiC 粉末。目前已经制备了 Fe-B、Ti-B、Ti-Si、Ti-Si、V-C、W-C、Si-C、Pd-Si、Ni-Mo、Nb-Al、Ni-Zr 等多种难熔的金属间化合物。

（3）不互溶体系和固溶度扩展体系的纳米晶制备　采用机械合金化可以比较容易地制备一些高熔点和不互溶体系的纳米晶。众所周知，二元体系 Ag-Cu 在室温下几乎不互溶。但 Ag、Cu 混合粉末经 25h 高能球磨后，开始形成具有 bcc 结构的固溶体，球磨 400h 后，bcc 固溶体的晶粒尺寸减小到 10nm。不互溶的 Fe-Cu 二元合金球磨后能形成固溶度很宽的 bcc 和 fcc 结构固溶体。Fe 在 Cu 中的固溶度可扩展到 60% 以上，晶粒尺寸为十几纳米。Cu-Co 在固态时

的固溶度也非常小，在 873K 时的固溶度仍小于 1%，但通过机械合金化形成纳米晶后，固溶度可达 100%。Cu-W 系是具有正混合热的非互溶体系，在理论上不具备合金化的热力学条件，但通过机械合金化处理后可实现合金化。Gaffet 等人对不互溶的 Cu-W 体系进行了比较系统的研究，几乎在整个成分范围内都能通过高能球磨得到晶粒度为 20nm 的固溶体。柳林等人对 Cu、Ta 粉末进行 30h 的球磨，得到 10～20nm 的 Cu-Ta 固溶体。不互溶体系还有 Ag-Cu、Ag-Ni、Al-Fe 等合金系，都可以通过机械合金化得到纳米晶的固溶体。

另一方面，有些合金系虽然有一定的固溶度，但通过机械合金化后固溶度扩展形成了过饱和固溶体的纳米晶。隋海心和朱敏发现机械合金化可使 Al-Co 金属间化合物的成分扩展到 Al-80%（原子分数）Co，但其结构（包括有序结构）几乎不受影响，化合物晶粒尺寸为 10nm。

(4) 纳米尺寸复相材料的制备　当合金由两个和两个以上的相组成，且组成相至少有一个是纳米尺寸时，该合金可称为纳米相复合合金（或称为具有纳米尺寸的复相材料）。纳米复合材料可以通过机械合金化直接合成，也可以由机械合金化/机械碾磨形成的非晶相在相对较低温度下晶化得到纳米复相材料。目前已制备出多种纳米相的复合合金，如具有巨磁阻的 Co-Cu 纳米复合合金，具有剩磁增强效应的、由软磁相和硬磁相构成的纳米复合磁体，Si_3N_4-TiN、BN-Al 纳米相复合材料，WC-Co 纳米相硬质合金，Al-Pb 基、Cu-Pb 基纳米复相合金等。

纳米相复合材料的优点：纳米相提高了材料的性能，日本学者报道了用机械球磨的方法制备出了含有 1%～5%、直径为几十纳米 Y_2O_3 颗粒的复合 Co-Ni-Zr 合金。

以 WC 为主的硬质合金是最重要的刀具材料，耐磨性优异，但韧性不高，为了保持其强度不下降并提高其韧性，最有效的方法是细化晶粒。采用机械合金化法可以得到 WC 和 Co 两相晶粒尺寸均为 10nm 左右的粉末，并可以制得性能优异的硬质合金。纳米相在纳米相复合合金中的最重要作用之一是阻止晶粒长大。文献报道，纳米 Al_2O_3 相增强的 Cu 和 Mg 直到金属熔化之前都能阻止晶粒长大。

Al-Pb 是不互溶体系，而且由于 Al 与 Pb 的密度和熔点都相差甚大，采用常规的熔炼方法来制备该合金时，会出现严重的偏聚现象。采用机械合金化法制备 Al-Pb 合金不仅可以克服上述困难，而且可以较方便地制备出纳米相复合 Al-Pb 合金，大幅度提高合金的性能。对 Al-Pb 系在球磨过程中微观结构变化的细致研究表明：与 Fe-Cu 等不互溶体系不同，球磨并不导致该体系固溶度的明显扩大，而主要是导致 Al 和 Pb 相的不断细化，直至形成纳米相复合结构。采用电镜观察，发现在 Al 相中存在 10nm 左右的 Pb 相。这些纳米相的形成，可以阻碍烧结时晶粒的长大。对于 Al-10% Pb-4.5% Cu（质量分数）合金系，经过机械合金化处理后再进行烧结，Pb 相的尺寸为 150nm 左右。

习题与思考题

1. 机械合金化的定义及球磨机理是什么？
2. 球磨机的本体结构有哪几类？各有何特点？
3. 用机械合金化技术制备纳米晶材料时，其工艺参数是如何选择的？
4. 反应球磨技术与机械合金化技术相比有何异同？
5. 什么是机械力化学？请解释一下机械力化学的作用过程及其机理？
6. 机械合金化制备电触头材料的特点是什么？
7. 简述机械合金化技术的工业化应用。

参　考　文　献

[1] 陈振华，陈鼎编著. 机械合金化与固液反应球磨. 北京：化学工业出版社，2006.

[2] 孙振岩，刘春明编著．合金中的扩散与相变．沈阳：东北大学出版社，2002.

[3] 翟启杰，关绍康，商全义编著．合金热力学理论及其应用．北京：冶金工业出版社，1999.

[4] 张永刚，韩雅芳，陈国良等编著．金属间化合物结构材料．北京：国防工业出版社，2001.

[5] 张静，郝雷．非晶态合金的机械合金化研究述评．广东有色金属学报，2006，16（1）：36-40.

[6] 刘欣，王敬丰，覃彬等．非晶态镁基储氢合金的研究进展．材料导报，2006，20（10）：120-127.

[7] 马明亮，增祥，魏健宁等．高能球磨在材料制备领域的工业化应用．热加工工艺，2006，35（6）：66-69.

[8] 梁国宪，王尔德，王晓林．高能球磨制备非晶态合金研究的进展．材料科学与工程，1994，11（2）：47-52.

[9] 王艳，张忠华，滕新营等．机械合金化 Al-Cu-Te 准晶相形成的研究进展．稀有金属材料与工程，2006，35（2）：35-38.

[10] 王芳．机械合金化 Mg 基复合储氢材料性能研究 [学位论文].上海：上海大学，2006.

[11] 高丽丽，刘力．机械合金化的发展．化工科技，2007，15（1）：68-70.

[12] 朱心昆，林秋实，陈铁力等．机械合金化的研究及进展．粉末冶金技术，1999，17（4）：291-296.

[13] 鲁小川．机械合金化法制备 Nd 基非晶合金的研究 [学位论文].上海：上海大学，2003.

[14] 马李洋，丁毅，马立群．机械合金化法制备 Ti 基贮氢合金的进展．有色金属，2007，59（4）：73-77.

[15] 张中武，陈国良，陈光．机械合金化粉末冶金制备块体非晶材料．金属热处理，2005，30（10）：22-27.

[16] 支文．机械合金化过程中的理论研究．长春大学学报，2007，17（3）：27-29.

[17] 许士跃．机械合金化纳米晶 Fe-C 过饱和固溶体系的结构和磁性能研究 [学位论文].上海：上海大学，2005.

[18] 娄琦．纳米晶镍铝及其复合材料的机械合金化制备研究 [学位论文].青岛：中国石油大学（华东），2008.

[19] 许加星．喷射成形设备控制系统研究与应用 [学位论文].西安：西安电子科技大学，2009.

[20] 吕俊，陈晓闽，黄东亚等．机械合金化与非晶合金材料的研究进展．材料导报，2006，20（9）：93-97.

[21] 李天．机械合金化制备 Ti-Ni 合金的研究 [学位论文].沈阳：东北大学，2004.

[22] 夏志平．机械合金化制备非平衡相及其表征的研究 [学位论文].杭州：浙江大学，2008.

[23] 罗振．机械合金化制备高熔点、低熔点金属固溶体和化合物的研究 [学位论文].杭州：浙江大学，2007.

[24] 许春霞．机械合金化制备镁基非晶合金及其性能研究 [学位论文].重庆：重庆大学，2007.

[25] 张颂阳，耿茂鹏．机械力化学与机械合金化．云南冶金，2006，35（4）：46-49.

[26] 张健，周惦武，刘金水等．镁基储氢材料的研究进展与发展趋势．材料导报，2007，21（6）：70-74.

[27] 刘新波．镁基储氢合金的制备及其电化学性能研究 [学位论文].南京：南京航空航天大学，2008.

[28] 欧阳义芳，钟夏平，肖红领等．低温机械合金化研究进展．稀有金属材料与工程，2003，32（6）：407-411.

[29] 张静，郝雷．非晶态合金的机械合金化研究述评．广东有色金属学报，2006，16（1）：36-40.

[30] 杨华明，邱冠周．机械合金化（MA）技术的新进展．稀有金属，1998，22（4）：313-316.

[31] 杨君友，张同俊，李星国等．材料制备新技术——机械合金化．材料导报，1994，（2）：11-14.

[32] 朱心昆，林秋实，陈铁力等．机械合金化的研究及进展．粉末冶金技术，1999，17（4）：291-296.

[33] 徐安莲，刘守平，周上祺等．机械合金化的研究进展．重庆大学学报：自然科学版，2005，28（11）：84-88.

[34] 余立新，李晨辉，熊惟皓等．机械合金化过程理论模型研究进展．材料导报，2002，16（8）：11-14.

[35] 刘彦霞．超细碳化物的机械合金化合成研究 [学位论文].北京：中国石油大学，2004.

[36] 李松瑞，袁朝晖，唐仁政．机械合金化及其制备 PM 耐热铝合金的进展．铝加工，1996，19（6）：37-41.

[37] 杨朝聪．机械合金化技术及发展．云南冶金，2001，30（1）：38-42.

[38] 李爱国，熊益民，徐丽莉．机械合金化技术在超细硬质材料中的应用进展．金属热处理，2006，31（10）：1-3.

[39] 金红，杨遇春．机械合金化铝合金的研制和开发．稀有金属，1997，21（5）：384-388.

[40] 王尔德，胡连喜．机械合金化纳米晶材料研究进展．粉末冶金技术，2002，20（3）：135-139.

[41] 王尔德，刘京雷，刘祖岩．机械合金化诱导固溶度扩展机制研究进展．粉末冶金技术，2002，20（2）：109-112.

[42] 马明亮，宋士华．机械合金化诱发固态燃烧反应机理研究进展．九江学院学报，2007，（6）：37-39.

[43] 乔玉卿，赵敏寿，朱新坚等．机械合金化制备 Mg-Ni 合金氢化物电极材料的研究进展．无机材料学报，2005，20（1）：33-41.

[44] 雷景轩，马学鸣，余海峰等．机械合金化制备电触头材料进展．材料科学与工程，2002，20（3）：457-460.

[45] 苗鹤，陈玉安，丁培道．机械合金化制备镁系贮氢材料的研究进展．材料导报，2004，18（9）：36-38.

[46] 高海燕，曹顺华．机械合金化制备纳米晶硬质合金粉的进展．粉末冶金技术，2003，21（6）：355-358.

[47] 李成清，王树林．机械合金化制备纳米钛-锆合金的研究进展．中国材料进展，2009，28（7-8）：67-71.

[48] 唐有根，徐益军，杨幼平．贮氢合金机械合金化制备的研究进展．金属功能材料，2002，（3）：1-4.

[49] 邓春岩，李国彬，陈芳等．MA 法制备复合材料常用设备的比较分析（综述）．河北科技师范学院学报，2006，20

(2): 66-70.

[50] Suryanarayana C. Mechanical alloying and milling. Porgress in materials science, 2001, 46: 1-184.

[51] Ivanov E Yu, Konstanchuk I G, Bokhonov B D, et al. Mechanochemical synthesis of icosahedral phases in Mg-Zn-Al and Mg-Cu-Al alloys. Reactivity of Solids, 1989, 7 (2): 167-172.

[52] Sakaguchi H, Shirai H, Tanaka H, et al. Hydrogen Permeation Characteristics for Oxide/Metai Multilayered Films. Chemistry of Materials, 1995, 718 (3): 137.

[53] Chen Zhenhua, Chen Ding, Huang Peiyun. Prepration of elevated-temperature interm etallic powders via anovel reaction ball milling technique. Journal of Alloys and Compounds, 2004, 370 : 43-46.

[54] Calka A, Radinski A P. Universal high performance ball-milling device and its application for mechanical alloying. Materials Science & Engineering, 1991, A134: 1350-1353.

[55] Guo W, Iasonna A, Magini M, et al. Synthesis of amorphous and metastable $Ti_{40}Al_{60}$ alloys by mechanical alloying of elemental powders. Journal of Materials Science, 1994, 29 (9): 2436-2444.

[56] Benjamin J S, Volin T E. Mechanism of Mechanical alloying. Metallurgical Transactions, 1974, 5 (8): 1929-1934.

[57] Maurice D, Courtney T H. Modeling of Mechanical alloying: Part I. Deformation, Coalescence and Fragmentation MechanismS. Metallurgical and Material transactions, 1994, A25: 147-158.

[58] Maurice D, Courtney T H. Modeling of Mechanical alloying: Part Ⅱ. Development of computational modeling programs. Metallurgical and Material transactions, 1995, A26: 2431-2435.

[59] Maurice D, Courtney T H. Modeling of Mechanical alloying: Part Ⅲ. Development of computational modeling programs. Metallurgical and Material transactions, 1995, A26: 2437-2444.

[60] Magini M, Iasonna A. Energy Transfer in Mechanical Alloying (overview). Mater. Trans, JIM, 1995, 36 (2): 123-133.

[61] Yang H, Bakker H. Formation of amorphous and metastable phases from the sigma phase by ball milling. Materials Science & Engineering, 1994, A181-A182: 1207-1211.

[62] Fukunaga T, Homma Y, Suzuki K, et al. Structural characterization of Ni-V amorphous alloys prepared by mechanical alloying. Material Science & Engineering, 1991, A134: 987-991.

[63] Umemoto M, Liu Z G, Tsuchiya K. The development of research and application of mechanical alloying. Journal of Japan Society of Powder and Powder Metallury, 2001, 48 (10): 926-934.

[64] Cocco G, Mulas G, Schiffini L. Mechanical alloying processes and reactive milling. Journal of Metals, 1995, 47 (3): 16-21.

[65] Asahi N, Maki T, Matsumoto S, et al. Quasicrystallization characteristics of mechanically alloyed $Al_{65}Cu_{20}Fe_{15}$ powder. Materials Science & Engineering, 1994, A181-182: 841-844.

[66] Tsai A P, Tsurui T, Memezawa A, et al. Formation of quasi-crystals through peritectoid reactions from a nonequilibrium cubic phase prepared by mechanical alloying. Phil Maglett, 1993, 67 (6): 393-398.

[67] Fecht H J, Hellstern E, Fu Z, et al. Nanocrystalline metals prepared by high-energy ball milling. Metallurgical Transactions, 1990, A21 (9): 2333-2337.

第4章 半固态金属加工技术

【学习目的与要求】

通过本章的学习，帮助学生理解和掌握半固态金属成形技术的基本原理，半固态浆料的制备、贮存和运输；典型的两大类半固态金属成形方法、特点及应用范围；使学生基本熟悉工厂的生产特点、工艺布置、设备布置、主机设备等；全面地认识和了解半固态加工技术的工业化应用状况和发展前景；为将来走向工作岗位打下良好的基础。

4.1 半固态金属加工技术概述

顾名思义，半固态金属成形就是对处于半固-半液状态的金属进行加工成形，是一种介于金属的液态成形（如铸造、铸轧等）和金属的固态成形（如挤压、轧制等）之间的新的加工成形方法。由于该技术采用了非枝晶半固态浆料，打破了传统的枝晶凝固模式，所以半固态金属与过热的液态金属相比，含有一定体积比率的球状初生固相，与固态金属相比，又含有一定比率的液相，因此，半固态金属成形在获得均匀细晶组织、提高性能、缩短加工工序、节约能源、提高模具寿命等方面具有明显的优势，非常适合于现代金属材料及其复合材料的成形加工。

半固态金属成形具有许多独特的优点，近年来在理论和技术研究以及应用开发上引起各国的高度重视。半固态加工金属部件产品在汽车、通信、电器、航空航天和医疗器械等领域得到应用。国外有的学者将其称为追求省能、省资源、产品高质量化、高性能化的 21 世纪最有前途的金属材料加工技术之一。

4.1.1 半固态金属成形基本原理

半固态金属成形的基本原理是在金属凝固过程中对其施加强烈搅拌，以抑制和充分破碎树枝状初生相的形成和长大，在一定温度和时间条件下，获得一种液态金属中均匀地悬浮着的一定球状初生相的固-液相共存的混合浆料（固相组分一般在 50%左右）。然后将其压铸成坯料或铸件。它是由传统的铸造技术及锻压技术融合而成的新的成形技术。

半固态金属（合金）的内部特征是固-液相混合共存，在晶粒边界存在金属液体，根据固相含量的不同，其状态不同，如图 4-1 所示。半固态金属的金属学和力学特点主要有如下几点：

① 由于固、液共存，在两者界面熔化、凝固不断发生，产生活跃的扩散现象，因此，溶质元素的局部浓度不断变化；

② 由于晶间或固相粒子间夹有液相成分，固相粒子间几乎没有结合力，因此，其宏观流动变形抗力很低；

③ 随着固相含量的降低，呈现黏性流体特性，在微小外力作用下即可很容易变形流动；

④ 当固相含量在极限值（约为 75%）以下时，浆料可以进行搅拌，并可很容易地混入异

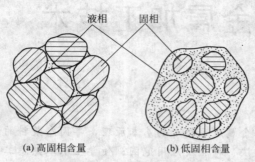

液相　固相

(a) 高固相含量　　(b) 低固相含量

图 4-1　半固态金属
(合金) 的内部结构

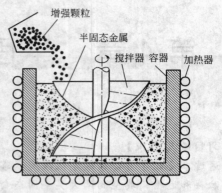

增强颗粒

半固态金属

搅拌器　容器　加热器

图 4-2　半固态金属和强化
粒子 (纤维) 的搅拌混合

种材料的粉末、纤维等 (图 4-2)，实现难加工材料 (高温合金、陶瓷等) 的成形；

⑤ 由于固相粒子间几乎没有结合力，在特定部位虽然容易分离，但因液相成分的存在，又可很容易地将分离的部位连接形成一体，特别是液相成分很活跃，不仅半固态金属间的结合，而且与一般固态金属材料也容易形成很好的结合；

⑥ 当施加外力时，液相成分和固相成分存在分别流动的情况，通常，存在液相成分先行流动的倾向和可能性；

⑦ 上述现象在固相含量很高或很低或加工速率特别高的情况下都很难发生，主要是在中间固相分数范围或低加工速率情况下显著。

与常规铸造方法形成的枝晶组织不同，利用流变成形生产的半固态金属零件具有独特的非枝晶、近似球形的显微组织结构。由于是在强烈的搅拌下凝固结晶，造成枝晶之间互相磨损、剪切，液体对晶粒的剧烈冲刷，这样枝晶臂被打断，形成了更多的细小晶粒，其自身结构也逐渐向蔷薇形演化。而随着温度的继续下降，最终使得这种蔷薇形结构演化成更简单的球形结构，如图 4-3 所示。球形结构的最终形成要靠足够的冷却速率和足够高的剪切速率。

　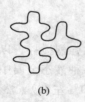　　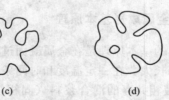　

(a)　　　　　(b)　　　　　(c)　　　　　(d)　　　　　(e)

图 4-3　球形组织的演化过程示意图

与普通的加工成形方法比较，半固态金属加工具有许多独特的优势。

① 黏度比液态金属高，容易控制。模具夹带的气体少，减少氧化、改善加工性，减少模具粘接，可以实现零件加工成形的高速化，改善零件的表面精度，易实现成形自动化。

② 流动应力比固态金属低。半固态浆料具有流变性和触变性，变形抗力小，可以更高的速率成形零件，而且可进行复杂件的成形；缩短了加工周期，提高了材料利用率，有利于节能节材，并可进行连续形状的高速成形 (如挤压)，加工成本低。

③ 应用范围广。凡具有固液两相区的合金均可实现半固态加工成形，适用于多种加工工艺，如铸造、轧制、挤压和锻造等，还可进行复合材料的成形加工。

4.1.2　半固态金属成形方法

根据工艺流程的不同，半固态金属成形可分为流变成形和触变成形两类。

流变成形是将从液相到固相冷却过程中的金属液进行强烈搅动，在一定的固相分数下将半固态金属浆料直接送往成形设备进行成形，又称"一步法"，如图4-4(a)所示。根据成形设备的种类，流变成形又可分为流变压铸、流变锻造、流变轧制、流变挤压等。

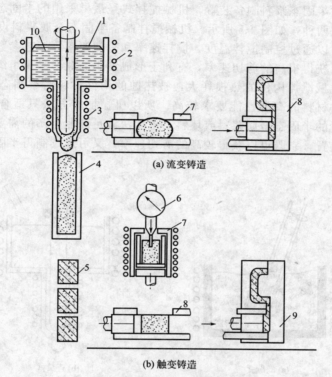

(a) 流变铸造

(b) 触变铸造

图 4-4　半固态铸造装置示意图

1—金属液；2—加热炉；3—冷却器；4—流变铸锭；5—料坯；6—软度指示仪；
7—坯料二次加热器；8—压射室；9—压铸模；10—压铸合金

触变成形是先由连铸等方法制得具有半固态组织的锭坯，然后切成所需长度，再加热到半固态状，然后将该半固态坯料送往成形设备进行成形，又称"二步法"，如图4-4(b)所示。根据成形设备的种类，触变成形又可分为触变压铸、触变锻造、触变轧制、触变挤压等。

在成形过程中，触变成形包括半固态浆料制备、半固态坯料的二次加热、触变成形三个工艺过程，这种加工路线的优点是可控性高、易于实现工业化规模生产并明显提高成形合金的综合性能，目前已经在工业上获得应用；而流变成形是将制备出的半固态金属浆料直接成形，与触变成形工艺相比，其优点是工艺流程短、生产成本低，但这种工艺路线的可控性差，目前还处于研究阶段。

4.2　半固态金属关键成形技术

半固态金属流变成形的关键技术包括半固态浆料制备、流变成形，半固态金属触变成形的关键技术是半固态浆料制备、半固态坯料制备、二次加热、触变成形。下面就有关的关键技术进行介绍。

4.2.1 半固态金属浆料制备

无论是半固态流变成形还是半固态触变成形，首先都要获得半固态浆料。因此，半固态金属浆料的制备方法及设备的发展是多年来半固态铸造成形发展的标志性技术，其内容十分丰富多彩，已出现了很多专利技术，各有特点。目前主要有机械搅拌、电磁搅拌两大类。

（1）机械搅拌式半固态浆料制备装置　机械搅拌式是最早采用的半固态浆料制备方式，可分为连续式和间歇式两种，如图 4-5 所示。机械搅拌制备半固态金属浆料设备的结构简单、造价低、操作方便，可以通过控制搅拌温度、搅拌速率和冷却速率等工艺参数，获得半固态金属浆料。机械搅拌可以获得很高的剪切速率，有利于形成细小的球形微观组织。机械搅拌式装置的缺点是在高温下机械搅拌构件的热损耗大，被热蚀的构件材料对半固态金属浆料会产生污染，因此对搅拌构件材料的高温性能要求较高。所以机械搅拌方法只适合于实验室的研究工作，无法制备高质量的半固态金属浆料或坯料，也无法满足商业生产的需要。如图 4-6 所示是转轮式半固态制浆装置，它既可以获得较高的剪切速率，又可连续制得半固态金属浆料，可以用于商业生产。

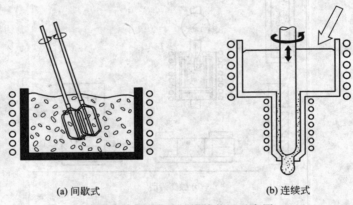

(a) 间歇式　　　　　　　　　　　　(b) 连续式

图 4-5　半固态机械搅拌装置示意图

（2）电磁搅拌式半固态浆料制备装置　电磁搅拌法是目前制备半固态铝合金坯料最成功的方法。其基本工作原理是利用感应线圈产生的平行于或垂直于铸型方向的强磁场对处于液-固相线之间的金属液形成强烈的搅拌作用，产生剧烈的流动，使金属凝固析出的枝晶充分破碎并球化，进而制备半固态浆料或坯料。该方法不污染金属液，金属浆料纯净，不卷入气体，可以连续生产流变浆料或连铸锭坯，产量可以很大。通常，影响电磁搅拌效果的因素有搅拌功率、冷却速率、熔体温度、浇注速率等。但直径大于 150mm 的铸坯不宜采用电磁搅拌法生产，电磁搅拌获得的剪切速率不及机械搅拌的高。从搅拌金属液的流动方式来分，电磁搅拌有三种形式：第一种是垂直搅拌式，即电磁搅拌方向与铸坯的轴线方向平行；第二种是水平搅拌式，即电磁搅拌方向垂直铸坯轴线，围绕铸坯轴线搅动；第三种是水平与垂直式的组合搅动（螺旋搅拌式），如图 4-7 所示。

图 4-6　转轮式制浆装置

20 世纪 90 年代，法国的 Vives 发明了新的电磁搅拌流变铸造机，采用旋转永久磁铁磁场对凝固过程中的铝熔体进行强力搅拌，其原理如图 4-8 所示。永久磁铁转子流变铸造机不但可铸圆锭，而且

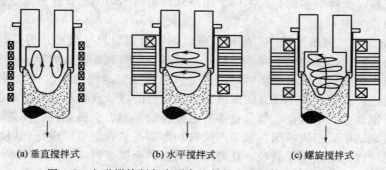

(a) 垂直搅拌式　　　　(b) 水平搅拌式　　　　(c) 螺旋搅拌式

图 4-7　电磁搅拌制备半固态坯料的三种搅拌方式示意图

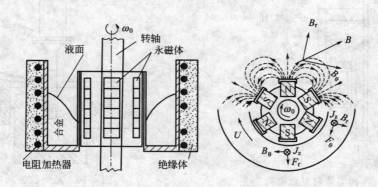

图 4-8　带内部转子的电磁流变铸造示意图

能铸扁锭、方锭、空心锭等。另外，还具有如下的优点：转子结构简单，体积也不大，可安装在现有的连续或半连续铸造机上，改造工作量很小；转子感应器可设计制造得相当高，例如可高达 700mm，搅拌时间有所延长，使铸造组织得到进一步的改善；每吨锭平均电能消耗 2kW，因为磁场是由永久磁铁产生的，几乎没有任何有用功损失，功率因子非常接近1，设备造价很低。

北京有色金属研究总院针对现有电磁搅拌法制备半固态浆料和坯料技术的不足，研究开发出一种复合电磁搅拌连续制备半固态金属浆料的方法。采用该方法可以获得经济、快捷、高效、优质的半固态金属浆料，该浆料可以直接用于流变铸造，也可以铸造成一定尺寸的坯料，通过二次加热实现触变成形。如图 4-9 所示是施加复合电磁搅拌连续制备半固态金属浆料设备。其优点在于如下。

① 施加复合电磁场制备半固态金属浆料技术。通过施加多种电磁场不仅能控制制浆室内金属液的搅拌形态，而且还能与温度场控制相结合对环形制浆室内浆料凝固过程进行综合控制，将电磁场分布、液体金属磁流体行为、浆料的凝固行为和浆料质量有机地联系起来。

② 可以实现流变成形技术。能够在很短时间内对合金凝固过程进行精确控制以获得具有优异微观组织结构的浆料并能满足连续工业化生产的要求。在导流管外施加复合磁场并进行冷却，流经导流管内的金属液流能够获得充分地快速冷却，会在金属液体内部大量形核，凝固组织明显细化；由于几乎是同时形核，晶核尺寸相近，因而有利于凝固组织均匀化。

③ 半固态浆料具有良好的触变性能。导流管内的金属液体是在金属液体静压力和电磁搅拌力共同作用下以螺旋方式流动进入保温器的，并且形成具有特定固相分数的半固态金属浆料。这种螺旋冲刷作用能够保证金属熔体在达到较高的固相含量时仍然具有很好的流动性，而且进入保温器内的金属熔体温度分布均匀。因此，既可以实现稳定、有效地制备具有理想固相

含量的半固态浆料，又解决了现有技术中半固态浆料组织不均匀、球化程度低而不能直接进行流变成形的难题。

④ 制浆设备简单、应用范围广、实用性强。由于导流管尺寸较小，因此，电磁搅拌器设备体积小、投资成本少、搅拌效率高、能耗低、不需要变频装置。连续制备的半固态浆料不但可以用来生产用于触变成形的连铸坯料，而且可以被直接输送到成形设备，利用轧制、压铸、挤压等常规工艺进行流变成形。该方法既适合于铝合金的球状或粒状初晶的半固态金属浆料的制备，也适合于铜合金、镁合金、锌合金等有色金属的半固态金属浆料的制备。

(3) 超声波振动半固态浆料制备　超声波振动半固态浆料制备原理是利用超声机械振动波扰动金属的凝固过程，细化金属晶粒，获得球状初晶的金属浆料，如图4-10所示。

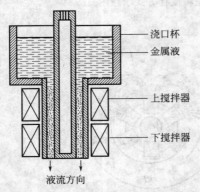

图4-9　半固态浆料复合电磁搅拌连续制备技术示意图

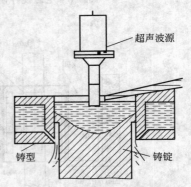

图4-10　超声波振动半固态浆料制备原理示意图

超声波振动作用于金属熔体的方法有两种：一种是将振动器的一面作用在模具上，模具再将振动直接作用在金属熔体上；另一种是振动器的一面直接作用于金属熔体上（图4-10）。试验证明，对合金液施加超声波振动，不仅可以获得球状晶粒，还可使合金的晶粒直径减小，获得非枝晶坯料。

(4) 应变诱导熔化激活法制备半固态料坯　应变诱导熔化激活法制备半固态料坯的工艺要点为利用传统的连铸法制出晶粒细小的金属锭坯；然后将该金属锭坯在回复再结晶的温度范围内进行大变形量的热态挤压变形，通过变形使铸态组织破碎；再对热态挤压变形过的坯料进行少量的冷变形，在坯料的组织中贮存部分变形能量；最后按需要将经过变形的金属锭坯切成一定大小，迅速将其加热到固液两相区并适当保温，即可获得具有触变性的球状半固态坯料。

4.2.2　半固态金属坯料的二次加热

流变铸造采用"一步法"成形，半固态浆料制备与成形联为一体，装备较为简单；而触变铸造采用"二步法"成形，除有半固态浆料制备及坯料成形外，还有二次加热、坯料重熔测定控制等重要工序。下面介绍触变铸造中的二次加热装置、坯料重熔测定控制装置。

(1) 二次加热装置　在触变成形前，半固态棒料先要进行二次加热（局部重熔）。根据加工零件的质量大小，精确分割经流变铸造获得的半固态金属棒料，然后在感应炉中重新加热至半固态供后续成形。二次加热的目的是获得不同工艺所需要的固相体积分数，使半固态金属棒料中细小的枝晶碎片转化成球状结构，为触变成形创造有利条件。

目前，半固态金属加热普遍采用感应加热，它能够根据需要快速调整加热参数，加热速度快、温度控制准确。如图4-11所示为一种二次加热装置的原理图，它利用传感器信号来控制感应加热器，得到所要求的液固相体积分数。其工作原理为当金属由固态转化为液态时，金属的电导率明显减小（如铝合金液态的电导率是固态的 0.4～0.5 倍）；同时，当坯锭从固态逐步转变为液态时，电磁场在加热坯锭上的穿透深度也将变化，这种变化将会引起加热回路的变化，因此可通过安装在靠近加热锭坯底部的测量线圈测出回路的变化。比较测量线圈的信号与标定信号之间的差别，就可计算出坯锭的加热温度，从而实现控制加热温度（即控制液相体积分数）的目的。

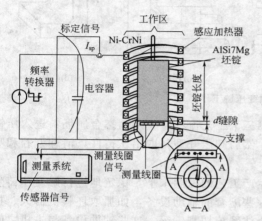
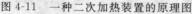
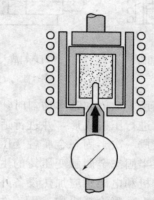

图 4-11　一种二次加热装置的原理图　　　　图 4-12　半固态金属重熔硬度测定装置

（2）重熔程度测定装置　理论上，对于二元合金，重熔后的固相体积分数可以根据加热温度由相图计算得出。但在实际中，常采用硬度检测法，即用一个压头压入部分重熔坯料的截面，以测加热材料的硬度来判定是否达到要求的液相体积分数。半固态金属重熔硬度测定装置如图 4-12 所示。

4.3　半固态金属的触变成形

4.3.1　半固态金属的触变压铸成形

半固态触变压铸是将制好的半固态坯料重新加热到固液两相区，获得所需固相组分后进行压铸的成形技术。其工作原理如图 4-13 所示。

半固态金属的触变压铸是在一般液态金属压铸的基础上发展起来的一种新型压铸工艺，这种新型压铸工艺克服了传统液态金属压铸的最大缺点，即可获得非常致密和可进行热处理强化的压铸件。半固态金属触变压铸工艺主要包含三个工艺流程：半固态金属原始坯料的制备、原始金属坯料的半固态重熔加热和半固态坯料的触变压铸成形。在第一个工艺流程中，首先对处于凝固前期的金属熔体进行激烈的搅拌，获得球状初生固相的半固态金属浆料，并将这种半固态金属浆料完全凝固成坯料或铸锭；这个工艺流程及与该流程有关的设备一般都单独位于另外的一个车间或另外的工厂，专门进行半固态触变成形坯料的生产或制备，这样便于控制坯料的生产工艺和降低生产成本。在第二个工艺流程中，根据压铸件的重量或尺寸，将已经完全凝固的半固态金属坯料切割成一定的大小，再将切割的半固态金属坯料放入加热装置内进行快速半固态重熔加热，并控制坯料的固相分数或液相分数；如果采用电磁感应重熔加热方法，每个金属坯料大约需要加热 6～15min；金属坯料的半固态重熔加热设备一般设置在触变压铸车间，而且与触变压铸机相距很近，与压铸机组成一个触变压铸成形系统。当金属坯料各处的温度或

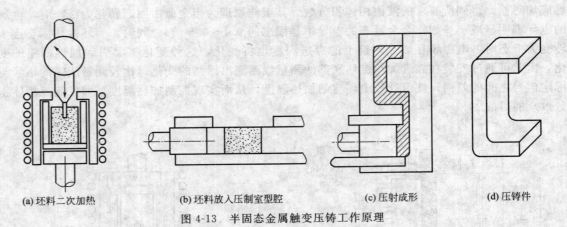

(a) 坯料二次加热　　　　(b) 坯料放入压制室型腔　　　　(c) 压射成形　　　　(d) 压铸件

图 4-13　半固态金属触变压铸工作原理

固相含量达到预定数值和基本均匀时，就可进入第三个工艺流程，将半固态金属坯料送入压铸机的压射室，进行压射成形，并进行适当的保压，然后卸压开型，取出压铸件，清理型腔和喷刷涂料，即完成一次半固态金属触变压铸。

为了提高半固态金属触变压铸的生产效率和生产工艺的控制水平，稳定地进行触变压铸生产，除了压铸机和电磁感应加热设备外，还需要一些配套的辅助设备，如抓取坯料机器人、抓取压铸件机器人、喷涂料机构、压铸件冷却箱、浇注系统切割锯等，这些辅助设备与主机之间要协调配合，共同完成半固态金属的触变压铸生产，如图 4-14 所示为一种形式的半固态金属触变压铸设备的平面布置图。

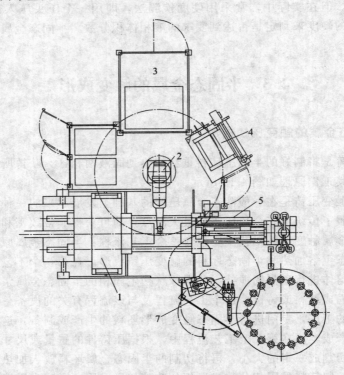

图 4-14　半固态金属触变压铸设备的平面布置图

1—压铸机；2—压铸件抓取机械手；3—锯切机构；4—压铸件冷却箱；
5—涂料喷涂装置；6—加热系统；7—坯料搬运机械手

84

图 4-14 中设置了两个机器人：一个机器人的作用是将电磁感应加热转盘上的达到预定温度的半固态坯料送入压铸机的压射室；另一个机器人的作用是将压铸件从压铸机中搬走，并依次将压铸件放在冷却箱内和浇道切割锯上。

在金属半固态触变压铸工艺中，压铸机是成形的核心设备之一，压铸机性能的优劣将直接影响触变压铸生产的正常进行。半固态金属在充型流动时的特点与液态金属不同，半固态金属的表观黏度比液态金属的黏度高得多，而且随着充型的进行，半固态金属的表观黏度还在不断发生变化，因而其流动阻力较大。因此，为了满足触变压铸的要求，所用压铸机应该具备以下功能：具有较高的压射压力和增压压力，便于半固态金属充满型腔和获得较高强度的压铸件；具有实时数字化控制压射压力和压射速率的能力，可以任意改变压射曲线，以满足稳定的层流充填型腔和减少紊流与裹气，获得致密的压铸件；具有放置半固态金属坯料的特殊压射室，满足触变压铸的基本工艺要求。

瑞士 Buhler 公司研制的 H-630 SC 型压铸机就具有上述功能，该压铸机使用了更大的压射缸，并通过中央控制阀和控制回路来控制压射过程，可以设定 9 种不同的压射曲线，包括压射过程中的加速和减速，该压铸机的控制系统还使用了两类特殊的传感器。其中一类传感器的功能是监测充填金属的流头，即确定金属充填的位置，以评估压射情况，借以调整压射过程，尤其对于大型复杂件，利用这种检测信号可以保证复杂的压射工艺的实现。另一类传感器属于压电类传感器，可以直接读出检测数据，它们安装在压铸型的型腔内或浇道内，直接监测半固态金属充填型腔时的压力变化，该压力的变化与半固态坯料的表观黏度有关，坯料的表观黏度越高，半固态金属的流动充型阻力越大，压射所需要的压射力就越大，这样可以判断和调整金属坯料半固态重熔加热的程度；该压力变化也可以作为压铸件质量的检测信号，对压铸件的质量进行分类；也可以通过该压力的变化判断压铸件的凝固过程，因为压铸件某处压力的迅速下降，意味着那里已经凝固。通过这样的传感器，可以保证半固态触变压铸机始终处在最佳工作状态，可以满足复杂铸件的触变压铸。

根据半固态铝合金坯料的规格、压铸机的压射力（动态和静态）和压铸型锁型力，瑞士 Buhler 公司还提出了半固态触变压铸机的具体选择方案，见表 4-1。Idra Presse 公司也能提供两款金属半固态触变压铸机，其性能参数见表 4-2。

表 4-1 半固态金属触变压铸机的选择

坯料规格			42/54N 型		66/84N 型		105/140N 型		180/220N 型	
直径 /mm	长度 /mm	质量 /kg	最大压射力/bar							
			动态	静态	动态	静态	动态	静态	动态	静态
63.5	120～200	1～1.6	1060	2600						
76.2	130～220	1.4～2.5	800	2000	1200	2700				
88.9	140～230	2.2～3.6			850	1900				
101.6	150～250	3～5.2			700	1580	920	2200		
114.3	170～300	4.4～8					700	1650		
127	180～340	6～11					600	1300	800	2000
139.7	200～370	8～15					480	1150	700	1750
152.4	220～400	10～19							70	1400

注：1bar$=10^5$Pa。

表 4-2　典型的标准压铸机与半固态触变压铸机性能参数的比较

压铸机性能参数	标准型 OL-320	半固态压铸型 OL-320	标准型 OL-700	半固态压铸型 OL-700
最大动态射压力/kN	177	224	277	444
最大增压射压力/kN	345	395	669	745
冲头行程/mm	400	650	600	835
冲头直径/mm	50～90	50～80	70～120	80～105
坯料长度/mm		约 160		约 220
坯料直径/mm		50.8～76.2		76.2～101.6

世界上还有许多公司可以生产现代化的、具有实时数字化控制压射压力和压射速率能力的压铸机，如美国的 EPCO 分公司已经改造了一批专门用于半固态金属触变成形的压铸机，这些压铸机主要供给汽车厂，生产 1.8～2.2kg 的压铸件，这些压铸机的主要特点在于压射室结构和具有更大的压射力；美国的 HPM Corp 为 Thixomat 公司生产 Thixomolding 设备，用于镁合金的触变注射成形；Italpresse of America 公司生产专门用于半固态金属触变成形的压铸机，压铸机的型号为 4000kN、16000kN 和 21500kN；Prince Machine Corp 也生产专门用于半固态金属触变成形的压铸机，如为 Concurrent Technologies Corporation（CTC）提供的半固态金属触变成形压铸机的参数如下：锁型力 5300kN，压铸型厚度范围 406～914mm，压铸型行程 432 mm，压射室内径 178 mm，压射室行程 483～711mm，最高压射冲头速率 7.6m/s，压射压力 4.1～13.8MPa，最大增压压力 41.3MPa，该公司还开发了立式半固态金属触变压铸机。

4.3.2　半固态金属的触变锻造成形

半固态金属的触变锻造成形是在一般固态金属锻造的基础上发展起来的一种新型锻造工艺。在较低的压力下，半固态触变锻造可以成形非常复杂的锻件。与半固态金属触变压铸相类似，半固态金属触变锻造工艺也包含三个主要工艺流程：半固态金属原始坯料的制备、原始金属坯料的半固态重熔加热和半固态坯料的触变锻造成形，如图 4-17 所示。前两个工艺流程的技术控制规律与半固态触变压铸相同，只是当金属坯料各处的固相分数达到预定数值时，将半固态金属坯料送入锻造机的锻模型腔内，进行锻压成形，并进行适当的保压，然后卸压开模，取出锻件，清理锻模型腔和喷刷涂料，这就完成了一次半固态金属的触变锻造。

半固态金属触变锻造的主要设备与如图 4-15 所示的半固态金属触变压铸主要设备相类似，只需将压铸机改换为压力机。同样，为了提高半固态金属触变锻造的生产效率和生产工艺的控

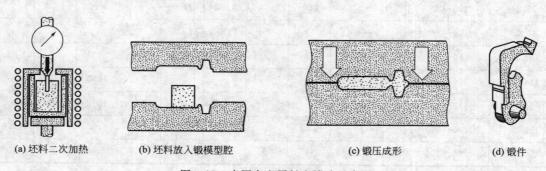

(a) 坯料二次加热　　　(b) 坯料放入锻模型腔　　　(c) 锻压成形　　　(d) 锻件

图 4-15　半固态金属触变锻造示意图

制水平，稳定地进行触变锻造成形，除了锻造机和电磁感应加热设备外，还需要一些配套的辅助设备，如抓取坯料机器人、抓取锻件机器人、喷刷涂料机构等，这些辅助设备与主机之间要协调配合，共同完成半固态金属的触变锻造生产。

铝合金的半固态触变锻造也是目前研究和应用较多的工艺，早在 20 世纪 70 年代后期，就进行了半固态铝合金触变锻造实验。最早的铝合金触变锻造实例的工艺条件及过程如下：采用 2024 铝合金，合金成分（质量分数，%）为：Cu 4.5、Mg 1.5、Mn 0.6、Fe 0.25、Si 0.1；采用连续机械搅拌制备 2024 铝合金半固态浆料，并使浆料凝固成坯料，坯料尺寸规格约为 $\phi80mm \times 150mm$，单块坯料质量约为 1000g；2024 铝合金坯料经电磁感应半固态重熔加热，坯料的固相分数约为 55%，半固态坯料直接放入锻模型腔内，如图 4-15（b）所示；锻造机的型号为 2000kN，锻模预热温度为 350℃，压力为 210MPa，锻件为饼形件。但是，把重熔加热后的半固态铝合金坯料直接放入锻模型腔，将会使坯料的氧化皮裹入锻件，必须设法在锻造时去除坯料表面的氧化皮。在触变锻造中，将半固态铝合金坯料先放入一个压室，通过压力作用使半固态铝合金浆料经浇道进入锻模型腔，就可以将坯料的氧化皮去除，这种锻造方法也可称为闭模锻造或挤压铸造，已经获得较大规模的实际应用，如图 4-16 所示。

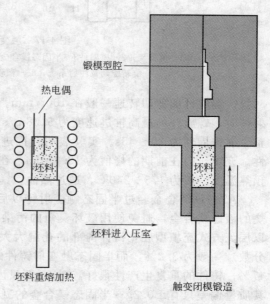

图 4-16　闭模锻造示意图

触变锻造采用最多的铝合金为电磁搅拌连续铸造的 A356、A357 铝合金坯料，正在实验的触变锻造铝合金还有 A2024、A2219、A2618、A6062、A6082、A7021、A7075 等。

4.3.3　半固态合金的触变射铸成形

美国 Dow 化学公司在塑料注射的基础上，于 1989 年发明了一种镁合金触变射铸技术，并于 1991 年获得美国发明专利。触变射铸技术的工作原理如图 4-17 所示。触变射铸的设备主要由六大部分组成，一是高速射压系统，保证半固态镁合金浆料射入模具型腔时具有足够的压力和速率；二是螺旋剪切系统，该系统主要由一根螺旋杆和外桶构成，镁合金屑在该系统中不断被板带电阻丝加热，并被螺旋杆剪切搅拌，形成预定固相分数的半固态浆料；三是半固态镁合金浆料收集系统，该系统主要由收集容器和单向阀构成，螺旋剪切系统制备的半固态镁合金浆料不断集中在收集容器中，单向阀的作用是防止浆料回流；四是螺旋驱动系统，保证螺旋杆的正常剪切转动；五是射铸模具，半固态镁合金浆料将被射入该模具型腔；六是镁合金屑给料系统，该系统不断地和定量地将镁合金屑送入螺旋剪切系统，镁合金屑由常规凝固的镁合金切割而成。

镁合金半固态触变射铸的控制规则如下：镁合金颗粒的大小没有严格的限定，只要能进入螺旋杆的旋片之间即可，一般镁合金的粒度为 2～5mm。对于 AZ91D 镁合金来说，剪切系统末端的温度控制精度为 ±2℃，半固态浆料的固相分数控制在 5%～60%，随着浆料固相分数的不同，浆料温度可以在 35℃ 的范围内变化；通常情况下，对于薄壁铸件，半固态镁合金浆料的固相分数控制在 5%～10%，对于厚壁铸件，半固态镁合金浆料的固相分数控制在 20%～

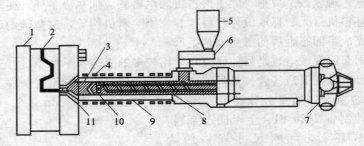

图 4-17 触变注射成形原理示意图

1—模具架；2—模型；3—半固态镁合金累积器；4—加热器；5—镁粒料斗；6—给料器；
7—旋转驱动及注射系统；8—螺旋给进器；9—筒体；10—单向阀；11—射嘴

30%。螺旋杆的剪切转速一般在 100r/min。剪切筒内需要通入氩气以减少镁合金的氧化。在射铸时，螺旋杆的最高推进速度为 5.08m/s，通常在 2.03～2.54m/s，充填时间为 20～40ms，整个射铸周期为 20～45s。实验表明：推进速度高一些，有利于改善铸件的力学性能和充填性。充填压力在前期的峰值为 13.7MPa，在充填的末端压力可以升至 62～82.7MPa。模具的预热温度一般为 175～240℃，通过热油、镁合金浆料和冷却喷雾调节模具的温度。

AZ91D 镁合金经过半固态触变射铸以后，具有以下几个优点：避免处理很容易氧化和燃烧的液态镁合金，避免使用破坏臭氧的污染气体 SF_6，工作环境大为改善；由于半固态镁合金以层流方式充填型腔，铸件内部的孔洞大大减少，AZ91D 镁合金液态压铸件的孔洞率（体积分数）一般为 3.2%，而半固态触变射铸件的孔洞率（体积分数）一般为 1.7%，相对减少了47%；铸件的重复生产性很好，对 50 万只齿轮箱铸件进行了抽检，清理后的铸件质量为 93g，其质量偏差只有±0.2g；半固态镁合金的凝固收缩小，铸件的尺寸精度高，检测了几种铸件，两孔中心距尺寸偏差比北美压铸协会的标准偏差数值低得多；铸件的平整度高，对一种离合器壳铸件和一种电子仪器壳铸件进行了检测，铸件平整度偏差全部在北美压铸协会的标准误差数值的 50% 以内；由于触变射铸工艺不存在镁合金的熔渣、氧化皮、喷溅，射铸浇道的余料很少，所以镁合金的损失小于 0.5%，镁合金的收得率高达 85%；可以实现无拔模斜度射铸，减少机械加工量；触变射铸改善了零件的韧性、耐腐蚀性、蠕变强度和焊接性；镁合金触变射铸件的壁厚范围宽，可达 0.35～25mm。如图 4-18 所示为以半固态触变注射成形工艺制造的镁合金零件实例。

最近，镁合金触变射铸又在以下三个方面取得了重要进展。

① 利用低频感应加热技术取代板带电阻丝加热剪切系统，因为板带电阻丝加热速率慢，触变射铸的生产效率低；改用低频感应加热技术后，触变射铸周期缩短 45%，产量提高 83%，还降低了剪切系统内的温度梯度和热应力；加热频率一般应在 5～1000Hz 范围变化，加热器一般设两个。

② 即时设计和生产不同成分的合金制品，其专有技术名称为 ThixoBlend；生产企业只要准备几种基本合金屑，再根据生产订单要求，配制特定成分的混合合金屑，就可以快速地实现生产，使生产具有更大的灵活性，如利用 AZ91D 镁合金和 AM60 合金屑，可以生产 AM71 和AM81 成分的铸件；利用该技术还可以生产复合材料。

③ 利用热浇道技术进一步降低触变射铸的返回炉料，提高镁合金的收得率，降低生产成本，镁合金的收得率超过 85%；热浇道技术是在浇道内设置加热器，使浇道温度维持在预定的镁合金浆料温度，仅使紧挨型腔的针状内浇道保持在较低温度下；改善了充填流动，稳定了充填时镁合金浆料的固相含量，提高了镁合金浆料的充填性，还减少了生产周期约 40%。

(a) 各种通信设备的外壳

(b) 翻盖式手机外壳

(c) 照相机外壳 (质量为 98g)

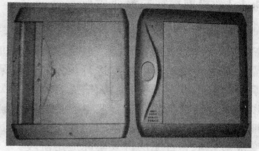

(d) 电脑显示器外壳

(e) 摩托车轮毂 (直径为 40cm，质量 1.8kg)

(f) 汽车方向盘 (质量 56g)

(g) 家用设备

(h) 休闲运动器件

图 4-18　以半固态触变注射成形工艺制造的镁合金零件实例

4.4　半固态金属的流变成形

半固态金属的流变压铸是最早进行研究的半固态金属成形工艺，它将制备出的半固态金属浆料直接送往压铸机的压射室进行流变压铸。然而，早期通过强烈机械搅拌获得的半固态金属浆料的保存和输送很不方便，因而半固态金属流变成形技术的进展很缓慢，一直没有出现成熟的技术。但它具有能耗低、工艺流程简单、设备简单和投资小等特点，容易被中小企业所接受。近年来，半固态金属流变成形技术的研究越来越受到重视，因此，半固态合金流变成形技术被学术界和商业界认为是具有较好应用前景的成形工艺。

4.4.1　机械搅拌式流变成形

实验证明使用传统机械搅拌法制备的半固态合金浆料可以实现流变成形，流变成形件的外观质量良好，内部致密度较高。但是，传统的机械搅拌法制备的半固态合金浆料的保存比较麻烦，需要对保存坩埚或贮存室进行预先加热和保温，这在实际应用中很不方便。另外，半固态合金浆料的输送也不方便，要么输送容器为一次性消耗品，在流变成形时被压碎并混入浆料中而难以分离；要么半固态合金浆料容易黏附在输送坩埚的内壁，需要不断清理坩埚以及无法准确保证流变成形所需的浆料体积，使流变成形很难顺利进行。因此，到目前为止，这种机械搅拌流变成形技术一直无法进入实际应用阶段。

为了避免半固态合金浆料的存储和输送，日本 Hitachi 金属有限公司的 Shibata 等人提出了一种技术方案：在 2500kN 立式压铸机的压室中制备半固态合金浆料，然后直接压射成形，如图 4-19 所示。在图中，对浇入压射室中的合金熔体进行电磁搅拌，合金熔体在搅拌中不断冷却；当合金熔体冷却到适当的温度，就制备出了具有触变性的半固态合金浆料。然后开动压射机构进行压射成形。

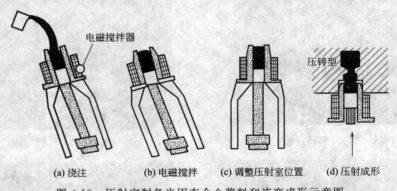

(a) 浇注　　　　(b) 电磁搅拌　　　(c) 调整压射室位置　　　(d) 压射成形

图 4-19　压射室制备半固态合金浆料和流变成形示意图

4.4.2　单螺旋机械搅拌式流变成形

触变射铸技术已经获得实际商业应用，生产近终形的镁合金铸件，如汽车零件、笔记本电脑外壳、手机外壳等。这些零件的致密度比普通压铸件高，生产安全可靠、环境污染小，因此触变射铸技术具有较强的竞争力，但触变射铸需要使用固态镁合金屑，原料的制造较为麻烦、成本较高；触变射铸件的气孔率仍然较高，可达 1%～1.7%；触变射铸的设备投资及设备维护成本较高；与普通压铸相比，触变射铸的生产周期较长。所以，在研究开发触变射铸技术的同时，美国康乃尔大学提出了流变射铸技术，并于 1993 年制造了 100kN 的立式流变射铸原型机。随后，在 1994 年 6 月，康乃尔研究基金公司又将该流变射铸技术申报了美国专利，并在 1996 年 3 月获得专利授权。

立式单螺旋流变射铸工艺原理如图 4-20 所示。流变射铸不使用固态合金屑，而是使用过热的液态合金；液态合金从浇注漏斗中流入搅拌桶和螺旋杆的缝隙中，以氩气保护浇注漏斗，防止合金的氧化；合金熔体在向下流动过程中，不断被搅拌剪切和冷却，当合金熔体到达出口时，半固态合金浆料达到预定的固相分数，初生固相已经转变为球状；在射铸时，螺旋杆先后退一定的距离，使螺旋杆前端积聚足量的半固态合金浆料，然后螺旋杆以一定的轴向速度（≤0.15m/s）将其前端的半固态合金浆料压入模具型腔；随后，螺旋杆再次旋转搅拌合金熔体，准备下一次射铸。在流变射铸中，液态合金从浇注漏斗流入搅拌桶时几乎不会卷入气体，合金又是在密封的通道中被搅拌剪切，任何气体及惰性气体都不可能进入合金熔体中，因此，流变射铸中的半固态合金浆料的气体含量比触变射铸中的半固态合金浆料的气体含量低。

与触变射铸相比，单螺旋流变射铸工艺的最大优点：工艺流程短，生产成本低，废品和铸件余料回收方便，流变射铸件气孔率低。目前，单螺旋流变射铸工艺尚未达到实际应用水平，正处在设备完善和生产工艺优化阶段。

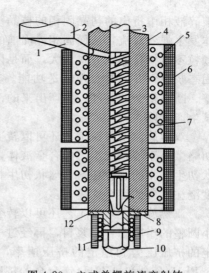

图 4-20　立式单螺旋流变射铸
工艺原理示意图

1—金属液输入管；2—保温炉；3—螺杆；
4—筒体；5—冷却管；6—绝热管；
7—加热线圈；8—半固态金属累
积区；9—绝热层；10—注射嘴；
11—加热线圈；12—单向阀

4.4.3　双螺旋机械搅拌式流变成形

在单螺旋机械搅拌流变射铸的研究开发过程中，国内外的研究者们又提出了双螺旋机械搅拌流变成型工艺。如图 4-21 所示为华中科技大学的罗吉荣、吴树森教授等研制的采用以双螺杆机械搅拌制浆机为主体的一步法半固态流变成形技术。液态镁合金通过加料口 5 进入加料区段 E，经过导向区段 D，液态镁合金被冷却至半固态温度范围内，在区段 C 内，镁合金经受搅拌、剪切、挤压、搓碾等作用，初晶由枝晶形态组织演变成颗粒形态的半固态组织，浆料熟化区段 B 作为制浆辅助区域，使半固态浆料组织均匀，合格的半固态浆料进入出浆区段保存。在出浆区段，设计有出浆装置。出浆时，打开出浆控制阀，启动出浆装置定量输送浆料。

由图 4-21 可知，该装置的搅拌机构采用相互啮合的双螺杆，双螺杆由多功能螺纹元件组合。制浆时，双螺杆反向旋转，双螺杆对镁合金液实施搅拌、剪切、挤压、搓碾等机械作用，

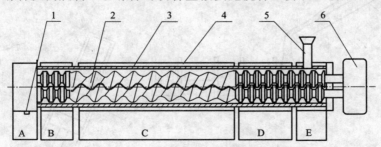

图 4-21　双螺旋流变成形工艺原理示意图
1—出浆阀；2—双螺杆；3—筒体；4—加热器；5—加料口；6—驱动系统
A—出浆区段；B—浆料熟化区段；C—搅拌、挤压、剪切和搓碾制浆区段；D—导向区段；E—加料区段

破碎液相中析出的初晶固相的枝晶，并使液相中的初晶固相颗粒在熔体中发生旋转，使高温熔体发生强烈对流，从而固相界面前的液相中的温度过冷和成分过冷现象基本上消失，于是固相颗粒不以树枝晶状方式长大，而是以近球状方式长大，从而制备含有球形颗粒状初晶固相的半固态浆料，并同时实现输送功能。其优点是剪切速率很高，半固态颗粒细小均匀，可生产薄壁、断面复杂的零件。生产出来的镁合金半固态压铸件壁厚可小到 $0.8\sim1\text{mm}$，目前已进行到试生产阶段。

双螺旋流变射铸工艺还可以转变为双螺旋剪切液相线铸造工艺，利用其高剪切速率搅拌剪切略微高于液相线温度的合金液体，然后将搅拌过的液体合金浇注，可以获得具有触变性的球状初生固相的合金坯料，球状初生相的尺寸细小、分布均匀，组织均匀程度比单纯的液相线温度浇注制备的坯料优越得多。

双螺旋流变射铸工艺还可以转变为双螺旋剪切挤压工艺，利用其高的剪切速率制备晶粒细小圆整的半固态合金浆料，再经过一个齿轮泵，将合金浆料挤入模具，齿轮泵的目的是维持稳定的挤压压力和稳定的挤压速率，因为双螺旋搅拌桶的挤压压力和挤压速率不稳定。经过 SnPb15 合金和 AZ91D 镁合金的挤压实验发现：半固态合金浆料可以挤压复杂形状的挤压件，初生固相的分布也很均匀，只是表面处的液相略微多一些；适合挤压的合金浆料的固相分数为 $60\%\sim70\%$，若浆料的固相分数过高，容易引起表面裂纹，甚至挤压过程失败，若浆料的固相分数过低，很难维持挤压材的形状。半固态合金浆料挤压可以实现从液态合金到成材的短流程工艺，在挤压比很高的情况下，大幅度降低挤压力，挤压形状可以很复杂，挤压件的组织均匀，挤压的生产效率高。

与单螺旋流变射铸相比，双螺旋流变射铸工艺的最大优点：剪切速率高，合金浆料中的初生固相尺寸小、球形圆整。目前，双螺旋流变射铸工艺尚未达到实际应用水平，正处在设备完善和生产工艺优化阶段。

4.4.4　低过热度倾斜板浇注式流变成形

1996 年，日本 UBE 公司申请了非机械或非电磁搅拌的低过热度倾斜板浇注式的流变成形技术，其技术路线如图 4-22 所示。技术路线的核心内容：首先降低浇注合金的过热度，将合

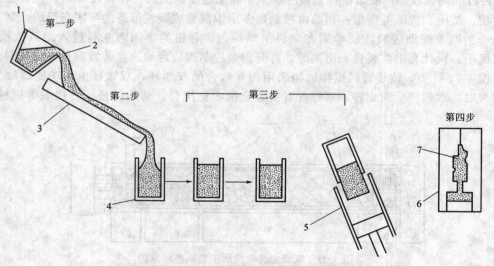

图 4-22　低过热度倾斜板浇注式流变成形工艺原理示意图
1—熔化坩埚；2—合金液；3—倾斜板；4—收集坩埚；5—压射室；6—压铸型；7—铸件

金液浇注到一个倾斜板上，合金熔体流入收集坩埚，再经过适当的冷却凝固，这时的半固态合金熔体中的初生固相呈球状，均匀分布在低熔点的残余液相中，最后对收集坩埚中的合金浆料进行温度调整，以获得尽可能均匀的温度场或固相含量，就可以将收集坩埚中的半固态合金浆料送入压铸机的压射室、挤压铸造机的压射室或锻造机的锻模中，进行流变成形；收集坩埚还可以盖上低导热的上盖，放置在具有均热装置的圆盘或带式传送机上，借此调整半固态合金浆料的温度场；也可以取消倾斜板，而在浇注时将收集坩埚倾斜，可取得与倾斜板相同的浇注效果。

NBC 技术的实施可以明显缩短金属半固态成形的工艺流程，降低生产成本。所以，NRC技术已经在一些公司投入生产，如奥地利的 LKR 公司、意大利的 Stampal 公司等。但有关NRC 技术的发展工作目前仍在继续进行，如毛坯的焊接、废品及浇注系统的回收和全面价格评估系统的技术开发等。

4.4.5　低过热度浇注和弱机械搅拌式流变成形

2001 年，美国麻省理工学院（MIT）的 Martinez 和 Flemings 等提出了一种新的流变成形技术，该技术的核心思想是：将低过热度的合金液浇注到制备坩埚中（该坩埚内径尺寸适合压铸机的压射室尺寸），利用镀膜的铜棒对坩埚中的合金液进行短时弱机械搅拌，使合金熔体冷却到液相线温度以下；然后移走搅拌铜棒，让坩埚中的半固态合金熔体冷却到预定的温度或固相含量；最后，将坩埚中的半固态合金浆料倾入压铸机压射室，进行流变压铸。低过热度浇注和短时弱机械搅拌制备半固态合金浆料的工艺过程如图 4-23所示。实验表明：机械搅拌强度或搅拌速率对半固态合金浆料中初生固相形状因子的作用如图 4-24(a) 所示。只要机械搅拌速率大于 60r/min，就可以制备出初生固相形状因子比较理想的半固态合金浆料，无需高强度的机械搅拌；机械搅拌时间对半固态合金浆料中初生固相形状因子的作用如图 4-24(b) 所示。只要合金液低于液相线温度和机械搅拌时间大于 2s，就可以制备出初生固相形状因子比较理想的半固态合金浆料，无需长时间的机械搅拌。

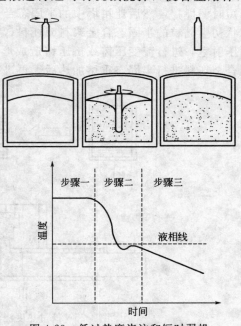

图 4-23　低过热度浇注和短时弱机械搅拌制备半固态合金浆料示意图

这种半固态合金浆料制备技术的关键在于：要快速地使合金熔体散去过热，并同时在合金熔体中产生低强度的循环流动，使合金熔体各处均处在形核和凝固中；一旦形成一定的初生晶核，就可以停止搅拌，初生晶粒就会转变为球状晶粒。这种半固态合金浆料的初生晶粒中夹裹的液相很少，这会提高半固态合金浆料在成形时的流动性，便于成形复杂件。

已经利用该流变成形技术进行过压铸实验，合金浆料的固相分数为 30%～45%，这些压铸件正在进行热处理和力学性能测试。另外，MIT 的新流变成形技术已经许可 Idra Presse 公司使用，正在进行相关立式或卧式设备的研究开发。从整个工艺流程看，这种制备方式简单、便于过程控制，随后的流变成形工艺流程短，生产成本低，因此，这种新型流变成形技术的应用前景十分光明。

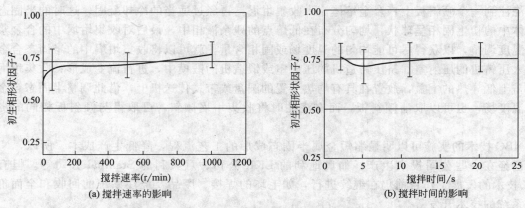

(a) 搅拌速率的影响　　　　　　　　　　　(b) 搅拌时间的影响

图 4-24　搅拌速率和搅拌时间对半固态合金浆料初生固相形状因子的影响

4.4.6　低过热度浇注和弱电磁搅拌式流变成形

2000 年和 2002 年，北京科技大学的毛卫民等提出了一种新的流变或触变成形技术，该技术的核心思想是：将低过热度的合金液浇注到制备坩埚中，利用电磁搅拌对坩埚中的合金液进行短时弱搅拌，然后让坩埚中的半固态合金熔体冷却到预定的温度或完全凝固，就得到了具有球状初生晶粒的半固态合金浆料或坯料；将坩埚中的半固态合金浆料倾入压铸机或挤压铸造机的压射室，进行流变压铸或挤压铸造成形，新流变压铸过程如图 4-25 所示；或将已完全凝固的合金坯料进行半固态重熔加热后，再进行触变压铸或挤压铸造成形。

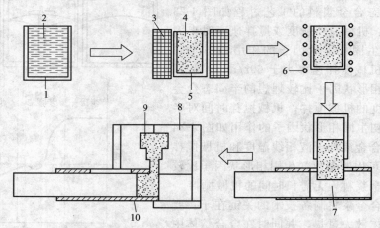

图 4-25　低过热度浇注和弱电磁搅拌式流变压铸示意图
1—熔化炉；2—合金液；3—电磁搅拌器；4—半固态合金浆料；5—坩埚；
6—加热；7—压铸机压射；8—压铸；9—压铸型腔；10—压铸机

从整个工艺流程看，电磁搅拌力是非接触式的体积力，这种制备方式简单、便于过程控制，还不会污染合金，随后的流变成形工艺流程短，生产成本低，因此，这种新型流变成形技术的应用前景十分光明。目前，这种新工艺正处在进一步的工艺和设备开发中，在不久的将来，该技术就可能进入实际应用阶段。

4.4.7　流变轧制成形

流变轧制就是将半固态金属浆料直接进行轧制变形，连续制备金属薄带。Flemings 教授

等早在 20 世纪 80 年代就进行了半固态 SnPb15 合金浆料的直接轧制成形实验。Flemings 教授

等所用的实验装备主要包括半固态金属浆料制备和轧制装置。半固态 SnPb15 合金浆料采用连续流变器制备。该流变器主要由搅拌室上方的合金熔池、搅拌室、搅拌棒等组成；搅拌室和搅拌棒采用不锈钢制造，搅拌室内径为 33.5mm，搅拌棒为 25.4mm×25.4mm 的方柱形；搅拌棒的转速为 400～800r/min，半固态 SnPb15 合金浆料的制备速率为 0.28～1.9kg/min。轧制装置主要由主轧辊、硅橡胶带、支撑辊构成，如图 4-26 所示；主轧辊的直径为 168mm，张紧的硅橡胶带从主轧辊和支撑辊中间通过，轧制力由硅橡胶带的张紧程度和支撑辊控制，硅橡胶带的运动速率可以调节。

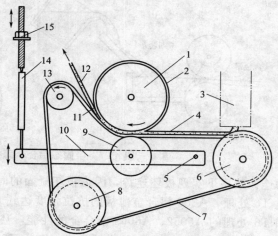

图 4-26　半固态 SnPb15 合金浆料
直接轧制工艺原理示意图
1—主轧辊；2—硅橡胶面；3—流变器；4—半固态 SnPb15 合金浆料；5—销钉；6,8—张紧轮；
7—硅橡胶带；9—支撑辊；10—杠杆；11—校直点；12—合金薄带；13—驱动轮；
14—弹簧秤；15—载荷调节螺母

半固态 SnPb15 合金浆料轧制工艺过程如下：连续制备的半固态 SnPb15 合金浆料从流变器的下孔连续不断地直接流到硅橡胶带上，该硅橡胶带连同半固态 SnPb15 合金浆料从轧辊中间通过，轧辊对半固态 SnPb15 合金浆料

进行轧制，实验轧制力为 3.73～61.98N，半固态 SnPb15 合金薄带的宽度为 2.8～34mm，薄带厚度为 0.6～3mm，薄带的轧制速率为 0.27～1.08m/min。

半固态轧制实验表明：半固态 SnPb15 合金薄带的厚度取决于轧制力、固相分数、流变器的搅拌速率和硅橡胶带的速率。当轧制力一定时，薄带的厚度随固相分数的增加、搅拌速率和硅橡胶带速率的降低而增厚；如果没有侧封措施，薄带中间最厚，两边最薄，当采用侧封时，薄带厚度差别将减小；薄带中存在偏析，而且轧制变形越大，偏析越严重；对不同轧制区域的半固态 SnPb15 合金薄带进行金相检测，发现半固态 SnPb15 合金浆料经过轧制变形后，纵向和厚度上的显微组织没有明显的变化，但薄带横向上的显微组织有一定的变化，薄带的边缘有较多的共晶组织，薄带的芯部有较多的初生相。

1998 年前后，日本的 Osaka Institute of Technology 研制了双轮牵引式半固态铝合金板坯连铸机（melt drag twin roll caster）和带轮牵引式半固态铝合金薄板连铸机（melt drag belt-roll caster），并装配有倾斜板，以低过热度浇注方式制备半固态铝合金浆料，从而实现铝合金薄板坯的高速连铸。半固态铝合金薄板坯连铸机的倾斜板为低碳钢，表面涂有 BN，其倾角一般为 60°，倾斜板与铝合金熔体的接触长度为 100mm；半固态铝合金薄板坯连铸机的铸轮为纯铜，其直径为 300mm、宽度为 100mm。双轮牵引式半固态铝合金薄板坯连铸机适合于糊状凝固的铝合金薄板坯连铸，而带轮牵引式半固态铝合金薄板坯连铸机适合于逐层凝固的铝合金薄板坯连铸，连铸工艺原理如图 4-27 所示。在双轮牵引式半固态铝合金薄板坯连铸机上连铸 Al-Si6 铝合金，连铸速率可达 90m/min，铝合金薄板的伸长率可达 30%，初生固相呈球状；在带轮牵引式半固态铝合金薄板坯连铸机上连铸 A1050 铝合金，连铸速率可达 20m/min，铝合金薄板坯的初生固相也呈球状。利用双轮牵引式半固态铝合金薄板坯连铸机，可以显著提高连铸速率，如 600～605℃的半固态 A356 铝合金浆料连铸板坯时，连铸速率可达 90m/min，板坯厚度为 2～2.5mm，板坯的表面质量得到改善；但直接从液态合金熔体连铸，难以在 90m/min

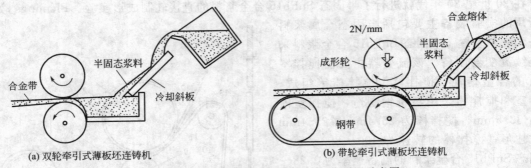

图 4-27　半固态铝合金薄板坯连铸工艺原理示意图

的连铸速率下实现板坯连铸，因为板坯凝固的时间较长；将连铸板坯冷轧至 0.5mm 厚，再经过 T6 处理，A356 铝合金薄板的抗拉强度达到 270MPa，伸长率达到 18%，该性能超过了 T4 和 T6 处理的 A5052、A6063 铝合金的性能，甚至与 T4 处理的 A6061 铝合金的性能相当；经过退火处理，A356 铝合金薄板弯曲 180°，表面也不会产生裂纹，所以半固态连铸改善了 A356 铝合金薄板的韧性；预先将数层半固态 A356 铝合金连铸板坯叠放成一定的形状（比如 40mm×40mm×40mm），再经过半固态重熔加热后，可以实现触变成形，还可以降低触变成形坯料的制备成本。经 T6 处理后的成形件的抗拉强度达到 315MPa、屈服强度达到 253MPa、伸长率达到 8%。

　　近年来，日本学者尝试了将黑色金属半固态浆料与轧机直接接合来连续轧制金属薄带，薄带的晶粒细小、表面裂纹减少、铸造速率加快、模具的热负荷降低。北京科技大学在国家自然科学基金重大项目的资助下，也对高熔点半固态钢铁浆料的直接轧制进行了基础研究，取得了一系列的研究成果。北京科技大学的半固态钢铁浆料电磁搅拌制备和直接轧制装置如图 4-28 所示。该装置的工艺路线：采用电磁搅拌器对浇入搅拌室的钢水进行连续变温搅拌，控制搅拌室中钢水的冷却速率，使其处于液相线温度 T_L 和固相线温度 T_S 之间的时间足够长，以便能对其进行较充分的电磁搅拌，获得球状或近球状初生固相（先析出固相）的半固态钢铁浆料，并通过中间塞杆及其提升机构将半固态浆料定量输送出来，送入空心水冷双辊轧机的辊缝，进行半固态浆料直接轧制成形，板材尺寸为 120mm×5mm。实验轧机的轧辊为球墨铸铁轧辊，辊径为 240mm，辊缝为 5mm，轧辊外表温度约为 50℃，轧制线速度为 1173mm/min，轧辊内部通水冷却。

　　熔炼设备为 100kW 的中频无芯感应电炉，每次熔化 15kg 的 1Cr18Ni9Ti 不锈钢。出钢前用适量的硅钙粉对钢水进行脱氧；为了便于浇注和进一步加热搅拌室内衬，1Cr18Ni9Ti 不锈钢的出炉温度控制在 1600℃；钢水出炉后，直接浇入半固态钢铁浆料的制备装置中，立即通电进行电磁搅拌。

　　从 1Cr18Ni9Ti 不锈钢半固态浆料轧制板材的轧制稳定区上截取抗拉试样，在常温下进行拉伸实验，其抗拉强度达到 766MPa，屈服强度达到 492MPa，伸长率达到 27.7%。这与普通热轧的 1Cr18Ni9Ti 不锈钢相比，经过半固态轧制后，1Cr18Ni9Ti 不锈钢的强度没有下降，且处于较高的水平，但伸长率下降较多。这可能是 1Cr18Ni9Ti 不锈钢半固态浆料轧材中组织不均匀和轧制道次少的缘故，如果增加后续轧制道次，有可能进一步提高半固态浆料轧材的伸长率。如果采取进一步的工艺措施，使半固态浆料轧材中的初生固相颗粒均匀分布，也可以进一步提高材料性能的均匀性。

　　对于半固态 60Si2Mn 弹簧钢浆料的轧制，也采取了与半固态 1Cr18Ni9Ti 不锈钢浆料轧制相同的技术路线，即首先熔化成分（质量分数，%）为 C 0.61、Si 1.83、Mn 0.7、P≤0.05、

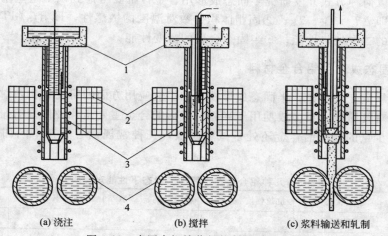

图 4-28　半固态钢铁浆料轧制过程示意图

(a) 浇注　　　　(b) 搅拌　　　　(c) 浆料输送和轧制

1—浇口；2—电磁搅拌器；3—搅拌室；4—水冷轧辊

S≤0.03、Cr≤0.35、Ni≤0.35 的弹簧钢，每次熔炼 20kg，出炉温度控制在 1600℃，钢水出炉后，直接浇入半固态钢铁浆料的制备装置中，再通电进行电磁搅拌；当搅拌适当时间时，将半固态 60Si2Mn 弹簧钢浆料放出搅拌室，并直接轧制成 120mm×5mm 的板材。

4.5　半固态成形合金

　　材料加工技术的发展与新材料的发展密不可分，正如铸造合金、变形合金一样，半固态成形技术也需要有相应的半固态合金，这一点正在被各国所重视。特别是随着工业化应用的深入，发现传统铸造合金往往限制了半固态触变成形技术优势的发挥，宏观表现是半固态成形零部件的性能/价格比与传统液态压铸件相比没有明显优势；在微观上的表现是，形成的非枝晶组织使零部件的塑性明显提高，但围绕非枝晶组织形成的低熔点相往往使强度下降，不适应高强度汽车零部件的应用。因此，开发出能发挥半固态成形技术优势的低成本高强度的新型铝合金材料，已成为当今半固态成形技术领域研究发展的重要方向之一。

　　多年研究和实践表明，适合半固态触变成形的合金，在工艺性上既要具有良好的流变性，以满足半固态坯料的要求，又要具有良好的触变性能，以满足二次加热和触变成形工艺的要求；在微观组织和性能上，初生相与低熔点共晶相应有合理的比例，以形成满足触变成形需要的固相含量，同时两者之间的力学性能不能偏差过大，以避免合金性能的降低。因此，要充分发挥半固态成形技术的优势，需要研究开发新的合金成分。

　　研究半固态新合金的方法主要分为两类：一类是采用实验方法在现有合金成分基础上，通过微量调整合金成分来改善合金的力学性能和半固态成形性能，但实验表明，这种方法很难获得综合性能优异的合金成分，而且研究成本高、周期长；另一类是采用热力学计算与实验研究相结合的方法来优化设计，获得适合半固态成形的新型合金。实践表明，在新合金设计上，热力学计算是一个十分有用的工具，应用热力学计算和扫描热量测量实验可以确定出合金的液相分数与温度曲线，还可以模拟出半固态合金体系关于温度与固相分数变化的规律，为制定半固态成形工艺参数提供依据。此外，这种方法的最大特点是可以从合金的基本性质出发来综合考虑合金的使用性能，并减小合金设计的盲目性、降低研究成本、缩短研究周期。目前采用这种方法研究半固态新合金的报道正逐渐增多。

但是，无论以何种方式开发研究半固态成形用合金，都要考虑到以下这些基本因素：①合适的凝固范围，即 $\Delta T = T_L - T_S$；②固相体积分数对温度的敏感性，即 $\mathrm{d}f_S/\mathrm{d}T$；③时效强化的潜力；④坯料的二次加热性能；⑤半固态金属的流变性能。

4.5.1　半固态成形用铝合金材料

与半固态金属流变学理论、半固态成形技术和工业应用方面的研究相比，对半固态专用合金的研究工作相对要滞后。目前成功用于半固态成形的合金主要是几种传统的铸造铝合金（如A356、A357），少量的锻造铝合金还处于试验阶段，几种常规铝合金在不同加工状态下的性能对比见表 4-3。

表 4-3　几种铝合金在不同加工状态下性能对比表

合金	加工状态[①]	抗拉强度 σ_b/MPa	屈服强度 $\sigma_{0.2}$/MPa	伸长率 δ/%	硬度/HB
A356	SSM	220	110	14	60
AlSi7Mg0.3	SSM+T6	320	240	12	105
	PM+T6	262	186	5	80
A357	SSM	220	115	7	75
AlSi7Mg0.6	SSM+T6	330	260	9	115
	PM+T6	359	296	5	100
2024	SSM+T6	366	277	9.2	—
AlCu4Mg1	W+T6	476	393	10	—
6061	SSM+T6	330	290	8.2	104
AlMg1Si	W+T6	310	275	12	95
7075	SSM+T6	405	361	6.6	—
AlZn6MgCu	W+T6	570	505	11	150

① SSM 为半固态金属；PM 为硬模铸造；W 为锻造。

从表 4-3 中可以看出，A356/357 铸造铝合金经半固态成形后，其力学性能明显优于硬模铸造，特别是塑性提高了 1 倍左右；而 2024 等变形铝合金，经半固态成形后的力学性能比锻造的差。由此可见，半固态成形技术的适用性与合金的成分密切相关。近年来，随着对半固态金属成形的研究与应用不断深入，各国研究者已经注意到开发半固态成形专用合金的重要性，使得这方面的研究成为新的热点。

A356/357 合金是最早也是最广泛应用于半固态成形的铝合金，这两种合金均属于亚共晶Al-Si 铸造合金，其成分基本相同，Si 含量均为 6.5%～7.5%，差别在于前者的 Mg 含量为0.2%～0.45%，而后者为 0.4%～0.7%。由于这类合金具有明显的固液两相区（557～613℃）和良好的流动性能，又有 Mg_2Si 作为强化相，因此，十分适合半固态成形。多年的研究和实践表明，A356/357 合金经半固态成形后，塑性得到显著提高，但强度没有明显改进，其主要原因：一是初生相的体积分数只有 40% 左右，其余为不可热处理强化的低熔点共晶相；二是 Mg_2Si 强化相的数量太少。

由于 A356/357 合金存在强度不高的问题，不能满足高强度铝合金零部件的要求，因此，在传统合金基础上开发出了许多用于半固态成形的非标准合金。法国的 Garat 等首先从半固态成形工业应用的角度出发开展了新合金的研究；由于在 T5 状态下 A357 合金抗拉强度偏低（280～290MPa），而 319 合金延展性又不够（$\delta = 3\%$），故他们开发了 Al-6Si-1Cu-Mg 合金。试验证明，这种合金触变成形后的性能明显优于 A356 合金在 T6 状态下的性能。美国西北铝业公司（Northwest Aluminium Company）开发出一种新的半固态成形合金及其成形工艺，该合金是一种亚共晶 Al-Si 合金，其主要成分为（质量分数）：（2～5）Si、（0.3～1.7）Mg、

（0.3～1.2)Cu 和 （0.05～0.4)Fe，其余为铝、微量元素及杂质。德国在 1997～1999 年期间，由 12 个科研与学术组织联合进行触变成形工业化应用的研究，选用 AlSi17Cu4Mg、AlMg5Si2Mn 及 AlMgSi1 合金对三种零件进行了半固态触变成形研究；同时还研究了 AlMg3.5Si4Mn、AlMg2Si0.8、AlMg3.5Si1.4Mn 合金。Zowaliangos 等开发了两种新型的适于半固态成形的合金 Al-Mg-X 和 Al-Si-Y，用于生产高韧、薄壁的铝合金零件，该合金无需热处理即可获得好的力学性能，从而降低了加工成本。

各半固态金属坯料供应商更是根据用户需求积极着力于开发适于半固态成形的新型合金。如奥地利的 SAG 公司除 356、357 合金外，已能小批量或批量提供 AlSi6Cu3、AlMg4.5Si2、AlSi5Mg 合金，并正在开发 AlSi18Cu 合金的半固态成形技术。法国的 Pechiney 公司除 356、357 合金外，已能提供 355、319 及 390 合金的半固态坯料。

过共晶类合金主要是围绕 390（A390）合金为基础进行研究开发，其目的主要是利用半固态成形技术的优势来克服传统铸造方法中 Si 相的形态与分布问题。如 P. Kapranos 等开发了 477、500 和 501 合金，并用来制作制动轮毂等汽车零件，取得了很好的效果。

近年来，将半固态成形技术应用于变形铝合金成为一个热点，其主要原因之一在于与其他成形技术相比较，采用半固态成形技术可在一定程度上降低生产成本。但是，锻造铝合金存在铸造成形性差、热裂倾向高、固相含量对温度非常敏感等缺点，很难用于半固态加工成形。不过，近来有人将半固态成形技术与喷射沉积技术相结合，试图用变形铝合金开辟一条制备高性能、低成本零部件的工艺路线。

在传统铝合金基础上，针对具体零部件开发出一些半固态新合金，尽管某些合金可以较好地改善零部件的力学性能，但仍存在合金的半固态成形性差、合金的适用性窄、综合制造成本较高等问题，限制了这些合金在工业界的推广应用。因此，运用热力学计算并结合实验研究，以开发出适用范围广泛的新型半固态用合金，正在被越来越多的研究者所重视。

在采用热力学计算方法预测半固态新合金时，首先需要根据半固态成形技术的特点建立起热力学平衡条件下新合金成分与材料性能的关系，为热力学计算提供合理的判据。总之，近年来利用热力学模型方法对 2×××、6××× 和 7××× 系铝合金的触变成形性能所进行的评估和分析结果表明，在触变成形条件下，6××× 系铝合金的温度敏感性太高，2××× 系铝合金的热裂倾向严重，7××× 系铝合金的抗应力腐蚀能力下降。因此，在现有锻造铝合金中很难选择出适合半固态触变成形用的铝合金。尽管如此，上述工作已经表明采用热力学模型预测半固态用新合金是一种行之有效的方法，可以为研制新型半固态合金提供优选的合金成分范围，再经过实验验证和修正后，将有可能成为性能优异的半固态成形用合金。

4.5.2　半固态成形用镁合金材料

镁合金材料是近年半固态加工应用越来越多的轻合金材料。近年来采用半固态加工技术成形常用的合金牌号有 AZ91D、AM50、AM60、AM70、AZ61、AZ80 等。

镁合金半固态成形件的性能优点：

① 减少了气孔率和连续的气孔，半固态成形的镁合金孔隙率为 0.14%～1.18%，成形件致密度高，不仅可以热处理，而且具有良好的耐腐蚀能力；

② 由于减少压缩量，而减少了残余应力，改善了平直度和尺寸稳定性；

③ 显著减少了公差，近终形；

④ 提高了比刚度、比强度和耐热性，改善了阻尼性能，为 EMI/RFI 提供了自然屏障；

⑤ 提高了伸长率，超过了 ASTM AZ91D 合金的技术标准等。

镁的工业应用已有半个多世纪的历史。压铸工艺发展的局限性已限制了其应用，而触变成形特别是 Thixomolding 工艺的研究与发展，为镁合金应用提供了技术基础。随着汽车工业轻量化趋势的发展，各国汽车制造商已将越来越多的汽车零件列入了用镁合金替代的计划。如方向盘、传动装置零件、坐椅靠背架、曲柄箱零件、节流阀体、发动机零件、泵壳、制动零件等。Thixotech 公司采用触变注射成形技术为 Borg Warner 公司生产的汽车传动系统零件，生产成本比原来压铸件降低 50％左右，零件重量也相应降低 30％，可直接安装于汽车传动系统中使用。目前，在美洲、欧洲和亚洲三大洲的 8 个国家已经有 40 个有关 Thixomolding 的专利技术许可。JSW 和 Husky 公司是触变注射成形设备的主要供应商。另外，镁合金半固态成形件具有优异的性能，特别是内在的 EMI/RFI 的屏蔽及与铝相当的热交换能力，故目前成为高成本工程塑料如手机外壳的替代品，并且已作为热交换器用于电子元件，用作高动力的汽车集成电路部件。日本的 Takata 公司和 MGPrecision 公司利用 Thixomolding 技术分别生产了镁合金相机、MD 壳和镁合金微机机壳。世界著名的数字投影设备制造商（如 InFocus，ASK/Proxima 等）推出的新款投影仪机身和外壳也采用了镁合金触变成型制造工艺。数码相机、数码摄像机、移动电话、电视和监视器等镁合金外壳的制造也是触变注射成形技术飞速增长的应用领域。在我国大陆，镁合金半固态成形工艺的应用很少，理论研究也不成熟。在为 3C 产品配套镁合金半固态件方面，上海将引进一台镁合金半固态射压铸造机，广东亦有一家数码产品厂正在洽谈半固态射压铸造机项目，而在台湾省，电子产品外壳的镁合金半固态市场很大，其镁合金半固态成形技术已相当成熟，仅半固态射压成形的压铸机就有 30 台。

目前，我国是世界上最大的镁生产国，但大部分镁作为原材料出口，本国的需求量并不很大，这主要是由于我国在镁合金成形技术的研究和应用方面，尤其是半固态成形技术与发达国家还有很大差距。为了改变这种现状，应该以国家政策为导向，以镁资源为优势，走"产、学、研"相结合的道路，对镁合金半固态成形的关键技术进行系统开发，建设镁合金半固态成形的原材料和产品的生产及出口基地，有助于使我国在高品质镁合金制品的开发和制造方面与世界发达国家处于同一水平。

4.6 半固态金属加工技术的发展及应用

目前，半固态加工技术主要应用在汽车零部件领域，采用半固态触变成形技术可以生产各种铝合金制动总泵体、油道、发动机支架、摇臂座、支撑件、转向齿杆壳件、轮毂等汽车零部件，而过去这些零部件大都是铸铁或钢件。随着轿车减重需求的增加，轻质高强铝、镁合金零部件的需求也将不断增长。据行业估计，目前车用铝、镁合金的年用量近 50 万吨，加上消费电子产品用壳体对轻合金的需求，国内在铝、镁合金零部件的用量已十分可观。但是，目前国内汽车、摩托用小型零部件主要采用压铸成形，由于我国压铸装备技术水平还较落后以及压铸技术本身的局限性，压铸零部件质量普遍较低，只能生产汽车、摩托车中少量非关键零部件；而较大型零部件如汽车、摩托车用铝合金轮毂主要采用低压铸造或重力铸造的方法生产，铸件力学性能低、壁厚、质量大。而采用半固态成形方法将会有效提高铝、镁合金的力学性能，拓宽铝、镁合金在汽车、摩托车运动承载零部件的应用范围，为我国汽车、摩托车轻量化提供一条有效途径。此外，半固态成形技术在其他领域（交通运输、航空、航天、电器等）中也具有广阔的应用前景，因此，半固态成形技术在我国具有巨大的市场潜力。

半固态金属加工技术已经发展了 30 多年，并且在铝合金和镁合金工业中获得应用。尽管目前的应用范围还不是很广，但是，它所具有的短流程、近终成形的特点，一直是人们不断努力研究的驱动力。作为一种新的加工成形技术，在一定的发展阶段，会有其特定的用途，也会存在一定的局限性，半固态金属加工技术也不例外。在现阶段，半固态加工技术不可能取代传统铸造（如低压铸造、重力铸造、高压铸造、挤压铸造等），但是对于一些高气密性零部件和用轻合金制作的运动承载件，半固态技术就会比传统铸造在质量上占有明显的优势，在成本上又低于锻造加工。因此，在特殊零部件上推广应用半固态加工技术，是近期需要努力发展的方向之一。

通过多年工业应用积累起的大量实践数据，使人们对半固态技术的优缺点有了更为全面的理解和认识。与其他技术发展的历程一样，半固态加工技术的发展也需要相适应的材料，因此，需要尽快研究开发适合发挥半固态加工技术优势的专用系列合金。另外，半固态流变直接成形作为一种短流程工艺技术，是未来主要的发展方向，但是，需要从凝固理论上深入研究液相的控制形核和长大的机理，从技术上解决控制凝固和产品性能的一致性以及设备投资成本高等问题，才能使这项技术得到工业界的认可和应用。

在环保和节能需求的驱动下，短流程和近终成形是冶金制造工业永远追求的目标，而半固态加工技术是实现这一目标最具有潜力的加工技术。利用半固态加工技术的原理，进一步开展半固态挤压、半固态轧制等工艺技术研究，对缩短工艺流程、降低生产成本会有重大意义。

习题与思考题

1. 理解半固态金属的成形原理，说明半固态金属具有哪些金属学和力学的特点？
2. 什么样的金属及合金能够实现半固态加工？
3. 流变成形和触变成形有何区别？各有何特点？具体的实施方法是什么？
4. 如何制备半固态合金浆料？如何保证半固态合金浆料的性能？
5. 镁合金材料有何特点？它适合于用什么半固态成形方法进行加工？
6. 半固态压铸和普通压铸相比有何不同？为了生产出优质产品，其工艺措施应注意些什么？
7. 简述半固态金属加工技术的发展方向及应用前景。

参 考 文 献

[1] 谢水生，黄声宏编著. 半固态金属加工技术及其应用. 北京：冶金工业出版社，1999.
[2] 毛卫民编著. 半固态金属成形技术. 北京：机械工业出版社，2004.
[3] 康永林，毛卫民，胡壮麒. 金属材料半固态加工理论与技术. 北京：科学出版社，2004.
[4] 赵祖德，罗守靖. 轻合金半固态成形技术. 北京：化学工业出版社，2007.
[5] 管仁国，马伟民. 金属半固态成形理论与技术. 北京：冶金工业出版社，2005.
[6] 张津，章宗和等编著. 镁合金及应用. 北京：化学工业出版社，2004.
[7] 丁文江等著. 镁合金科学与技术. 北京：科学出版社，2007.
[8] 文靖. 半固态触变压铸 AZ91D 镁合金组织与性能的研究 [学位论文]. 兰州：兰州理工大学，2009.
[9] 邢书明，谭建波，张海英. 半固态合金流变成型工艺理论. 特种铸造及有色合金，2006，26（3）：161-165.
[10] 汤国兴，毛卫民，刘永峰. 半固态合金流变成形技术的研究进展. 铸造技术，2007，28（5）：709-713.
[11] 谭建波. 半固态合金熔体流变充型理论研究 [学位论文]. 北京：北京交通大学，2007.
[12] 唐靖林，曾大本. 半固态加工技术的发展和应用现状. 兵器材料科学与工程，1998，21（3）：56-60.
[13] 杨晓婵. 半固态金属成形技术在国外的研究与应用. 矿冶，2000，9（1）：65-68.
[14] 罗守靖，姜巨福，杜之明. 半固态金属成形研究的新进展工业应用. 机械工程学报，2003，39（11）：52-59.
[15] 白月龙. 半固态铝合金流变压铸及充型过程数值模拟 [学位论文]. 北京：北京科技大学，2007.
[16] 黄晓锋，梁艳，王韬等. 金属半固态成形技术的研究进展. 中国铸造装备与技术，2009，（2）：6-8.
[17] 田战峰，徐骏，张志峰等. 金属半固态浆料制备技术研究进展. 材料导报，2005，19（12）：1-4.
[18] 徐骏，田战峰，曾怡丹等. 铝合金半固态加工技术的应用研究. 2007 年中国压铸、挤压铸造、半固态加工学术年会专刊，2007.

[19] 强旭东．镁合金半固态非枝晶组织制备及压铸工艺研究［学位论文］. 兰州：兰州理工大学，2008.

[20] 白重任．镁合金半固态浆料组织特征及组织分析软件研究［学位论文］. 武汉：华中科技大学，2005.

[21] 肖泽辉．镁合金半固态流变压铸成形技术的研究［学位论文］. 武汉：华中科技大学，2005.

[22] 李海宏，陈体军，郝远．镁合金半固态压铸触变成形技术的研究与进展. 热加工工艺，2005，(10)：59-61.

[23] 许红雨．镁合金半固态注射成形设备改进及工艺探索［学位论文］. 哈尔滨：哈尔滨理工大学，2009.

[24] 袁有录．镁合金及镁合金半固态流变压铸充型凝固过程数值模拟［学位论文］. 南昌：南昌大学，2006.

[25] 王怀国．镁合金及其半固态触变成形工艺研究［学位论文］. 北京：北京有色金属研究总院，2003.

[26] 郝东洲，傅宏锋，成庆焦．A356 铝合金半固态触变压铸成型技术研究与展望. 模具制造，2008，(2)：56-59.

[27] 阎峰云，强旭东，张玉海等．AZ91D 镁合金半固态触变成形压铸工艺. 中国有色金属学报，2008，18 (4)：595-600.

[28] 杨卯生，毛卫民，钟雪友．半固态合金成形的技术现状与展望. 包头钢铁学院学报，2001，20 (2)：187-194.

[29] 杜平，李双寿，唐靖林等．半固态铝合金触变铸技术中关键问题的讨论. 铸造技术，2006，27 (6)：545-549.

[30] 田战峰，杨必成，谢丽君等．金属半固态触变铸工艺的探讨. 铸造技术，2005，26 (1)：28-33.

[31] 田战峰，杨必成，张志峰等．铝合金半固态触变压铸试验研究. 轻金属，2005，(9)：42-46.

[32] 崔晓鹏，修长军，王金山等．镁合金半固态触变注射成形技术. 汽车工艺与材料，2003，(1)：33-35.

[33] 李海宏，陈体军，郝远．镁合金半固态压铸触变成形技术的研究与进展. 热加工工艺，2005，(10)：59-61.

[34] 张志峰，田战峰，杨必成等．汽车用铝合金半固态零件触变压铸工艺研究. 铸造技术，2005，26 (9)：770-773.

[35] 刘艳华．A380 铝合金半固态流变压铸工艺研究［学位论文］. 南昌：南昌大学，2007.

[36] 李波．Al-Ti-B 细化 Mg-20Al-0.8Zn 镁合金及其半固态触变压铸研究［学位论文］. 兰州：兰州理工大学，2009.

[37] 谷晓峰．ZL201 铝合金半固态组织与成形性研究［学位论文］. 沈阳：东北大学，2004.

[38] 徐骏．半固态成形铝合金材料研究［学位论文］. 北京：北京有色金属研究总院，2005.

[39] Mao Weimin, Cui Chenglin, Zhao Aimin, et al. The dynamically coursing processes of the microstructures in the non-dendritic AlSi7Mg alloy remelted in the semi-solid state. Trans Nonferrous Met Soc China, 2000, 10 (1): 25-28.

[40] Lu G M, Gui J Z, Dong J, et al. Continuous casting of Al alloy 7075 for semi-solid forming [A]. Proceedings of the 6th International Conference on Semi-solid of Alloys and Composites. Turin, Italy, 2000, (102): 373-377.

[41] Winter J, Tyler D E, Dantziz J A. Method and apparatus for casting metals and alloys. US 4450893. 1984.

[42] Young K P, Tyler D E, Cheskis H P, et al. Process and apparatus for continuous slurry casting, US 4482012. 1984.

[43] Mao W M, Zhao A M, Yun D, et al. Slurry preparation and rolling of semi-solid 60Si2Mn spring steel. J Mater Sci & Technol, 2003, 19 (6): 613-616.

[44] Vives C. Elaboration of semisolid alloys by means of new electromagnetic rheocasting process. Metall Trans, 1992, 23B (2): 189-206.

[45] Winter J, Tyler D E, Pryor M J. Method for the preparation of thixotropic slurries. US 4229210. 1980.

[46] Lu G M, Cui J Z, Dong J, et al. Continuous casting of Al alloy 7075 for semi-solid forming [A]. Proceedings of the 6th International Conference on Semi-solid of Alloys and Composites. Turin, Italy, 2000, (102): 373-377.

[47] Chen J Y, Fan Z. Modelling of Rheological Behaviour of Semisolid Metal Slurry Part1-Theory. Materials Science and Technology, 2002, 18 (3): 237-242.

[48] Mao Weimin, Zhao Aimin, Yun Dong, et al. Slurry preparation and rolling of semisolid 60Si2Mn spring steel. J Mater Sci & Technol, 2003, 19 (6): 613-616.

[49] Li Shusuo, Zhao Aimin, Mao Weimin, et al. Mechanical properties of hypereutectic Al-Si alloy by semisolid processing. Trans Nonferrous Met Soc China, 2000, (4): 441-444.

[50] Ward P J, Atkinson H V, Anderson P R G, et al. Semi-solid processing of novel MMCs based on hypereutectic aluminum-silicon alloy. Acta Mater, 1996, 44 (5): 1717-1727.

[51] Ichikawa K, Ishizuka S, Kinoshita Y. Modification of hypoeutectic Al-Cu, Al-Si and Al-Ni alloy by rheocasting. Trans JIM, 1988, 29 (7): 598-607.

[52] Chen C Y, Sekhar J A, Backman D G, et al. Thixoforging of aluminum alloys. Mater Sci and Eng, 1979, 40: 265-272.

[53] Suery M, Flemings M C. Effect of Strain Rate on Deformtion Behavior of Semi-solid Dendritic Alloys. Metallurgical Transaction A, 1982, 13: 1809-1819.

[54] Tzimas E, Zavaliangos A. Mechanical Behavior of Alloys with Equiaxed Microstructrue in the Semisolid State at High Solid Content. Acta Meterialia, 1999, 47 (2): 517-528.

[55] Burgos G R, Alexandrou A N, Entov V. Thixotropic Rheolopic Rheologh of Semisolid Metal Suspensions. Jounrnal of

Material Processing Technologh, 2001, 110 (2): 164-176.

[56] Van Dam J C, Mischgofsky F H. Stircasting of transparent organic alloys: Thixotropy and rosette formation. Journal of Materials Science, 1982, 17: 989-993.

[57] Pluchon C, Loue W R, Menet P Y, et al. Development of semi-solid metal forming feedstock and finishied parts. Proceedings of the technical sessions presented by the TMS Light Metals Committee at the 124th TMS Annual Meeting, Las Vegas, 1995: 1233-1242.

[58] Li Yanjun, Mao Weimin, Zhong Xueyou. Microstructure evolution of semi-solid processed hypereutectic Al30% Si alloy. Journal of University of Science and Technology Beijing, 1999, 6 (4): 259-261.

[59] Mao Weimin, Zhao Aimin, Yun Dong, et al. Semi solid slurry preparation and rolling of 1Cr18Ni9Ti stainless steel. Journal of University of Sci & Tech Beijing (English Edition), 2003, 10 (6): 35-39.

[60] Mao Weimin, Zhao Aimin, Zhong Xueyou. Spherical microstructure formation of the semi-solid high chromium cast iron Cr20Mo2. Acta Metalurgica Sinica (English Letters), 2004, 17 (1): 77-82.

[61] Laxmanan V, Flemings M C. Deformation of semi-solid Sn-15% Pb alloy. Metal Trans, 1980, 11A (12): 1927-1937.

[62] Matsumiya T, Flemings M C. Modeling of continuous strip production by rheocastong. Metall Trans, 1981, 12B (3): 17-31.

[63] Tzimas E, Zaliangos A. Mechanical behavior of alloys with equiaxed microstructure in semisolid state at high solid content. Acta Mater, 1999, 47 (2): 517-528.

[64] Lapkowski W, Pietrzyk J. Behavior of metal alloys during plastic deformation in partly liquid state. J. Mater. Processing Technol, 1992, 34: 481-488.

[65] Flemings M C, Young K P, Riek R G. method and apparatus for forming ferrous liquid-solid metal composition. US 4089680. 1978.

[66] Young K P, Clyne T W. A powder mixing and preheating route to slurry production for semisolid direcasting. Powder Metall, 1986, 29 (3): 195-199.

第 5 章   非晶态合金制备技术

【学习目的与要求】

通过对非晶态合金形成理论和制备方法的学习，使学生能够系统、全面地认识和了解非晶态合金与晶态合金的区别；掌握非晶态合金的形成机理及其结构与性能特点；了解非晶态合金的制备工艺方法及其应用。

5.1   非晶态合金概述

非晶态合金是指固态合金中原子的三维空间呈拓扑无序排列，并在一定温度范围内保持这种状态相对稳定的合金。在微观结构上，它具有液体的无序原子结构，就像是一种非常黏稠的液体（和液体的差别主要是液体的黏滞度很小，液体的原子或者分子没有承受剪切应力的能力，很容易流动）；在宏观上它又具有固体的刚性。和其他非晶态物质一样，非晶态合金是一种亚稳态材料。由于体系的自由能比相应的晶态要高，在适当的条件下，会发生结构转变而向稳定的晶态过渡。但是由于晶态相形核和长大的势垒比通常情况下高得多，因此非晶态能够长期地保持而不发生改变。非晶态合金材料与晶态材料相比有两个最基本的区别，就是原子排列不具有周期性，且属于热力学的亚稳相。非晶态材料在性能上与晶态材料相比具有很高的强度、硬度、韧性、耐磨性、耐蚀性及优良的软磁性、超导性、低磁损耗等特点，并且已在电子、机械、化工等行业得到广泛的应用。随着对非晶态材料的进一步研究，其应用领域会不断的扩大。

1960 年美国加利福尼亚工业大学的杜威兹（Duiwez）教授等发现当某些液态贵金属合金（如金硅合金）被人们以极快的速率急剧冷却时，可以获得非晶态合金，这些非晶态金属具有类似玻璃的某些结构特征，故又称为"金属玻璃"。玻璃从液态到固态是连续变动的，没有明确的分界线，即没有固定凝固点。也就是说金属是一种典型的晶体材料，它的许多特性是由其内部晶体结构决定的；而玻璃却是一种非晶体材料，固态玻璃和液态玻璃内部原子呈无序混乱排列。非晶合金是短程有序、长程无序的，也就是说它只有在一定的大小范围内，原子才形成一定的几何图形排列，近邻的原子间距、键长才具有一定的规律性。一般的非晶合金，在 1.5～2.0nm 范围内，它们的原子排列成四面体的结构，每个原子占据了四面体的棱柱的交点上，但是大于 2.0nm 范围内，原子成为各种无规则的堆积，不能形成有规则的几何排列。非晶态合金研究的进展，不仅突破了长期以来金属合金只能以结晶态凝固这一传统认识，丰富了合金凝固相变理论，而且在合金的非晶形成能力、非晶态合金的结构及相演化过程、非晶态合金的性能等方面的研究都取得了大量成果。

5.1.1   非晶态的形成

液态金属冷却的过程中在低于理论熔点的温度将产生凝固结晶，这个过程可分为形核和长大两个基本阶段。随温度的降低，结晶开始和终了的时间与温度的关系可以用一个 C 形曲线来表示，如图 5-1 所示。由图可知，如果液态金属以高于图中的临界冷却速率冷却时，以完全阻止晶体的形成，从而把液态金属"冻结"到低温，形成非晶态的固体金属。从理论上说，任何液体都可通过快速冷却获得非晶态固体材料，只不过不同的材料需要不同的冷却速率，对于硅酸盐（玻璃）和有机聚合物而言，其 C 形曲线的最短时间也有几小时或几天，因此在正常的冷却速率下均得到非晶固体。但是对于纯金属而言，其最短时间约为 10^{-6} s，这意味着纯金属必须以大约 10^{10} K/s 的速率冷却时才可能获得非晶态。对于合金而言，获得非晶态的临界冷速与合金的成分、合金中原子间的键合特

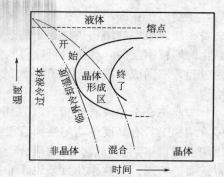

图 5-1 液态金属结晶开始
时间与过冷度的关系

性、电子结构、组元的原子尺寸差异以及相应的晶态相的结构等因素有关，为获得非晶态金属合金主要有以下两种途径：

① 研究具有低的临界冷却速率的合金系统，以便得到形成非晶态的较为便利的条件；
② 发展快速冷却的技术，以满足获得非晶态金属的技术需要。

5.1.2 非晶态的结构特性

5.1.2.1 结构的长程无序性和短程有序性

非晶结构不同于晶体结构，它既不能取一个晶胞为代表，且其周围环境也是变化的，故测定和描述非晶结构均属难题，只能统计地表示之。常用的非晶结构分析方法是利用 X 射线或中子散射方法得出的散射强度谱求出其径向分布函数，用它来描述材料中的原子分布。如图 5-2 所示即为气体、固体、液体的原子分布函数，图中 $g(r)$ 相当于取某一原子为原点，在距原点为 r 处找到另一原子的概率。可以看出，非晶态的图形与液态很相似但略有不同，而和完全无序的气态及有序的晶态则有着明显的区别。

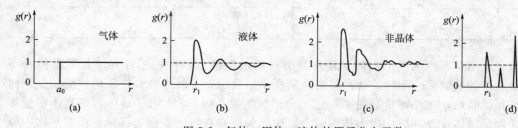

图 5-2 气体、固体、液体的原子分布函数

这说明非晶态在结构上与液体相似，原子排列呈短程有序；而从总体结构上看是长程无序的，宏观上可将其看作均匀、各向同性的。

5.1.2.2 热力学的亚稳定性

热力学的亚稳定是非晶态结构的另一个基本特征，一方面它有继续释放能量，向平衡状态转变的趋势；另一方面，从动力学来看要实现这一转变首先必须克服一定能垒，这在一般情况下实际上是无法实现的，因而非晶态材料又是相对稳定的。这种亚稳态区别于晶体的稳定态，只有在一定温度（400～500℃）下发生晶化而失去非晶态结构，所以非晶态结构具有相对稳定性。

因此，在一定的条件下（在玻璃化温度附近）会发生稳定化的转变即向晶态转变，称为晶化。非晶态金属的晶化过程也是一个形核和长大的过程，由于是在固态、较低的温度下进行

的，要受原子在固相中的扩散的支配，晶化速率不可能像凝固结晶时那样快。但是由于非晶态金属在微区域中的结构更接近于晶态，且晶核形成的固相中的界面能也比液固界面能小，因而晶化时形核率很高，晶化后可以得到晶粒十分细小的多晶体。非晶态合金的晶化过程是很复杂的过程，不同成分的合金可有不同的方式，并且在许多情况下，晶化过程中还会形成过渡的结构。

非晶态合金中没有位错，没有相界和晶界，没有第二相，因此可以说是无晶体缺陷的固体，结构上具有高度的均匀性而且没有各向异性，但是原子的排列又是不规则的。非晶态合金原则上可以得到任意成分的均质合金相，其中许多在平衡条件下是不可能存在的，这是一个非常重要的特点。从这个角度来说，非晶态合金大大开阔了合金材料的范围，并可获得晶态合金所不能得到的优越性能。

5.1.3 非晶态合金的性能

由于非晶态合金在成分、结构上都与晶态合金有较大的差异，所以非晶态合金在许多方面表现了其独特的性能。

5.1.3.1 优异的力学性能

非晶态合金的重要特征是具有高的强度和硬度。例如非晶态铝合金的抗拉强度是超硬铝的两倍，详见表 5-1。由于非晶态合金中原子间的键合比一般晶态合金中强得多，而且非晶态合金中不会由于位错的运动而产生滑移，因此某些非晶材料具有极高的强度，甚至比超高强度钢高出 $1 \sim 2$ 倍。例如 4340 超高强度钢的抗拉强度为 $1.6 \mathrm{GPa}$，而 $Fe_{80}B_{20}$ 非晶态合金为 $3.63 \mathrm{GPa}$，$Fe_{60}Cr_6Mo_6B_{28}$ 达到 $4.5 \mathrm{GPa}$。对于晶态合金来说，超高强度钢已达到相当高的水准，要想继续提高强度，困难是很大的，而非晶态材料使金属的强度成倍的增长，这是晶态材料中难以想象的事。

表 5-1　铝基非晶合金和其他合金的抗拉强度、比强度

材料类型	抗拉强度 σ_b/MPa	比强度/($\times 10^6$/cm)	材料类型	抗拉强度 σ_b/MPa	比强度/($\times 10^6$/cm)
非晶态合金	1140	3.8	马氏体钢	1890	2.4
超硬铝	520	1.9	钛合金	1100	2.4

非晶态合金在具有高强度的同时，还常具有很好的塑性和韧性，尽管其伸长率低但并不脆，这与非晶态的玻璃完全不同，也是晶态金属所不可及的。非晶态合金在压缩、剪切、弯曲状态下还具有延展性，非晶薄带折叠 180°也不会出现断裂。图 5-3 示出了晶体与非晶体在变形机理上的区别，晶体在受到剪切应力作用时，以位错为媒介在特定晶面上移动；而非晶体中原子排列是无序的，有很高的自由体积，在剪切应力作用下，可重新排列成另一稳定的组态，因而是整体屈服而不是晶体中的局部屈服。

5.1.3.2 特殊的物理性能

非晶态合金因其结构呈长程无序，故在物理性能上与晶态合金不同，显示出异常情况。非晶合金一般具有高的电阻率和小的电阻温度系数，有些非晶合金如 Nb-Si、Mo-Si-B、Ti-Ni-S 等，在低于其临界转变温度，可具有超导电性。目前非晶合金最令人瞩目的是其优良的磁学性能，包括软磁性能和硬磁性能。一些非晶合金在外磁场作用下很容易磁化，当外磁场移去后又很快失去磁性，且涡流损失少，是极佳的软磁材料，这种性质称为高磁导，其中具有代表性的是 Fe-B-Si 合金。此外，使非晶合金部分晶化后可获得 $10 \sim 20 nm$ 尺度的极细晶粒，因而细化磁畴，产生更好的高频软磁性能。有些非晶合金具有很好的硬磁性能，其磁化强度、剩磁、矫顽力、磁能积都很高，例如 Nd-Fe-B 非晶合金经部分晶化处理后（$14 \sim 50 nm$ 尺寸晶粒）达到

目前永磁合金的最高磁能积值，是重要的永磁材料。

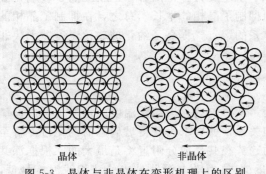

图 5-3　晶体与非晶体在变形机理上的区别

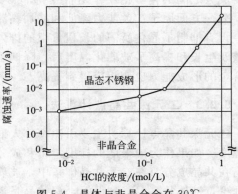

图 5-4　晶体与非晶合金在 30℃
的 HCl 溶液中腐蚀速率

5.1.3.3　优良的耐腐蚀性

许多非晶态合金具有极佳的抗腐蚀性，这是由于其结构的均匀性，不存在晶界、位错、沉淀相，以及在凝固结晶过程产生的成分偏析等能导致局部电化学腐蚀的因素。如图 5-4 所示是 304 不锈钢（多晶）与非晶态 $Fe_{70}Cr_{10}P_{13}C_7$ 合金在 30℃ 的 HCl 溶液中腐蚀速率的比较。可见，304 不锈钢晶体与非晶合金在 30℃ 的 HCl 溶液中，不锈钢的腐蚀速率明显高于非晶合金，且随 HCl 浓度的提高而进一步增大，而非晶合金即使在强酸中也是抗蚀的，其中 Cr 的主要作用是形成富 Cr 的钝化膜，而 P 能促进钝化膜的形成，像这样成分的均质合金相，在晶体材料中是无论如何也得不到的。

非晶合金的成分不受限制，因此可以得到平衡条件下在晶态不可能存在的含有多种合金元素配比的均质材料，在腐蚀介质中形成极为坚固的钝化膜，特别有利于发展新的耐蚀材料。例如，在 $FeCl_3$ 溶液中，钢完全不耐腐蚀，而 Fe-Cr 非晶态合金基本上不腐蚀，在 H_2SO_4 溶液中 Fe-Cr 非晶态合金的腐蚀率是不锈钢的 1/1000 左右。

5.2　大块非晶合金形成的经验准则

5.2.1　混乱原则

在 1993 年提出了块体非晶形成体系的"混乱原则"，亦即多组元体系原则。该原则认为，体系中涉及的元素种类越多，合金能选择生成晶体结构的机会也就越小，玻璃态形成的能力也就越大，并提出最"混乱"元素也就是原子在尺寸方面差异很大。"混乱"原则提出后，Inoue 根据大量的实验数据，总结了三条经验准则。

5.2.2　Inoue 三条经验准则

为了提高过冷液体的稳定性，控制冷却速率，在不同的冷却速率下得到不同临界尺寸的大块非晶合金，Inoue 等人在长期的研究工作中总结出形成大块非晶合金的三条经验准则：①多组元体系组成应该超过 3 种元素；②主要组元元素在原子的尺寸方面应该有明显的不同（大于 12%）；③主要成分元素具有负的混合热。

在多成分合金体系中，满足 Inoue 三个经验准则：①原子构造具有高的随机堆垛密度；②新型的局域原子结构与相应晶相的原子结构不同；③在长程方面具有多成分均匀的原子结构后，原子的随机堆垛密度将会增加，从而形成了新型的原子构造液体。在短程范围内，液体的主要成分之间的化学相互作用将变得非常强烈，一方面提高了液固界面能，抑制了晶体的形核；另一方面原子扩散能力降低和增加黏滞性使原子重组变得异常困难，也就提高了玻璃化温度，再有抑制了晶化所需的长程重组的排列，从而抑制了晶相的生长。总之，在抑制了晶相的形核及生长和提高了玻璃化温度后，降低了合金体系的熔点，提高了约化玻璃化温度，大块非晶合金的形成能力也就相应得到提高。

5.2.3 二元深共晶点计算法

二元深共晶点计算法主要由沈军等人最先使用，从影响约化玻璃化温度的角度去考虑玻璃化温度。如果作为内聚能的标度，将和成分有依赖关系，就要求为获得玻璃态的约化过冷将至少是在共晶成分，在二元共晶体系中，玻璃形成的趋势在共晶成分附近将是最大的。根据深共晶理论，液体从高温降到低温，深共晶是最容易的；在热力学上深共晶成分液相线温度最低，具有更好的热稳定性和无序性；在动力学上共晶相的形核及生长相对困难，需要多类原子的同时扩散才能完成。因此，深共晶成分通常具有较强的玻璃形成能力。从非晶形成的机理看，这种适当的比例关系应使体系的竞争结晶相之间相互抑制彼此的析出，从二元相图上可以知道深共晶成分，再结合 Inoue 经验准则，就可以找到最理想的玻璃形成成分。

5.3　非晶态合金形成理论

对非晶合金的形成过程的认识需要从结构、热力学和动力学等方面考虑。在非晶合金的发展历程中，Turnbull 的连续形核理论（CNT）在解释玻璃形成动力学和阐述玻璃转变的特征方面发挥了重要作用。根据 CNT 理论，Uhlmann 首先引入玻璃形成的相变理论。此后，Davis 将这些理论用于玻璃体系，估算了玻璃形成的临界温度。20 世纪 80 年代末，随着块体非晶合金的出现，玻璃形成理论又有了新的发展，主要有以 Greer 为代表的混乱法则和 Inoue 的 3 个经验规律。

非晶合金研究的核心问题是如何预测和评价合金的玻璃形成能力，从而科学地选择合金组元的种类并限定各组元的数量。首先从凝固过程本身来看，在金属凝固时，当冷却速率足够高、过冷液相区域足够大时，熔体连续地和整体地凝固成非晶合金。而结晶凝固时，晶体的形成经历了形核和长大两个阶段，并且通过固液界面的运动从局部到整体逐步凝固结晶。其次，从凝固过程中某些热力学量发生的变化来看，金属玻璃形成前后熵是连续变化的，而作为系统吉布斯自由能 G 二阶偏导数的定压比热容 c_p 在凝固前后却不连续变化。相比之下，晶体在凝固前后定压比热容 c_p 是连续变化的，而作为 G 的一阶偏导数的熵 S 却不连续变化。所以在结晶凝固时熔体要释放熔化潜热 ΔH_m。由此可知，金属玻璃的凝固属于二级相变，而晶体的凝固则属于一级相变。新型块体非晶合金须满足结构因素、热力学条件及动力学条件条件来获得非晶态合金。

5.3.1 熔体结构与玻璃形成能力

当合金熔液冷到熔点以下时，就存在结晶驱动力。但是结晶是通过形核与晶核长大这两个过程来完成的，它们都需要合金组元按晶体相对化学及拓扑的要求进行长程输运和重排。合金组元的长程输运和重排需要一定的时间，如果冷却速率足够快，那么就可以使组元的长程输运和重排来不及进行，从而抑制晶体相的析出，使合金熔液被过冷到很低的温度。过冷熔液的黏度随温度的降低不断增大，当黏度达到 $10^{13} \sim 10^{15}\,\mathrm{Pa \cdot s}$ 时，就形成了保留有液体原子结构的非晶态固体。

影响合金玻璃的形成能力（glass-forming ability，简称为 CFA）。理论上，只要冷却速率足够快，所有的合金都能形成非晶态合金。另一方面，如果合金熔液中组元的长程输运和重排的阻力较大，那么较低的冷却速率也能使合金形成非晶态合金。不同的合金系在形成非晶态合金时所需的临界冷却速率是相差很大的，其根本原因是它们的熔液结构及其演化行为存在很大的差异。实际上，液态合金中的原子虽然不存在长程有序排列，但是，由于原子之间存在相互作用力，因此它们一般会形成短程有序原子团簇，其尺寸在 0.2～0.5nm 之间。短程有序团簇中，原子是通过范德华力、氢键、共价键或离子键这些方式结合在一起的。有些短程有序是以化合物的形式结合存在的，具有一定的原子比例，如 $A_m B_n C_u \cdots$，这类短程序称为化学短程序。对于成分较复杂的多组元合金，除了存在化学短程序外，还会由于不同组元的原子尺寸差别，通过原子的随机密堆垛方式形成几何短程序（或拓扑短程序）。如果这些短程序团簇中的原子排列方式与平衡结晶相中原子的排列方式相差较大并且短程序中原子之间结合力较强，那么，这些短程序团簇在合金从液态向固态的快速冷却过程中不论是单原子还是原子团的重排都变得相当困难，导致凝固时结构重排和组分调整的动力学过程变得极其困难，使合金原子无法按照平衡晶体相对化学及拓扑的要求进行长程重排，进而能够抑制晶体相的形核和长大。人们将三维尺寸都能达到毫米级的非晶制品称为"块体金属玻璃"或"块体非晶合金"（bulk me-tallic glasses，BMGS）。

5.3.2　非晶态合金形成热力学

5.3.2.1　热力学驱动力

早期的制备玻璃大都来自于自然界，但是研究者目前通过适当选择合金成分可以使制备非晶态合金的冷却速率降到 1～100K/s。临界冷却速率不断降低意味着可以制备大尺寸非晶，过冷液态熔体形成玻璃的能力就等价于在过冷熔体中抑制结晶。假设是稳态形核，形核速率就由热力学和动力学因素共同决定。

$$I = N_V^0 \nu D \exp\left(\frac{\Delta G^*}{kT}\right) \tag{5-1}$$

式中　N_V^0——单位体积的单原子数目；

ν——频率因子；

k——Boltzmann 常数；

T——绝对温度；

D——有效扩散系数；

ΔG^*——晶坯必须克服的激活能；

I——形核速率。

根据经典形核理论，形核功表达式为

$$\Delta G^* = \frac{16\pi}{3} \times \frac{\Delta G_{I-s}^2}{\sigma^3} \tag{5-2}$$

式中　σ——晶核与熔体间的界面能；

ΔG_{I-s}——液固相自由能差，即结晶驱动力。

频率因子由 Stokes-Einstein 方程表示

$$\nu = \frac{kT}{3\pi a_0^3 \eta} \tag{5-3}$$

式中　a_0——扩散跳跃的平均原子或离子直径；

η——黏度，可以通过 Volgel-Fulcher 方程进行计算。

可见驱动力（热力学因素）、扩散和黏度（动力学因素）及构形（结构因素）是理解多组元合金玻璃形成的关键。从热力学角度考虑，块体非晶合金在过冷液态中应呈现出低结晶驱动力。低驱动力则导致低的形核速率，因而玻璃形成能力高。

利用热分析可以确定过冷液态和结晶固体间的 Gibbs 自由能，这可以通过对比热容差 ΔG_{l-s} 进行积分得到

$$\Delta G_{l-s}(T) = \Delta H_f - \Delta S_f T_0 - \int_T^{T_0} \Delta c_p^{l-s}(T)\mathrm{d}T + \int_T^{T_0} \frac{\Delta c_p^{l-s}(T)}{T}\mathrm{d}T \tag{5-4}$$

式中 ΔH_f——T_0 温度下的熔化焓；

ΔS_f——T_0 温度下的熔化熵；

T_0——液相与晶体相平衡的温度；

Δc_p^{l-s}——等压比热容。

由式(5-4)可见，要得到小的驱动力需要熔化焓小，而熔化熵则要尽量大。由于 ΔS_f 与微观状态数成比例，所以大的熔化熵应该与多组元合金相联系。多组元体系中不同大小的原子的合理匹配则会引起紧密随机排列程度的增加。

5.3.2.2 影响非晶形成能力的热力学因素

(1) 构形熵 构形熵 S_c 对非晶态的形成与稳定非常重要，形成非晶态的液体每摩尔的平均协同转变概率为

$$\omega(t) = A\exp\left(-\frac{\Delta\mu S_c^*}{KTS_c}\right) \tag{5-5}$$

式中 A——与温度无关的频率因子；

$\Delta\mu$——每个原子的势垒高度；

S_c^*——发生反应所需的临界构形熵；

T——温度；

K——常数。

由于黏度 $\eta \propto 1/\omega(t)$，由式(5-5)可知：η 正比于 $\Delta\mu/S_c$。根据平衡理论和硬球无规密堆模型计算可知：在 T_g 温度时，S_c 已被冻结而成为常量，此时对 η 起主要作用的是 $\Delta\mu$，而 $\Delta\mu$ 与内聚能（包括原子间吸引与排斥势）有关，同时也与形成玻璃时液体中的短程序有关。由此表明：阻碍原子结合与重排的势垒 $\Delta\mu$ 对形成大的 GFA 有重大影响。

(2) 原子尺寸效应 原子尺寸的差别是影响玻璃形成能力的又一重要因素。应用自由体积模型流体流动性 ϕ 可表示为

$$\phi = A\exp\left(-\frac{k}{V_f}\right) \tag{5-6}$$

式中 A——常数；

k——常数；

V_f——自由体积。

ϕ 与自扩散系数 D_0 大体上成正比例关系。不同组元组成的合金系由于原子价或负电性差别使熔液中小原子避免相互作用为最近邻，大小原子的无序堆积密度增加，将导致自由体积 V_f 的下降，由式(5-6)知道：V_f 的减小将导致 ϕ 与自扩散系数 D_0 的减小，使 η 增加。因此，组元越复杂，原子尺寸差别越大的合金系，越有利于提高合金系的 GFA。

(3) 组元原子间的相互作用 过渡金属元素 TM 和类金属元素 M 形成的非晶态合金，不管它们处于熔融态还是化合物状态，当相应的纯组元形成非晶态合金时，始终显示出负的混合

热。这意味着合金内的原子之间存在很强的相互作用，使熔融态或固态合金中存在很强的短程序。实验证明：随类金属原子的增加，合金系的 GFA 增加，这是由于原子间强的相互作用引起的。

影响合金系的 GFA 还有其他的一些因素，比如合金化效应、化学键能等，这些因素的作用也是很重要的。

5.3.3 非晶形成动力学

熔体只要冷到足够低的温度不发生结晶，就会形成非晶态。形成的晶体在液体中呈无规分布，可以把 10^{-6} 作为刚能觉察到的结晶相的体积分数值。当结晶相的体积结晶分数值 x 很小时，它与形核率 I、生长速率 U 及时间 t 的关系可用下面的方程表示

$$x = \frac{1}{3}\pi I U^3 t^4 \tag{5-7}$$

均匀成核率 I 与生长率 U 可表示为

$$I = \frac{N_v k T}{3\pi a_0^3 \eta} \exp\left[-\frac{16\pi}{3}\alpha^3 \beta \frac{1}{T_r(\Delta T_r)^2}\right] \tag{5-8}$$

$$U = \frac{fkT}{3\pi a_0^2}\left[1 - \exp\left(-\beta\frac{\Delta T_r}{T_r}\right)\right] \tag{5-9}$$

式中　k——Boltzmann 常数；

　　a_0——平均原子直径；

　　N_v——Avogadro 常数。

　　f——界面上原子优先附着或者移去的位置分数。

$$T_r = T/T_m,\ \Delta T_r = 1 - T_r$$

$$\alpha = \frac{(N_v)^{\frac{1}{3}}\sigma}{\Delta H_m} \tag{5-10}$$

式中　T_m——熔点温度；

　　ΔH_m——摩尔熔化焓。

$$\beta = \frac{\Delta H_m}{RT_m} \tag{5-11}$$

式中　R——气体常数。

对于非晶来说，一般采用下列方程计算其黏度

$$\eta = 10^{-3.3}\exp\left(\frac{3.34 T_m}{T - T_g}\right) \tag{5-12}$$

Turnball 等认为，在简化条件下，$\alpha = \alpha_m T_r$，其中 α_m 为常数，是 $T = T_m$ 时的 α 值，取 $\alpha_m = 0.86$，此时均匀成核率 I 也可简化为

$$I = \frac{K_n}{\eta}\exp\left[-\frac{16\pi}{3}\alpha_m^3\beta\left(\frac{T_r}{\Delta T_r}\right)^2\right] \tag{5-13}$$

式中　K_n——形核率系数。

这样，将式(5-8)、式(5-13)代入式(5-7)就可以计算得出达到 $x = 10^{-6}$ 所需要的时间 t 为

$$t = \frac{9.32\eta}{kT} \times \frac{a_0^9 x}{f^3 N_v} \times \frac{\exp\left(\dfrac{1.024}{T_r^3 \Delta T_r^2}\right)}{\left[1 - \exp\left(\dfrac{-\Delta H_m \Delta T_r}{RT}\right)\right]^3} \tag{5-14}$$

根据式(5-14)，取 $x=10^{-6}$，可以绘制出时间-温度-相转变曲线，即 TTT 曲线。这样形成玻璃的临界冷却速率 R_c 就可以根据 TTT 曲线由下式进行计算：

$$R_c \approx \frac{T_m - T_n}{t_n} \tag{5-15}$$

式中　T_m——合金的熔点；

　　　T_n——TTT 曲线极值点所对应的温度；

　　　t_n——TTT 曲线极值点所对应的时间。

由式(5-14)可知，ΔH_m 越小或 η 越大，x 达到 10^{-6} 所需的时间就越长，也就是说 TTT 曲线越向右移，临界冷却速率就越低。符合 Inoue 三个经验规则的合金，其熔液中的原子容易形成结合力很强的、堆积密度很高的紧密随机堆垛团簇，而这些团簇的存在会使 ΔH_m 减小，使 η 增大，从而使临界冷却速率降低。

5.3.4　合金的玻璃形成能力判据

不同的合金体系在凝固过程中被过冷到玻璃化温度以下的难易程度是不同的，也就是说不同合金系的玻璃形成能力（GFA）是不同的。GFA 在本质上是由合金内在物理性质所决定的，在开发研制新型 BMGs 时，如果能用一个合适的参数对所研究的合金 GFA 进行正确评估，无疑会大大减少实验工作量。

从冶金物理角度来说，金属液在凝固过程中能够避免晶体相析出而将液态的无定形结构保留到室温所需要的最低冷却速率，即临界冷却速率 R_c 是评价合金 GFA 的最直接参数。合金的 R_c 越小，意味着该合金的 GFA 越大。但是，通过实验来测定 R_c 是非常困难的，因此，实际合金的 GFA 很少用 R_c 评价。合金 GFA 的大小也可以用临界直径 D_{max} 来衡量，临界直径是指在一定的制备条件下可以获得的具有完全非晶态组织样品的最大直径。由于在同样的制备条件下，样品的直径越大，其实际冷却速率越小，所以 D_{max} 越大的合金所需的 R_c 越小，也就是说它的玻璃形成能力越强。但是，合金的 D_{max} 的具体数值与制备方法有很大的关系，例如，采用低压铜模铸造法制备 $La_{55}Al_{25}Ni_{20}$ 合金可以得到 $\phi 3mm$ 的非晶圆棒，而采用水淬法只能制得 $\phi 1.2mm$ 的非晶圆棒。因此，用 D_{max} 这个指标来比较不同合金的 GFA 大小时，应该使用相同实验条件下（制备方法和试样形状都相同）所得到的数据。尽管从实验角度来说，D_{max} 比 R_c 容易得到，但对于一个具体的合金，仍然需要大量的、高成本的、反复的制备和表征等实验过程才能最终确定的 D_{max} 数值。基于上述原因，人们在研究便于使用、简单可靠的 GFA 表征参数方面做了大量工作，提出了各种各样的 GFA 表征参数或判据。

5.3.4.1　基于合金组元基本性质的玻璃形成能力判据

这类判据是利用合金组元的一些基本物理或化学性质来计算出表征合金 GFA 的参数值，然后利用这些参数值来预测合金 GFA 的大小，这样可以使人们在实际配制合金之前，对该合金的 GFA 有一个初步判断，大大减少实验的盲目性。判据公式中所用到的组元基本性质包括原子尺寸、原子量、混合焓、电负性、价电子密度、熔化焓、混合熵以及熔点等。这类判据中的一些典型代表如下。

（1）Fang 参数　Fang 等人提出了两个分别由组元原子半径和电负性组成的参数 δ 和 Δx，以便反映组元原子尺寸和电负性的差别对合金 GFA 的影响。δ 和 Δx 的计算公式为

$$\delta = \sqrt{\sum_{i=1}^{n} C_i \left(1 - \frac{r_i}{\bar{r}}\right)^2} \quad \text{其中} \quad \bar{r} = \sum_{i=1}^{n} C_i r_i \tag{5-16}$$

$$\Delta x = \sqrt{\sum_{i=1}^{n} C_i (x_i - \bar{x})^2} \quad \text{其中} \quad \bar{x} = \sum_{i=1}^{n} C_i x_i \tag{5-17}$$

式中　　n——合金的组元数；

　　　　C_i——第 i 组元的摩尔百分数；

　　　　r_i——第 i 组元的共价原子半径；

　　　　x_i——第 i 组元的 Pauing 电负性。

Fang 等人发现 Mg 基 BMGs 的过冷液相区宽度 ΔT_x 与参数 δ 和 Δx 之间存在良好的函数关系。后来，Fang 等人在参数 δ 和 Δx 的基础上，又引入一个反映共价电子数对 GFA 影响的参数 Δn，并且发现 Fe 基 BMGs 的 ΔT_x 与 δ、Δx 及 Δn 之间存在良好的函数关系。Δn 的计算公式如下。

$$\Delta n^{\frac{1}{3}} = \sum_{i=1}^{n} C_i (e_i^{\frac{1}{3}} - \overline{e}^{\frac{1}{3}}) \qquad 其中 \qquad \overline{e} = \sum_{i=1}^{n} C_i e_i \tag{5-18}$$

式中　　e_i——第 i 组元元素的价电子数。

对于过渡族金属，e_i 等于 s 电子与 d 电子之和；对于含有 p 电子的元素，e_i 等于 s 电子与 p 电子之和。

Fang 等人没有分析能够直接反映合金 GFA 大小的临界冷却速率或临界直径与 δ、Δx 及 Δn 这三个参数之间的联系，因而，其研究不够充分。另外，他们只分析了这些参数与 Mg 基和 Fe 基合金 GFA 的关系，其普适性未得到证明。

（2）Liu 参数　　Liu 等人在 Fang 的研究基础上，提出合金的 GFA 大小是由合金的 7 个参数所决定的。这 7 个参数分别为

$$L = \sum_{i=1}^{n} C_i |x_i - \overline{x}| \tag{5-19}$$

$$L^* = \sum_{i=1}^{n} C_i \left| 1 - \frac{x_i}{\overline{x}} \right| \tag{5-20}$$

$$W = \sum_{i=1}^{n} C_i |r_i - \overline{r}| \tag{5-21}$$

$$W^* = \sum_{i=1}^{n} C_i \left| 1 - \frac{r_i}{\overline{r}} \right| \tag{5-22}$$

$$\lambda_n = \sum_{i=1}^{n} C_i \left| 1 - \left(\frac{r_i}{\overline{r}} \right)^3 \right| \tag{5-23}$$

$$Y = \sum_{i=1}^{n} C_i |e_i^{\frac{1}{3}} - \overline{e}^{\frac{1}{3}}| \qquad 其中 \qquad \overline{e} = \sum_{i=1}^{n} C_i e_i \tag{5-24}$$

$$T_{rm} = \sum_{i=1}^{n} C_i \left| 1 - \frac{T_m^i}{T_m} \right| \qquad 其中 \qquad \overline{T_m} = \sum C_i T_m^i \tag{5-25}$$

式中　　T_m^i——第 i 组元的熔点。

其余符号的意义同前。

通过对 Cu 基、Mg 基、Zr 基等 100 多个 BMGs 的数据进行统计分析，Liu 等发现，BMGs 的临界直径 D_{max} 及临界冷却速率 R_c 与上述的 7 个参数之间存在以下关系。

$$\ln D_{max} = -1.5 + 27.84L - 36.43L^* + T_{rm}(-19995.35W + 475.55W^* - 25.15\lambda_n) + 11.1Y \tag{5-26}$$

$$\ln R_c = 10.81 - 136.15L + 177.69L^* + T_{rm}(-333.76W + 288.21W^* - 48.64\lambda_n) - 17.38Y \tag{5-27}$$

分别由式（5-26）和式（5-27）计算出的某特定合金的理论临界直径及理论临界冷却速率与

该合金的实际临界直径及实际临界冷却速率之间分别存在着很好的线性对应关系。

5.3.4.2 基于合金熔液性质的玻璃形成能力判据

这类判据中的参数最初是为了研究合金熔液的特性而提出来的。参数值的计算要用到液态合金的一些性质，比如黏度、比热容、形成玻璃相或晶体相的激活能以及熔点等。这类判据中的一些典型代表如下。

(1) Angell 脆性参数　不同的合金熔液在冷却过程中黏度随温度的变化行为是不相同的。如果合金熔液的黏度随温度降低增加得越快，那么过冷熔液中组元原子的活动能力就下降得越快，这导致熔液的液态结构随温度降低而发生变化的难度增大，因而，具有这种过冷液体行为的合金往往具有较强的 GFA。

Angell 将合金熔液划分为刚性（strong）熔液和脆性（pragile）熔液两种类型。所谓刚性熔液，就是它的过冷液体行为呈现出近 Arrhenius 特征，在 Angell 图［纵坐标为 $\lg(\eta)$，横坐标为 T_g/T］上近似一条直线；所谓脆性熔液，就是它的液体行为符合 VFT 方程，在 Angell 图上呈现一条曲线。曲线偏离直线的程度越大，表明熔液的脆性越大。

Angell 图上，$T_g/T=1$ 处的曲线斜率被定义为衡量熔液脆性的 Angell 脆性参数 m，即

$$m=\frac{\mathrm{d}\lg(\eta)}{\mathrm{d}\left(\dfrac{T_g}{T}\right)}\Bigg|_{T_g=T} \tag{5-28}$$

式中　η——熔液在温度 T 时的黏度；

　　　T_g——熔液的玻璃化温度。

m 值越小表示熔液的刚性越大，也就是说在 T_g 温度附近熔液的黏度变化越小。由于不同成分的合金熔液在 T_g 温度处发生玻璃化转变以后，其黏度均为 $10^{12}\sim10^{13}\,\mathrm{Pa\cdot s}$，所以合金的 m 值小意味着它的过冷熔液的黏度高，因而具有较高的 GFA。

由于块体非晶合金在熔点 T_m 至玻璃化温度 T_g 这个温度区间内能保持较高的稳定性而不发生结晶，这为人们采用各种方法来测定深过冷金属液的黏度提供了实验时间窗口。Buch 等人对一些典型块体非晶合金过冷熔液的黏度变化行为进行了研究，结果发现块体非晶合金熔液接近于刚性熔液。它们的熔化黏度一般为 $2\sim5\,\mathrm{Pa\cdot s}$，比纯金属的高 3 个数量级。等温结晶实验证明传统非晶合金的 TTT 曲线鼻尖处的温度坐标一般为 $10^{-4}\sim10^{-2}\,\mathrm{s}$，而多组元块体非晶合金 TTT 曲线鼻尖处的温度坐标一般为 $100\sim1000\mathrm{s}$。

(2) 过热熔液脆性参数 M 及 M^*　并不是所有的合金都能提供足够的实验时间窗口以便测定过冷合金熔液的黏度变化行为，因而，Angell 脆性参数有时无法通过实验获得。为此，边秀房等人提出一个用来表示过热熔液脆性的参数 M，并且指出合金的 M 值越小它的 GFA 越强。M 的定义如下。

$$M=\left|\frac{\partial\eta(T)/\eta(T_L)}{\partial T/T_L}\right|_{T=T_L} \tag{5-29}$$

式中　$\eta(T)$——温度 T 时的熔液黏度；

　　　$\eta(T_L)$——液相线温度 T_L 时的熔液黏度。

Meng 等人对式(5-29)进行了仔细分析，认为过热熔液的黏度与温度的关系应符合 Arrhenius 方程。

$$\eta=A_0\exp\left(\frac{E_v}{k_B T}\right)\quad\text{其中}\quad A_0=\frac{h}{V_m} \tag{5-30}$$

式中　A_0——指前因子，与合金种类有关；

　　　V_m——流动单元体积；

　　　k_B——Boltzmann 常数；

114

h——Planck 常数；

E_v——流动单元在熔液中从一个平衡位置移动到另一个平衡位置时所需要克服的激活能。

根据式(5-30)，Meng 等人将式(5-29)简化为

$$M = \frac{E_v}{k_B T_L} \tag{5-31}$$

后来，Meng 等人认为式(5-31)没有反映出不同合金系在液相线温度时的黏度 η 对熔液结晶的强烈影响。因而，他们在式(5-31)的基础上提出一个改进的过热熔液脆性参数 M^*。

$$M^* = \frac{E_v \delta_x}{k_B T_L} \quad \text{其中} \quad \delta_x = \left(\frac{10n}{\sum\limits_{i=1}^{n} \eta_{Li}} \right)^4 \tag{5-32}$$

式中　x——合金系的种类；

n——同一合金系中所研究的具体合金数目；

η_{Li}——第 i 个合金在液相线温度时的黏度，mPa·s。

通过对一些 Al-Co-Ce 系合金以及 Al-稀土合金的测试及计算，Meng 等人发现，M^* 值越小，合金 GFA 越大。与 M 比，M^* 更能准确反映合金的实际 GFA。

5.3.4.3　基于合金特征温度的玻璃形成能力判据

(1) 约化玻璃化温度准则　处于熔点的熔体是内平衡的，当冷到熔点以下，就存在结晶驱动力，驱动力的大小随过冷度大小而变。起初，结构弛豫时间与冷却速率相比可能很短，过冷液体可以保持内平衡。但是如果冷却速率快，熔体黏度迅速增加，这时原子运动迟缓，以至于可以避免结构弛豫，则会出现材料随着温度下降将保持非平衡状态的情况，即发生所谓的玻璃化转变。因此，玻璃化温度并不是一个固定的数值，它随着冷却速率的增加而增加。根据玻璃化转变的特点，不难理解，玻璃化温度越高，玻璃就越容易形成。因此 Turnbull 提出了约化玻璃化温度准则，即：

$$T_{rg} = \frac{T_g}{T_m} \tag{5-33}$$

式中　T_g——合金的玻璃化温度；

T_m——合金的固相线温度。

Tumbull 指出当合金的 T_{rg} 大于 2/3 时，合金熔体中的最大均质形核速率将变得足够小，合金凝固过程中的结晶会被大大地阻滞，过冷熔液将变得十分稳定，人们可以很容易地用较低的冷却速率将其凝固成非晶态的固体。如果 $T_{rg} = 1$，则在 T_m 温度时，非晶相就是平衡态，不论停留多长时间熔体都不会转变为晶态。到目前为止，Turnbull 教授关于抑制过冷熔体结晶的思想及其 T_{rg} 参数在开发新的 BMGs 方面仍然起着至关重要的作用。

关于 T_{rg} 的计算，有人主张用 T_g / T_L 来表示更为合适，这里 T_L 代表合金的液相线温度。对于具有理想深共晶点的合金来说，T_m 和 T_L 非常接近，因此两者差别不大。但是，大多数具有强 GFA 的合金，其成分并不位于深共晶点，并且在冷却过程中，共晶成分也会产生偏移，这样 T_m 和 T_L 即不一致，在有的体系中两者之间的差值达到几十甚至上百开。所以用 T_g / T_m 和 T_g / T_L 来表示的 T_{rg} 往往产生较大的差别。Lu 等对此进行了研究，发现用 T_g / T_L 表示的 T_{rg} 较 T_g / T_m 表示的 T_{rg} 更能准确反映合金的 GFA 大小。

(2) 过冷液相区宽度 ΔT_x　过冷液相区宽度 ΔT_x 被定义为起始晶化温度 T_x 与玻璃化温度 T_g 的差，即

$$\Delta T_x = T_x - T_g \tag{5-34}$$

ΔT_x 本身反映了非晶合金热稳定性的大小，即非晶合金被加热到 T_g 以上温度时抵抗晶化的能力大小。ΔT_x 大的块体非晶合金可以在较宽的温度区间保持稳定而不发生晶化。Drexhage 等人和 Cooper 等人的研究认为，ΔT_x 可以用于表示合金的 GFA，ΔT_x 越大，合金的 GFA 越强。从总体上说，宽的过冷液相区容易导致高的玻璃形成能力，但是，ΔT_x 与合金的 GFA 之间的关系目前还存在争议，有待于进一步研究。有观点认为 ΔT_x 反映的是非晶结构的热稳定性，而 GFA 表示的是合金过冷熔液在熔点至玻璃化温度区间的热稳定性，即不发生结晶从而形成非晶结构的难易程度。这两种热稳定性是相似的、有联系的，但又是不完全相同的两种性质。例如，Zr-Al-Ni-Cu-Pd 系的 ΔT_x 远大于 Pd-Ni-Cu-P 合金，但是所得到的最大厚度却不及 Pd-Ni-Cu-P 合金。

（3）ϕ 参数　Fan 等人根据合金熔液的脆性理论，结合形核与核长大理论模型，提出一个表征合金 GFA 的最新参数 ϕ，其数学表达式为

$$\phi = T_{rg}\left(\frac{T_x - T_g}{T_g}\right)^{0.143} \tag{5-35}$$

从式(5-35)可以看出，参数 ϕ 包括了参数 T_{rg} 和 ΔT_x，因而能比这两个单独参数更好地反映合金的 GFA。另外，参数 ϕ 不仅适用于金属玻璃，也同样适用于氧化物玻璃和高分子玻璃。但是对于不同的玻璃体系，式(5-35)右边的指数要发生变化。

（4）γ 参数　ΔT_x 可以作为表征玻璃形成能力的一个参数，为了便于比较，将 ΔT_x 除以 T_g，则得到一个新的无量纲参数。

$$\frac{T_x - T_g}{T_g} = \frac{T_x}{T_g} - 1 \tag{5-36}$$

因此玻璃形成能力就与 T_x/T_g 成比例。T_x/T_L 比值随着过冷液相黏度、熔化熵、黏性流动激活能和加热速率的提高及液相线温度的降低而升高，这些变化规律与临界冷却速率的变化十分相似，因此按照过冷熔体中的结晶理论，T_x/T_L 比值是玻璃形成能力的一个指标。

由以上可见，如果从熔体冷却过程中的结晶和过冷熔体在加热时的晶化两个方面考虑，玻璃形成能力与 T_x/T_g 和 T_x/T_L 两个参数相关，即

$$\text{GFA} \propto \left(\frac{T_g}{T_x}, \frac{T_L}{T_x}\right)^{-1} \tag{5-37}$$

为了简化，取 T_g/T_x 和 T_L/T_x 两个参数的平均值，则得到

$$\text{GFA} \propto \left(\frac{T_x}{T_g + T_L}\right) \tag{5-38}$$

因此，Lu 定义一个新参数 γ 来表征 GFA，即

$$\gamma = \frac{T_x}{T_g + T_L} \tag{5-39}$$

统计分析表明，目前所发现的 BMGs 的临界冷却速率 R_c 及临界直径 D_{max} 值与其 γ 值分别存在以下统计关系。

$$R_c = 5.1 \times 10^{21} \exp(-117.19\gamma) \tag{5-40}$$

$$D_{max} = 2.08 \times 10^{-7} \exp(41.70\gamma) \tag{5-41}$$

因此，γ 参数是一个简单的、可靠程度较高的 GFA 表征参数。与 T_{rg} 和 ΔT_x 相比，γ 更能正确地反映合金 GFA 的大小。

5.4　非晶合金的制备方法

20 世纪 30 年代克拉默尔（Kramer）用气相沉积法获得了非晶态合金，1963 年美国加州

理工学院杜威兹教授首先采用急冷技术（冷却速率 10^6℃/s）从金属熔滴得到了非晶态 Au-Si 合金。1967 年，他又把离心急冷技术应用于非晶态合金的制造中，后经 Bedell、陈鹤寿和米勒（Miller）等不断改进而完善，开创了应用的道路，非晶态合金得到了迅速发展。

能否形成非晶态合金，首先与材料的非晶态形成能力有密切关系，这是形成非晶态合金的内因。此外，从金属熔体形成非晶态合金的必要条件是要有足够快的冷却速率，以致使熔体在达到凝固温度时，其内部原子还未来得及结晶（形核、长大）就被冻结在液态时所处位置附近，从而形成无定形结构的固体，这是形成非晶态合金的外因。不同成分的熔体形成非晶固体所需冷却速率不同，就一般金属材料而言，实验表明，合金比纯金属容易形成非晶态，在合金中过渡金属-类金属合金，冷却速率为 10^6℃/s 左右，而有的纯金属要求冷却速率高达 10^{10}℃/s，这是目前工业水平难以达到的。

目前制备非晶合金主要采用以下技术：熔剂包覆法、金属模冷却法、水淬法、电弧加热法、电弧熔炼吸铸法和定向凝固法等。

5.4.1　熔剂包覆法

熔剂包覆法是早期制备块体非晶合金所采用的抑制非均质形核技术。根据经典形核理论，要降低结晶形核必须抑制非均质形核，即控制容器壁或其他外来相的非均质形核作用，降低均质形核的速率，达到最大的过冷度，从而提高玻璃形成能力。具体技术措施可通过熔炼时提高过热温度（如达到熔点温度以上 250K）、采用电磁悬浮熔化、无容器壁冷凝的落管技术、以 B_2O_3 熔剂包裹吸收熔体表面乃至内部的杂质使合金纯化以控制非自发形核的发生。多年来研究较为充分的是 $Pd_{40}Ni_{40}P_{20}$ 的合金，利用上述技术已获得直径为 10mm 的玻璃锭子。运用抑制非均质形核方法制备大块非晶态合金时首先要求合金具有较高的玻璃形成能力，同时要求原材料纯度很高，因为杂质元素 O、C、N 的含量将大大影响熔体的结晶，临界冷却速率随它的含量增加而增大。同时要求洁净的设备环境、高质量的真空系统、合理的加热保温与冷却规范。

5.4.2　金属模冷却法

将母合金碎料放入底端带有 0.5～1.5mm 小孔（或漏斗型）的石英玻璃管内，在真空度为 $1.0×10^{-2}～10^{-3}Pa$ 的真空炉中经感应加热、熔化，采用不同方法将熔融的合金液由石英玻璃管注入金属模中冷却，获得大块非晶合金。

（1）喷射成形法　合金熔化后将装有熔融合金的石英玻璃管下降到金属模具的浇口附近，然后向石英玻璃管中通入一定压力的惰性气体，将合金液射入金属模腔内获得大块非晶合金。如图 5-5 所示为两种不同注入方式制备大块非晶合金的示意图。

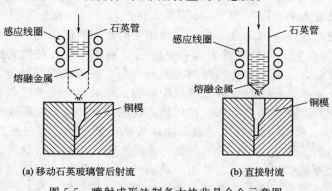

图 5-5　喷射成形法制备大块非晶合金示意图

（2）模具移动法　该制备方法的工作原理如图 5-6 所示。母合金被感应加热熔化后，向石英管内通入一定压力的惰性气体，使熔融的合金液连续注入以一定速率移动的水冷铜模表面的凹槽中，快速凝固形成非晶合金棒材，若水冷铜模的移动方式为旋转式，则可连续制备出一定直径（毫米级）的非晶合金线材。

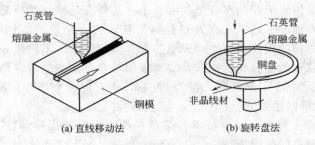

(a) 直线移动法　　　　　　(b) 旋转盘法

图 5-6　模具移动法制备大块非晶合金示意图

（3）压力铸造法　压力铸造法制备大块非晶合金的工作原理如图 5-7 所示，母合金在惰性气体保护下经感应加热熔化后，启动液压装置推动柱塞将熔融合金注入金属型模腔。由于该制备方法的充型过程在毫秒内即可完成，使得熔融合金与金属模之间的充填更紧密，合金通过金属模获得的冷却速率更大。同时压力对晶体成核和晶核长大所必需的原子长程扩散具有抑制作用，因而提高了合金的非晶形成能力，可以实现高质量复杂形状非晶合金的精密铸造。

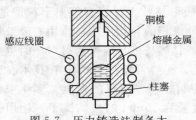

图 5-7　压力铸造法制备大块非晶合金示意图

（4）金属铜模铸造法　金属模铸造是将液态金属直接浇入金属模中，利用金属模导热快实现快速冷却以获得块状非晶合金。工艺过程比较简单，也易于操作，但由于金属模的冷速有限，所能够制备的非晶合金的尺寸也有限。金属模可以是有水冷和无水冷两种，水冷的目的主要是为了保证在合金熔化期间，模具不被坩埚加热而尽可能保持最低温度；型腔的形状则根据需要可以是楔形、阶梯形、圆柱形或片状等；金属模的体积应该足够大，以保证在短暂的熔体充型时间内提供足够的吸热源。

楔形铜模具有在单个铸锭中得到一系列不同的冷速、将合金的快冷与慢冷组织连接起来的优点。如图 5-8 所示是水冷楔形铜模和试样的示意图，测得 $(Mg_{0.98}Al_{0.02})_{60}Cu_{30}Y_{10}$ 合金试样的 t_{max} 为 2mm。如图 5-9 所示是制备 $(Mg_{0.98}Al_{0.02})_{60}Cu_{30}Y_{10}$ 合金试样时，测得的楔形铜模型腔中不同位置的冷速变化曲线。可以看出随型腔厚度的变化，合金的冷却行为有明显的差别，即 6.5mm 厚度处的冷却曲线由前 10s 内的熔体快冷阶段、晶化放热平台及晶体相生成后的慢冷三个阶段组成（见嵌入的小图）；3.0mm 厚度处的冷却曲线一直到室温都显示出了大得多的冷速。对此的解释是：块体非晶合金不发生一级相变而带来的体积收缩，非晶相对于液体仅有 0.2% 的体积收缩，因而它们与模型的表面有良好的接触，导致大的热传递因子（HTC）；而晶化产生的大体积收缩，会使试样与模型的表面分离，这种分离留下的缝隙则导致 HTC 强烈下降。实际的观测证实了这种解释，即从模型中取出试样时，在模型底部玻璃形成位置的表面上留下了明显的印痕；而在模型的上部，试样被晶化的位置却没有发现这种印痕。

（5）喷铸-吸铸法　喷铸-吸铸技术是制备块体玻璃最常用的、也是最方便的一种方法。这种方法在制备高熔点的块体玻璃方面具有其他方法所不能比拟的独特优势。利用铜模优良的导热性能和高压水流强烈的散热效果，以及汲取吸铸、压铸的特点，可以制备出各种体系块体非晶合金。这种技术的原理很简单，设备共分为六个部分：①真空系统；②压力系统；③感应电

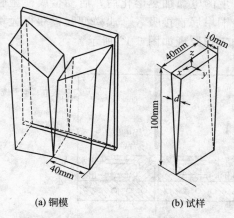

图 5-8　水冷楔形铜模和试样的示意图

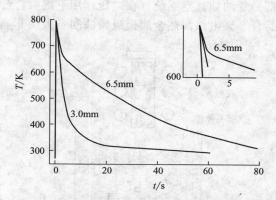

图 5-9　楔形铜模型中不同位置的冷速变化曲线

源加热系统；④感应加热及喷射系统；⑤测温系统；⑥模具成型系统。各系统的连接及工作状

态如图 5-10 所示。将母合金置于底部具有一定直径小孔的坩埚中，铜模置于坩埚下面，铜模的下端始终与真空系统相连。采用高频或中频感应加热熔化母合金，整个装置放在一个密闭的真空系统中。利用金属模铸的方法制备 Zr 基块体玻璃其冷却速率随样品厚度的变化而变化，当圆柱状样品的直径为 1mm 时，其冷却速率为 400K/s；而当圆柱状样品的直径为 3mm 时，其冷却速率为120K/s，这说明冷却速率对样品的尺寸或者厚度的变化非常敏感。Inoue 等人制备的目前为止最大直径 30mm Zr-Al-Ni-Cu 合金系的玻璃棒，即采用此方法。

喷铸-吸铸技术的优点是，采用高频或中频感应加热，合金熔化速率快，电磁搅拌作用使合金

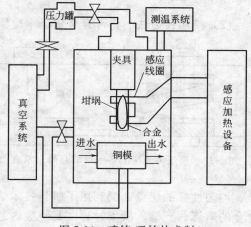

图 5-10　喷铸-吸铸技术制备块体玻璃设备工艺简图

成分更加均匀，同时，熔炼的合金量可以从几克到几千克，适合大尺寸玻璃样品的制备。同时采用喷铸-吸铸，可以保证熔体充型速率快，提高玻璃形成能力。

5.4.3　水淬法

水淬法由于其设备简单，工艺容易控制，是制备块体玻璃的最常用的方法之一。其基本的工作原理是：将母合金置入一个石英管中，将合金融化后连同石英管一起淬入流动的水中，以实现快速冷却，从而形成大体积玻璃。这个过程可以在封闭的保护气氛系统中进行，也可将合金放在石英管中，将其抽成高真空（10^{-3} Pa）并密封；利用高频感应装置或者中频感应装置将石英管中的母合金熔化；熔化的母合金和石英管一起快速置于水中急冷，从而形成块体非晶合金。这种方法由于冷却速率较低，因而适合玻璃形成能力特别大的合时体系。目前一般在制备 PdNiCuP 块体非晶合金时采用这种方法。图 5-11 显示了其工作原理示意图。

5.4.4　电弧加热法

（1）金属（铜）模吸铸法　将完成熔炼后的母合金碎料置于底部连接金属模型腔或直接带

有型腔的水冷铜坩埚内，在真空系统中经无损电极产生的电弧加热熔化后，启动金属模型腔底部另置的抽真空系统，在差压作用下熔融合金由水冷铜坩埚直接吸入金属模型腔，获得大块非晶合金。电弧加热金属模吸铸法制备大块非晶合金的工作原理如图 5-12 所示。

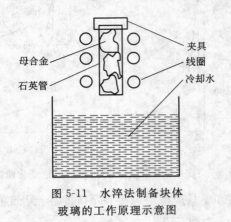

图 5-11　水淬法制备块体
玻璃的工作原理示意图

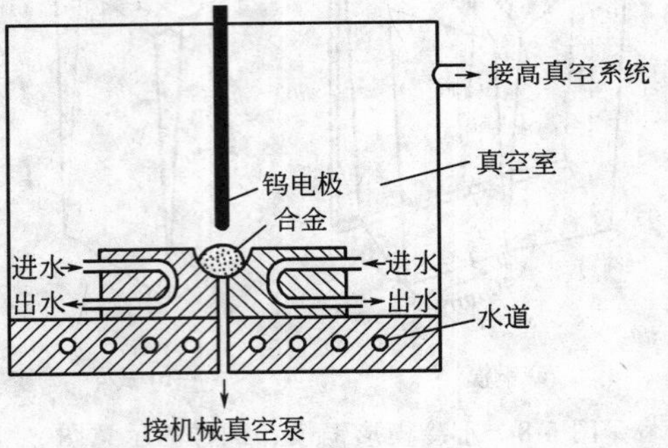

图 5-12　电弧加热金属模吸铸法
制备大块非晶合金的示意图

（2）模压铸造法　将母合金置于水冷铜模（下模）内，在有惰性气体保护的真空炉中进行电弧加热，合金熔化后将下模移至与铜制上模对应的位置，对上模加压，利用合金在过冷液相区内良好的加工性能将合金压制成一定形状的大块非晶合金，其工作原理如图 5-13 所示。

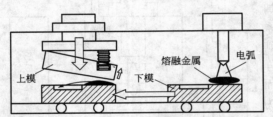

图 5-13　模压铸造法制备大块非晶合金示意图

5.4.5　电弧熔炼吸铸法

这项技术是将电弧熔炼合金技术与铜模铸造技术融为一体。既利用电弧熔炼合金的无污染、均匀性好的优点，又利用了吸铸技术熔体充型好、铜模冷却快的长处。特别是这种技术使合金的熔炼、充型、凝固过程在真空腔内通过一次抽真空来完成，属于一种短流程制备方法。

电弧熔炼吸铸设备的基本构造是将电弧熔炼用的水冷铜盘下连接铸造玻璃棒材的水冷铜模，电弧熔炼铜盘附近放置电磁搅拌线圈，从而保证合金充分混合均匀。合金在电弧熔炼过程中靠毛细管和电磁悬浮的共同作用保持在熔炼铜盘中，待合金熔炼完成后，关闭电源，打开吸铸阀门，合金液体在重力和负压的共同作用下，快速充型。

由以上可以看出，此方法的优点是合金从熔炼到充型过程中避免了接触空气和外界污染，制备效率高，但是在铜坩埚的底部易发生合金的非均匀形核，因此难以获得完整的非晶态合金。由于目前电弧熔炼的能力相对比较低，所以制备的样品尺寸比较小，适合在实验室内进行研究用。目前国内许多大学和研究单位都配备了这种块体非晶合金制备设备。

5.4.6　定向凝固法

定向凝固是一种可以连续获得大体积玻璃的方法，定向凝固有两个主要的控制参数，即定向凝固速率 v 和固液界面前沿液相温度梯度 G，定向凝固方法所能够达到的冷却速率可以用下面的方程计算出来，即 $R_c = Gv$。可见温度梯度 G 越大，定向凝固速率 v 越快，冷却速率就越快，可以制备的非晶态合金的直径就越大。然而，温度梯度的大小主要受定向凝固设备限制，一般在 $10 \sim 100 K/mm$ 范围内。增大定向凝固速率受设备的熔化速率限制，例如熔区定向凝固必须保证在样品相对下移过程中熔区固相能够完全熔化，并达到一定的过热度，因此定向凝固速率也不可能太快。综合上述的因素，当样品的直径在 20mm 以下时，取 $G=100\mathrm{K/mm}$，$v=1\mathrm{mm/s}$，则 $R_c=100\mathrm{K/s}$，这个冷却速率对于制备具有较强的玻璃形成能力的合金，比如 Zr 基合金完全是可行的。

定向凝固法制备块体非晶合金所用设备为电弧炉，在电弧炉中有一个钨阴极电极和一个水冷铜炉，采用电弧作为热源，通过控制钨阴极电极的移动速率，可以连续生产尺寸较长的非晶态合金棒，此方法的冷却速率足以抑制 Zr 基合金中的非均匀形核，使其在较大的尺寸时完全形成玻璃相，Inoue 等人用此方法制备大块的 $Zr_{60}Al_{10}Ni_{10}Cu_{15}Pd_5$ 合金，其尺寸达厚 10mm、宽 12mm、长 170mm，为连续制备块体非晶合金提供了一种可行的方法。

近年来，利用定向凝固技术研究凝固条件与合金凝固组织和性能的关系在 La 系块体非晶合金中取得了很大成功。系统研究了 La-Al-Ni、La-Al-Cu、La-Al-Ni-Cu、La-Al-Ni-Co 合金系玻璃形成能力与成分的关系，通过控制凝固条件分别获得了全非晶态、玻璃加初生 α-La 枝晶相复合体。弄清了该合金系最大玻璃形成能力成分范围，发现在该合金系，最大玻璃形成能力并不在共晶点，而是在偏离共晶点的位置。对力学性能测试结果分析证明，全非晶态较纯晶态组织的强度性能显著提高，但是没有压缩塑性，通过初生 α-La 枝晶相的析出可以使非晶基复合体的压缩塑性提高到 3.8%。

5.5 非晶态合金的应用

利用非晶态合金的高强度、高硬度和高韧度，可用以制作轮胎、传送带、水泥制品及高压管道的增强纤维，刀具材料如保安刀片已投放市场，压力传感器的敏感元件。非晶态合金在电磁性材料方面的应用主要是作为变压器材料、磁头材料、磁屏蔽材料、磁伸缩材料及高、中、低温钎焊焊料等。非晶态合金的耐蚀性（中性盐溶液、酸性溶液等）明显优于不锈钢，用其制造耐腐蚀管道、电池的电极、海底电缆屏蔽、磁分离介质及化工用的催化剂，污水处理系统中的零件等都已达实用阶段。表 5-2 列举了非晶态合金的主要特性及其应用。

表 5-2 非晶态合金的主要特性及其应用

性　质	特性举例	应用举例
强韧性	屈服点 E/30～E/50；硬度 500～1400HV	刀具材料、复合材料、弹簧材料、变形检测材料等
耐腐蚀性	耐酸性、中性、碱性、点腐蚀、晶间腐蚀	过滤器材料、电极材料、混纺材料等
软磁性	高磁导率，低铁损，饱和磁感应强度约 1.98T	磁屏蔽材料、磁头材料、热传感器、变压器材料、磁分离材料等
磁致伸缩	饱和磁致伸缩约 60×10^{-6}，高电力机械结合系数约 0.7	振子材料、延迟材料等

非晶态材料的种类很多，除了传统的硅酸盐玻璃外，还包括现今已广泛应用的非晶态聚合物、新近迅速发展的非晶态半导体和金属玻璃，以及非晶态离子导体、非晶态超导体等。非晶态材料涉及金属、无机材料和高聚物材料的整个材料领域。

非晶态材料已应用于日常生活以及各尖端技术领域，可以说，没有玻璃就没有电灯；没有橡胶轮胎，就不可能发展汽车工业和航空工业；没有绝缘材料，各种电器及无线电装置都难以实现。非晶硅太阳能电池的光转换效率虽不及单晶硅器件，但它具有较高的光吸收系数和光电导率，便于大面积薄膜工艺生产，成本低廉，已成为单晶硅太阳能电池强有力的竞争对手。以下举例说明其具体应用。

（1）太阳能电池　虽然利用晶态硅制作太阳能电池早已得到应用，但因晶态硅制备工艺复杂、成本高，晶态硅的面积不可能太大，因此至今未能广泛用来转换太阳能。

利用非晶材料的光生伏特效应可制作太阳能电池，这是一种典型的光电池。所谓光生伏特效应就是当以适当波长的光（如太阳光）照射半导体的 p-n 结时，通过光吸收在结的两边产生电子-空穴对，产生电动势（光生电压）。如果将 p-n 结短路则会出现光电流，有些非晶态半导体的重要特性之一就是具有光生伏特效应，如非晶硅。因此，非晶硅可制作太阳能电池，将太阳能直接转变为电能。

对非晶硅太阳能电池的研究和应用始于 1975 年成功地利用辉光放电法制备掺杂的氢化非晶硅。1976 年首次制备出了 p-n 型的非晶硅太阳能电池，其能量转换效率达 5.5%，到 1982 年非晶硅太阳能电池的转换效率已达 10%。目前好的非晶硅太阳能电池的能量转换效率已达 12.7%，尽管非晶硅电池的转换效率比晶态硅电池（最高已达 20%）的低，但非晶硅光吸收系数高（厚度为 $1\mu m$ 的氢化非晶硅就可以吸收入射太阳光的 90% 以上，而厚度为 $10\mu m$ 的单晶硅只能吸收太阳光的 80% 左右）。在非晶硅太阳能电池中，所用非晶硅材料为微米级薄膜，易大面积制作，价格比晶态硅便宜得多。用非晶态硅制成太阳能电池瓦，每块瓦能产生 2kW 电，使用 2000 块太阳能电池瓦就可发电 4kW。已经在日本大阪市首次建成了一座太阳能发电站，发电量达 4kW，美国也已有数百万瓦的家用太阳能电站投入使用。地球表面一年从太阳接收的能量约为 $6\times10^{17}kW\cdot h$，是全世界总用能量的一万倍，而且没有任何污染。开发和利用好太阳能也是 21 世纪可持续发展的重要途径，因此非晶硅太阳能电池有着广阔的发展前途。

利用非晶硅的光生伏特效应，除了制作太阳能电池外，还可用来制作光传感器。目前已制备出的传感器有全可见光传感器、多层膜金属非晶硅 X 射线传感器和非晶硅紫外线传感器等，且发展十分迅速。

（2）复印机中的光感受器　复印机中的核心部件即用于静电成像的器件——硒鼓是由非晶态硒制成的。光导电效应是指材料在光的照射下电导率增大的一种现象，复印机就是利用半导体的光电导效应工作的。

静电复印机的心脏是静电成像器件——光感受器。它的主要构成是在金属基片上覆盖一层具有较低暗电导和很高光电导的高阻光电导薄膜，目前常用的就是非晶硒薄膜。

复印机光感受器利用成像原理完成复印工作。首先利用晕光放电等方法，对非晶薄膜充电，使薄膜表面电荷分布均匀。在复印时，通过光学装置将要复印的图文像照射到非晶薄膜上。由于薄膜具有较低暗电导和很高光电导，没有图文的地方受光照射，电导率提高，表面电荷迅速减少，而有图文的部分无光线照射，电荷保留，从而在非晶薄膜表面产生潜像。最后通过电吸引墨粉成像并转移到纸面上经高温将图文像固定下来。

为满足办公自动化迅速发展的需要，最近人们又研制出了耐久性、可靠性和灵敏性更好的氢化非晶硅光感受器，并已进入实用阶段。

（3）非晶态材料在光盘中的应用　很多人接触过计算机软件光盘、激光唱盘和 VCD 视盘，这些都是光盘。光盘以存储容量大、操作简便、成本低廉、好的信息质量受到人们的青睐。

光盘按其功能可分为只读光盘、一次写入光盘和可擦除光盘三类。目前市场上出售的激光唱盘、VCD 视盘和计算机软件光盘多为只读光盘。这种光盘是在工厂将信息以凹凸形式记录在盘片上，用户只能读出已记录的信息。

光盘从记录介质的存储机理来讲，可分为两大类：一类是磁光型，就像在薄膜材料中介绍的；另一类是相变型。相变型光盘就是利用非晶态薄膜材料的非晶态-晶态相变特性来制作的。

非晶态材料的非晶结构只是在一定温度范围内是稳定的，当其加热到晶化温度时转变为晶态材料，即在一定条件下非晶态又可以向晶态转变，非晶态材料的反射率比晶态材料小，利用这一特性，人们制作出可擦除的光盘。也可以利用聚焦到直径小于 $1\mu m$ 的激光束，加热改变非晶态材料局部组织和形状，制作出不可擦除的光盘。

利用非晶态半导体和非晶态合金均可制作只读光盘和一次写入光盘（统称不可擦除光盘）。其中非晶氢化硅是在低功率激光束作用下形成气泡区，高功率激光束作用下烧蚀成孔，而非晶锗是在激光束作用下形成海绵状多孔区实现"0"和"1"写入的。

非晶半导体材料用得较多和比较成功的是作为可擦除光盘的记录材料。其原理是利用半导体材料的非晶态与晶态之间的可逆相变来完成信息的写入和擦除。信息的写入是靠圆形高功率密度激光照射，骤冷，使晶态半导体材料局部转变为非晶态来完成的。信息的读出是通过聚焦的圆形低功率密度激光的照射，用光探测器测出其反射率的变化来实现的（非晶态半导体反射率低）。如果想擦除光盘上的信息，用长椭圆形低功率密度激光照射，使薄膜加热到超过非晶态晶化温度后缓慢冷却而转变为晶态即可。

然而光盘存储（记录）材料是能记录各种信号的介质，它通常是以薄膜的形式出现的，则支撑这种光记录（存储）材料的盘基或盘片是衬底材料。衬底材料主要是聚甲基丙烯酸甲酯、聚碳酸酯以及新发展的聚烯类非晶材料。作为光盘基片材料，要求具有很高的透光率和光学纯度，有尺寸稳定性和有热变形温度，有较好的力学性能和加工性能，有较低的双折射率和成本等。目前已经上市的聚合物光盘基片主要是用聚碳酸酯制成的。

当然，光盘并不仅仅是一层光记录材料。为了保护光盘上的记录层，许多光盘都是多层薄膜结构，一般来说，在光盘的盘基上都先镀一层电解质膜，如氧化硅、硫化锌、氮化铝等，厚度为 $10\sim60nm$；再镀上信息记录层（光记录材料），厚度为 $20\sim30nm$；然后再镀增透层，使激光透过率增加，厚度为 $10\sim60nm$；最后在表面再镀一层金属反射膜，如铝膜，厚度为 $30nm$ 左右，起保护膜作用。由于采取了多层膜，充分利用了光干涉效应，从而增加了存储记录层对入射激光的吸收，降低了表面的反射。

习题与思考题

1. 何谓非晶态合金？非晶态合金的结构特点如何？它与晶态合金相比具有什么特点？
2. 获得非晶态合金的主要途径有哪些？
3. 影响非晶态合金形成能力的热力学因素有哪些？
4. 简述基于合金组元基本性质的玻璃形成能判据。
5. 简述非晶态合金的制备方法及其特点。
6. 简述非晶态合金的应用。

参 考 文 献

[1] 何圣静，高莉如编著. 非晶态材料及其应用. 北京：机械工业出版社，1987.
[2] 惠希东，陈国良编著. 块体非晶合金. 北京：化学工业出版社，2007.
[3] 张彦华编著. 工程材料与成型技术. 北京：北京航空航天大学出版社，2005.
[4] 严彪，唐人剑，王军编著. 金属材料先进制备技术. 北京：化学工业出版社，2006.
[5] 谢建新等编著. 材料加工新技术与新工艺. 北京：冶金工业出版社，2004.
[6] 司颐. Cu基非晶合金的最新研究进展. 金属功能材料社，2009，16（1）：37-40.
[7] 欧欣. Cu基非晶合金晶化过程和微结构研究［学位论文］. 杭州：浙江大学，2006.
[8] 王芳芳. Fe基非晶合金的结构和热力学参数研究［学位论文］. 南京：江苏大学，2008.
[9] 周书才，李华基，薛寒松. Mg-Cu-La三元非晶合金形成范围的热力学预测. 重庆大学学报，2005，28（6）：44-47.
[10] 葛销明. PdNiP非晶合金薄膜的制备及其生长机理［学位论文］. 杭州：浙江大学，2007.
[11] 何世文，刘咏，李占涛. Y基非晶合金的形成及晶化动力学. 粉末冶金材料科学与工程，2008，13（1）：13-18.

[12] 李占涛．Y基非晶态合金的制备及性能研究［学位论文］．长沙：中南大学，2007.

[13] 甘志华，柴秀丽，申石磊．磁致伸缩非晶合金双层结构传感器研究进展．传感器与微系统，2009，28（6）：1-6.

[14] 高玉来，沈军，孙剑飞．大块非晶合金的性能、制备及应用．材料科学与工艺，2003，12（1）：217-219.

[15] 潘钰婳，谢志余．大块非晶合金的性能和制备方法的研究．热加工工艺技术与装备，2005，（8）：39-40.

[16] 肖华星．大块非晶合金的性能特点与应用．常州工学院学报，2009，22（3）：1-5.

[17] 郭金柱，刘娇娇．大块非晶合金的研究历程．金属功能材料，2009，16（30）：49-55.

[18] 孙建春，曹鹏军．大块非晶合金的研究现状．重庆科技学院学报，2006，8（3）：24-28.

[19] 赵晓芬，周盛，郑志镇．大块非晶合金摩擦磨损性能研究现状与发展．材料热处理技术，2009，38（4）：30-34.

[20] 肖华星，张建平．大块非晶合金制备技术．铸造技术，2009，30（11）：1456-1458.

[21] 骆重阳，杨红，刘桂年．大块非晶合金制备技术进展．甘肃科技，2009，25（15）：73-74.

[22] 申玉田，崔春翔，徐艳姬．大块非晶合金制备原理与技术．稀有金属材料与工程，2004，33（5）：459-463.

[23] 沈宏．大块非晶态金属研究进展．苏州大学学报，2003，23（5）：60-63.

[24] 李雷鸣，徐锦锋．大体积非晶合金的制备技术．铸造技术，2007，28（10）：1332-1337.

[25] 赵伟．低 T_g 镁基块体非晶合金的制备及晶化研究［学位论文］．南京：江苏大学，2007.

[26] 王庆．大块非晶合金的力学行为及其微观机理研究［学位论文］．上海：上海交通大学，2007.

[27] 王燕．非晶合金的微成形性能研究［学位论文］．上海：上海交通大学，2008.

[28] 冯娟，刘俊成．非晶合金的制备方法．铸造技术，2009，30（4）：486-488.

[29] 李云明，王芬．非晶态材料的制备技术综述．陶瓷，2008，（8）：12-14.

[30] 贺自强，王新林，全白云．非晶态合金的形成及研究进展．金属功能材料，2006，13（1）：31-35.

[31] 贾彬彬，张文丛，夏龙．非晶态合金制备方法．轻合金加工技术，2006，34（10）：21-24.

[32] 李培友．稀土基块体金属玻璃的形成能力及热动力学的研究［学位论文］．福建：福建师范大学，硕士学位论文，2009.

[33] 郭晶．大块非晶合金玻璃形成能力与液体脆性的研究［学位论文］．济南：山东大学，2008.

[34] 袁子洲．钴基非晶合金的晶化行为及玻璃形成能力研究［学位论文］．兰州：兰州理工大学，2008.

[35] 张爱龙．大块非晶合金形成范围和热稳定性的预测方法［学位论文］．长沙：湖南大学，2009.

[36] 闫相全，宋晓艳，张久兴．块体非晶合金材料的研究进展．稀有金属材料与工程，2008，37（5）：931-935.

[37] 张晓立，王金相，孙宇新．块体非晶合金的应用与研究进展．科学技术与工程，2007，7（24）：6383-6390.

[38] 闫春蕾，沈建兴，马元．块体非晶合金氧化性能的研究进展．材料热处理技术，2009，38（8）：17-20.

[39] 孙颖迪，李子全，沈平．块体镁基非晶合金及其复合材料研究的新进展．材料工程，2008，（11）：75-79.

[40] 李传福，张川江，辛学祥．铝基非晶合金的研究与发展．山东轻工业学院学报，2008，22（4）：12-14.

[41] 彭浩，李双寿，黄天佑．镁基块体非晶合金的研究进展．铸造技术，2009，30（5）：630-632.

[42] 夏明许．基于微观结构性质的非晶合金设计及性能预测——玻璃形成能力、热稳定性、机械性能判据及应用［学位论文］．上海：上海交通大学，2006.

[43] 耿家源．Mg-Cu-Gd-Al 块体非晶合金的形成能力及力学行为研究［学位论文］．郑州：郑州大学，2007.

[44] 魏丹丹，陈庆军，高霁雯．铁基大块非晶合金的发展现状．稀有金属材料与工程，2009，38 增刊：80-85.

[45] 刘冬艳，王成，张海峰．铁基块状非晶合金的制备及性能．金属学报，2005，41（2）：209-213.

[46] 张玲．微合金化铜基块状非晶的制备及力学性能的研究［学位论文］．兰州：兰州理工大学，2008.

[47] 王建强，马长松，张甲等．Al 基合金体系非晶形成能力的相关理论进展．材料研究学报，2008，22（2）：113-119.

[48] 蔡安辉，潘冶，孙国雄．基于动力学的大块金属玻璃形成能力研究．中国工程科学，2004，6（1）：68-72.

[49] 孙国元，陈光，陈国良．非晶合金的晶化理论及几种 Mg 基非晶合金的晶化行为．有色金属，2004，56（4）：1-7.

[50] 孟慧娟．机械合金化法制备 Mg-Cu 非晶合金及其结构性能表征［学位论文］．天津：天津大学，2008.

[51] 周国荣，张国玲，王致明．Cu-Ti-Fe 大块非晶合金铸态组织的研究．特种铸造及有色合金，2009，29（10）：883-885.

[52] Wang W H, Dong C, Shek C H. Bulk metallic glasses. Materials Science and Engineering R, 2004, 44 (2-3)：45-89.

[53] Guo F Q, Poon S J, Shiflet G. CaAl-based bulk metallic glasses with high thermal stability. Applied Physics Letters, 2004, 84 (1)：37-39.

[54] Pu J, Wang J F, Xiao J Z, et al. Formation and crystallization of bulk $Pd_{82}Si_{18}$ amorphous alloys. Transactions of Nonferrous Metals Society of China (English Edition), 2003, 13 (5)：1056-1061.

[55] Inoue A, Zhang W. Formation Thermal Stability and Mechanical Properties of Cu-Zr and Cu-Hf Binary Glassy Alloy Rods. Materials Transactions, JIM, 2004, 45 (2)：584-587.

[56] Inoue A，Shen B L，Koshiba H，et al. Ultra-high strength above 5000MPa and soft magnetic properties of Co-Fe-Ta-B bulk glassy alloys. Acta Materialia，2004，52 (6)：1631-1637.

[57] Lu Z P，Liu C T，Thompson J R，et al. Structural amorphous steels. Physical Review Letters，2004，92 (24)：245-503.

[58] Liu Y H，Wang G，Wang R J，et al. Super plastic bulk metallic glasses at room temperature. Science，2007，315 (9)：1385-1388.

[59] Xu Y K，Ma H，Xu J，et al. Mg-based bulk metallic glass composites with plasticity and gigapascal strength. Acta Materialia，2005，53 (6)：1857-1866.

[60] Zhang Y，Xu W，Tan H，et al. Microstructure control and ductility improvement of La-Al-(Cu，Ni) composites by Bridgman solidification. Acta Materialia，2005，53 (9)：2607-2616.

[61] Wang L，Cong H，Zhang Y，et al. Medium-range order of liquid metal in the quenched state. Physica B：Condensed Matter，2005，355 (1-4)：140-146.

[62] Lu Z P，Bei H，Liu C T. Recent progress in quantifying glass-forming ability of bulk metallic glasses. Intermetallics，2007，15 (5-6)：618-624.

[63] Cai A H，Sun G X，Pan Y. Evaluation of the parameters related to glass-forming ability of bulk metallic glasses. Materials & Design，2006，27 (6)：479-488.

[64] Fan G J，Choo H，Liaw P K. A new criterion for the glass-forming ability of liquids. Journal of Non-Crystalline Solids，2007，353 (1)：102-107.

第6章 准晶材料制备技术

【学习目的与要求】

准晶态是介于具有长程序的晶态与只有短程序的非晶态之间的一种新的物质态，它具有许多独特的优异特性。通过对本章的学习，能够使学生全面系统地了解准晶的发现过程、结构、性能特点和应用前景；掌握三维准晶、二维准晶和一维准晶的类型及其组织特征；了解准晶材料的常用制备方法和应用。

6.1 准 晶 概 述

经典晶体学认为，晶体是由原子（或离子、分子）在三维空间做有规则的周期性重复排列构成的固体物质，因此晶体具有三维空间的周期性。晶体中原子（或离子、分子）这种规则排列的方式即为晶体的结构。为了便于对晶体结构进行研究，人们假设通过原子的中心画出许多空间直线，直线与直线的交点为原子（或离子、分子）的平衡中心位置，这些直线所形成的假想的空间格架称为晶格，组成这种晶格最小的几何单元就叫晶胞。晶胞在三维空间做规则的周期性重复排列就构成晶格，所以晶体就是按晶胞在三维空间周期排列堆砌而成的。1850 年布拉维（Bravais）总结出晶体中晶胞在三维空间中的周期排列方式也就是晶体的平移对称性只有 14 种，并可用 14 种空间点阵表征，各种晶体结构能够按其原子、离子或分子（也可以是彼此等同的原子群或分子群）排列的周期性和对称性归属于 14 种空间点阵中的一种。由于受到晶体周期排列方式即 14 种布拉维点阵的约束，晶体的旋转对称只能有 1 次、2 次、3 次、4 次及 6 次 5 种（其中 1 次旋转对称是指晶体绕对称轴旋转一周即 360°后复原，故等于无旋转对称），而 5 次旋转与 6 次以上的旋转对称都是不允许的。因为人们可以用具有 1 次、2 次、3 次、4 次、6 次旋转对称的图形布满一个完整的平面，而采用具有 5 次及 6 次以上旋转对称的图形则不可能将空间完全铺满，在这些图形之间总会留有空隙，如图 6-1 所示（阴影部分为空隙）。

20 世纪初，劳埃（Laue）等发现 X 射线在晶体中衍射后，用这种方法测定的成千上万种晶体结构中原子的分布不但都具有平移周期性，而且其旋转对称也都只限于 1 次、2 次、3 次、4 次及 6 次 5 种。因为没有一个晶体具有 5 次及 6 次以上对称轴，所以人们也不指望看到一个具有 5 次及 6 次以上旋转对称的衍射图，因而自然地将 5 次及 6 次以上的旋转对称排斥在经典晶体学之外，统称为非晶体学对称。

6.1.1 准晶的发现

1984 年，美国科学家 D. Shechtman 等在研究用急冷凝固方法使较多的 Cr、Mn 和 Fe 等合金元素固溶于 Al 中，以期得到高强度铝合金时，在急冷 Al-Mn 合金中发现了一种奇特的具有金属性质的相。这种相具有相当明锐的电子衍射斑点，但不能标定成任何一种布拉维点阵，其电子衍射花样明显地显示出传统晶体结构所不允许的 5 次旋转对称性。D. Shechtman 在美国《物理评论快报》上发表的"具有长程取向序而无平移对称序的金属相"一文中首次报道了

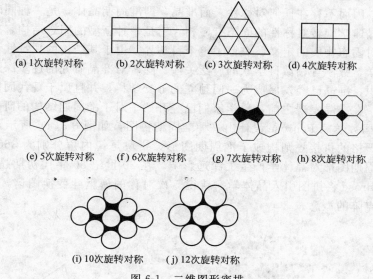

(a) 1次旋转对称　(b) 2次旋转对称　(c) 3次旋转对称　(d) 4次旋转对称

(e) 5次旋转对称　(f) 6次旋转对称　(g) 7次旋转对称　(h) 8次旋转对称

(i) 10次旋转对称　(j) 12次旋转对称

图 6-1　二维图形密排

发现一种具有包括 5 次旋转对称轴在内的二十面体点群对称合金相，并称为二十面体相。几乎在同一时间，Levine 及 Steinhard 在研究具有 5 次对称的原子簇时，从理论上计算出具有明锐的 5 次对称性的衍射图，并称这种具有 5 次对称取向序而无周期平移序的物质为准周期性晶体，简称准晶。理论与实践的完美结合，充分肯定了 5 次旋转对称客观存在。

起初，人们认为具有长程取向序而无周期平移序的准晶态是介于具有长程序的晶态与只有短程序的非晶态之间的一种新的物质态。甚至有人称为二十面体玻璃，二十面体指它具有二十面体对称，玻璃表示无长程平移序。另一种极端的看法是它是 5 个、10 个或 20 个同样晶体并列在一起的孪晶。随着对准晶态物质研究的不断深入，人们逐渐统一了认识，认为准晶仍然是晶体，它有着严格的位置序，只不过不像经典晶体那样原子呈三维周期性排列，而是呈准周期排列。

5 次对称的证据被以色列科学家 Shechtman 等人于 20 世纪 80 年代初用透射电镜（TEM）观察 Al-Mn 急冷合金时发现，如图 6-2 所示。该发现冲击了传统晶体学，并对材料科学的各个领域产生了深远的影响。从图 6-2 可见，Al-14Mn 合金准晶电子衍射图谱，衍射点呈非周期排布，且斑点明锐，反映出结构的长程有序性。这些特征表明，由晶体平移有序而导致不允许存在的 5 次对称和 6 次以上对称的定论必须进行修正，衍射花样

图 6-2　准晶的电子衍射图

的非晶体学对称对应于一种没有平移周期性的新型晶体结构。Levine 和 Steinhard 将其定义为：准晶是同时具有长程准周期性平移序和非晶体学旋转对称性的固态有序相。在 Al-Mn 系中发现准晶后，人们陆续在其他的合金体系中找到各类准晶，对称性也扩展到 8 次、10 次和 12 次，表明准晶的确代表了一种新的固态结构。

6.1.2　准晶的结构

6.1.2.1　准晶结构的确定

1984 年准晶被发现之前，物理学家一致认为固态物质存在的方式只有晶体和非晶体两类。

前者的结构周期有序的，其对称性受周期性的限制，只有固定的几种。后者的结构是长程无序的，仅短程有序，因而不存在任何对称性。而准晶，即准周期晶体，是一种同时具有长程准周期平移有序和非晶体学旋转对称性的固态有序相，它是一种新型的固态结构。准晶的发现，打破了旧的晶体学对固态物质的定义，震惊了整个科学界。由于其结构的独特性，准晶一直受到材料、物理、化学、数学等领域科学家的广泛关注。随着对准晶研究的逐步深入，以及对其特殊性质的全面认识，准晶已经发展成为一门独立的分支学科，并且属于现代固体物理和材料学领域的前沿学科。在准晶发现之前，科学家们已经开始了对于准周期结构的研究。

1974 年，英国数学家 Penrose 设计出一种准周期拼图，如图 6-3(a) 所示，这种拼图首次用两种拼块按照严格的拼接规则构成了准周期图形，拼块是锐内角分别为 360° 和 720° 的菱形单元，这样的准周期图形对晶体学产生了深远影响。在 20 世纪 80 年代初期晶体学家 Levine、Shechtman 和 Penrose 将拼图引入晶体学，获得 5 次对称的傅里叶变换图谱，如图 6-3(b) 所示。并提出了准点阵的概念。

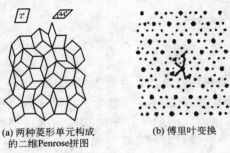

(a) 两种菱形单元构成
的二维Penrose拼图　　(b) 傅里叶变换

图 6-3　准点阵示意图

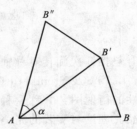

图 6-4　用于 A 点的对称操作将 B 移到 B' 和 B''

6.1.2.2　准晶结构特征

众所周知，晶体点阵具有周期性平移的特点，它决定了晶体具有一定的对称操作，同时也限制了晶体学上其他可能的对称操作，如图 6-4 所示。作用于 A 点的对称操作将 B 移到 B'，转角为 α，再次施加该操作又生成点 B''，A、B、B'、B'' 均为等效点。它们位于同一个周期点阵上。如以 A 为原点，矢量 AB 为一个基轴，$AB = |AB|(1,0)$。则有 $AB' = |AB|(\cos\alpha, \sin\alpha)$，$AB'' = |AB|(\cos\alpha, \sin^2\alpha)$ 后者可以表示为 $AB'' = |AB|(1 + 2\cos^2\alpha, 2\cos\alpha\sin\alpha) = -AB + 2\cos\alpha AB'$。因此 $2\cos\alpha$ 为一个整数 m，$m/2$ 只为 -1，$-1/2$，0，$1/2$，1。对应的 α 为 π，$2\pi/3$，$\pi/2$，$\pi/3$，0，既晶体点阵可能的对称轴为 2 次、3 次、4 次、6 次和 1 次。而 5 次对称和高于 6 次的对称性，显然不可能在晶体点阵中存在。

如图 6-5 所示，在二维空间中，正三角形、四方形、正方形和正六边形通过周期性平铺都能铺满整个空间，而正五边形和正七边形则无法实现，三个正五边形的顶角相接会形成 36° 的空隙，三个正七边形的顶角相接会多出 25° 左右的角度。

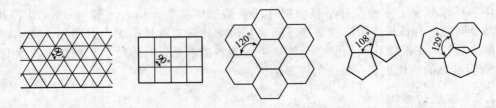

图 6-5　正多边形在二维空间中的拼砌（正三角形、正方形、正六边形、正五边形和正七边形）

准晶的结构既不同于晶体，也不同于非晶态，其原子分布不具有晶体的平移对称性，但仍有一定的规则，且呈长程的取向性有序分布，故可认为是一种准周期性排列。由于它不能通过平移操作实现周期性，故不能同晶体那样取一个晶胞来代表其结构。它是由两种三维拼砌单元（图6-6），按一定规则使之配合地拼砌成具有周期性和5次对称性，可认为它们是构成准晶（二十面体对称的准晶相）的准点阵。

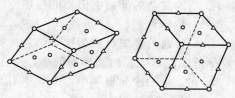

图 6-6　拼砌单元的三维模型

因此，准晶的结构，既不同于非晶态材料，也不同于传统的晶态材料，它是一种不具有平移对称性，却具有旋转对称性的新型结构材料，这就是准晶。与晶体相比，准晶体具有较低的密度和熔点，这是由于其原子排列的规则性不及晶态严密，但其密度高于非晶态，说明其准周期性排列仍是较密集的。准晶体具有高的比热容和异常高的电阻率、低的热导率和电阻温度系数，例如准晶态 Al-Mn 合金的比热容较相同成分的晶态合金高约 13%，准晶合金的电阻率很高而电阻温度系数则很小，其电阻随温度的变化规律也各不相同如 $Al_{90}Mn_{10}$ 准晶合金在 4K 时电阻率为 $70\mu\Omega\cdot cm$，在 300K 时为 $150\mu\Omega\cdot cm$，故呈正的电阻温度系数，而 $Al_{85.7}Mn_{14.3}$ 在 4K 和 300K 时均为 $180\mu\Omega\cdot cm$ 没有变化，$Al_{86}Mn_{14}$ 在 300K 时的电阻率虽高于 4K，但在 40K 时却出现最低值，其变化很特殊，$Al_{77.5}Mn_{22.5}$ 则呈负的电阻温度系数，在 4K 时为 $980\mu\Omega\cdot cm$，在 300K 时降为 $880\mu\Omega\cdot cm$，这些现象说明电阻与温度的关系没有一定的规律可循，因合金成分不同而不同。另外，准晶体还具有抗磁性，室温脆性大，在高温下有高的塑性，具有高的弹性模量和压缩强度，具有表面不粘性等特性。准晶的应用尚属开始，主要用于真空喷涂、激光处理、电子轰击、离子注入等工艺方法制备准晶膜，例如用于不粘锅、热障膜、选择吸收太阳光膜等。

6.1.3　准晶材料特性

6.1.3.1　传输特性

在准晶材料所有的物理性能中，电子传输特性是最特殊也是最重要的。它主要体现在以下三个方面。

（1）导电特性

① 相对于普通的金属间化合物而言，热力学稳定的准晶材料的电阻率异常的高。如对于全部由非过渡元素族组成的准晶相 Al-Cu-Li，其在液氮温度时的电阻率为 $900\mu\Omega\cdot cm$。相比之下，对于含有过渡元素族的准晶相，其电阻率则更高。如以 Al-Cu-Ru 为准晶在相同温度下的电阻率为 $1000\sim30000\mu\Omega\cdot cm$，以 Al-Cu-Fe 为准晶的为 $1300\sim11000\mu\Omega\cdot cm$，以 Al-Pd-Mn 为准晶的为 $1000\sim9500\mu\Omega\cdot cm$，Al-Pd-Re 甚至高达 $4000\sim28000\mu\Omega\cdot cm$。

② 准晶材料的电阻率随着温度的升高而下降，即具有负的温度系数。

③ 电阻率对准晶合金成分和结构完整程度十分敏感，样品的质量越好，电阻率就越大。

④ 对于二维的 10 次准晶，其周期方向的电阻率比准周期方向的电阻率要小 75%～95%，显示出很强的各向异性。

（2）热传导特性

① 与普通金属材料相比，准晶的热导率都很低，在室温下准晶的热导率要比普通的铝合金低两个数量级，可以与常见的隔热材料 ZrO_2 相媲美。

② 准晶材料的热阻值随着温度升高而下降，即具有负的温度系数，热扩散系数和比热容均随着温度升高而增大。

③ 准晶样品质量越好，结构越完善，其导热性能就越差。

④ 结构复杂的准晶类似相的导热性能接近于准晶。

（3）光传导特性

① 与普通的金属材料相比，结构完好的准晶样品的光传导特性，显得非常特殊，在较低的频率范围内，准晶的光导率很小，且在 $10^4 cm^{-1}$ 时有很宽的峰值。

② 在二维的准晶材料中，光导率对其结构的各向异性很敏感。

6.1.3.2　表面特性

表面性能主要由其表层的化学成分和原子排列方式所决定，由于准晶表面结构比较独特，由此引发的表面行为如氧化行为、润湿行为和摩擦行为等也与众不同。

（1）氧化行为特性　迄今为止发现的准晶材料，绝大多数为铝系准晶。而 Al 是极易氧化的活泼元素，因而研究铝基准晶氧化表面的结构和成分的变化规律意义重大。实验研究发现，在相同条件下，准晶相表面的氧化现象明显低于铝合金和相近成分的晶体相。当准晶在室温下长期暴露在干燥空气中时，氧化层平均厚度为 2.0～3.0nm。但在潮湿空气和较高温度下氧化层会进一步加深（厚度为 6.0～7.0nm），并且化学成分也因此而变化，表层铝的摩尔分数随之增大（Al 可达 90%，摩尔分数）。

（2）不粘特性　准晶材料的不粘性，实质上是热力学中润湿性的问题，与准晶的表面能有关。最近的研究发现，准晶的最外层原子没有重构现象和准晶在费米能级处的电子态密度很低（即准晶在费米能级处存在伪能隙）是造成其表面能很低的主要原因。

（3）摩擦特性　准晶材料的摩擦磨损行为的研究相对开展较早，这主要是由于镀膜和热喷涂技术的日臻完善。在相同环境和实验条件下，块体 Al-Cu-Fe 准晶和其准晶涂层的显微硬度与摩擦系数大致相近，而准晶的显微硬度却要比铝合金高一个数量级，但摩擦系数仅为铝合金的 1/3。此外，当对准晶材料进行往复摩擦实验时，其摩擦系数还会逐渐降低，且磨痕上的微裂纹会自动愈合，这显示了准晶具有一定的应力塑性。

6.1.3.3　弥散强化特性

准晶除了有高的硬度和弹性模量外，室温下其塑性都很小，这种室温脆性严重限制了准晶的实际应用。迄今为止，有关准晶强化的应用研究都是利用准晶优良的力学性能，将其作为一种强化组元去增强基体合金。准晶强化基体材料的方式主要有以下两种：①利用固态反应使准晶相以高温强化相析出并弥散分布于基体中，从而达到强化效果；②利用粉末冶金技术将准晶颗粒（微米级）与金属粉混合后，在高温下挤压成由准晶颗粒复合强化的金属基复合材料。

6.1.3.4　贮氢特性

材料的贮氢特性主要取决于金属与氢之间的化学反应以及金属中可容纳氢原子的间隙位置和数量。在大多数过渡金属中氢趋向于四面体位置。因而，具有四面体结构的 Laves 相是很好的贮氢材料。而二十面体准晶恰好拥有大量的四面体配位结构，从理论上讲，这类准晶具备了贮氢能力。Kelton 等通过实验证实了 Ti 系的二十面体准晶相（$I-Ti_{45}Ni_{17}Zr_{38}$）确实具有很强的贮氢能力，每个金属原子可达到吸收两个氢原子的水平。表 6-1 列出了该准晶和工业上常用的贮氢材料的部分性能指标对比。从中可见，$I-Ti_{45}Ni_{17}Zr_{38}$ 准晶相表面氢原子密度接近于 $LaNi_5$ 和 TiFe 等金属间化合物在吸满氢后的密度，同时也大大超过液态氢的氢原子密度。此外，在其他的准晶合金系中也发现具有与 $I-Ti_{45}Ni_{17}Zr_{38}$ 相当甚至更好贮氢性能的准晶相。

6.1.3.5　光学特性

高质量的准晶样品具有与绝缘体、半导体不同的光学特性。块体的纯准晶或准晶薄膜，在很宽的波长范围内均有约 60% 的反射率，比导电材料 Al、Fe 要低，但优于半导体材料 Si 和绝缘材料。有必要指出，准晶的光学特性与准晶自身结构的完善性密切相关，如 Al-Mn-Si 亚稳准晶在红外区的反射率要明显高于高质量的 Al-Cu-Fe 和 Al-Pd-Mn 准晶。准晶由于导电性很差，故在远红外区的光反射率比 Al-Cu-Fe 和 Al-Pd-Mn 要低。Eisenhammer 等在理论研究的基础上发现，利用准晶特殊的光学特性和热稳定性，将准晶膜粘贴在高反射率材料铜绝缘体上可制备出具有选择吸收性质的多层膜，这些多层膜具有很高的 α_s 和很低的 ε_h，见表 6-2。与现有工业化材料相比，虽然这些膜的 α_s 值降低了大约 0.90，但是其 ε_h 值要高 2.5 倍（0.07）。

表 6-1　准晶与几种典型的贮氢材料的性能对比

材料	氢原子密度 /（10^{22}原子/立方厘米金属）	氢的质量分数/%	H/M
$Ti_{45}Ni_{17}Zr_{38}$准晶	5.6	2.75	1.7
$LaNi_5$	6.0	1.4	1.1
V	10.4	3.8	2.0
TiFe	6.7	1.6	0.9
Liquid H（液氢）	4.2	100	1.0
Solid H（固氢）	5.3	100	1.0

表 6-2　铜/绝缘体/准晶/绝缘体多层膜对太阳光的选择吸收性质

多层膜材料	厚度/nm	α_s	ε_h(120℃)	ε_h(250℃)	ε_h(400℃)	ε_h(550℃)
Cu/Y_2O_3/准晶/Y_2O_3	60/15/55	0.92	0.038	0.053	0.081	0.119
Cu/Ti_2O_3/准晶/Y_2O_3	34/12/56	0.86	0.031	0.038	0.051	0.070
Cu/HfO_2/准晶/玻璃	56/11/74	0.91	0.050	0.056	0.071	0.094
Cu/准晶＋HfO_2/AlFO	60/80	0.89	0.031	0.034	0.040	0.051
Cu/准晶＋Y_2O_3/AlFO	80/100	0.92	0.032	0.038	0.048	0.066

6.1.3.6　高温塑性

室温脆性被认为是准晶材料的致命弱点之一。然而，准晶的脆性在高温下却完全消失，且显示出类似于超塑性材料的极高塑性，最高变形量可达 130% 以上。而且没有加工硬化现象。Shibuya 等在研究多晶 Al-Cu-Ru 准晶相在 1000K 时的压应变行为时发现，虽然准晶相的强度随着温度的升高而逐渐降低，但塑变量和应变率却很大。Takeuchi 等人在分析 Al-Pd-Mn 晶相的高温塑变行为后认为，准晶相的高应变主要由一类有效应变和另一类与温度相关的内应变组成。有关准晶材料的高温塑性机制的研究正在进行，一般认为准晶材料的超塑性与其独特的原子结构有关。无论从理论上还是在实验中，在二十面体准晶结构中都证实有位错的存在，在 Al-Cu-Fe、Al-Li-Cu 二十面体准晶相中位错的柏氏矢量均可确定。另外，对 10 次准晶中的位错也已进行了深入研究，这类准晶的位错的柏氏矢量平行于周期方向，而且这些位错的本质与晶体中的位错基本一致。

6.2　准晶的形成机理

6.2.1　加和原则和相似性原则

陈振华等通过对多种铝基多元素准晶合金的制备与研究，得出了铝基准晶形成的加和原则和相似性原则。形成 I 相的铝基合金系大致为：Al-Mn、Al-V、Al-Cr、Al-Fe 合金等，形成 D 相的合金体系如 Al-Co、Al-Ni、Al-Pd 合金等。将某些准晶态合金按一定成分比例相互加合在一起，通过快速凝固或普通熔铸等方法能制备出新的多元素准晶态合金。如将 $Al_{65}Cu_{20}Fe_{15}$、$Al_{85}Cr_{15}$ 和 $Al_{77.5}Mn_{22.5}$ 三种准晶的母合金分别按比例进行相加，配制成新的合金，用快速冷凝的方法发现所制得的 Al-Cu-Fe-Mn、Al-Cu-Fe-Cr 和 Al-Cu-Fe-Cr-Mn 等合金为准晶合金。

将两种热稳定准晶合金 $Al_{65}Cu_{20}Fe_{15}$ 和 $Al_{70}Pd_{20}Mn_{10}$ 按比例进行相加,用普通熔铸方法能得到含部分准晶的 Al-Cu-Fe-Pd-Mn 合金,用快速冷凝的方法能得到较好的准晶。一个能够形成准晶合金的体系,一般有以下特点:能够通过快凝形成非晶态合金(非晶态合金中含有大量短程有序的二十面体原子团),或者该合金系的平衡结晶相含有大量的二十面体原子团,或者某一平衡相的晶体结构与 D 相接近。这些结构相似性是形成准晶体的有利条件,也是寻找新的准晶态合金体系的基本依据。将准晶合金进行加和时,其结构相似性不变,新的合金系仍然存在二十面体原子团或者平衡结构与 D 相相近。

6.2.2 电子浓度特征

准晶是一类电子型金属间化合物,其稳定性主要取决于电子浓度以及费米面和布里渊区的相互作用。Dong 等在 Al-Cu-Fe(Cr) 准晶系,陈伟荣等在锆基非晶系中均发现,准晶及其类似相在相图上处于同一等电子浓度线附近。但是等电子浓度线规律尚不能在相图上给出三元准晶成分的确切位置。羌建兵等在三元准晶 $Al_{62.5}Cu_{25}Fe_{12.5}$ 与二元准晶 $Al_{86}Fe_{14}$ 及第 3 组元铜一起组成的三元相图上绘出了一条变电子浓度线。在其他铝基合金系如:Al-Cu-Cr、Al-Pd-Fe、Al-Cu-Co 及 Al-Co-Ni 等合金中也发现了变电子浓度线。"等电子浓度线"表明三元准晶与其他类似相在电子结构和晶体结构上的相似性,而"准晶变电子浓度线"现象从表观上反映了三元准晶与二元准晶在电子结构上的相关性。三元准晶的理想成分位于准晶等电子浓度线与准晶变电子浓度线的交点。

6.3 准晶的分类

根据准晶在热力学上的稳定性,可将其分为稳定准晶和亚稳准晶两大类。根据三维物理空间中材料呈现周期性的维数,可以把准晶分成三维准晶、二维准晶和一维准晶三大类。所谓三维准晶,指的是三维物理空间的材料,其中的原子在三维上都是准周期分布的。实验上已经发现的三维准晶有二十面体准晶和立方准晶两大类。其中,二十面体准晶又可分为简单二十面体准晶和面心二十面体准晶。所谓二维准晶指的是三维物理空间的材料,其中的原子有二维是准周期分布的,另外一维则是周期分布的。实验上已发现的二维准晶有 10 次准晶、12 次准晶、8 次准晶和 5 次准晶 4 类。这些二维准晶沿其周期性方向分别具有 10 次旋转轴、12 次旋转轴、8 次旋转轴和 5 次旋转轴。所谓一维准晶,指的是三维物理空间的材料,其中的原子有二维是周期分布的,另外一维才是准周期分布的。至今已发现近 200 种成分的准晶,其中有 70 余种是热力学上稳定的。在这些准晶中,有 96 种(其中 47 种是稳定的)二十面体准晶,65 种(其中 26 种是稳定的)10 次准晶。

6.3.1 按照准晶热力学稳定性分类

6.3.1.1 亚稳准晶

亚稳准晶是以热力学亚稳态存在的,当温度升高时,为了使系统的自由能降低到最小值,它们将发生晶化转变。这类准晶的稳定性一般用晶化温度和晶化激活能来衡量,晶化温度和晶化激活能越高,准晶的稳定性也越高。亚稳准晶多数采用快速凝固法制备,早期获得的准晶基本都为亚稳准晶。

6.3.1.2 稳定准晶

这类准晶是以热力学稳定态存在的,它们在较高的温度也能稳定存在。最早提出准晶热力学稳定存在问题的是 Widom 等,1987 年 Tsai 等在实验中观察到相当完整的稳定准晶,证实了准晶的确能以稳定相存在。目前已能采用常规铸造及固态热处理等方法制备结构完整的稳定准晶。

6.3.2 按照物理周期性的维数分类

6.3.2.1 三维准晶

三维准晶只有二十面体准晶一种，最早在急冷凝固的 Al-Mn、Ti-Ni 合金中发现。后来又在缓冷凝固的 Al-Li-Cu、Al-Fe-Cu、Ga-Mg-Zn、Al-Pd-Mn 等合金中发现高温稳定的二十面体准晶，分述如下。

（1）Al-Mn 等二十面体准晶　合金强化主要有两种机制：在合金元素固溶度小的情况下采用特殊冶金技术使更多的合金元素固溶于基体金属中产生固溶强化；在合金元素固溶度大的情况下采用时效处理，在一定温度保温一定时间使合金化合物从固溶体中析出产生沉淀强化。过渡金属在铝中的固溶度很小，如 Mn 在 660.4℃ 的最大固溶度还不到 1%Mn（原子分数），而在 500℃ 仅为 0.2%Mn（原子分数）。为了能在 Al 中固溶更多的 Mn 以产生固溶强化，将熔融的 Al-Mn 合金急冷凝固（冷却速率达每秒一百万摄氏度）可以强迫高达 10%Mn（原子分数）仍保留在 Al 的固溶体中。沉淀强化也称弥散强化，析出的合金相颗粒非常小而且弥散在基体中。Li 在 600℃ 在 Al 中的固溶度超过 10%Li（原子分数），另一方面 Li 又非常轻，因此 Al-Li、Al-Li-Cu、Al-Li-Cu-Mg 等合金就备受人们注意。以 Al 为基的二十面体准晶最早就是在研制 Al-Mn 及 Al-Li 这两种高强 Al 合金中偶然发现的。

如图 6-7(a) 所示是用 2%KI 甲醇溶液溶掉急冷凝固的 Al-Mn 合金中的基体从而得到的 Al-Mn 二十面体准晶"花"。每朵花有 5 个花瓣，显示五重对称。三朵花之间又显示三重对称。在图中标明一些旋转轴。如图 6-7(b) 所示是由 30 个长菱面体共用一个顶点构成的五角星十二面体。两相对比非常形象地说明 Al-Mn 二十面体准晶的二十面体对称。

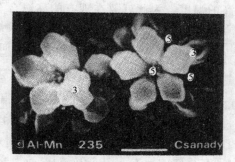
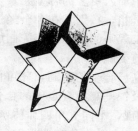

(a) Al-Mn 二十面体准晶"花"　　　　(b) 30 个长菱面体构成的五角星十二面体

图 6-7　Al-Mn 二十面体准晶

在这之后，在许多 Al 与过渡金属的急冷凝固的二元及三元铝合金中都找到二十面体准晶。这里值得指出的是，一则这些过渡金属的原子半径均比 Al 小 5%～10%，符合二十面体密堆的要求；二则这些过渡金属都与 Al 生成富 Al 的二元及三元化合物，如 $Al_{10}V$、$Al_{45}Cr_7$、Al_4Mn、Al_9Mn_3Si 等，而这些化合物的晶体结构中都有三维二十面体骨架。由于 Al-Mn-Si 二十面体准晶比较完整，而与它成分相近的立方 α-(AlMnSi) 中的主要结构单元又是 Mackay 二十面体，因此 Al-Mn-Si 二十面体准晶就成为准晶结构研究的重点。如图 6-8(a) 所示是从 α-(AlMnSi) 的已知晶体结构计算得到的 [100] 电子衍射图，圆点的面积与衍射强度成正比。如图 6-8(b) 所示是 Al-Mn-Si 准晶的二重轴电子衍射图。两者的强点分布基本相同，说明 Al-Mn-Si 二十面体准晶与体心立方 α-(AlMnSi) 晶体相有相同的结构单元。

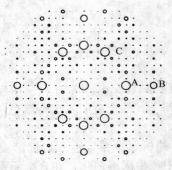

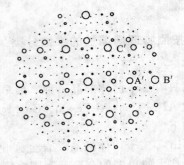

(a) 立方 α-(AlMnSi)的[100]电子衍射图 　　(b) Al-Mn-Si二十面体准晶的二重轴电子衍射图

图 6-8　Al-Mn-Si 电子衍射图

从 Al-Mn-Si 二十面体准晶与立方 α-(AlMnSi) 有相似的成分和结构单元得到启发，Elser 和 Henley 用无理数 τ 的有理数近似值置换 τ，从而从准点阵常数即菱面体棱长 a_R 得出晶体相的点阵常数。Al-Mn-Si 准晶的 $a_R=0.46$nm，用 1/1 置换 τ 得出的立方晶体的点阵常数与实验值 $a=1.268$nm 非常接近。因此称这种晶体相为准晶的 1/1 晶体近似相，简称近似相。这是准晶的晶体近似相的奠基工作。

除了在 Al 合金中发现二十面体准晶外，Spaepen 等还在 Ga-Mg-Zn 合金中还发现了二十面体准晶。Ga 与 Al 在周期表中属同一族，在急冷凝固的 Ga 合金中生成二十面体准晶是不难理解的。Spaepen 等还观察到准晶的 1/1、2/1 及 3/2 近似晶体相（用这些整数比分别置换准晶结构中的 τ），得出 $a=1.41$nm、2.28nm 及 3.69nm 的立方晶体相。

（2）Ti-Ni 等二十面体准晶　　航天航空技术的发展要求燃气轮机的工作温度越来越高，这就要求其中的叶片、涡轮盘等主要部件能耐更高的温度。为此就要在现有的高温合金（铁基、镍基、钴基）中加入更多的合金元素，如钛、铌、钼、钨等。但是，这些合金元素都会与铁、镍及钴生成合金相，特别是在合金经过长期使用后会有一些合金相沿晶界析出，从而使高温合金变脆。冶金工程师的任务就是配制成分合适的高温合金，既能在更高的温度工作，又不致在达到使用寿命前变脆。

为了配合高温合金的研制，郭可信等自 1983 年起在中国科学院金属研究所用透射电子显微镜研究铁基及镍基高温合金中的合金相析出过程，发现了一系列新的合金相。叶恒强、王大能在 1984 年发现，不同五角四面体密堆合金相的电子衍射图有不同的二维周期衍射斑点网格，但在周边处的 10 个对称分布的衍射斑点总是出现在相同的地方［图 6-9(a)］。而当这些合金相的微畴犬牙交错地生在一起时，电子衍射图中已无二维周期分布的衍射斑点，只有十重对称分布的衍射［图 6-9(b)］，最外边的 10 个衍射斑点出现在与图 6-9(a) 中相同的地方。这些在晶体空间中的二十面体亚结构在衍射空间中就会以 10 个对称分布的衍射斑这种超结构形式出现在衍射图的周边。为验证这个设想，计算了一个二十面体的 Fourier 变换图即衍射图，与图 6-9(b) 基本相符。

急冷凝固的 Ti-Ni 合金中的二十面体准晶在加热后，部分转变成面心立方 Ti_2Ni 微晶，同时还观察到由准晶向 Ti_2Ni 微晶转变的中间状态。如图 6-10(a) 所示是二十面体准晶的五重电子衍射图，如图 6-10(b) 所示是向面心立方 Ti_2Ni 转变过程中的相应电子衍射图。为了能较清晰地看到衍射斑点的移动，采用会聚束电子衍射，衍射斑点变成亮盘。相对图 6-10(a) 中的圆盘，图 6-10(b) 中圆盘的移动方向用箭头指明。上、下位移的结果使这些衍射盘在垂直方向几乎呈周期排列，但在其他方向仍呈准周期排列。换句话说，准晶中已出现一维周期性，而在

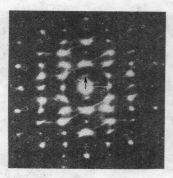

(a) 六方 Laves 相的 [100] 电子衍射图　　　　　(b) 四面体密堆相微畴的电子衍射图

图 6-9　Ti-Ni 电子衍射图

准晶中的这种局部平移序很可能就是由线性相位子（Phason）畸变引起的。

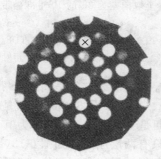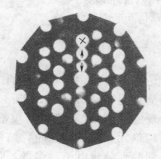

(a) Ti_2Ni 二十面体准晶的五重　　　　　(b) 衍射斑点已在铅直方向
会聚束电子衍射图　　　　　　　　显示一维周期平移

图 6-10　Ti_2Ni 电子衍射图

6.3.2.2　二维准晶

二维准晶在一个平面的两个方向显示准周期性，而在其法线方向显示周期性。二维准周期平面的特征可以用具有周期性的旋转轴表征，因此可用它来区别二维准晶，如八重准晶（八重旋转轴）、十重准晶（十重旋转轴）及十二重准晶（十二重旋转轴）。十重准晶与二十面体准晶间关系密切，在有些合金中（如 Al-Mn）还共生在一起。

（1）十重准晶　Schaefer 等首先在 Al-Mn 合金中观察到二十面体十重准晶的转变，并且有 i-$\bar{5}$∥d-10 的平行取向关系。二十面体准晶有 6 个五重轴，十重准晶可沿这 6 个五重轴生长，因此有 6 种取向，图 6-11 画出其中两种取向关系。实线与虚线分别表示由两个夹角为 63.43° 的五重轴变成的十重轴 10 及 10′；这两个十重准晶的伪五重轴分别是 p5 及 p5′，p5∥10′，而 p5′∥10。显然，其他 4 个十重准晶的伪五重轴 p5′ 也与此十重轴 10 平行。图 6-12 就是在 Ga-Fe-Cu-Si 合金中拍得的二十面体准晶（I）及周围的十重准晶的电子显微像。5 个十重准晶长大后交叉在一起，形成 36° 的 10 个辐射状的暗色条带，在制备电镜薄膜试样过程中只保留下来 5 个（D_1～D_5）。图 6-12 中还有将电子束聚焦在二十面体准晶（I）上得到的五重反轴电子衍射图及用其中的一个强衍射斑给出的暗场像（DF_I），其中只有二十面体准晶（I）发亮，而其周围皆暗。这些都证明图 6-12 中 I 区（与晶体 C_3 无明显边界）是二十面体准晶。周围的 5 个辐射状条带是 5 种取向不同的十重准晶，其中 2 个的伪五重（p5）电子衍射图也插在图 6-12 中，它们之间的 36°取向差明显可见。

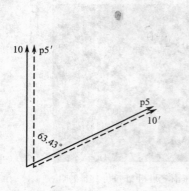

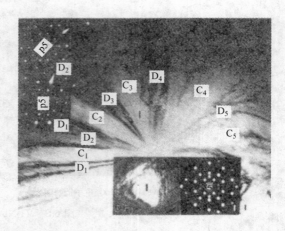

图 6-11　沿二十面体准晶两个五重轴
生长出的两个十重准晶的十重轴
（10，10′）及伪五重轴（p5，p5′）

图 6-12　围绕 Ga-Fe-Cu（Si）二十面体准晶（I）生成的
5 个取向差为 36° 的 10 重准晶带（$D_1 \sim D_5$）
及 5 个晶体相（$C_1 \sim C_5$）
图有 I 的电子衍射及暗场像（DF_1）及 D_1 与
D_2 的伪五重 p5 电子衍射图

从上面的讨论可以看出，十重准晶的二维准晶层在其法线方向呈周期堆垛。已知十重准晶在十重轴方向的周期是 0.41nm、0.82nm、1.24nm、1.6nm 及 3.2nm，都是 0.41 的整倍数。何伦雄等首先发现的 Al-Co-Cu 稳定十重准晶的周期是 0.41nm，可以作为其他长周期十重准晶的基本层状结构单元。由于周期短，结构简单，只有两层原子。如图 6-13（a）所示是十重准晶沿十重轴观察到的高分辨电子显微像，强像点中心黑而周边亮，很像"牛眼"。这些"牛眼"像点呈十重旋转对称及准周期分布，每个"牛眼"像点周围有 10 个小亮点。如图 6-13（b）所示是将这些"牛眼"像点连接起来的示意图，主要由正五边形的准周期分布构成，留出的空隙有锐角为 36° 的五角星形、船形、菱形等。如果将正五边形的中心连接起来，就会给出锐角为 72° 的六边形（h）、五角星形（s）和只有三角的五角星残余部分（c）。另一方面，Kortan 等曾用扫描隧道显微镜（STM）观察 Al-Co-Cu 十重准晶的表面结构，结果也与图 6-13 一致。由于 STM 显示的只是表面一二层原子的分布，而不是如电子显微像一样的三维投影像，因此对验证十重准晶的存在比电子显微像更有说服力。

（2）八重准晶　王宁等首先在急冷 Cr-Ni-Si 及 V-Ni-Si 合金中发现八重旋转对称的二维八

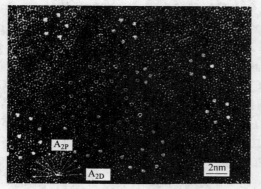

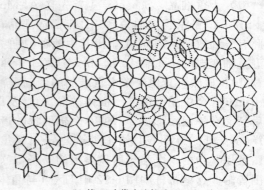

(a) Al-Co-Cu 稳定十重准晶的十重高分辨电子显微像

(b) 将 (a) 中像点连接成 Penrose 块

图 6-13　Al-Co-Cu 稳定十重准晶

重准晶。接着曹巍等在锰硅合金中发现八重准晶，加入少量 Al 后可以改善八重准晶的完整性。此外，Mo-Cr-Ni 八重准晶也有相当高的完整性。

沿 $Mn_{80}Si_{15}Al_5$ 八重准晶的八重轴拍到的高分辨电子显微像，经过图像处理（主要是滤过噪声）后得到图 6-14(a)。亮像点显示正八边形分布，其中的 3 个像点由于距离较近，有些不能清晰分辨开来。选择一些能分辨的情况［图 6-14(a) 及示意图 6-14(b) 中用黑点标明］，可以看出其中包括 2 种取向的正方形和 4 种取向的 45°菱形。不仅如此，尽管正八边形取向相同，其中的正方形和 45°菱形却有 4 种不同分布［图 6-14 中用黑点标明的 4 个正八边形中正方形与 45°菱形的分布均不一样］。整个图 6-14 可以分解成正方形和 45°菱形的准周期分布。

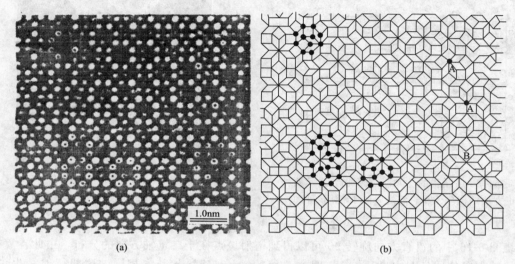

(a)　　　　　　　　　　　　　　(b)

图 6-14　$Mn_{80}Si_{15}Al_5$ 八重准晶的八重高分辨电子显微像（a）和
将像点连接起来得到的八重准点阵（b）

如图 6-15 所示是 β-Mn 结构的［001］投影，在晶胞的顶点和中心有 4_1 螺旋轴，绕每个轴有 8 个原子，构成取向差为 45°的两个正方块。介于这些方块之间的是 45°菱形，也有两种取向，每个菱形中有 2 个原子。为了区别不处于同一高度的两个正方块中的原子，分别用黑点和十字表示。从 β-Mn 结构的投影图还可以看出，围绕其中的两种取向差为 45°的正方块结构单元可以建立两种取向差为 45°的 β-Mn 孪晶。因此，β-Mn 型立方晶体常以 45°孪晶形态出现，它们的［001］合成电子衍射图相当于两个图 6-14(d) 相对旋转后叠加在一起。由于其中的 8 个 {130} 强衍射斑接近八重对称分布，旋转 45°后几乎相重。在孪晶尺寸小衍射斑点变大的情况下，β-Mn 型晶体的 45°孪晶的［001］电子衍射图粗看起来与八重准晶的八重电子衍射图相似。虽然可以通过绕一个与八重轴正交的轴旋转得出衍射斑点在三维倒易空间中的分布来区别八重准晶及 β-Mn 型孪晶，但是高分辨电子显微像对区别这两种情况更为直观。

（3）十二重准晶　Ishimasa 等首先在急冷的 Cr-Ni 合金中发现具有十二重旋转对称的二维十二重准晶，除了获得十二重电子衍射图外，还拍到高分辨电子显微像，它的结构块是 30°菱形，60°正三角形，90°正方形。这种十二重准晶与 σ 相（$P4_2/mnm$，$a = 0.880nm$，$c = 0.454nm$）共生。

陈焕等在急冷的 V_3Ni_2 及 $V_{15}Ni_{10}Si$ 合金中也找到十二重准晶，如图 6-16 所示是其十二重电子衍射图。所有衍射斑点都围绕中心透射斑呈十二重对称分布，而且在最外边的一圈强衍射斑点中每个也有 12 个卫星斑点。不仅如此，这些衍射斑点还构成不同尺寸的 30°菱形、60°菱形和正方形。这些衍射斑点可由多次衍射产生：最强的一次衍射 h_1，…，h_{12} 用大黑点标明；

它们的二次衍射，如 h_1+h_2、h_1+h_3 等，用小黑点标明；一次衍射与二次衍射产生的三次衍射用黑十字标明（未全标明）；如此类推可以得到图 6-16 中的所有衍射斑点。不仅如此，由于一次衍射斑点的位置没有周期性，多次衍射斑点不重复，不断繁衍，最后将连续地布满整个衍射图。只是由于高次衍射较弱，一般只能观察到四五级衍射。这种连续分布是包括准晶在内的一切非周期性晶体的衍射特征。这些衍射斑点的级联作图与杨奇斌等发展出的十二重准点阵绘图法相似。

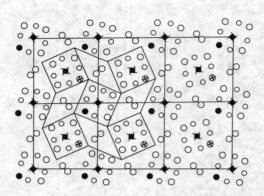

图 6-15　β-Mn 结构的 [001] 投影图，显示两种正方块结构单元和它们之间的 45° 菱形间隙

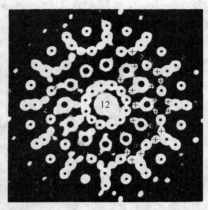

图 6-16　Cr-Ni-Si 十二重准晶的十二重电子衍射图 [大黑点是一次衍射，小黑点是二次衍射，黑十字（未画全）是三次衍射]

绕图 6-16 中的铅直方向旋转 90° 可以得到衍射斑点在十二重轴方向的分布，由此计算出的十二重轴方向的周期是 0.45nm，与四方 σ 相的 $c=0.454$nm 基本相同。这些衍射结果说明，十二重准晶是与 σ 相有关的具有十二重旋转对称的二维准晶。

Shoemaker 夫妇称之为六角四面体密堆相，去掉二十四面体的上下两个顶就剩下由 12 个顶的六角反棱柱，上面与下面的两个正六边形的取向相反。这样就会产生一种层状结构，上下两个取向相反的由六边形与三角形构成的主层，每个格点上都有原子 [图 6-17(a) 及(c)]。中间是由六角反棱柱中心原子 [图 6-17(b) 中用大圆圈标明] 构成的次层，不是三角形（3）就是正方形（4）。Frank 和 Kasper 指出它们的组合仅有 3^6、4^4、$3 \cdot 3 \cdot 4 \cdot 3 \cdot 4 (3^2 \cdot 4 \cdot 3 \cdot 4)$ 及 $3 \cdot 3 \cdot 3 \cdot 4 \cdot 4 (3^3 \cdot 4^2)$ 四种。体心立方的 Cr_3Si 次层是 4^4，Zr_4Al_3 的次层是 3^6 [图 6-17 画出的是它们在 σ 相次层中的晶胞，周围多边形的分布仍属 σ 相中的分布，不是这两个相中应有的分布]。图 6-17 中绕 σ 相的一个六角反棱柱的中心的多边形顺序是 $3^2 \cdot 4 \cdot 3 \cdot 4$。$\sigma$ 相在过渡金属二元合金中广泛存在，一个组元是原子半径略小的 Mn、Fe、Co、Ni 等，另一个组元是原子半径略大的 V、Cr、Mo、W 等。

6.3.2.3　一维准晶

正像二维十重准晶是由三维二十面体准晶中一个五重准周期轴变成十重周期轴而生成的，一维准晶是由二维十重准晶中一个二重准周期轴（与十重轴正交）变成二重周期轴而生成的。换句话说，一维准晶有两个正交的周期方向（其中一个即十重准晶的十重轴方向）以及一个与它们正交的准周期方向。显然，这个准周期方向上的准周期与二维十重准晶的一个二重准周期相同。何伦雄等在研究急冷凝固的 $Al_{65}Co_{15}Cu_{20}$、$Al_{65}Mn_{15}Cu_{20}$ 及 $Al_{80}Ni_{14}Si_6$ 合金中的二维十重准晶时，发现十重电子衍射图中的 2P 二重轴不再是准周期的，而具有不同的周期。如图 6-18(a) 所示是 $Al_{80}Ni_{14}Si_6$ 一维准晶的伪十重电子衍射图，相当于二维十重准晶的十重电子

(a) z=0的网络,上下对应　　(b) z=1/4及3/4的　　(c) z=1/2的网络,上下对应
的六边形取向相反　　　3·4·3·4网络　　　的六边形取向相反

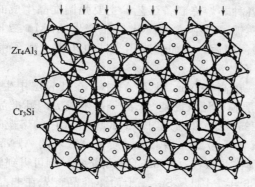

(d) 四方σ相的[001]投影图

图 6-17　σ相次层的晶胞分布

衍射图,强衍射斑点仍近似地显示十重对称分布,但是 P_1 二重轴方向的衍射斑点已明显地呈现周期性,而 D_1 二重轴仍是准周期轴。绕 P_1 旋转90°得到 D_1 二重电子衍射图,由此得出的一维准晶在十重轴方向的周期是 1.6nm。在 P_1 方向的衍射斑点排列在一些等间距的层线上,用白箭头标明。此外还有周期是 0.4nm（$Al_{65}Co_{15}Cu_{20}$）及 1.2nm（$Al_{65}Mn_{15}Cu_{20}$）的一维准晶,与这些合金中二维十重准晶在十重轴方向的周期相等。不仅如此,图 6-18(b) 中的 6 个呈六角形分布的强衍射斑也与二维十重准晶中的情况相似,只不过在十重准晶的 2P 二重轴准周期方向的衍射斑点列已显示 $m×0.23nm$（$m=3$）的周期性。此外还有 $m=5$（$Al_{65}Mn_{15}Cu_{20}$）及 13（$Al_{65}Co_{15}Cu_{20}$）的情况。后来蔡安邦等及王仁卉等还找到 $m=8$ 的一维准晶。$m=3$、5、8、13 属于与 $τ=(1+\sqrt{5})/2$ 有关的 Fibonacci 数列,与这些周期是由十重准晶的一个准周期轴变来的是一致的。Kalning 等也证实一维准晶的存在。从上述讨论可以看出三维准晶向晶体的转变过程:

三维二十面体准晶→二维十重准晶→一维准晶→准晶的近似晶体相
（无周期方向）　　（一维周期平移）（二维周期平移）（三维周期平移）

其中还有一系列的中间状态。此外,一维准晶的周期（也就是 m）可以有不同数值,由大

 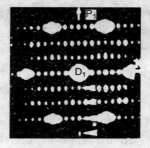

(a) $Al_{80}Ni_{14}Si_6$一维准晶的伪十重电子衍射图　　(b) D_1 二重电子衍射图

图 6-18　准晶电子衍射图

变小（无穷大时是二维准晶）；准晶的近似晶体相的晶胞也有不同大小，也是由大变小（无穷大时是准晶）。

6.4 准晶制备方法

6.4.1 非熔炼制备工艺

下面简单介绍生成准晶的各种非熔炼制备工艺，主要强调准晶生成的多样性。

（1）气相沉积 既可同时蒸镀、溅射 Al 和 Mn 直接产生 Al-Mn 二十面体准晶，也可交替蒸镀或溅射 Al 和 Mn 产生多层薄膜后，再加热或用高能电子束、离子束、激光束轰击，使其混合，间接地生成 Al-Mn 二十面体准晶。

（2）离子注入与离子混合 用高能 Mn^+ 注入 Al 中，在其表层中生成 Al-Mn 二十面体准晶。在气相沉积的 Al 及 Pd 双层膜中注入高能 Ar 离子，生成 Al-Pd 准晶。

（3）电解沉积 在加热到 $225\sim250℃$ 的 $AlCl_3+NaCl+MnCl_2$ 的熔盐的电解过程中，在阴极铜板上得到的主要是成分为 Mn 含量为 $26\%\sim39\%$（质量分数）的 Al-Mn 非晶合金，但在这些颗粒的界面处有 Al-Mn 二十面体准晶微粒。在 325℃ 电解沉积，则可得到较粗的准晶颗粒。

（4）非晶合金的晶化 1985 年 $Pd_{60}U_{20}Si_{20}$ 二十面体准晶首先在非晶合金的晶化过程中被发现（$Pd_{80}Si_{20}$ 是早期很受关注的非晶合金）。接着，在 $Al_{55}Mn_{20}Si_{25}$、$Al_{75}V_{10}Cu_{15}$、$Ti_{53}Zr_{27}Ni_{20}$、$Ti_{40}Ni_{40}Cu_{10}Si_{10}$ 等非晶合金的晶化过程中也观察到二十面体准晶。近年来，还在二元的 Zr-Pd、Zr-Pt、Hf-Pd 及 Zr_2TM（TM 为 Ni，Co，Fe）等非晶合金的晶化过程中也观察到二十面体准晶，不过氧的存在对生成准晶有重要作用。这些准晶都是亚稳相，在加热到更高温度后转变成晶体相。Frank 在 1952 年就讨论过金属的过冷现象（凝固在低于熔点以下发生），认为在液体中存在着结合相当牢的二十面体原子簇，通常只有靠过冷才能打破这些二十面体原子簇，开始结晶。在非晶合金中存在二十面体原子簇也是意料中的事，因此在其晶化过程中很可能生成二十面体准晶这种中间过渡状态。

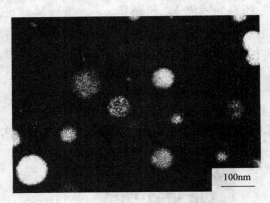

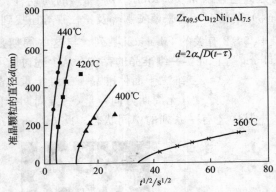

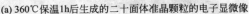

(a) 360℃保温1h后生成的二十面体准晶颗粒的电子显微像　　(b) 在不同温度下准晶的最大直径 d 随保温时间 t 的变化

图 6-19　$Zr_{69.5}Cu_{12}Ni_{11}Al_{7.5}$ 非晶合金的晶化

随着大块 Zr 基非晶合金的出现，它在加热晶化过程中生成二十面体准晶也就成为研究的热点。图 6-19（a）给出 $Zr_{69.5}Cu_{12}Ni_{11}Al_{7.5}$ 大块非晶合金在 360℃ 保温 1h 后的纳米尺寸的准晶颗粒；图 6-19（b）给出在不同温度生成的最大准晶颗粒的直径 d 随时间 t 的变化，曲线为 $d=2\alpha[D(t-\tau)]^{1/2}$，式中，$\tau$ 是孕育时间；D 是 Zr 在合金中的扩散系数；α 是随合金而异的常数。

实验点基本落在这些 $d\propto t^{1/2}$ 曲线上。在准晶生长到占总容积的约 1/3 后，由于准晶颗粒开始相互接触，从而生长速率减小并偏离这些曲线。

（5）机械合金化　将两种以上金属粉末在高速球磨机中用密度大（如 WC）的球研磨，金属粉末在球的撞击下变形、粘连，甚至化合生成合金，称为机械合金化。J. Eckert 等曾将 $10\%\sim20\%$Mn、$15\%\sim25\%$Cu 与 Al 粉一起球磨得到单一的 Al-Mn-Cu 二十面体准晶。但是这种制备方法不稳定，一方面，常伴有 C14 Laves 相、B2（CsCl）相等与二十面体准晶有关的合金相；另一方面，有些二十面体准晶在高速球磨后也会转变成非晶。

（6）从固溶体中析出　已经发现铝合金、镁合金、马氏体时效钢、不锈耐热钢等在长期时效后均会产生二十面体准晶微粒沉淀。

6.4.2　离子注入

为了在半导体 GaAs 的表面生成一层铁磁性 Ca-Mn 薄膜，曾试图用高能 Mn^+ 注入 GaAs 薄膜（剂量为 $1\times10^{14}\sim5\times10^{16}$ 单位），结果在其表层发现有 Ca-Mn 二十面体准晶生成。两者的取向关系与 Ti_2Ni 准晶及面心立方相 η Ti_2Ni 相同，即 $i\bar{5}//[110]_{GaAs}$，$i\bar{3}//[111]_{GaAs}$，$i2//[12\bar{1}]_{GaAs}$。如图 6-20(a) 所示是 $i\bar{5}$ 与 $[110]$ 的复合电子衍射图，其中面心立方 GaAs 基体的衍射斑点强，用黑点标明，Ca-Mn 二十面体准晶的内、外圈各 10 个衍射斑点用白箭头标明。值得注意的是图 6-20(a) 中 GaAs 的 4 个 $\{111\}$ 衍射斑点均与准晶的内圈的 4 个衍射斑点相重，GaAs 的 ±（220）衍射斑点与准晶的外圈的两个衍射斑点相重，说明两者中的一些面不但平行，而且间距也相等。换句话说，两套晶格有一定的共格关系。

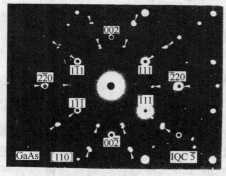 

(a) GaAs 的 [110] 晶带衍射斑点用黑点标明，准晶的五重对称的衍射斑点用白箭头标明　(b) GaAs 中生成的尺寸为 4～5nm 的 Ga-Mn 二十面体准晶，五边形和十边形亮像点分别用星号及小黑点标明

图 6-20　面心立方 GaAs 晶膜中注入 Mn^+ 后生成的 Ga-Mn 二十面体准晶

孙凯等拍摄的高分辨电子显微像［图 6-20(b)］也充分说明了这一点，其中主体是 GaAs 的（110）面的晶格像，用黑线画出的是一个平面胞。在图 6-20(b) 的中央偏右上方 4～5nm 的直径范围内有一些呈五边形（用星号标明）和十边形（用小方点标明）的亮像点，它们与周围的 GaAs 的亮像点无明显界限。这可能就是尺寸仅为 4nm 并与 GaAs 共格生成的 Ga-Mn 二十面体准晶。尽管二十面体准晶颗粒仅为 10nm，它的高分辨电子显微像经过傅里叶变换得出的衍射图中仍给出内、外两圈各 10 个衍射斑点，与图 6-20(a) 中的相同。除了 Ga-Mn 二十面体准晶外，孙凯等还观察到 Ga-Mn 二维十重准晶，与 GaAs 基体也有共格关系。

6.4.3　固溶体中析出

（1）铸造 A13003 合金　这种铝合金主要含 1.1%Mn、0.5%Fe、0.1%Si（质量百分比），

在水冷模中铸锭、快速冷却并轧制成厚为 0.7cm 带坯，然后再轧制成厚为 0.05cm 的带材。由于表面冷却速率高达 300～700℃/s，合金元素基本都保留在固溶体中，细微的沉淀颗粒在位错网上析出，阻止回复和再结晶，从而使合金有较高的中温强度。合金相的析出过程是：固溶体→Al-Mn-Si 二十面体准晶→α' 亚稳晶体相→α-(AlMnSi) 相→Al_{12}Mn，这种合金已使用多年，1984 年发现 Al-Mn 二十面体准晶后直至 1989 年才用透射电子显微术证明最先析出的是二十面体准晶。不过，二十面体准晶不稳定，还没长大（20～50nm）就转变成 α'（α 的畸变结构）和 α 相。

（2）时效硬化合金　时效硬化 A12000（Al-Cu）及 A17000（Al-Zn-Mg-Cu）系合金的使用温度仅为 180℃，而急冷凝固的 A18009（Al-Fe-V-Si）铸造合金在 320℃ 仍能保持相当高的强度，因此近来很受航空界重视。它是由 Al-Fe(V)-Si 二十面体准晶、体心立方 α-(AlFeSi) 相（α=1.256nm）及其有关的六角相（α=2.514nm，c=1.253nm）微粒沉淀产生的稳定高温组织。

（3）马氏体时效钢　瑞典 Sandvik 公司研制成功的马氏体时效钢（质量百分比：12％Cr、9％Ni、4％Mo、0.9％Ti）既耐腐蚀又具有高硬度，广泛用于外科手术刀、针、线、电动剃须刀中的刀片等。这种合金主要靠 Mo、Ti 强化，并且含量较高，有多种合金化合物存在，如 C14 Laves 相等。刘平等近来用电子显微镜研究其显微结构，发现其中的二十面体准晶是产生强化的重要原因之一。

（4）耐热不锈钢　由于在含 20％Cr 和 10％Ni 的不锈钢中加入了 3％Mo，钢中有铁素体存在，其 Mo、Cr 含量均较奥氏体中高。在 500～550℃ 长期保温后发现其中有二十面体准晶生成，这是由胡正伟等和法国的 H. Sidholm 等在 1989 年报道的。二十面体准晶的成分（质量百分比）是：28.3％Fe、30.0％Cr、4.1％Ni、33.3％Mo、3.0％Si，接近 C14 Laves 相 Mo(Fe, Cr, Ni, Si) 的成分，加热到 700℃，二十面体准晶消失生成四角 σ 相。

6.5　准晶材料的应用前景

准晶材料的应用必须首先考虑如何克服脆性和疏松，不外乎采取在基体材料上镀准晶膜和做成复合材料两种方法。目前只有法国和美国正在进行较大规模的应用研究，他们主要采用真空热喷涂方法制备准晶膜，这种方法较复杂，生成过程分熔炼、制粉和喷涂三部分，法国在喷涂技术上领先，法国的 SNMI 公司是专门生产喷涂设备的，很早就参与准晶镀膜的开发，而美国能源部 AMES 实验室在制粉上略有优势。

6.5.1　不粘锅涂层

这是最早成功的准晶应用。目前市场上常见的不粘锅是使用聚四氟乙烯作为涂层材料，该材料的不粘性极好，但机械强度低，不耐磨损，为延长使用寿命只能使用软的木制炊具。这个问题尤其对于快餐业显得严重，法国洛林地区的一家小企业专营餐馆专用炊具，他们制作双面加热的烤牛排机，牛排与相接触的加热面最好不粘，而聚四氟乙烯材料的使用寿命仅数天至数周，因此迫切需要一种高强度的新不粘材料以代替聚四氟乙烯。法国科学家杜博瓦博士在 1986 年接受 IBM 青年材料科学家奖时做了有关非晶和准晶的讲演，听众中即有那家企业的经理。虽然当时对准晶性能的认识基本是空白，他们还是决定尝试这种新材料。这导致在 1988 年第一个准晶应用的专利的诞生，并引起公众的广泛注意。由于准晶锅的生产技术复杂，直至 1993 年才完成大规模生产的技术研究。但是，由于投资和生产成本过大，加上市场狭窄等原因，至今仍然没有真正投入商业生产。

该项应用采用了 Al-Cu-Fe 基准晶材料，加上以 Cr 为主的其他合金元素，以获得更好的性能。这些材料用普通的真空或气氛保护熔炼手段制备，然后用原子雾化法或其他制粉法制成直径在 $100\mu m$ 左右的粉末，采用气氛保护热喷涂或真空等离子体喷涂将准晶粉末沉积于基体上。基体材料一般采用常见的铝合金。不粘性主要来自准晶的低表面能性和表面的拓扑形态，高硬度、耐磨损性也有助于不粘性的提高和寿命的延长，可以进行清洗，大大优于聚四氟乙烯材料。准晶膜含有一定的孔隙率，这在某种程度上有助于提高润湿性。成分选择还考虑到耐蚀性，准晶锅完全符合食用炊具的标准。准晶的不良导热性虽然降低了热使用效率，但是膜层较薄，影响不大，且可以提高烹饪温度和热惯性。

6.5.2 热障膜

热障膜广泛应用于工业各个领域，上至航天和汽车发动机，下至居室乃至熨斗，都需要使用隔热性好的材料。隔热材料一般与其他材料复合，以获得良好的综合性能，这一点对热循环和高隔热尤其重要，因为界面热应力导致材料的破坏，此时常常需要引入可变形的过渡层以缓解应力。航空发动机常用隔热材料是锆钇氧化物，它的热扩散系数很低，但是它的密度较大，硬度和抗磨损性等力学性能不好。其他常用隔热材料有氧化铝，它比氧化锆轻，导热性也很好，但力学性能较差。一些合金钢（例如不锈钢）隔热性也不错，但是密度很大。人们已经对准晶的导热性做了详细研究，同上述材料相比，准晶材料作为隔热材料具有良好的力学性能、低密度、耐蚀和耐氧化以及易于制备等优点。

类似于不粘锅的应用，准晶热障膜也是将准晶热喷涂于基体表面，成分以 Al-Cu-Fe、Al-Pd-Mn 准晶为基础，加上 Cr、Ye 等合金元素。准晶所固有的疏松结构有利于降低热导率，$Al_{63.5}Cu_{24}Fe_{12.5}$ 在铸态的孔隙率约为 3%，850℃退火 3h 后增加到 8%，如果大于 10% 则更有效。使用温度在 700℃ 以下，适合于汽车业和多数日常工业的隔热需要，且热膨胀系数介于金属和绝热陶瓷之间。在更高温度下，准晶涂层可作为耐热陶瓷和金属基体的过渡层，可有效地降低应力，极限使用温度可达 950～1200℃。

西班牙 INTA（国家航空技术研究所）的科研人员发现，准晶合金 $Al_{71}Co_{13}Cr_8Fe_8$ 在 1000℃ 都保持稳定，采用低压等离子溅射技术（LPPS）将其涂覆于航空 Ni 基合金的表面，涂层的孔隙率低于 1%。热导率与常规的 ZrO_2 热障涂层在一个数量级。与传统隔热材料相比，准晶材料具有密度小、耐蚀和耐氧化的优点，在航空和汽车工业的发动机等部件中有潜在应用价值。

6.5.3 选择吸收太阳光膜

太阳热能的工业利用要求吸热材料能够达到 400℃ 的高温。具有选择吸收特性的材料能够吸收波长小于 $2\mu m$ 的短波而反射长波，现在实用的材料由金属颗粒和陶瓷基体复合而成，热吸收率 $\alpha=0.95$，在 350℃ 下的热半球发射率 $\varepsilon_h\approx0.18$。这些材料的高温持久性都难以实现。德国科研人员以 Cu 为基底，将厚度约 10nm 的 AlCuFe 准晶薄膜置于两层绝缘薄膜之间，构成多层结构，其具有太阳能工业要求的选择吸收性质。该多层结构不仅可以满足光学性能的要求，在 395℃ 其选择吸收波长范围为 400～1700nm，可以与市场上已应用的 Ti-N-O 薄膜相比；同时还具有抗高温氧化、抗腐蚀性好等优点。利用准晶的光学性能，其在红外线探测仪（测辐射热仪）和温度传感器中也有潜在应用。

准晶具有特殊的光学性能（高的红外传导率）和足够的热稳定性。尽管准晶本身没有选择吸收性质，但准晶膜贴在高反射率材料（如铜）上可以达到性能要求。经过计算发现，铜/绝缘体/准晶/绝缘体的多层结构可以具有选择吸收性质，铜等高传导金属可反射长波，准晶薄膜

（以 $Al_{70}Pd_9Mn_{21}$ 为例）则几乎对红外透明。如表 6-2 所示，不同材料的组合得到很高的 α_s 和很低的 ε_h，同现有材料比较，虽然 α_s 略微降低（大约 0.91），但是 ε_h 值要好 2.5 倍（0.07）。

但是，上述结果仅仅是理论计算，为实现这种多层结构，准晶膜的厚度要控制在 12nm 左右，或者掌握准晶小颗粒在陶瓷基体的复合技术。即便能够制备出来，该材料的热和化学稳定性仍然有待研究。

6.5.4　准晶复合材料

既然准晶具有高硬度，它们应该能够用作高温合金的弥散强化相。由于相图上稳定准晶不与 Al 金属共生，不能用控制凝固过程的方法来获得这样的材料，只能采用复合的方法。日本学者首先推出这种材料。他们制备数微米大小的准晶粉末，然后按适当比例均匀混合 Al 粉（<0.2mm）和准晶粉，再进行热压。含 25％准晶的材料具有最佳硬度，达 1200MPa。

类似工作在许多地方均有开展。例如法国、日本以及我国的中南工业大学、大连海事大学和大连理工大学均在这个方面有所尝试。最近，日本科学家成功地制备了准晶纳米材料，即在急冷下纳米级准晶粒子弥散在 Al 基体中，具有良好的力学性能。

准晶材料的性能特点是较高的硬度、低摩擦系数、不粘性、耐蚀、耐热和耐磨等，如 Al-CuFe 准晶的硬度为 800~1000HV，可与氧化硅的硬度相媲美（750~1200HV），比它的组成金属要硬得多（低碳钢为 70~200HV，铜为 40~105HV，铝为 25~45HV），但由于准晶材料的本质脆性大大限制了其应用，目前准晶材料主要作为表面改性材料或者作为增强相弥散分布于结构材料中。

6.5.5　准晶作为结构材料增强相的应用

准晶合金的本质脆性和不可避免地存在疏松限制了其本身作为结构材料的应用，为了利用其高硬度、不粘性、耐热、耐磨和耐腐蚀等良好的综合性能，考虑第二相强化机制（弥散强化），将其用作结构材料的增强相。

（1）准晶相作为时效强化相　瑞典皇家工学院的研究人员开发的新型马氏体时效钢，成分为 12％Cr-9％Ni-4％Mo-2％Cu-1％Ti，其中时效强化相为准晶相。准晶相的成分典型值为 34％Fe、12％Cr、2％Ni、49％Mo 和 3％Si，在 475℃下，时效 4h 形成，经过 1000h 都保持稳定，即准晶颗粒是热力学平衡析出。时效过程中丰富的形核位置与缓慢的粗化过程可以用准晶的低表面能进行解释。该钢经回火处理后，其拉伸强度为 3000MPa，准晶相的形成对提高强度和抗回火软化起到了相当大的作用，该型钢主要应用于医疗外科器械。

（2）准晶纳米颗粒增强 Al 基合金　日本学者 A. Inoue 等采用快冷方法开发出一种具有优异力学性能的 Al 基合金。其组织特征为在 fcc-Al 相中均匀分布有纳米尺度的准晶颗粒。其中，准晶颗粒的尺寸为 30~50nm，fcc-Al 相厚度为 5~10nm，将准晶颗粒包围。在 Al 相中没有大角度的晶界。准晶相的体积分数高达 60％~70％。该型合金的制备过程中的凝固特点是准晶相作为初生相先析出；随后 Al 相在剩余的液体中凝固。根据力学性能特点可以分成三种类型：①高拉伸强度型，在 Al-Cr-Ce-Co 和 Al-Mn-Ce-Co 体系中可达 800MPa；②高延伸率型，在 Al-Mn-Cu-Co 体系中可达 30％；③好的高温强度型，在 Al-Fe-Cr-Ti 系中，在 473K，强度有 500MPa，在 573K，强度有 350MPa。这些力学性能明显优于传统的晶态合金。

（3）准晶颗粒增强复合材料　为了利用准晶材料的高硬度、耐磨性等性能，研究人员考虑使用准晶颗粒增强复合材料，增强颗粒通常选 AlCuFe、AlCuCr 准晶材料，基体包括金属基体（主要是 Al 基体）和聚合物基体。

① 准晶颗粒增强金属基复合材料。与 Al、Mg 等金属及其合金相比，准晶具有高的硬度，

虽然其硬度会随温度升高而降低，如 AlPdMn 准晶的硬度在室温下为 700～950HV，在 673K，仍然有 600HV，所以准晶应该能够用作合金的弥散强化相。由于在相图上稳定准晶与 Al、Mg 金属不共生，不能采用常规的凝固或热处理的方法，使准晶相弥散分布于 Al、Mg 合金基体中，可以采用复合的方法。使用准晶颗粒增强金属基复合材料除了可以提高基体的性能以外，由于与常规陶瓷颗粒相比，准晶材料的熔点较低，且其为金属合金，故准晶颗粒增强金属基复合材料的回收也是相对容易的，属于环境友好材料。

稳定准晶的发现者 Tsai 等首先研究了准晶颗粒增强铝基复合材料，他们通过机械合金化和热压综合技术使 AlCuFe 准晶颗粒均匀分布于纯铝基体中。准晶颗粒的直径为 $5\mu m$，体积分数分别为 10%、15%、20%、25%。两种热压条件：673K，在 260MPa 保持 1h；873K，在 60MPa 保持 3h。研究发现，在热压过程中，由于 Al 原子从基体向准晶颗粒扩散，导致晶体相 Al、Cu_2Fe 的生成。Tsai 等测定了所制备材料的显微硬度，与基体相比有显著的提高。当准晶颗粒的体积分数为 25% 时，复合材料的硬度从基体的 250HV 增大到 1200HV。当准晶颗粒中生成四方相 Al、Cu_2Fe 时，硬度值有所下降。

在 Tsai 等研究之后，类似的工作逐渐展开。主要集中在美国、法国、日本、韩国和中国，从现有的资料来看，美国在技术上处于领先地位。

美国能源部的 Ames 实验室科研人员通过雾化的方法制备出圆整、粒度均匀、相和成分均匀，且粒度可调整的准晶颗粒。在此基础上，Ames 实验室的研究人员制备出准晶颗粒增强铝基复合材料。复合材料中的增强颗粒为球形，避免了应力集中，颗粒的分布较均匀。

Biner 等用常规的粉末冶金（PM）方法制备了体积分数为 20% 的 $Al_{63}Cu_{25}Fe_{12}$ 和雾化准晶颗粒增强 6061Al 合金复合材料。与相同基体的 SiC 颗粒增强材料进行比较，发现两种材料具有相近的刚度和延展性，而准晶颗粒增强材料具有更高的屈服强度和拉伸强度。两种材料的疲劳裂纹扩展和断裂韧度相近，准晶颗粒增强材料的加工性能和焊接性能则更好。

国内在准晶颗粒增强金属基复合材料的研究方面相对滞后。从目前的报道看，主要是大连海事大学的齐育红等进行了较深入的研究，他们采用热压技术制备出 $Al_{65}Cu_{20}Cr_{15}$ 二十面体准晶颗粒增强工业纯铝的复合材料，硬度也有 1200HV，摩擦系数为 0.36，磨损率为 0.22mm³/h，优于纯铝（摩擦系数为 0.75，磨损率为 5.72mm³/h）。齐育红等根据相变机制结合材料制备的工艺参数对材料的硬度变化和摩擦行为进行了分析。当准晶颗粒体积分数为 15%～20% 时，复合材料摩擦性能随准晶体积分数的提高而改善；当体积分数达到 25% 时，摩擦性能又有所降低。

② 准晶颗粒增强聚合物基复合材料。Ariles 国家实验室的科研人员研究了 AlCuFe 准晶颗粒增强聚合物基复合材料的制备方法和性能变化，发现复合材料的耐磨性明显优于基体，且其玻璃化温度 T_g 和熔化温度 T_m 与基体相比没有明显变化，说明准晶颗粒不会对基体产生有害的化学作用。

6.5.6 准晶材料研究意义及展望

6.5.6.1 准晶材料的研究意义

（1）对传统晶体学的补充和发展 具有 5 次、8 次、10 次及 12 次旋转对称的准晶物质的发现，冲击了传统晶体学的两个主要支柱——14 种布拉维空间点阵和 32 种点阵对称群（前者概括了晶体的周期平移对称，后者概括了晶体中所允许存在的旋转对称），在所有以晶体学为基础的固体科学界产生了很大的震动。为此，准晶发现的初期很难为人们所接受，甚至还受到一些人的攻击。但随着物理学家、化学家和材料科学家对准晶结构的不断研究，人们很快发现统治人们很久的晶体点阵学说以及与此有关的周期性平移对称只是一个经验规律，谁也没有证明过晶体的平移序必定是周期性的。并终于意识到准周期平移也可以作为晶体结构的长程位置序，过去一直研究的周期性晶体的原子结构仅仅是各种可能类型的有序固体中的一个子系统而已。由此可见，准晶的发现扩大了晶体学的范畴，使之既包括有周期性平移对称的传统晶体，也包括只有准周期性平移的准晶体。由于没有了周期性平移的约束，在原来晶体中已有 7 种晶系、32 种对称型（点群）和 47 种单型的基础上，新增加了准晶的 5 种晶系、28 种对称型（点群）和 42 种单型。这对传统晶体学无疑是一个重要的补充和发展。

（2）在固体物理学及材料科学中具有重要意义　准晶态物质是传统固态晶体物质与非晶态物质之间的过渡态新物质，其结构与晶体结构和非晶态结构有本质差别。由于准晶体的点阵结构比一般晶体要严格得多，并且存在周期方向与准周期方向的原子分布，加上准晶体中与传统晶体不同的缺陷等因素，与传统晶体和非晶体物质相比较，准晶态物质有可能在物理性能、化学性能和力学性能等方面表现出许多新的特性。广大科学家对准晶态物质特殊性能的研究结果，如准晶态物质呈现出比钢还硬的特性、准晶态物质具有非常高的电阻率和相当低的热导率等，足以让人们相信，不远的将来，随着对准晶态物质研究的不断深入，其特性将得到不断的开发和利用。

（3）开拓了矿物晶体结构研究的新领域　越来越多的研究表明，准晶体物质不仅能在合成材料中被发现，而且在地球上、在宇宙物质中都有可能找到准晶态物质。因此，自然界的矿物结构可以分为具有平移周期的晶体结构、具有数学上严格的有规自相似性准周期及统计学意义上的无规自相似性准周期的准晶体结构、随机性的非周期性结构和胶态物质等。过去常常被忽视、回避的矿物中大量准周期结构的研究必须引起足够的重视，必须拓宽矿物晶体结构研究的范围，打破准周期矿物结构研究的禁区。

6.5.6.2　准晶材料的展望

晶体学家和数学家致力于探讨准晶的原子结构和结构缺陷；物理学家专注于研究准晶奇特的电子结构以及物理性能和力学性能；材料学家则着重研究新的准晶材料的发现、大块准晶的制备，并积极探索准晶材料的应用。各国政府对准晶的研究工作给予了大力的支持，如日本文部省和中国国家自然科学基金委员会均设立了重大项目和重点项目资助准晶研究，法国国家科研中心设立了准晶研究协会，德国科学基金会设立了准晶研究重大项目等。

尽管准晶研究为众多学科提出了新的范式和新的概念，并展示出了广阔的应用前景，但是由于准晶的研究内容十分广泛，原则上讲晶态和非晶态物理所涉及的各个方面内容都是准晶的研究内容，另外准晶研究早期的中心主要是发现新的准晶合金系（尤其是寻找稳定准晶）、研究准晶形成机制、阐明准晶结构特性，分析准晶缺陷及缺陷对准晶性能的影响等。因此，至今对准晶应用的研究还较为薄弱，尚处于早期。准晶材料自身质脆、制备困难、成本高昂等也极大地制约了准晶材料应用的研究。目前世界上只有法国、日本和美国等少数国家真正掌握了准晶薄膜制备技术，准晶产品也基本限于应用准晶薄膜的不粘制品。准晶研究尤其是准晶材料的实际应用是一个极具挑战又充满机遇的研究领域。随着新材料制备和检测技术的不断发展，随着准晶研究不断向纵深发展，准晶的研究一定会有新的重大突破，人们也必将迎来准晶材料应用的春天。

习题与思考题

1. 试述准晶结构的特点，它与晶体和非晶体材料有何不同？
2. 简述准晶的形成机理与结构特点。
3. 准晶材料按照周期性的维数分为几类？在二维准晶中十重准晶和二十面体准晶各自有

何特征?

4. 简述准晶的制备方法及其特点。

5. 准晶材料用于不粘锅涂层和热障膜的原因是什么?

6. 简述准晶材料的研究意义与展望。

参 考 文 献

[1] 刘志林,李志林,刘伟东著.界面电子结构与界面性能.北京:科学出版社,2002.

[2] 董闯著.准晶材料.北京:国防工业出版社,1998.

[3] 王仁卉,胡承正,桂嘉年著.准晶物理学.北京:科学出版社,2004.

[4] 周公度,郭可信著.晶体和准晶体的衍射.北京:北京大学出版社,1999.

[5] 厉瑞艳.富 Al 端 Al-Mn 合金的熔体结构及其凝固过程的研究 [学位论文].济南:山东大学,2008.

[6] 李志强.Al-Cu-Fe 准晶材料的制备及其与镁、铝的界面反应研究 [学位论文].上海:上海交通大学,2001.

[7] 王鹏.Ti-Zr-Ni 体系块体纯准晶性能研究 [学位论文].大连:大连理工大学,2004.

[8] 皮建东.一维准晶平面弹性的若干缺陷问题研究 [学位论文].呼和浩特:内蒙古师范大学,2007.

[9] 肖华星.引人注目的新材料-准晶材料Ⅳ:准晶的性能及应用.常州工学院学报,2005,18 (1):10-14.

[10] 于军,徐桂英.热电材料发展动态.材料导报,2005,19 (3):28-31.

[11] 肖华星.引人注目的新材料-准晶材料Ⅲ:准晶的形成.常州工学院学报,2004,17 (2):1-5.

[12] 肖华星.引人注目的新材料——准晶材料 (一) 准晶材料介绍.常州工学院学报,2003,16 (4):1-4.

[13] 肖华星.引人注目的新材料——准晶材料 (二) 准晶基础.常州工学院学报,2003,16 (4):6-10.

[14] 登辉球,赵立华,黄纬清等.准晶薄膜与涂层的制备、性能和应用.功能材料,2001,32 (2):115-120.

[15] 李雪辰,邓辉,迟志艳等.准晶材料的结构特征和材料特性的研究.装备制造技术,2009,3:32-34.

[16] 王玲玲,黄维清,邓辉球.准晶合金形成规律的探讨.稀有金属材料与工程,2003,32 (11):889-892.

[17] 丁路芬,苏广才.准晶材料的研究现状及其前景展望.现代铸铁,2007,2:65-67.

[18] 李志强,徐洲,李小平.准晶材料的应用研究进展.材料导报,2002,16 (2):9-11.

[19] 张利明,董闯.准晶材料性能及应用研究现状.材料导报,2000,14 (1):22-24.

[20] 周细应,徐洲.Al-Cu-Fe 准晶薄膜/涂层的研究进展.材料热处理技术,2009,1,82-85.

[21] 王艳,张忠华,滕新营等.机械合金化 Al-Cu-Fe 准晶相形成的研究进展.稀有金属材料与工程,2006,35 (12):35-38.

[22] 刘新宝,宋广生,张振忠.块体单准晶材料制备的进展及展望.材料导报,2000,14 (10):14-16.

[23] 黄劲松,刘咏,杜勇等.铝基准晶的研究进展.材料工程,2005,3:60-64.

[24] Jakes N, Le Bacq O, Pasturel A. Chemical and icosahedral short-range orders in liquid and undercooled $Al_{80}Mn_{20}$ and $Al_{80}Ni_{20}$ alloys: A first-principles-based approach. J. Chem. Phys., 2005, 123:104-508.

[25] Sdelmyer B, Steeb S. Structure of Fe-Si-melts by X-ray diffraction, Naturforsch, 1997, 52a:415-419.

[26] Wang X, Zhong Z. Interaction between a semi-infinite crack and a straight dislocation in a decagonal quasicrystal. International Journal of Engineering Science, 2004, 42:521-538.

[27] Anton R, Kreutzer P. Growth and electrical and optical properties of Al(Pd, Mn) alloy thin films produced by simultaneous vapor deposition of the components. J. Alloys. Compd., 2002, 342:464-468.

[28] Qi Y H, Zhang Z P, Hei Z K, et al. Phase transformation and properties of quasicrystal particles/Al matrix composites. Trans Nonferrous Met Soc China, 2000, 10 (3):358-363.

[29] Lyeo, Ho Ki. Profiling the thermoelectric power of semi-conductor junctions with nanometer resolution. Science, 2004, 303:816-821.

[30] Soon Chul Ur. Thermoelectric properties of Zn_4Sb_3 directly synthesized by hot pressing. Mater Lett, 2004, 58:2132-2138.

第7章 纳米材料制备技术

【学习目的与要求】

本章着重讲述了纳米颗粒、纳米管材、纳米薄膜和纳米块体的制备技术与工艺。通过对本章的学习，学生能够全面了解纳米材料的制备技术；重点掌握纳米颗粒的制备方法及特点；了解纳米材料的工业应用和发展前景。

7.1 纳米材料概述

纳米科学技术是 20 世纪 80 年代末诞生并正在崛起的新技术，它的基本含义是在纳米尺寸（10^{-9}m～10^{-7}m）范围内认识及改造自然，通过直接操作及安排原子、分子来创造新的物质。纳米科技是研究由尺寸在 0.1～100nm 之间的物质组成的体系的运动规律和相互作用以及可能的实际应用中的技术问题的科学技术。

随着新的研究方法与新仪器的问世以及学科间的渗透，人们对纳米科技、纳米材料的研究与应用越来越深入。纳米晶体材料的特点是晶粒极其细小，缺陷密度高，界面所占体积百分数很大。纳米晶体材料结构上的特殊性使其具有诸多传统粗晶、非晶材料无可比拟的优异性能。如光、热、电、磁等物理性能与常规材料不同；电阻随尺寸下降增大，电阻温度系数下降甚至变为负数；绝缘体的氧化物达到纳米级时，电阻下降；纳米氧化物对红外、微波有良好的吸收；纳米氧化物、氮化物在低频下，介电常数增加几倍，能极大地增强效应；纳米氧化铝、钛、硅等有光致发光现象；由于比表面积显著增加，键态严重失配，化学性质与化学平衡体系出现很大的差异，可用于化工中催化效应、不相溶材料的合成、复合材料的开发、改善物理及力学性能等。因此，纳米结构的出现不仅为人们研究晶体缺陷提供了模型材料，且为材料的技术应用开创了广阔的前景。

纳米材料是指在三维空间中至少有一维处于纳米尺度范围或由它们作为基本单元构成的材料。1993 年 Siegel 首先将纳米晶体材料分为四类。

① 零维是指其三维空间尺度均在纳米尺度，如纳米尺度颗粒、原子团簇、人造超原子、纳米尺度的孔洞等。纳米粉末又称为超微粉或超细粉，一般指粒度在 100nm 以下的粉末或颗粒，是一种介于原子、分子与宏观物体之间处于中间物态的固体颗粒材料，可用于高密度磁记录材料、吸波隐身材料、磁流体材料、防辐射材料等。

② 一维是指在空间有两维处于纳米尺度，如纳米丝、纳米棒、纳米管等。纳米纤维指直径为纳米尺度而长度较大的线状材料，可用于微导线、微光纤材料、新型激光或发光二极管材料等，纳米膜分为颗粒膜和致密膜。

③ 二维是指在三维空间中有一维在纳米尺度，如超薄膜、多层膜、超晶格等。颗粒膜是纳米颗粒粘在一起，中间有极为细小间隙的薄膜；致密膜指膜层致密但晶粒尺寸为纳米级的薄膜。可用于气体催化剂材料、过滤器材料、高密度磁记录材料、光敏材料、平面显示器材料、超导材料。

④ 三维是纳米相（纳米块体材料）。纳米块体是将纳米粉末高压成形或控制金属液体结晶而得到的纳米晶粒材料，主要用途为超高强材料、智能金属材料等。

纳米材料的制备方法有的完全不同，有的相同，有的原理上相同但在技术上有明显的差异，不同的制备技术制备相同的材料，材料性能亦有较大的差别。下面将分别叙述前四种纳米材料（纳米颗粒、纳米纤维、纳米膜和纳米块体）的制备技术，并简要介绍纳米材料制备技术的一些新进展。

7.2 纳米颗粒的气相、液相、固相法制备

纳米颗粒的制备方法，目前尚无确切的科学分类标准。按照物质的原始状态分类，相应的制备方法可分为气相法、液相法、固相法；按研究纳米粒子的科学分类，可将其分为物理方法、化学方法和物理化学方法；按制备技术分类，又可分为机械粉碎法、气体蒸发法、溶液法、激光合成法、等离子体合成法、射线辐照合成法、溶胶-凝胶法等。本节依照原始状态的分类标准，分别介绍气相法、液相法、固相法的一些常用制备技术。

7.2.1 气相法制备纳米微粒

气相法是直接利用气体或者通过各种手段将物质变成气体，使之在气体状态下发生物理变化或化学反应，最后在冷却过程中凝聚长大形成纳米微粒的方法。气相法又大致可分为：惰性气体冷凝法、等离子体气相化学反应法、化学气相凝聚法和溅射法等。

7.2.1.1 惰性气体冷凝法

作为纳米颗粒的制备方法，惰性气体冷凝技术是最先发展起来的。1963 年 Ryozi Uyeda 及合作者率先发展了该技术，通过在纯净的惰性气体中的蒸发和冷凝过程获得较干净的纳米微粒。20 世纪 70 年代该方法得到很大发展，并成为制备纳米颗粒的主要手段。1984 年 Gleiter 等人首先提出将气体冷凝法制得的纳米微粒在超高真空条件下紧压致密得到多晶体（纳米微晶），成功制备了 Pd、Cu 和 Fe 等纳米晶体，从而标志着纳米结构材料的诞生。

这种技术是通过适当的热源使可凝聚性物质在高温下蒸发变为气态原子、分子，由于惰性气体的对流，气态原子、分子向上移动，并接近充有液氮的骤冷器（77K）。在蒸发过程中，蒸发产生的气态原子、分子由于与惰性气体原子发生碰撞，能量迅速损失而冷却。这种有效的冷却过程在气态原子、分子中造成很高的局域饱和，从而导致均匀的成核过程。成核后先形成原子簇或簇化合物。原子簇或簇化合物碰撞或长大形成单一纳米微粒。在接近冷却器表面时，由于单个纳米微粒的聚合而长大。最后在冷却器表面上积累，用聚四氟乙烯刮刀刮下并收集起来获得纳米粉体。由于粒子是在很高的温度梯度下形成的，因此得到的粒子粒径很小，而且粒子的团聚、凝聚等形态特征可以得到良好的控制。

7.2.1.2 等离子体气相化学反应法

等离子体气相化学反应法（PCVD）的基本原理是在惰性气氛或反应性气氛下通过直流放电使气体电离产生高温等离子体，从而使原料熔化和蒸发，蒸气遇到周围的气体就会冷却或发生反应形成纳米微粒。在惰性气氛下，由于等离子体温度高，采用此法几乎可以制取任何金属的纳米复合微粒。等离子气相合成法（PCVD）又可分为直流电等离子体法（DC 法）、高频等离子体法（RF 法）和混合等离子体法，这里主要介绍一下混合等离子体法。

混合等离子体法是采用 RF 等离子与 DC 等离子组合的混合方式来获得超微粒子。感应线圈产生高频磁场将气体电离产生 RF 等离子体，由载气携带的原料经等离子体加热、反应生成超微粒子并附着在冷却壁上。由于气体或原料进入 RF 等离子体的空间会使 RF 等离子弧焰被

搅乱，这时通入 DC 等离子电弧来防止 RF 等离子受干扰，使粒子生成更容易。该方法的主要优点是不会有电极物质（熔化或蒸发）混入等离子体中，产品纯度高；反应物质在等离子空间停留时间长，可以充分加热和反应；可以使用惰性气体，产品多样化。

7.2.1.3 化学气相凝聚法

1994 年 W. Chang 提出一种新的纳米微粒合成技术——化学气相凝聚法（简称 CVC 法），成功地合成了 SiC、ZrO 和 TiO 等多种纳米微粒。化学气相凝聚法是利用气相原料通过化学反应形成基本粒子并进行冷凝聚合成纳米微粒的方法。该方法主要是通过金属有机前驱物分子热解获得纳米粉体。利用高纯惰性气体作为载气，携带金属有机前驱物，例如六甲基二硅烷等进入钼丝炉，如图 7-1 所示，炉温为 1100～1400℃。气体的压力保持在 100～1000Pa 的低压状态，在此环境下原料热解成团簇，进而凝聚成纳米粒子。最后附着在内部充满液氮的转动衬底上，经刮刀刮下进入纳米粉收集器。利用这种方法可以合成粒径小、分布窄、无团聚的多种纳米颗粒。

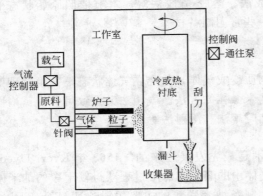

图 7-1　化学蒸发凝聚（CVC）装置示意图

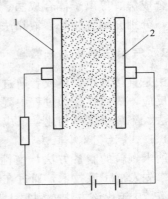

图 7-2　用溅射法制备纳米微粒的原理
1—Al 板；2—蒸发材料

7.2.1.4　溅射法

溅射法的原理是在惰性气氛或活性气氛下在阳极或和阴极蒸发材料间加上几百伏的直流电压，使之产生辉光放电，放电中的离子撞击阴极的蒸发材料靶上，靶材的原子就会由其表面蒸发出来，蒸发原子被惰性气体冷却而凝结或与活性气体反应而形成纳米微粒。其原理如图 7-2 所示，用两块金属板分别作为阳极和阴极，阴极为蒸发用材料，电极板形状为 5cm×5cm 的板状，在两极间充入氩气（40～250Pa），两极间施加的电压范围为 0.3～1.5kV。

在这种成膜过程中，蒸发材料（靶）在形成膜的时候并没有熔融。它不像其他方法那样，诸如真空沉积，要在蒸发材料被加热和熔融之后，其原子才由表面放射出去，它与这种所谓的蒸发现象是不同的。用溅射法制备纳米微粒的优点是：①不需要坩埚；②蒸发材料（靶）放在任何地方都可以（向上、向下都行）；③高熔点金属也可制成纳米微粒；④可以具有很大的蒸发面；⑤使用反应性气体的反应性溅射可以制备化合物纳米微粒；⑥可形成纳米颗粒薄膜等。

7.2.2　液相法制备纳米微粒

液相法制备纳米微粒的共同特点是该法均以均相的溶液为出发点，通过各种途径使溶质与溶剂分离，溶质形成一定形状和大小的颗粒，得到所需粉末的前驱体，热解后得到纳米微粒，主要的制备方法有下述几种。

7.2.2.1　化学沉淀法

化学沉淀法是将沉淀剂加入到包含一种或多种离子的可溶性盐溶液中，使溶液发生水解反应，形成不溶性的氢氧化物，水合氧化物或盐类从溶液中析出；然后，将溶剂和溶液中原有的阴离子洗去，并经过热分解或脱水处理，就可以得到纳米尺度的粉体材料。如果在含多种阳离子的溶液中加入沉淀剂后所有离子完全沉淀，则称为共沉淀法。一般沉淀过程是不平衡的，如果控制溶液中的沉淀剂浓度，使之缓慢地增加，则使溶液中的沉淀处于平衡状态，且沉淀能在整个溶液中均匀地出现，这种方法被称为均相沉淀法。除上述两种方法外，化学沉淀法还包括沉淀转化法、直接转化法和多元醇沉淀法等。化学沉淀法的优点是工艺比较简单，缺点是纯度较低，粒径较大。早在 1969 年就有人利用共沉淀法制备过 $BaTiO_2$ 粉料。后来，人们用均相沉淀法实现了多种盐的均匀沉淀，如锆盐颗粒和球形 $Al(OH)_3$ 粒子。

7.2.2.2 溶胶-凝胶法

溶胶-凝胶法的基本原理是金属醇盐或无机盐经过水解后形成溶胶，然后溶胶聚合凝胶化，再经凝胶干燥、焙烧等低温热处理除去所含有机成分，最终得到纳米尺度的无机材料超微颗粒。溶胶-凝胶法的特点是合成温度高、产物纯度高、超微颗粒均匀、制备过程容易控制。用溶胶-凝胶法制备 SnO_2 纳米微粒的工艺过程是将 20g $SnCl_2$ 溶解在 250mL 乙醇中，搅拌 0.5h，经 1h 回流，2h 老化，在室温放置 5d，然后在 60℃的水浴锅中干燥 2d，再在 100℃烘干，便可得到 SnO_2 纳米微粒。用溶胶-凝胶法制备 SnO_2 薄膜的基本步骤是先利用金属无机盐或有机金属化合物在低温下液相合成为溶胶，再采用提拉法或旋涂法，使溶液吸附在衬底上，然后经过胶化过程成为凝胶，最后经一定温度处理后，便可得到纳米晶薄膜。例如，将 1.0mol/L 的 NaOH 溶液在强烈搅拌下以每分钟 20 滴的速度滴入 0.13mol/L 的 $SnCl_2$ 溶液中，得到的沉淀经离心分离、洗涤后，再用 2.0mol/L 的 HCl 溶液在 60℃水浴中进行胶溶，得到 SnO_2 水溶胶。再采取水平或垂直等方式将其吸附转移在一定的衬底上，干燥后便得到 SnO_2 薄膜。JinZ. H. 等人利用溶胶-凝胶技术制备了粒径为 7～15nm、孔径为 1.6～9nm 的多孔 SnO_2 薄膜，并对其表面形貌以及对一氧化碳的敏感性进行了研究，研究结果认为该薄膜对一氧化碳的响应快、恢复时间短。

由于溶胶-凝胶技术在控制产品的成分及均匀性方面具有独特的优越性，近年来已用该技术制成 $LiTaO_2$、$LiNbO_2$、$Pb-TiO_3$、$Pb(ZrTi)O_3$、$BaTiO_3$ 等各种电子陶瓷材料，特别是制备出形状各异的超导薄膜和高温超导纤维等。该方法在光学、热学、化学材料方面也具有广泛的应用。

7.2.2.3 喷雾法

喷雾法是将溶液通过各种物理手段雾化，再经物理、化学途径而转变为超细微粒子的方法。它的基本过程是溶液的制备、喷雾、干燥、收集和热处理。其特点是颗粒分布比较均匀，但颗粒尺寸为亚微米到 $10\mu m$，具体的尺寸范围取决于制备工艺和喷雾的方法。喷雾法可根据雾化和凝聚过程分为下述三种：①将液滴进行干燥并随即捕集，捕集后直接或者经过热处理之后作为产物化合物颗粒，这种方法是喷雾干燥法；②将液滴在气相中进行水解是喷雾水解法；③使液滴在游离于气相中的状态下进行热处理，这种方法是喷雾焙烧法。

(1) 喷雾干燥法 喷雾干燥法是将金属盐溶液送入雾化器，由喷嘴高速喷入干燥室获得金属盐的微粒，收集后焙烧成超微粒子。如铁氧体的超微粒子可采用此种方法制备或还原所得的金属盐微粒可制得金属超细粒子。如图 7-3 所示是用于合成软铁氧体超微颗粒的装置模型，用这个装置将溶液化的金属盐送到喷雾器进行雾化。喷雾、干燥后的盐用旋风收尘器收集。用炉子进行焙烧就成为微粉。以镍、锌、铁的硫酸盐一起作为初始原料制成混合溶液，进行喷雾就可制得粒径为 $10～20\mu m$、由混合硫酸盐组成的球状颗粒。将这种球状颗粒在 $800～1000$℃进行焙烧就能获得镍、锌铁氧体。这种经焙烧所得到的粉末是 200nm 左右的一次颗粒的凝集物，经涡轮搅拌机处理，很容易成为亚微米级的微粉。以高功率为特点的特殊微波技术在其应用中，为了激起自旋波必须要有高临界磁场。所以要求铁氧体的粒径小。但提高临界磁场，又常产生材料介电特性的劣化。众所周知，这种劣化主要是由材料的不均匀性所引起的。用这种装置，以同样的方法得到的 Mg-Mn 铁氧体能实现材料的高临界磁场。另外，材料的介电损耗也小。从这点来看，用这种方法所制备的超微颗粒不仅粒径小，而且组成极为均匀。

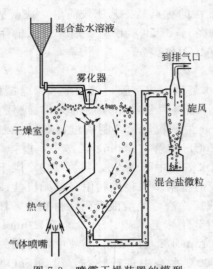

图 7-3 喷雾干燥装置的模型

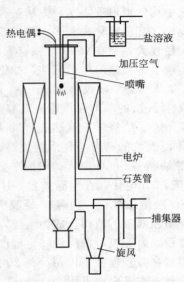

图 7-4 喷雾焙烧装置的示意图

（2）喷雾热解法　金属盐溶液经压缩空气由喷嘴喷出而雾化、喷雾后生成的液滴大小随着喷嘴而改变，液滴受热分解生成超微粒子。例如将 $Mg(NO_3)_3$-$Al(NO_3)_3$ 水溶液与甲醇混合喷雾热解（$T=800℃$）合成镁铝尖晶石，产物粒径为几十纳米。

等离子喷雾热解工艺是将相应溶液喷成雾状送入等离子体尾焰中，热解生成超细粉末。等离子体喷雾热解法制得的二氧化锆超细粉末分为两级，平均尺寸为 $20\sim50nm$ 的颗粒及平均尺寸为 $1mm$ 的球状颗粒。

（3）喷雾焙烧法　如图 7-4 所示的是典型的喷雾焙烧装置。呈溶液态的原料用压缩空气供往喷嘴，在喷嘴部位与压缩空气混合并雾化。喷雾后生成的液滴大小随喷嘴而改变。液滴载于向下流动的气流上，在通过外部加热式石英管的同时被热解而成为微粒。硝酸镁和硝酸铝的混合溶液经此法可合成镁、铝尖晶石，溶剂是水与甲醇的混合溶液，粒径大小取决于盐的浓度和溶剂浓度，溶液中盐浓度越低，溶剂中甲醇浓度越高，其粒径就变得越大。用此法制备的粉末，粒径为亚微米级，它们由几十纳米的一次颗粒构成。

7.2.2.4 水热法

水热法是在高压釜里的高温、高压反应环境中，采用水作为反应介质使得通常难溶或不溶的物质溶解，还可进行重结晶。水热技术具有两个特点：一是其相对低的温度；二是在封闭容器中进行。近年来还发展出电化学热法以及微波水热合成法，前者将水热法与电场相结合，而后者用微波加热水热反应体系。与一般湿化学法相比较，水热法可直接得到分散且结晶良好的粉体，不需作高温灼烧处理，避免了可能形成的粉体硬团聚。以 $ZrOCl_2\cdot8H_2O$ 和 YCl_3 作为反应前驱物制备 $6nm$ ZrO_2 粒子。用金属 Sn 粉溶于 HNO_3 形成 α-H_2SnO_3 溶胶，水热处理制得分散均匀的 $5nm$ 四方相 SnO_2。以 $SnCl_4\cdot5H_2O$ 为前驱物可水热合成出 $2\sim6nm$ SnO_2 粒子。

水热过程中通过实验条件的调节控制纳米颗粒的晶体结构、结晶形态与晶粒纯度。利用金属 Ti 粉能溶解于 H_2O_2 的碱性溶液生成 Ti 的过氧化物溶剂（TiO_4^{2-}）的性质，在不同的介质中进行水热处理，制备出不同晶型、九种形状的 TiO_2 纳米粉。

以 $FeCl_3$ 为原料，加入适量金属粉，进行水热还原，分别用尿素和氨水作沉淀剂，水热制备出 $80\sim160nm$ 棒状 Fe_3O_4 和 $80nm$ 板状 Fe_3O_4，通过类似的反应制备出 $30nm$ 球状 $NiFe_2O_4$ 及 $30nm$ $ZnFe_2O_4$ 纳米粉末。在水中稳定的化合物和金属也能用此技术制备，用水热法制备 $6nm$ ZnS，水热晶化不仅能提高产物的晶化程度，而且能有效地防止纳米硫化物的氧化。

7.2.2.5 微乳液法

微乳液通常是由表面活性剂、助表面活性剂、油和水所组成的透明的各相同性的热力学稳定体系 W/O。微乳液中，微小的"水池"被表面活性剂和助表面活性剂所组成的单分子层界面所包围而形成微乳颗粒，其大小可控制在纳米级范围，以此空间（微反应器）可以合成纳米粒子。通常将两种反应物分别溶于组成完全相同的两份微乳液中，在一定条件下混合，由于微反应器中的物质可以通过界面进入另一个微反应器中，两种物质发生"相遇"进行反应。由于反应是在微反应器中进行的，油水乳液中的反应产物（沉淀物）处于高度分散状态，表面活性剂在表层形成了保护膜，助表面活性剂又增强了膜的弹性与韧性，使沉淀颗粒很难聚集，从而控制了晶粒生长。利用盐酸与聚乙烯醇/十二酰二乙醇胺/二甲苯/水微乳液的 $(NH_4)_2WO_4$ 反应制备了纳米 WO_3 粉末，粒径平均为 $15nm$；将 $Zn(NO_3)_2$ 加入环己烷、正丁醇、ABS 中，制得透明微乳液，用氨水作沉淀剂，最后得到均匀的球形纳米 ZnO 颗粒，平均颗粒尺寸为 $20nm$。

在微乳液法制备纳米颗粒的过程中，影响粒径大小及质量的主要因素有 4 种。

① 微乳液组成的影响。纳米颗粒的尺寸受水核大小控制，水核半径 R 是由 $\omega=[H_2O]/[\text{表面活性剂}]$ 决定的，微乳液的组成变化将导致水核半径的增大或减小。

② 界面醇含量及醇的碳氢链长的影响。醇类在反应中主要是作为助表面活性剂起作用的，它决定着纳米颗粒的界面强度。如果界面强度比较松散，则粒子之间物质的交换速度过大，产物的大小分布不均匀。醇的碳氢链长越短，界面空隙越大，界面强度越小，结构越松散。一般来说，醇的含量增加，界面强度下降，但存在一个极大值，超过该值界面强度又上升。

③ 反应物浓度的影响。适当调节反应物浓度，可控制制备粒子的尺寸。这是因为当反应物之一过剩时，反应物离子碰撞概率增大，成核过程比反应物等量反应时要快，生成的纳米粒子粒径则变小。

④ 表面活性剂的影响。选择合适的表面活性剂，使纳米颗粒一旦形成就吸附在微乳液界面膜表面，对生成的粒子起稳定和保护作用，否则难以得到粒径细小而均匀的纳米颗粒。

7.2.2.6 电沉积技术

电沉积技术长期以来一直被用于制备电镀材料。根据法拉第电解定律，通过控制电子转移数目可以确定被沉积材料的质量，即电流所形成的沉积产物的物质的量与所提供的电子数目成正比，以可控方式通过电沉积法可在物体表面镀上单层或多层纳米镀层。假定镀层原子的直径为 $10nm$ 并呈立方形式排列（即位于正方形的四顶角），在面积为 $1cm^2$、覆盖率为 50% 的表面形成单层镀层时，需要 0.5×10^{12} 个原子。如果镀层原子由二价阳离子还原而形成，则需要 1×10^{12} 个原子或 0.166×10^{-10} mol 电子，或者是每秒需要 $160.16mA$ 的电流。必须严格控制电流和时间，同时也要考虑一些其他因素，例如杂质可能会消耗部分电流，因此要求材料极为纯净。

具有纳米结构的铂膜也可以通过电沉积方法由液态结晶混合物中沉积形成，所制成的铂膜非常牢固、平滑和均匀，并且表面非常光亮。铂膜的表面积与从传统电镀槽中沉积形成铂黑的表面积相当。但与铂黑相比，铂膜具有不同的但更为优越的电性能。采用液态结晶混合物进行电镀的方法也可以制备 Pd、Ni、Au 等金属、有机聚合物（例如聚苯胺）、氧化物和半导体材料。由液态结晶混合物中通过电沉积形成的纳米结构薄膜由于其独特性能，应用范围被大大拓宽，具有广阔的应用前景。如能应用于电池、燃料电池、太阳能电池、电致变色玻璃窗、传感器、场发射器和光电子器件等。

构成电致变色器件的材料是利用外加电场或通入电流使材料具有一定光吸收带或改变材料本身具有的光吸收带。纳米材料如氧化钨凝胶，被用于制造大型的电致变色显示器件。控制电致变色反应是由离子（或质子、H^+）和电子组成的双股射流引起的，它们与钨酸纳米晶作用形成钨青铜，主要用于传达信息的公众告示牌和售票显示牌。电致变色器件与用于计算器和手表的液晶显示器类似，但电致变色器件是通过施加电压使颜色发生变化来显示信息的，当反接时颜色消退。电致变色器件的分辨率、亮度和对比度与氧化钨凝胶的晶粒尺寸关系非常密切，目前正努力研究用于电致变色的新型纳米材料。

预先在基片上形成纳米孔洞，采用电沉积方法来填充孔洞可以制备弥散分布的纳米材料。首先是聚合物薄片遭受由回旋加速器产生的高能离子流轰击，重离子穿透薄片形成微小裂痕。然后通过化学蚀刻将这些微小裂痕变成直径为 $10\sim100nm$ 的纳米孔洞。在这些纳米孔穴填入各种金属粒子则形成具有不同用途的纳米复合材料。例如向部分纳米孔洞中填入导电金属，然后充电使其带上电荷，这对将要穿过未被填充孔洞的离子性质产生影响。如果有一个对电荷起响应的装置放置在薄片的另一侧，则这个装置就变成一个离子探测器。此方法还可以制备一些具有特定光学、电学、磁学和化学性质的纳米复合材料，用于可以屏蔽热、光和辐射的材料，例如厨房器具和炉子以及汽车音箱里的热衬材料。如采用一些特殊化合物，可以制备活性传感智能材料，用于人工鼻或生物传感器。电沉积方法最重要的应用之一是制备可以快速检测大量物体并能做出有效判断的多功能集成电路板。微乳液法是近年发展起来的、用于制备纳米材料的一种方法，已受到广泛的重视。

7.2.3　固相法制备纳米微粒

气相法和液相法制备的微粉大多数情况下都必须再进一步处理，大部分的处理是把盐转变成氧化物等，使其更容易烧结，这属于固相法范围。再者，像复合氧化物那样含有两种以上金属元素的材料，当用液相或气相法的步骤难以制备时，必须采用通过高温固相反应合成化合物的步骤，这也属固相法。

固相法是通过从固相到固相的变化来制造粉体，其特征是不像气相法和液相法伴随有气相-固相、液相-固相那样的状态（相）变化。对于气相或液相，分子（原子）具有大的易动度，所以集合状态是均匀的，对外界条件的反应很敏感。另外，对于固相，分子（原子）的扩散很迟缓，集合状态是多样的。固相法其原料本身是固体，这较之于液体和气体有很大的差异。固相法制备纳米粉体是利用研磨、流体或超声的方式将原料进行机械破碎，得到较小粒径的颗粒。高能球磨法是固相法制备纳米粉体的代表性方法，主要是利用球磨机的转动、振动使磨球对原料进行强烈的撞击、研磨和搅拌，将其粉碎为纳米颗粒。物质的微粉化机理大致可分为两类：一类是将大块物质极细地分割（尺寸降低过程）的方法；另一类是将最小单位（分子或原子）组合（构筑过程）的方法。

7.2.3.1　高能球磨法

在矿物加工、陶瓷工艺和粉末冶金工业中所使用的基本方法是材料的球磨。球磨工艺的主要作用为减小粒子尺寸、固态合金化、混合或融合以及改变粒子的形状。

球磨技术是一种重要的、用于提高固体原材料分散度及减小粒度的实验方法，如图 7-5 所示。简单球磨法可用来制备纳米材料，即利用球磨机的转动或振动使硬球对密封在球磨罐内的原料进行撞击，把材料结构转变成纳米晶。将球磨技术用于合成具有特殊性能的新材料始于20世纪60年代，60年代后期，美国INCO公司的Beniamin利用球磨技术制备了用于高温条件下的氧化物弥散强化合金，并将这一制备具有可控微结构金属基或陶瓷基复合粉体的技术称为机械合金化。到20世纪80年代美国橡树岭国立实验室的Koch等通过对单质Ni和Nb混合体系机械合金化制备出了非晶合金，从而使机械合金化的研究进入

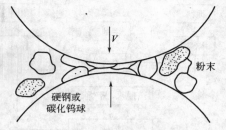

图7-5 球磨法典型工艺示意图

了一个新天地，并引发了众多国家有关科研人员从事这一领域的研究工作。1988年日本京都大学的Shingu等首先报道以Al和Fe粉体为原料，通过高能球磨法制备Al-Fe纳米晶材料，从而为制备纳米材料找到了一种全新而又实用的方法。近十年来，这一方法已在纳米材料制备研究中结出了丰硕成果。目前，文献中机械合金化一般专指对混合（单质或合金）粉体的高能球磨过程，而对于单一组分材料的高能球磨过程一般称为机械研磨。

高能球磨方法之所以引起了材料科学工作者的极大兴趣，一是因为这一方法具有其独特的优越之处，由于在高能球磨过程中引入了大量应变、缺陷以及纳米量级的微结构，使得球磨过程的热力学与动力学明显不同于普通固态反应过程，因而可以制备许多在常规条件下难以合成的新型材料，其中主要包括非晶、准晶及纳米晶材料；二是该方法所需的设备、工艺简单，制备出的样品量大（可达吨数量级），易于实现工业化生产。球磨法还可以制备包括碳纳米管在内的各种新型碳结构材料，也可以用来制备其他类型的纳米管（如BN纳米管）、各种元素粉末和氧化物粉末。例如球磨法可以制备晶粒度在$10\sim30nm$的Fe、铝镍基Ni_xAl_{100-x}（$47<x<61$）金属间化合物和在氨气气氛下制备氮化铁晶体。

球磨法还是制备金属氧化物的主要方法之一，球磨法制备的金属氧化物用途很广，包括颜料、电容器、涂料和墨水等许多领域，所有这些领域的应用都是由于金属氧化物比表面积的提高，从而使其化学性质发生了变化的缘故。

该方法的优点在于合金基体成分不受限制、成本低、产量大、工艺简单，特别是在难熔金属的合金化、非平衡相的生成、开发特殊用途合金等方面显示出较强的活力，它在国外已经进入实用化阶段。但该方法的主要缺点是其晶粒尺寸分布不均匀、容易引入杂质、使其容易受到污染，也容易发生氧化和形成应力，因此就很难得到洁净的纳米晶体界面和无微孔隙的块体纳米晶材料，从而对一些基础性研究工作不利。

7.2.3.2 固相反应法

由固相热分解可获得单一的金属氧化物，但氧化物以外的物质如碳化物、硅化物、氮化物等以及含两种金属元素以上的氧化物制成的化合物，仅仅用热分解则很难制备，通常是按最终合成所需组成的原料混合，再用高温使其反应的方法，其一般工序如图7-6所示。

首先按规定的组成称量混合，通常用水等作为分散剂，在玛瑙球的球磨机内混合，然后通过压滤机脱水后再用电炉焙烧，通常焙烧温度比烧成温度低。对于电子材料所用的原料，大部分在1100℃左右焙烧，将焙烧后的原料粉碎到$1\sim2\mu m$。粉碎后的原料再次充分混合而制成烧结用粉体，当反应不完全时往往需再次煅烧。

固相反应是陶瓷材料科学的基本手段，粉体间的反应相当复杂，反应虽从固体间的接触部分通过离子扩散来进行，但接触状态和各种原料颗粒的分布情况显著地受各颗粒的性质（粒径、颗粒形状和表面状态等）和粉体处理方法（团聚状态和填充状态等）的影响。

另外，当加热上述粉体时，固相反应以外的现象也同时进行。一是烧结，二是颗粒生长，这两种现象均在同种原料间和反应生成物间出现。烧结和颗粒生长是完全不同于固相反应的现

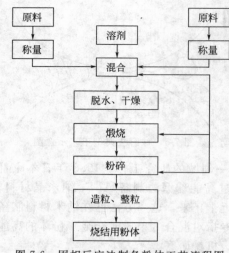

图 7-6 固相反应法制备粉体工艺流程图

象，烧结是粉体在低于其熔点的温度以下的颗粒。在固相反应法制备粉体工艺流程中会产生结合、烧结成牢固结合的现象。

颗粒生长着眼于各个颗粒，各个颗粒通过粒界与其他颗粒结合，也可单独存在，因为在这里仅仅考虑颗粒大小如何变化。而烧结是颗粒互相接触，所以颗粒边缘的粒界决定了颗粒的大小，粒界移动即为颗粒生长（颗粒数量减少）。实际上，烧结体的相对密度超过 90％以后，则颗粒生长比烧结更显著。

对于由固相反应合成的化合物，原料的烧结和颗粒的生长均使原料的反应性降低，并且导致扩散距离增加和接触点密度的减少，所以应尽量抑制烧结和颗粒生长。使组分原料间紧密接触对进行反应有利，因此应降低原料粒径并充分混合。此时出现的问题是颗粒团聚，由于团聚，即使一次颗粒的粒径小也变得不均匀。特别是颗粒小的情况下，由于表面状态往往粉碎也难以分离，此时若采用恰当的溶剂使之分散开来的方法是至关重要的。

7.2.3.3 溶出法

化学处理或溶出法就是制造 Raney Ni 催化剂的方法。例如 W-2 Raney Ni 的制备：在通风橱内，将 380g 的氢氧化钠溶于 1.6L 的蒸馏水，置于一个 4L 的烧杯中，装上搅拌器，在冰浴中冷至 10℃。在搅拌下分小批加入镍铝合金共 300g，加入的速度应不使溶液温度超过 25℃（烧杯仍留在水浴中）。当全部完毕后（约需 2h）停止搅拌，从水浴中取出烧杯，使溶液温度升至室温。当氢气发生缓慢时在沸腾水浴上逐渐加热（防止温度上升太快，避免气泡过多而溢出）直至气泡发生再度缓慢时为止（需 8～12h，在这一过程中，时时用蒸馏水添补被蒸发的水分）。然后静置让镍粉沉下，倾去上层液体，加入蒸馏水至原来体积，并予以搅拌使镍粉悬浮，再次静置并倾去上层液体。于是将镍在蒸馏水的冲洗下转移至一个 2L 的烧杯中，倾去上层的水，加入含有 50g 氢氧化钠的 500mL 水溶液，搅拌使镍粉浮起，然后再让其沉下。倾去碱液，然后不断以蒸馏水用倾泻法洗至对石蕊试纸呈中性后，再洗 10 次以上，使碱性完全除去（需 20～40 次洗涤）。用 200mL 95％的乙醇洗涤 3 次，再用绝对乙醇洗涤 3 次，然后贮藏于充满绝对乙醇的玻璃瓶中，并塞紧，质量约 150g。这种催化剂在空气中很易着火，因此在任何时候都要保存在液体中。

7.3 一维纳米材料的制备

随着纳米科学技术的迅猛发展，对一些介观尺度的物理现象，如纳米尺度的结构、光吸收、发光以及与低维相关的量子尺寸效应等的研究也越来越深入，对新型功能材料和对组成器件微小型化提出了更高的要求。因此，在零维材料取得很大进展的同时，对一维纳米材料的制备与研究也得到了长足的进步。自从 1991 年日本 NEC 公司饭岛（Iijima）等发现纳米碳管以来，很快引起了许多科学家的极大关注。因为准一维纳米材料在介观领域和纳米器件研制方面有着重要的应用前景，它可用作扫描隧道显微镜（STM）的针尖、纳米器件和超大集成电路（ULSIC）中的连线、光导纤维、微电子学方面的微型钻头以及复合材料的增强剂等，因此，目前关于准一维纳米材料的制备研究已有大量报道，下面主要介绍纳米碳管、纳米棒、纳米丝和纳米线的制备。

7.3.1 纳米碳管的制备

纳米碳管自 1991 年被 Iijima 在高分辨透射电镜下发现以来，以它特有的力学、电学和化学性质以及独特的准一维管状分子结构和在未来高科技领域中所具有的许多潜在的应用价值，迅速成为化学、物理及材料科学等领域的研究热点。目前纳米碳管在理论计算、制备和纯化、生长机理、光谱表征、物理化学性质等方面已取得重大突破，在力学、电学、化学和材料学等领域的应用研究也正在向纵深发展。据报道中国科学院沈阳金属研究所科研人员在纳米碳管贮氢研究方向已达到世界领先水平，该成果被中国科学院评为中国 1999 年度十大科技成果之一。纳米碳管的发现，开辟了碳家族的又一同素异构体和纳米材料研究的新领域。

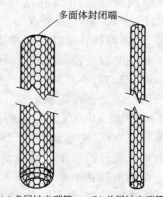

(a) 多层纳米碳管　　(b) 单层纳米碳管

图 7-7　纳米碳管结构示意图

纳米碳管即管状的纳米级石墨晶体，是单层或多层石墨片围绕中心轴按一定的螺旋角卷曲而成的无缝纳米级管，如图 7-7 所示。每层纳米管是一个由碳原子通过 sp2 杂化与周围 3 个碳原子完全键合后所构成的六边形平面组成的圆柱面。其平面六角晶胞边长为 0.246nm，最短的碳-碳键长 0.142nm。根据制备方法和条件的不同，纳米碳管存在多壁纳米碳管和单壁纳米碳管两种形式。与多壁纳米碳管相比，单壁纳米碳管是由单层圆柱形石墨层构成的，其直径大小的分布范围小，缺陷少，具有更高的均匀一致性。无论是多壁纳米碳管还是单壁纳米碳管都具有很高的长径比，一般为 100～1000，最高可达 1000～10000，完全可以认为是一维分子。

7.3.2 纳米棒的制备

7.3.2.1 物理蒸发法

按照常规的纳米粉体的制备方法，向已抽至较高真空度的蒸发室内通入惰性气体，加热金属或氧化物，形成蒸气并雾化为原子雾与惰性原子发生碰撞，凝聚形成纳米尺寸的团簇，最后在液氮冷阱上聚集，得到纳米颗粒。可以在制备过程中通过对惰性气体类型的选择以及对蒸发速率、气体流量和压力的调控，来改变产物颗粒的粒径分布和形貌特征，从而得到纳米棒。

用无催化剂的高温热蒸发方法可以获得具有良好晶体结构、规则外形、直径约几十纳米的 ZnO 纳米棒。将 0.3g Zn 粉（分析纯）与 1.0g ZnO 粉（分析纯）在石英舟中混合均匀，以此作为蒸发的物料源，石英舟被置于快速升温的管式电炉里的氧化铝管的中部。在离蒸发源 20cm 左右的地方，也是氧化铝管的下风处放上干净的 Si 片作为承载纳米棒的衬底材料。采用机械泵对系统抽真空，然后启动加热电源，在 40min 内升温到 1300℃，保温 1h 后自然冷却。在加热蒸发反应过程中通入氩气，氩气流量为 40mL/min，并保持反应生长腔室内一定的压强。冷却后可以看到在 Si 片上沉积了一层六方纤锌矿结构的 ZnO 棒。Zn 粉的熔点为 420℃，而使 Zn 粉氧化为 ZnO 需要更高的温度。实验中发现，在温度低于 900℃ 时，没有 ZnO 的生成，当温度高于 1200℃ 时，生成了零维 ZnO 颗粒，所以用简单的直接物理蒸发法制备形状各异的纳米 ZnO 晶体的适宜温度范围为 900～1200℃，随着保温时间的延长，纳米颗粒和纳米线连接在一起，生长成为纳米棒四锥体结构。

7.3.2.2 微乳液法

用微乳液法制备纳米棒，微乳液体是由 H₂O/表面活性剂组成，这样的微乳体系具有一定的自限制反应与自组装特性，选择合适的条件就可以利用这种微反应器合成一维纳米材料。微乳体系中所合成的纳米材料的大小和形状与体系中的水核直径紧密相关，而该水核直径由 H_2O/表面活性剂的摩尔比值来决定。这个比值的变化同时也会影响微乳液中界面膜的强度，以致最终会影响反应物碰撞、聚结及晶化过程。尽管如此，目标产物并不一定与水核直径完全成正比，对于不同的产物可能会有不同的影响。另外，适当调整反应物的浓度亦可控制产物的形态和粒径分布。

赵鹤云等采用微乳液法成功地制备了具有金红石结构的 SnO_2 纳米棒。先将 $SnCl_4$、$NaBH_4$ 和 KCl-NaCl 组成的三种微乳液进行混合，让其发生反应形成 SnO_2 前驱物。然后将 SnO_2 前驱物放在熔盐环境中进行焙烧。根据焙烧温度、焙烧时间和熔盐对 SnO_2 纳米棒的影响，焙烧的温度范围应在 $710 \sim 900\,^\circ\!C$，焙烧的时间应为 $15min \sim 3h$。

7.3.2.3 水热法

用水热法制备铜纳米棒，以 $CuSO_4 \cdot 5H_2O$ 和 NaOH 作原料，保持 Cu^{2+} 和 OH^- 浓度比为 $1:4$，加入与 Cu^{2+} 等量的山梨醇作还原剂，在 $180\,^\circ\!C$ 水热条件下反应 20h 后得到产物铜纳米棒。经 XRD 分析确定该产物为金属铜，扫描电镜照片显示产物大部分为球形颗粒组成的正六角体，此外产物中还有少量纳米棒和纳米线。纳米棒的直径为 $100 \sim 500nm$，长径比在 50 以上，而纳米线比纳米棒更细，扫描电镜照片显示其蜿蜒曲折，柔韧性较好。

用水热法制备 TiO_2 纳米棒，将 NaOH 溶液和具有锐钛矿结构的 TiO_2 粉体按一定的比例经搅拌混合后得到白色悬浊液。然后将此悬浊液加入高压釜中，对高压釜加热按 $6 \sim 8\,^\circ\!C/min$ 速率升温至 $130\,^\circ\!C$，恒温 $50 \sim 100h$，进行水热反应。水热反应完毕后，在室温下将白色沉淀物用去离子水反复洗涤至中性，然后烘干。烘干后的粉体被放入扩散炉中烧结 1h，烧结温度为 $500\,^\circ\!C$，随炉自然冷却后即可得到 TiO_2 纳米棒样品。

7.3.2.4 模板法

用模板法制备金属氧化物纳米棒时，采用的模板主要有孔型氧化铝模板（AAM）、聚碳酸酯模板（PC）、碳纳米管（CNTs）模板等。在用 AAM 或 PC 中生长组装纳米棒较多采用溶胶-凝胶的方法。

溶胶-凝胶法制备氧化物纳米棒，其实质是溶胶的直接填充，也即目标氧化物溶胶在基板孔中的渗滤。用 AAM 作模板合成 MnO_2 纳米棒具体是先制得目标氧化物溶胶，然后将 AAM 模板浸于溶胶中；经过一段时间后，将模板取出并进行一定的后处理。溶胶-凝胶模板法制备氧化物纳米棒的优点是装置简单，反应条件要求不高，制备过程简单。但困难的是溶胶是通过毛细作用渗入模板的孔内，所以模孔有时会出现填充度很低的现象，直接影响所得纳米棒的质量。赵启涛等采用溶胶作为模板，制备出 Au 纳米棒。他们还将以硝酸锡与硫代乙酰胺（TAA）为原料，在比较温和的条件下将溶胶-凝胶法与水热法相结合，用乙酰丙酮控制钛酸丁酯水解，以水解的方式形成溶胶中的网络孔道，并以此作为软性模板，合成出 CdS 纳米棒。

Satishkumar 等用 CNTs 作模板制备了 V_2O_3、WO_3、MoO_3、Sb_2O_5、MoO_2、RuO_2、IrO_2 等多种氧化物的纳米棒，且大多数纳米棒为单晶。以 CNTs 为模板制备氧化物纳米棒有两种可能的机制：一种是氧化物包覆的 CNTs 在加热时，有 CO/CO_2 产生，氧原子来源于金属氧化物，余留的金属或亚氧化物可能被再氧化，并经历重结晶过程，晶粒聚集成棒状；另一种可能是在加热 CNTs 时，氧化物前驱物原位分解产生晶体，前驱物分解过程中产生 H_2、O_2 或 CO_2 气体。在气体的传输带动下，晶粒聚集生长成纳米棒。以 WO_3 为例，基本制备过程是先将 H_2WO_4 与适量的、经过酸处理的 CNTs 用磁力搅拌 48h，得到的样品经过过滤和洗涤，在 $100\,^\circ\!C$ 干燥，再以 $700\,^\circ\!C$ 的温度在空气气氛中灼烧除去 CNTs，随即得到了 WO_3 纳米棒。

7.3.3 纳米丝（线）的制备

7.3.3.1 激光烧蚀法

1998 年 1 月美国哈佛大学的 Morales 和 Lieber 等报道了利用激光烧蚀法与气-液-固（VLS）生长机制相结合制备 Si 和 Ge 单晶纳米线的技术。在该法中，激光烧蚀的作用在于克服平衡状态下团簇的尺寸的限制，可形成比平衡状态下团簇最小尺寸还要小的直径为纳米级的液相催化剂团簇，而该液相催化剂团簇的尺寸大小限定了后续按 VLS 机理生长的线状产物的直径。如图 7-8 所示为 Lieber 等提出的用纳米团簇催化法制备纳米线的生长示意图。液态催化剂纳米团簇限制了纳米线的直径，并通过不断吸附反应物使之在催化-纳米线界面上生长，纳米线一直生长，直到液态催化剂变成固态。这种方案的一个重要之处在于它蕴含了一种具有预见性的选择催化剂和制备的手段。首先，可以根据相图选择一种能与纳米线材料形成液态合金的催化剂，然后再根据相图选定液态合金及固态纳米线材料共存的配比和制备温度。

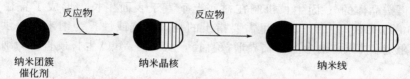

图 7-8　纳米团簇催化制备纳米线方案示意图

Lieber 等分别以 $Si_{0.9}Fe_{0.1}$、$Si_{0.9}Ni_{0.1}$ 和 $Si_{0.99}Au_{0.01}$ 为靶材，用该法制备了直径为 6～20nm、长度为 1～30μm 的单晶 Si 纳米线。同时也以 $Ge_{0.9}Fe_{0.1}$ 为靶材，用该法合成了直径为 3～9nm、长度为 1～30μm 的单晶 Ge 纳米线。这种制备纳米线的技术具有一定的普适性，只要欲制备的材料能与其他组分形成共晶合金，则可根据相图配置作为靶材的合金，然后按相图中的共晶温度调整激光蒸发和凝聚条件，就可获得欲制备材料的纳米线，他们预言，用该法还可制备 SiC、GaAs、Bi_2Te_3 及 BN 纳米线，甚至有可能制备金刚石的纳米线。如图 7-9 所示为用 $Si_{0.9}Fe_{0.1}$ 作靶材、Fe 作催化剂制备 Si 纳米线的生长示意。

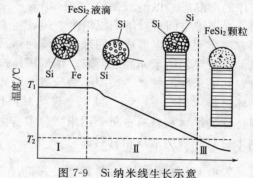

图 7-9　Si 纳米线生长示意

T_1—恒温区温度；T_2—$FeSi_2$ 液滴的凝固温度

Si 纳米线的生长可分为两个阶段：$FeSi_2$ 滴的成核和长大以及基于 VLS 机制的 Si 纳米线的生长。在激光烧蚀作用下，靶中的 Si 和 Fe 原子被蒸发出来，它们与载体中的氢原子碰撞而损失热运动能量，使 Fe、Si 蒸气迅速冷却成为过冷气体，促使液滴（$FeSi_2$）自发成核。当载气将在区域 I 中形成的 $FeSi_2$ 液滴带入区域 II 时（区域 II 中的温度不小于 $FeSi_2$ 液滴的凝固温度 T_2），由于区域 II 中的 Si 原子浓度相对较高，$FeSi_2$ 液滴吸收过量 Si 原子（过饱和状态）将从液滴中析出形成纳米线。在区域 II 中 $FeSi_2$ 保持液态，上述过程不断发生，维持 Si 纳米线不断生长。当载气将 Si 纳米线和与之相连的 $FeSi_2$ 液滴带出区域 II 后，由于区域 III 的温度低于 T_2，液滴将凝固成 $FeSi_2$ 颗粒，于是 Si 纳米线停止生长。现在利用该技术已成功地制备出了 GaAs、SiO_2 等多种物质的纳米线。

7.3.3.2 蒸发冷凝法

1998 年，北京大学俞大鹏等采用简单物理蒸发法成功地制备了硅纳米线。其具体方法：将经过 8h 热压的靶（95%Si，5%Fe）置于石英管内，石英管的一端通入氩气作为载气，另一端以恒定速率抽气，整个系统在 1200℃保温 20h 后，在收集头附近管壁上可收集到直径为 3～15nm、长度从几十微米到上百微米的 Si 纳米线。进一步研究表明：①石英管内气压对纳米线的直径有很大影响，随着气压升高纳米线的直径有明显的增大；②催化剂是 Si 纳米线生长必不可少的条件，在有催化剂的条件下 Si 纳米线的生长分为两个阶段，即低共熔液滴的形成和基于气-液-固（VLS）机制的 Si 纳米线生长。

7.3.3.3 气-固生长（VS）法

1997 年美国哈佛大学 Yang 等用改进的晶体气-固生长法制备了定向排列的 MgO 纳米丝。首先用按 1:3（质量比）混合的 MgO 粉（200 目）与炭粉（300 目）作为原材料，放入管式炉中部的石墨舟内，在高纯流动氩气保护下将混合粉末加热到约 1200℃，则生成的 Mg 蒸气被流动氩气传输到远离混合粉末的纳米丝"生长区"，在生长区放置了提供纳米丝生长的 MgO（001）衬底材料，该 MgO（001）衬底材料预先用 0.5mol/L 的 $NiCl_2$ 溶液处理 1～30min，在其表面上形成了许多纳米尺度的凹坑或蚀丘，Mg 蒸气被输运到这里后，首先在纳米级凹坑或蚀丘上形核，再按晶体的气-固生长机制在衬底上垂直于表面生长，形成了直径为 7～40nm、高度达 1～3μm 的 MgO 纳米丝。这里需要指出的是，凹坑或蚀丘为纳米丝提供了形核位置，并且它的尺寸限定了 MgO 纳米丝的临界形核直径，从而使 MgO 生长成直径为纳米级的丝。

7.4 二维三维纳米材料的制备

二维三维纳米材料是指由尺寸为 1～100nm 的粒子为主体形成的块体和薄膜材料，又称纳米固体。纳米固体中的纳米微粒有三种形式：长程有序的晶态、短程有序的非晶态和只有取向有序的准晶态。以纳米颗粒为单元沿着一维方向排列形成纳米丝，在二维空间排列形成纳米薄膜，在三维空间可以堆积成纳米块体，经人工的控制和加工，纳米微粒在一维、二维和三维空间有序排列，可以形成不同维数的阵列体系。纳米薄膜有颗粒膜、膜厚为纳米级的多层膜、纳米晶态薄膜和纳米非晶态薄膜。纳米固体按照小颗粒结构状态可分为纳米晶体材料、纳米非晶材料和纳米准晶材料。按照小颗粒键的形式又可以把纳米材料划分为纳米金属材料、纳米离子晶体材料（如 CaF_2 等）、纳米半导体材料以及纳米陶瓷材料。纳米材料是由单相微粒构成的固体称为纳米相材料；每个纳米微粒本身由两相构成（一种相弥散于另一种相中），则相应的纳米材料称为纳米复相材料。

7.4.1 纳米薄膜的制备

纳米薄膜分两类：一类是由纳米粒子组成的（或堆砌而成的）薄膜；另一类薄膜是在纳米粒子间有较多的孔隙或无序原子或另一种材料，即纳米复合薄膜，其是指由特征维度尺寸为纳米数量级（1～100nm）的组元镶嵌于不同的基体里所形成的复合薄膜材料，有时也把不同组元构成的多层膜（如超晶格）也称为纳米复合薄膜。"纳米复合薄膜"是一类具有广泛应用前景的纳米材料，按用途可分为两大类，即纳米复合功能薄膜和纳米复合结构薄膜。前者主要利用纳米粒子所具有的光、电、磁方面的特异性能，通过复合赋予基体所不具备的性能，从而获得传统薄膜所没有的功能；而后者主要通过纳米粒子复合提高机械方面的性能。薄膜的制备大致可分为物理方法和化学方法两大类，也有人将其简称为"干"法和"湿"法。物理方法主要包括蒸发、直流、高频或射频溅射、离子束溅射、分子束外延等，如图 7-10 所示，化学方法则包括各种化学气相沉积、溶胶-凝胶法等。如图 7-11 所示。

7.4.1.1 溶胶-凝胶法

溶胶-凝胶合成法是从金属的有机或无机化合物的溶液出发，在溶液中通过化合物的加水

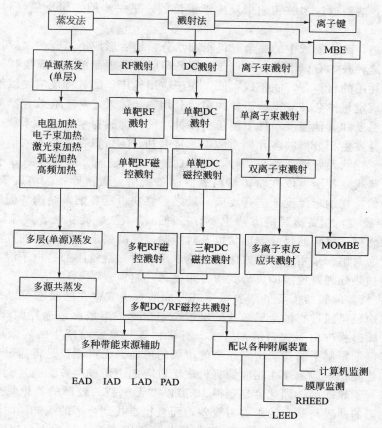

图 7-10　薄膜制备的物理方法

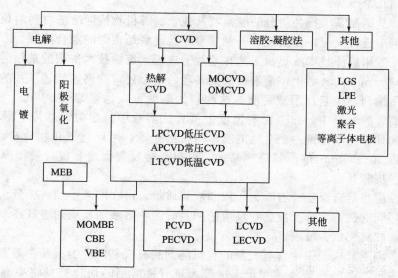

图 7-11　薄膜制备的化学方法

分解、聚合，把溶液制成溶有金属氧化物微粒的溶胶液，进一步反应发生凝胶化，再把凝胶加热干燥形成各类薄膜。目前，此法是制备纳米薄膜最常用的方法之一。

用溶胶-凝胶法制备薄膜时，通常是利用金属醇盐或其他盐类溶解在醇、醚等有机溶剂中形成均匀的溶液，溶液通过水解和缩聚反应形成溶胶，进一步的缩聚反应经过溶胶-凝胶转变形成凝胶。

再经过热处理，除去凝胶中的剩余有机物和水分，最后形成所需要的薄膜。与其他制备薄膜的方法相比，这种技术有以下几个特点：①制备薄膜的装置简单，不需要任何真空条件或其他昂贵的设备，耗用的材料省，制备成本低，便于应用推广；②各种反应物以溶液的形式进行混合，很容易实现定量掺杂，获得所需要的多组分均匀相体系，易于有效控制薄膜的成分及结构；③能在较低温度和其他温度条件下制备出多种功能的薄膜材料，这对于获得那些含有易挥发组分或高温下易发生相分离的多元体系薄膜非常有利；④可以在各种不同形状（平板状、圆棒状、圆管内壁、球状及纤维状等）、不同材料（如金属、玻璃、陶瓷、高分子材料等）的基底上制备大面积薄膜，甚至可以在粉体材料表面制备一层包覆薄膜；⑤溶胶-凝胶技术制备薄膜从纳米单元开始，在纳米尺度上进行反应，最终能够获得具有纳米结构特征的薄膜。

利用溶胶-凝胶技术制备薄膜的方法主要有三种：浸渍法、旋涂法、层流法。这三种方法各有特点，可根据衬底材料的尺寸与形状以及对所制薄膜的要求选择不同的方法，其中浸渍法和旋涂法目前较为常用。采用这几种方法制备纳米薄膜时，凝胶膜都是由于溶剂的快速蒸发形成的，根据需要加热处理凝胶膜即可得到所要求的薄膜材料。

溶胶-凝胶法制备薄膜所需要的溶胶按照其形成的方法或存在的状态可以分为有机途径和无机途径。有机途径是通过有机金属醇盐的水解与缩聚形成溶胶。该途径因涉及水和有机物，在制备薄膜的干燥过程中由于大量溶剂（水、有机物等）蒸发而产生的残余应力容易引起龟裂，这在很大程度上限制了制备有一定厚度的薄膜的可能。无机途径是将通过合适的方法制得的氧化物微粒，让其稳定地悬浮在相应的有机或无机溶剂中形成溶胶。通过无机途径制膜，有时只需在室温进行干燥即可，因此容易制得 10 层以上无龟裂的较厚的氧化物或金属薄膜。但这种用无机法制得的薄膜与基底的附着力较差，而且很难找到合适的、能同时溶解多种氧化物的溶剂。因此，目前采用溶胶-凝胶法制备氧化物薄膜仍以有机途径为主，溶胶-凝胶方法制备薄膜可分为下列几个步骤。

（1）复合醇盐的制备　把各组分的醇盐或其他金属有机物按照所需材料的化学计量比，在一种共同的溶剂中进行反应，使之成为一种复合醇盐或者是均匀的混合溶液。

（2）成膜　采用旋涂技术或提拉工艺在基片上成膜。旋涂技术所用的基片通常是硅片，它被入到一个 1000r/min 的转盘上，溶液被滴到转盘的中心处，在高速旋转基片的离心力作用下将溶液均匀地甩涂到整个基片形成薄膜，这种膜的厚度可以达到 $50\sim500nm$。提拉工艺首先把基片浸入配制好的溶液中，按一定的速度把基片从溶液中拉出时，基片上形成一层连续的膜。根据经验和计算可以得到一个合适的膜厚与拉出速率、膜厚与氧化物含量之间的关系式。用这种方法获得 $50\sim500nm$ 的薄膜是容易的，可以通过反复浸渍和提拉获得厚膜，但这种膜干燥时易发生脱皮和开裂。

（3）水解反应与聚合反应　有时为了控制成膜质量，可在溶液中加入少量水或催化剂，使复合醇盐水解，同时进行聚合反应。在反应的初级阶段，溶液随反应的进行逐渐成为溶胶，反应进一步进行溶胶转变成为凝胶。

（4）干燥　刚刚形成的膜中含有大量的有机溶剂和有机基团称为湿膜。随着溶剂的挥发和反应的进一步进行，湿膜逐渐收缩变干。这种大量有机溶剂的快速蒸发将引起薄膜的剧烈收缩，结果常会使薄膜出现龟裂，这是该工艺的一大缺点。但人们发现当薄膜厚度小于一定值时，薄膜在干燥过程中就不会龟裂，这可解释为当薄膜小于一定厚度时，由于基底的表面应力作用，在干燥过程中薄膜的横向（平行于基片）收缩完全被限制，仅能发生沿基片平面法线方向的纵向收缩，避免薄膜的龟裂。

（5）焙烧　通过聚合反应得到的凝胶可能是晶态的，但也可能含有 H_2O、R—OH 剩余物以及—OR、—OH 等基团。充分干燥的凝胶经热处理去掉这些剩余物及有机基团即可得到所需要的、具有较完整晶型的薄膜。

近年来许多人利用该法制备纳米薄膜。基本步骤是先用金属无机盐或有机金属化合物在低温下液相合成为溶胶，然后采用提拉法或旋涂法，使溶液吸附在衬底上，经胶化过程成为凝胶，凝胶经一定温度处理后即可得到纳米晶薄膜。

7.4.1.2　电沉积法

电沉积法是在含有被镀物质离子的水溶液（或非水溶液、熔盐等）中通直流电，使正离子在阴极表面放电得到相应的纳米薄膜。电沉积是电化学范畴中的一种氧化还原或电解方法镀膜的过程。应用电沉积的方法可以制备纳米金属化合物半导体薄膜、纳米高温超导氧化物薄膜、纳米电致变色氧化物薄膜及其他纳米单层或多层膜。

电化学沉积方法作为一种十分经济而又简单的传统工艺手段，可用于合成具有纳米结构的纯金属、合金、金属-陶瓷复合涂层以及块状材料。包括直流电镀、脉冲电镀、无极电镀、共沉积等技术。其纳米结构的获得，关键在于制备过程中晶体成核与生长的控制。电化学方法制备的纳米材料在抗腐蚀、抗磨损、磁性、催化、磁记录等方面均具有良好的应用前景。

电沉积方法制备纳米薄膜具有五大特点：①沉积温度低，可在常温下进行，形成的薄膜中较少存在残余热应力问题，这对于增强基片与薄膜之间的结合力有好处；②可以在各种形状复杂和表面多孔的基底上制备均匀的薄膜材料；③可以进行大面积的镀覆，适用于批量制备；④通过控制电流、电压、溶液的组分、pH、温度和浓度等实验参数，能方便地精确控制薄膜的厚度、化学组分、结构及孔隙率等；⑤设备简单，投资少，原材料利用率高，制作成本低。电沉积法虽然工艺简单，但影响因素相当复杂，薄膜性能除决定于电流、电压、温度、溶剂、溶液的 pH 及其浓度等因数外，还受到溶液的离子强度、电极的表面状态等因素影响。

7.4.1.3　磁控溅射法

磁控溅射是 20 世纪 70 年代迅速发展起来的一种高速溅射技术。在磁控溅射中引入了正交电磁场，使气体的离化率提高了 5%～6%，其结果是提高了薄膜的沉积速率。对许多材料，利用磁控溅射的方式溅射速率达到了电子束蒸发的水平。

磁控溅射的原理如图 7-12 所示。溅射产生的二次电子在阴极位降区内被加速成为高能电子，但由于可控的磁场的作用，它们不能直接飞向阳极，而是在电场和磁场的联合作用下进行近似摆线的运动。在运动中高能电子不断地与气体分子发生碰撞，并向后者转移能量，使其电离，而本身成为低能电子。

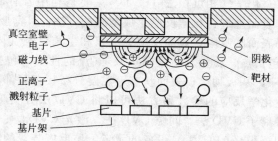

图 7-12　磁控溅射原理图

这些低能电子沿磁力线漂移到阴极附近的辅助阳极而被吸收，从而避免了高能电子对工件的强烈轰击。同时，电子要经过大约上百米的飞行才能到达阳极，碰撞频率大约为 $10^7\,s^{-1}$，因此磁控溅射的电离效率高。

美国的 Potter 和德国慕尼黑工业大学的 Koch 研究组都采用这种方法制备纳米晶半导体镶嵌在介质膜内的纳米复合薄膜。Baru 等利用 Si 和 SiO_2 组合靶进行射频磁控溅射获得 Si/SiO_2 纳米镶嵌复合薄膜发光材料。溅射法镀制薄膜理论上可溅射任何物质，可以方便地制备各种纳米发光材料，是应用较广的物理沉积纳米复合薄膜的方法。美国 IBM 公司实验室采用丙烷 C_2H_5-Ar 混合气体的辉光放电等离子体溅射 Au、Co、Ni 等靶，获得不同含量纳米金属粒子与碳的复合膜。当 $C_2H_5/Ar^+ = 10^{-2}$ 时可获得不同金属颗粒含量的膜，这些超微粒子仍保持标准晶体结构。纳米粒子的粒径随金属粒子在膜中的体积分数的变化见表 7-1。

表 7-1　金属颗粒的有机复合膜中粒径与金属的体积分数关系

金属种类	金属体积分数 /%	金属粒子的平均粒径 /nm	金属种类	金属体积分数 /%	金属粒子的平均粒径 /nm
Au	10	3.5 fcc	Co	10	<1.0 hcp
	20	6.0		20	1.0
	30	8.5		30	1.7
	40	>15		40	4.0

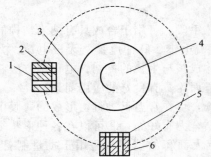

图 7-13　溅射法制备纳米镶嵌膜的实验装置
1—直流（DC）功率；2—Cu 靶；3—基片；4—基片座；5—聚四氟乙烯靶（PTFE）；6—射频（RF）功率

溅射法亦可用来制备铜-高聚物纳米镶嵌膜，这种镶嵌膜是把金属纳米粒子镶嵌在高聚物的基体中，其装置如图 7-13 所示。图中有两个位相差为 900 的磁控溅射靶：一个是铜靶用直流驱动，在 Ar$^+$ 的溅射下可产生铜的纳米粒子；另一个是聚四氟乙烯（PTFE）靶，由射频电源驱动（13～56MHz），靶直径为 55mm，在 Ar$^+$ 溅射下可在普通光学玻璃上形成聚四氟乙烯薄膜。基片（光学玻璃）作为一个可以旋转的不锈钢圆筒，在整个溅射过程中它一直在旋转以避免样品表面的温升过高。当制备 Cu 高聚物（PTFE）纳米镶嵌膜时，交替地驱动 PTFE 靶和铜靶，控制各个靶的溅射时间来调控铜粒子的密度与分布。

就薄膜的组成而言，单质膜、合金膜、化合物膜均可制作；就薄膜材料的结构而言，可制作多晶膜、单晶膜、非晶膜；若从材料物性来看，可用于研制光、电、声、磁或优良力学性能的各类功能材料膜。

7.4.1.4　化学气相沉积法

化学气相沉积法（CVD）主要是利用含有薄膜元素的一种或几种气相化合物或单质在衬底表面上进行化学反应生成薄膜的方法。其薄膜形成的基本过程包括气体扩散、反应气体在衬底表面的吸附、表面反应、成核和生长以及气体解吸、扩散挥发等步骤。CVD 内的输运性质（包括热、质量及动量输运）、气流的性质（包括运动速度、压力分布、气体加热、激活方式等），基板种类、表面状态、温度分布状态等都影响薄膜的组成、结构、形态与性能。按照发生化学反应的参数和方法可以将 CVD 法分类为：常压 CVD 法、低压 CVD 法、热 CVD 法、等离子 CVD 法、间隙 CVD 法、激光 CVD 法、超声 CVD 法等。如图 7-14 所示为常压化学气相沉积（APCVD）设备的示意，该反应装置的特点是反应气体通过匀速移动的喷头直接喷到基板上，可以通过精确控制反应温度和反应时间来控制晶粒的大小，从而获得纳米复合薄膜材料。

CVD 特点：①在中温或高温下，通过气态的初始化合物之间的气相化学反应而沉积固体；②可以在大气压（常压）或者低于大气压下（低压）进行沉积，一般来说低压效果要好些；③采用等离子和激光辅助技术可以显著地促进化学反应，使沉积可在较低的温度下进行；④沉积层的化学成分可以改变，从而获得梯度沉积物或者得到混合沉积层；⑤可以控制沉积层的密度和纯度；⑥绕镀性好，可在复杂形状的基体上及颗粒材料上沉积；⑦气流条件通常是层流的，在基体表面形成厚的边界层；⑧沉积层通常具有柱状晶结构，不耐弯曲，但通过各种技术对化学反应进行气相扰动，可以得到细晶粒的等轴沉积物；⑨可以形成多种金属、合金、陶瓷

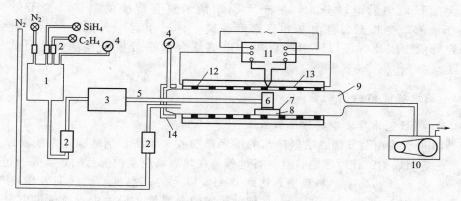

图 7-14 常压化学气相沉积设备的示意

1—混气室；2—转子流量计；3—步进电机控制仪；4—真空压力表；5—不锈钢管喷杆；
6—喷头；7—基板；8—石墨基座；9—石英管反应室；10—机械泵；11—WZK 温控仪；
12—电阻丝加热源；13—保温层陶瓷管；14—密封铜套

和化合物沉积层。

　　CVD 法是纳米薄膜材料制备中使用最多的一种工艺，用它可以制备几乎所有的金属、氧化物、氮化物、碳化物、硼化物、复合氧化物等膜材料，广泛应用于各种结构材料和功能材料的制备。

　　除了普通的化学气相沉积外还有一种称为等离子体化学气相沉积技术（PCVD）。等离子体化学气相沉积技术是一种借助等离子体使含有薄膜组成原子的气态物质发生化学反应，而在基板上沉积薄膜的一种方法，特别适合于半导体薄膜和化合物薄膜的合成，被视为第二代薄膜技术。被广泛用于纳米镶嵌复合膜和多层复合膜的制备，尤其是硅系纳米复合薄膜的制备。

　　PCVD 技术是通过反应气体放电来制备薄膜的，这就从根本上改变了反应体系的能量供给方式，能够有效地利用非平衡等离子体的反应特征。当反应气体压力为 $10^{-1} \sim 10^2 Pa$ 时，电子温度比气体温度高 1～2 个数量级，这种热力学非平衡状态为低温制备纳米薄膜提供了条件。由于等离子体中的电子温度高达 $10^4 K$，有足够的能量通过碰撞过程使气体分子激发、分解和电离，从而大大提高了反应活性，在较低的温度下即获得纳米级的晶粒，且晶粒尺寸也易于控制。所以被广泛用于纳米镶嵌复合膜和多层复合膜的制备，尤其是硅系纳米复合薄膜的制备。

　　PCVD 装置虽然多种多样，但基本结构单元往往大同小异。按等离子体发生方法划分，有直流辉光放电、射频放电、微波放电等几种。目前广泛使用的是射频辉光放电 PCVD 装置，其中又有电感耦合和电容耦合之分。如图 7-15 所示为钟罩形电容耦合辉光放电 PCVD 装置示意图，射频频率为 13～586MHz，电极间距为 2.5cm。电容耦合辉光放电装置的最大优点是

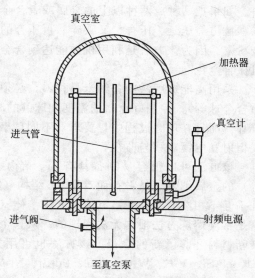

图 7-15 钟罩形电容耦合
辉光放电 PCVD 装置示意

可以获得大面积均匀的电场分布，适于大面积纳米复合薄膜的制备。关于微波放电的 ECR 法由于能够产生长寿命自由基和高密度等离子体已引起了人们的广泛兴趣，但尚处于积极研究阶段。因此，可以说射频放电的电感耦合和平行板电容耦合是目前最常用的 PCVD 装置。

7.4.2 纳米块体材料的制备

7.4.2.1 惰性气体蒸发冷凝原位加压法

如图 7-16 所示为由蒸发源、液氮冷却的纳米微粉收集系统、刮落输运系统及原位加压成形（烧结）系统组成的工作原理图。其制备过程是在超高真空室内进行的，首先通过分子涡轮

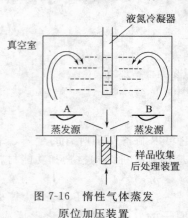

图 7-16　惰性气体蒸发原位加压装置

泵使其达到 0.1Pa 以上的真空度，然后充入惰性气体（He 或 Ar）。把欲蒸发的金属置于坩埚中，通过钨电阻加热器或石墨加热器等加热蒸发，产生金属蒸气。由于惰性气体的对流，使金属蒸气向上移动，在充液氮的冷却棒表面沉积下来。用聚四氟乙烯刮刀刮下，经漏斗直接落入低压压实装置。纳米粉末经轻度压实后，由机械手送至高压原位加压装置，压制成块体。压力为 1～5GPa，温度为 300～800K。由于惰性气体蒸发冷凝形成的金属和合金纳米微粒几乎无硬团聚，因此，即使在室温下压制，也能获得相对密度高于 90% 的块体，最高相对密度可达 97%。采用该法已成功地制得 Pd、Cu、Fe、Ag、Mg、Sb、Ni_3Al、TiAl 等金属、合金和非晶的纳米金属块体材料。

该法的特点是适用范围广，微粉表面洁净，有助于纳米材料的理论研究。但工艺设备复杂，产量极低，存在大量的微孔隙，致密度仅达金属体积密度的 75%～90%。

7.4.2.2 高能球磨法

高能球磨法是指利用球磨机内部硬球的转动或振动来对原材料进行强烈的撞击、研磨和搅拌，把金属或合金粉末粉碎成纳米微粒，再经过压制（冷压或热压）成形，获得块体纳米晶材料。如果把两种或两种以上的金属或者合金粉末同时放入球磨机的球磨罐中进行高能球磨，粉末颗粒再经压延、压合、又碾碎、再压合的反复过程，最后即可获得组织和成分分布均匀的合金粉末。因为该方法是利用机械能达到合金化，因此把利用高能球磨制备合金粉末的方法称为机械合金化。

采用高能球磨法制备纳米晶材料，必须正确选用硬球的材质（例如不锈钢球、玛瑙球、硬质合金球等）；控制好球磨的温度和球磨的时间；原材料一般采用微米级的粉体或小尺寸条带碎片。而且在球磨过程中，要求对不同球磨时间的颗粒的尺寸、成分和结构的变化进行 X 射线衍射和电镜观察与监视。

该方法可以很容易制备具有 bcc 结构（Cr、No、W、Fe 等）和 hcp 结构（Zr、Hf、Ru 等）的金属纳米晶材料；而对于 fcc 结构（Cu）的金属则不容易形成纳米晶；还可以将相图上几乎互不相溶的几种元素制成纳米固溶体（Fe-Cu、Ag-Au、Al-Fe、Cu-Ta 和 Cu-W 合金等），这是常规熔炼方法根本无法实现的。从这个意义上说，用机械合金化法制备新型纳米合金为发展新材料开辟了新的途径。该方法也可用来制备纳米金属间化合物 Fe-B、Ti-Si、Ti-B、Ti-Al、Ni-Si、V-C、W-C、Si-C、Pd-Si、Ni-Mo、Nb-Al、Ni-Zr 等和金属-陶瓷粉纳米复合材料。把纳米 Y20 粉体复合到 Co-Ni-Zr 合金中，使该复合材料的矫顽力提高约两个数量级。把纳米 CaO 或 MgO 复合到金属 Cu 中，虽该复合材料的电导率与金属 Cu 的基本一样，但是其强度却

大大提高。另外，用该方法还可以用来制备非晶、准晶、超导材料、稀土永磁合金、超塑性合金、轻金属、高强比合金等。

该方法的优点是合金基体成分不受限制、成本低、产量大、工艺简单，特别是在难熔金属的合金化、非平衡相的生成、开发特殊用途合金等方面显示出较强的活力，该方法在国外已经进入实用化阶段。但该方法也存在一些缺点，如其晶粒尺寸分布不均匀，容易引入杂质，使其容易受到污染，容易发生氧化和形成应力。因此，用这种方法很难得到洁净的、无微孔隙的块体纳米晶材料。

7.4.2.3　深过冷直接晶化法

快速凝固对晶粒细化有显著效果的事实已为人所知，急冷和深过冷是实现熔体快速凝固行之有效的两种途径。急冷快速凝固技术因受传热过程限制只能生产出诸如薄带、细丝或粉体等低维材料，而在应用上受到较大的限制。深过冷快速凝固技术，通过避免或清除异质晶核而实现大的热力学过冷度下的快速凝固，其熔体生长不受外界散热条件控制，其晶粒细化由熔体本身特殊的物理机制所支配，已成为实现三维大体积液态金属快速凝固制备微晶、非晶和准晶材料的一条有效途径。由于深过冷熔体的凝固组织与急冷快速凝固组织具有很好的相似性，并且国外已在 Fe-Ni-Al、Pd-Cu-Si 等合金中利用急冷快速凝固获得纳米组织。近年来我国在 Ni-Si-B 合金中利用深过冷方法已制备出晶粒尺寸约为 200nm 的大块合金，并已探讨出多种合金系有效的熔体净化方法。从目前的实验结果来看，深过冷晶粒细化的程度与合金的化学成分、相变类型、熔体净化所获得热力学过冷度的大小及凝固过程中的组织粗化密切相关。为进一步提高细化效果，除精心设计合金的化学成分之外，发展更有效的净化技术是关键。另外，探索深过冷技术与急冷、塑性变形及高压技术等相结合的复合细化技术，可望进一步拓宽深过冷直接晶化法制备纳米晶的成分范围。

7.5　纳米材料制备的新进展

7.5.1　微波化学合成法

微波合成法实际上是在水热合成法的基础上发展起来的一种新型的纳米材料合成方法。在微波条件下水热合成纳米管是将纳米管的合成体系置于微波辐射范围内，利用微波对水的介电作用进行合成，是一种新型的合成方法。

将微波技术用于纳米材料的制备，越来越引起研究人员的关注，如将一定量 TiO_2 粉末放入装有 NaOH 溶液的聚四氟乙烯反应釜中，超声 10min 分散颗粒，然后将反应釜置于带有回流装置的微波炉内，在微波作用下回流加热 90min，取出反应釜，分离出固体产物，用去离子水洗涤至 pH＝7，过滤后真空干燥得到 TiO_2 纳米管。微波化学合成法一般可分为微波水热法、微波等离子体热解法和微波烧结法等几种。微波水热法是在普通水热法的基础上采用微波场作为热源，由于它能在较短的时间内，为金属离子的水解提供足够的能量，并促使水解试剂在瞬间分解，从而造成"爆炸"式瞬间成核。因此，与常规水热法相比，其反应速率极快，且不发生重结晶现象，可获得粒度分布均匀、晶粒很小的纳米粉体；微波等离子体热解法较之于电弧等离子体热解技术，具有无电极污染的优点；与直流或射频离子体技术相比，由于微波等离子体温度较低，在热解过程中不引起致密化或晶粒过大，对于制备用作催化剂或敏感器件材料等的超细粉体，有其独特的优点；微波烧结法与传统方法相比较，具有内部加热、快速加热、快速烧结、细化材料组织、改进材料性能以及高效节能等优点，可烧结制得各种纳米氧化物粉体和各种纳米硬质合金等。

7.5.2　脉冲激光沉积薄膜

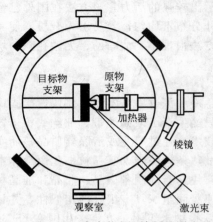

图 7-17　脉冲激光沉淀原理图

脉冲激光沉淀是将脉冲激光器产生的高功率脉冲激光束聚焦于靶材料表面，使其产生高温熔蚀，继而产生金属等离子体，同时这种等离子体定向局域发射沉积在衬底上而形成薄膜，其原理如图 7-17 所示。整个物理过程分：等离子体产生、定向局域膨胀发射、衬底上凝结。由于高能粒子的作用，薄膜倾向于二维生长，这样有利于连续纳米薄膜的形成。随着科技的发展，超快脉冲激光、脉冲激光真空弧、双光束脉冲激光等最新的激光发生器用于激光沉淀纳米粒子膜制备技术。脉冲激光沉积能在较低的温度下进行，形成复杂多层膜，过程易于控制，但并不利于沉积大面积的均匀薄膜。通过控制其参数可制备不同的纳米粒子膜，其主要参数包括激光波长、激光能量强度、脉冲重复频率、衬底温度、气压大小、离子束辅助电压电流、靶基距离等的优化配置等。合理改善参数是加速脉冲激光沉淀技术的商业化使用进程的最有效的途径，是制备理想薄膜的前提。另外，靶材和基片晶格是否匹配以及基片表面抛光、清洁程度均影响到膜-基结合力的强弱和薄膜表面的光滑度。

7.5.3　分子自组装法

根据原理不同，分子自组装法大致可分为自组装模板法、直接自组装法和静电吸引自组装法等。自组装模板法是一种很好的制备纳米粒子膜的化学方法，特别在制备各种不同一维纳米结构方面，是控制并改进纳米粒子的排列、改善纳米薄膜性能的有效手段，使纳米材料的性能得到提高，具有良好的可控制性，可利用空间限制和模板剂的调试对生成膜的大小、形貌、结构和排布等进行控制。模板法通常是用孔径为纳米级到微米级的多孔材料作为模板，结合电化学法、沉淀法、气相沉积法等技术使物质原子或离子沉淀在模板的孔壁上，形成所需的纳米结构体。模板印刷法制备金属纳米膜具有下膜容易制备、合成方法简单等优点，由于膜孔孔径大小一致，制备的材料同样具有孔径相同、单分散的结构。其过程可分为模板的制备、溶胶制备、沉淀成膜。其中，模板可分为硬模板和软模板，常见的模板有多孔氧化铝膜和多孔氧化硅等硬模板，以及某些高聚物软模板。此种方法在电池、光催化、药物合成和生命科学等领域得到了广泛的应用。目前对于合成模板的影响因素、模板的结构以及纳米材料的详细生长机理等问题还有待进一步研究。用自组装模板法制备纳米有序阵列的研究与应用仍处于起步阶段，纳米阵列体系新颖的物理化学性能及其应用前景的研究和开发，将成为今后纳米技术的重点。

直接自组装法是先采用一定方法（如微乳法）制备纳米粒子，然后与聚合物机体通过适当作用力组装成膜，一般称为胶态晶体法。由于胶体具有自组装的特性，而纳米团簇又很容易在溶剂中分散形成胶体溶液，因此，将纳米团簇"溶解"于适当的有机溶剂中形成胶体溶液，即可进一步组装得到纳米团簇的超晶格。

静电吸引自组装法的最大特点是对沉积过程或膜结构的分子级控制；利用连续沉积不同组分的办法，还可实现层间分子对称或非对称的二维甚至三维的超晶格结构，从而实现薄膜的光、电、磁、非线性光学性等的功能化，也可仿真自然生物膜的形成；特别是自组装膜中层与层之间强烈的静电作用力，使膜的稳定性极好，膜的厚度任意控制等。近年来，一些具有特殊结构的共聚物自组装形成有序的结构（如球状、管状、螺旋状、层状、盘状、微孔等）被广泛地研究，这些有序结构的形成主要靠基团的特殊相互作用导致的自组装行为。

随着科学技术和科学研究的进一步发展，人们对金属纳米粒子膜的数量、质量和性能的要求将会越来越高。如何制备高质量、高性能的金属纳米薄膜必将成为科学家关注的技术焦点。上述金属纳米粒子薄膜的制备技术方法也必将得到不断创新和完善，并产生新的突破，同时，也将推动纳米材料的分子自组装法，即通过分子间特殊的相互作用，组装成有序的纳米结构，实现高性能化和多功能化，其主要原理是分子间力的协同作用和空间互补，如静电吸引、氢键等。分子自组装法不仅可用于有机纳米材料的合成，而且可用于复杂形态无机纳米材料的制备；不仅可合成纳米多孔材料，而且可制备纳米微粒、纳米棒、纳米丝、纳米网、纳米薄膜甚至纳米管等。

7.5.4 原位生成法

原位生成法是通过分子识别由原子、离子、分子原位生成的方法，一般分为干法和湿法。干法包括真空蒸发、溅射和化学蒸发沉积等；湿法包括组装前驱液的制备、基片的制备以及有机薄膜的制备等。湿法相对于干法成本低，可在常温常压下进行。该法常用来通过含离子基团的聚合物分子链或树枝状聚合物分子链与金属离子的相互作用（如络合作用），将金属粒子包围在聚合物胶束或分散在聚合物网络之中，进一步通过原位还原、硫化、氧化制备金属纳米粒子和硫化物、氧化物纳米粒子分散在聚合物基体中的复合物。

原位生成法很适合于制备过渡金属硫化物、卤化物聚合物复合材料。它的基本原理是将基体与金属离子（M^+）预先混合组成前驱体，金属离子在聚合物网络中均匀稳定地分散，然后暴露在对应组分（如 S^{2-} 和 Se^{2-}）气体或溶液中就地反应生成粒子。采用原位聚合法制备了纳米聚酯复合涂料，首先将纳米 Al_2O_3 预分散，其次加入相应的聚合物，然后加入分散好的粉体，在一定条件下使其反应，最后将制得的产物按 1∶1 的质量比搅拌溶解于四氢呋喃中，制得聚酯纳米复合涂料。

在纳米材料的制备过程中不是单一地运用上述的某种方法，而常常是同时使用两种或两种以上的制备方法。目前纳米材料的制备还处于开始和探索阶段，仍存在着费用过高、产量低、规模小等不足，阻碍了纳米材料在各领域中的应用。因此，进一步的工作将是深入研究纳米材料制备过程形态结构控制技术，以及过程放大时伴随的工程化问题，结合材料形成机理的不断深化，发展和完善具有工业化价值的制备技术，为实现纳米材料大规模制备和应用打下扎实的基础。

从晶粒尺度的角度来看，纳米晶材料似乎介于非晶态材料与晶体材料之间，但其性能却不是只填补晶态与非晶态之间的空缺。纳米材料的磁性能优于非晶态和晶态材料，纳米晶材料的磁性来源于尺寸效应。纳米材料优良的磁性主要是由于纳米晶粒细小的贡献，而无序界面对磁性的贡献较少，大块纳米晶材料的比表面积大，有可能成为一种新的贮氢材料。

7.6 纳米材料的应用展望

7.6.1 纳米材料在机械方面的应用

纳米碳管是目前材料领域最引人关注的一种新型材料，纳米碳管是由碳原子排列成六角网状的石墨薄片卷成具有螺旋周期的多层管状结构，直径 1～30nm。长度为数微米左右的微小管状结晶。科研人员在对纳米碳管的研究过程中发现，纳米碳管具有很高的杨氏模量、强韧性和高强度等力学性能。因此将其用于金属表面复合镀层，可获得超强的耐磨性和自润滑性，其耐磨性要比轴承钢高 100 倍，摩擦系数为 0.06～0.1。此外，纳米碳管材料复合镀层还具有高热稳定性和耐腐蚀性等优异性能。利用纳米碳管的高耐磨性、耐腐蚀性和热稳定性，可用其制造刀具和模具等，不仅能够延长使用寿命，还可提高工件的加工精度，为机械工业带来巨大效益。纳米碳管还具有高效吸收性能，可用其制造保鲜除臭产品。利用纳米碳管吸取氢分子的性质，可将氢分子贮存在纳米碳管内，制成十分安全的氢吸留容器，这对于研制氢动力燃料电池汽车具有极大的实用价值。这种氢吸留容器可以贮存相当于自重 7% 的氢，汽车使用一个可乐瓶大小的氢吸留容器，就可以行驶 500km。

7.6.2　纳米材料在电子方面的应用

随着纳米技术研究的不断发展，人们已考虑运用纳米技术制造电子器件，以使电子产品体积进一步缩小，而其性能更加出类拔萃。利用纳米碳管可自由变化的电器性质及"量子效应"现象，可将目前集成电路的元器件缩小 100 倍，研制出高速、微小、节能的新一代计算机。目前的电视机和计算机显示器采用的电子显像管，是在真空中释放电子撞击荧光体后发光，由于发射电子的电子枪与荧光屏之间必须保持一定距离，显示器体积较大。此外，加热电子枪要消耗大量电能。而利用纳米碳管取向排列制成的场发射电子源具有较大的发射强度，可在低电压下释放电子，在荧光屏上激发出图像，为制造纯屏、超薄、节能的大型显示器提供了新选择，且其性能大大优于液晶显示器。运用复合纳米碳管材料制成光电转换薄膜，应用于太阳能电池，可使现有的太阳能电池的效率提高 3 倍；将纳米碳管应用于锂离子电池的负极材料，有望大大提高其贮锂量。以色列科学家在硅片上覆盖惰性材料单分子膜，使用原子显微镜和电子针的"分子刻痕"技术激活膜层分子，通过电子化学反应控制分子级信息载体，存储文本、图像、音乐等数据信息。这些信息可在原子显微镜下被复读，利用电子计算机解码还原，这项技术可用于开发更大储存量的纳米超级存储器。

7.6.3　纳米材料在医学方面的应用

对付癌症的"纳米生物导弹"，专家们采用一种非常细小的磁性纳米微粒，把它运用到一种液体中，然后让病人喝下去，通过操纵可使纳米微粒定向"射"向癌细胞，将其"全歼"，并且不会破坏其他正常细胞。治疗血管疾病的"纳米机器人"，用特制超细纳米材料制成，可注入人体血管内，进行健康检查，疏通脑血管中的血栓，爆破肾结石，清除心脏动脉脂肪积淀物，完成医生不能完成的血管修补等"细活"。运用纳米技术，还能对传统的名贵中草药进行超细开发，同样服用一剂药，经过纳米技术处理的中药，可让病人极大地吸收药效。

7.6.4　纳米材料在军事方面的应用

"麻雀"卫星：这种卫星比麻雀略大，质量不足 10kg，具有可重组性和再生性，成本低、质量好，可靠性强。"蚊子"导弹：利用纳米技术制造的形如蚊子的微型导弹，可以起到神奇的战斗效能。纳米导弹直接受电波遥控，可以神不知鬼不觉地潜入目标内部，其威力足以炸毁敌方火炮、坦克、飞机、指挥部和弹药库。"苍蝇"飞机：这是一种如同苍蝇大小的袖珍飞行器，可携带各种探测设备，具有信息处理、导航和通信能力。其主要功能是秘密部署到敌方信息系统和武器系统的内部或附近，监视敌方情况。这些纳米飞机可以悬停、飞行，敌方雷达根本发现不了它们。"蚂蚁士兵"：这是一种通过声波控制的微型机器人，这些机器人比蚂蚁还要小，但具有惊人的破坏力。它们可以通过各种途径钻进敌方武器装备中，长期潜伏下来。一旦启用，这些"纳米士兵"就会各显神通：有的专门破坏敌方电子设备，使其短路、毁坏；有的充当爆破手，用特种炸药引爆目标；有的施放各种化学制剂，使敌方金属变脆、油料凝结或使敌方人员神经麻痹、失去战斗力。

此外，还有被人称为"间谍草"或"沙粒坐探"的形形色色的微型战场传感器等纳米武器装备。所有这些纳米武器组配起来，就建成了一支独具一格的"微型军"。纳米武器的出现和使用，将大大改变人们对战争力量对比的看法。纳米技术还具有很高的电磁波吸收系数，将纳米材料加入飞机、坦克中，用以吸收雷达波，于是隐形飞机、隐形坦克问世了。隐形武器在战场上神出鬼没，出现于战场的不同角落。

7.6.5 纳米材料在环保方面的应用

随着纳米技术的悄然崛起，纳米环保也会迅速来临，拓展人类利用资源和保护环境的能力。当物质被"粉碎"到纳米级细粒并制成"纳米材料"，不仅光、电、热、磁发生变化，而且具有辐射、吸收、催化、吸附等许多特性。新型的纳米级净水剂具有巨大的比表面积，因而吸附能力非常强，可将污水中的悬浮物和铁锈、异味等污染物除去。通过纳米孔径的过滤装置，还能把水中的细菌、病毒去除。经过纳米净化后的水体清澈，没有异味，成为高质量的纯净水，完全可以饮用。并且纳米材料具有非常强的紫外光吸收能力，因而具有非常强的光催化能力，可快速将吸附在其表面的有机物分解掉。一方面纳米材料的高催化效率，可以帮助煤充分燃烧，提高能源的利用率，防止有害气体的产生；另一方面高质量的碳纳米材料能贮存和凝聚大量的氢气。而氢能是取之不尽、用之不竭的清洁能源，只是因为贮存等方面的问题制约着氢能的开发利用。利用碳纳米材料的高贮氢能力，可以做成燃料电池驱动汽车，有效避免因机动车尾气排放所造成的大气污染。当机器设备等被纳米技术微型化后，所需资源将大大减少，可实现资源利用的持续化；并且微型化机械其互相撞击、摩擦产生的交变机械作用力将大为减少，噪声污染便可得到有效控制。

7.6.6 纳米材料在纺织物方面的应用

根据纳米粒子的微观结构和光谱特性，将其应用于纺织物中，可制造出各种功能性纺织物。经分散处理或抗氧化处理的纳米粒子与黏胶纤维相混后，在一定条件下可以喷成功能性黏胶纤维，该功能性黏胶纤维再与棉纱等混纺，可织成各种功能性纺织物，如抗紫外线、抗可见光、抗电磁波以及通过红外吸收原理可以改善人体微循环等功能性纺织物。我国利用纳米技术已制成不粘水和油污的纺织物。

习题与思考题

1. 纳米晶体材料分为几类？它们分别用于何种材料？
2. 常用的制备纳米颗粒的方法有哪些？简述气相法制备纳米颗粒的基本原理。
3. 试述固体反应法制备纳米粉体的工艺流程。
4. 简述利用溶胶-凝胶合成法制备纳米薄膜的工艺过程及特点。
5. 纳米材料制备新技术有哪些？各自的特点是什么？
6. 纳米材料在军事中有何应用？

参 考 文 献

[1] 倪星元，姚兰芳，沈军等编著. 纳米材料制备技术. 北京：化学工业出版社，2009.
[2] 卫英慧主编，韩培德，杨晓华副主编. 纳米材料概论. 北京：化学工业出版社，2009.
[3] 邓明编著. 材料成形新技术及模具. 北京：化学工业出版社，2005.

［4］ 齐宝森等主编．新型材料及应用．哈尔滨：哈尔滨工业大学出版社，2007．

［5］ 程军胜，杨滨，张济山．块体金属纳米材料成形技术研究进展．材料导报，2004，18（11）：63-65．

［6］ 居志兰，戈晓岚，许晓静．块体纳米材料的研究现状与发展思路．江苏大学学报，2002，23（4）：47-51．

［7］ 訾炳涛，王辉．块体纳米材料的制备技术概况．天津冶金，2003，（6）：3-6．

［8］ 张运，冯慧娟，梅燕娜．块体纳米材料的制备技术与进展．2008，22专辑XII：5-7．

［9］ 王少鹏，谢发勤，吴向清．块体纳米材料深过冷制备技术的进展．铸造，2006，55（2）：105-107．

［10］ 兰中建．块状纳米材料的制备．科技信息，2008，（3）：165-169．

［11］ 刘鹏．纳米ZnO的制备及其抗菌性能研究［学位论文］．贵阳：贵州大学，2008．

［12］ 吴金桥，王玉琨．纳米材料的液相制备技术及其进展．西安石油学院学报，2002，17（3）：31-34．

［13］ 马运柱，黄伯云，范景莲等．纳米材料的制备．材料工艺，2002，19（3）：211-217．

［14］ 林峰．纳米材料的制备方法与应用．广东技术师范学院学报，2007，（7）：9-12．

［15］ 许志云．纳米材料的制备技术研究．武汉科技学院学报，2007，20（8）：44-47．

［16］ 刘传绍，张冬梅，赵波．纳米材料的制备与加工技术进展．材料与表面处理技术，2006，（4）：119-123．

［17］ 张姝，赖欣，毕剑．纳米材料制备技术及其研究进展．四川师范大学学报，2001，24（5）：516-519．

［18］ 王结良，梁国正，赵雯．纳米材料制备新技术研究进展．河南化工，2003，（10）：7-10．

［19］ 任楠．纳米催化材料的有序组装设计与应用［学位论文］．上海：复旦大学，2007．

［20］ 陈思顺，李彦林，牛新书．纳米技术和纳米材料制备技术研究进展．漯河职业技术学院学报，2005，4（3）：14-16．

［21］ 郑永珠．纳米硫化物的制备方法及其优缺点［学位论文］．长春：东北师范大学，2007．

［22］ 任莹，路学成，黄勇．纳米涂层制备技术的进展．热处理，2009，24（1）：12-16．

［23］ 李敏，李盼，王维刚．气相法制备纳米材料．中国粉体技术，2008，14（2）：54-58．

［24］ 余丽萍，肖伟．浅析纳米材料及制备技术的进展．江西冶金，2005，25（3）：26-28．

［25］ 王迎春，史宝平．碳纳米材料制备技术的进展．化学工业与工程技术，2009，30（3）：24-26．

［26］ 孙兰萍，许晖．无机纳米材料的制备技术及其进展．化工装备技术，2006，27（3）：9-12．

［27］ 徐剑，贺跃辉，王世良．一维金属纳米材料的制备技术．粉末冶金材料科学与工程，2006，11（1）：13-18．

［28］ 严冲，蔡克峰．一维氧化镓纳米材料研究进展．材料导报，2006，20专辑VI：99-101．

［29］ 张利，蒋荟．纳米材料的制备技术及其在航空领域的应用展望．海军航空工程学院学报，2001，16（3）：385-388．

［30］ 杨钢，王立民，刘正东．超大塑性变形的研究进展—块体纳米材料制备．特钢技术，2008，14（51）：1-8．

［31］ 李俊寿，尹玉军，尹晓春．SnO$_2$纳米材料制备技术的研究进展．兵器材料科学与工程，2004，27（5）：49-52．

［32］ 倪萌．光催化剂纳米粉体的制备技术．粉末冶金技术，2006，24（5）：379-383．

［33］ Yourong Liu，Traugott E. Fischer，Andrew Dent. Comparison of HVOF and plasma—sprayed alumina/titania eoatings-microstructure，mechanical properties and abrasion behavior. Surface and Coatings Technology，2003，167：68-76．

［34］ Mingheng Li，Panagiotis D. Modeling and analysis of HVOF thermal spray process accounting for powder size distilbution. Chemical Engineering Science，2003，58：849-857．

［35］ Wittmann K，Blein F，Coudert J F，et al. Control of the in-jection of all alumina suspension containing nanograins in a DC plasma. Proceedings of ITSC，Thermal spray 2001：new surfaces for a new millennium. Singapore，2001：375-382．

［36］ Young E J，Mateeva E，Moore J J，et al. Low pressure plasma spray coatings. Thin Solid Film，2000，377-378：788-792．

［37］ Bessekhouad Y，Robert D，Weber J V. Bi$_2$S$_3$/TiO$_2$ and CdS/TiO$_2$ heterojunctions as an available configuration for photocatalytic degradation of organic pollutant. Journal of photochemistry and Photobiology A：Chemistry，2004，163：569-580．

［38］ Cui W Q，Feng L R，Xu C H，et al. Hydrogen production by photocatalytic decomposition of methanol gas on Pt/TiO$_2$ nano-film. Catalysis Communications，2004，5：533-536．

［39］ Gurunathan K. Photocatalytic hydrogen production using transition metal ions-doped-Bi$_2$O$_3$ semiconductor particles. International Journal of Hydrogen Energy，2004，29：933-940．

［40］ Moon J W，Yun C Y，Chung K W，et al. Photocatalytic activation of TiO$_2$ under visible light using Acid Red 44. Catalysis Today，2003，87：77-86．

［41］ Hu J F，Qin H W，Sui Z G，et al. Characteristic of mechanically milled TiO$_2$ powders. Materials letters，2002，53：421-424．

第8章 自蔓延高温合成技术

【学习目的与要求】

通过本章的学习，使学生能够了解和掌握自蔓延高温合成技术的基本原理和成形特点；掌握SHS制粉技术、SHS致密化技术、SHS铸造技术、SHS焊接技术和SHS复合材料制备技术；认识和了解自蔓延高温合成技术的工业化应用状况和发展前景；使学生尽快地适应我国经济发展的需要。

8.1 自蔓延高温合成技术的基本概念

自蔓延高温合成（self-propagating high-temperature synthesis，SHS）技术，也称燃烧合成（combustion synthesis，CS），是前苏联科学家A. G. Merzhanov 等提出并发展起来的一种材料合成与制备新技术。

由于SHS具有工艺简单、节省能源、产品质量好、成本低廉等优点，目前用它合成出的化合物已达500多种。采用SHS工艺不仅能合成出非平衡和非化学计量比等常规方法难以获得的材料，还特别适用于合成各种复合材料、结构陶瓷、功能梯度材料等，因此，SHS有着广阔的前景。

图 8-1　SHS反应过程示意图

SHS过程的基础是反应体系具有强烈的放热效应，在热传导机制作用下，反应物点燃后相继"引燃"邻近原料层，从而使反应以燃烧波的形式蔓延下去。如图8-1所示为SHS过程的示意图，点燃后燃烧波以速度v向下传播。

8.1.1 SHS体系的绝热温度

预测SHS过程能否持续的一个重要的参数是燃烧的绝热温度T_{ad}。绝热温度定义为：在绝热条件下，反应物完全转化时，反应释放化学热使产物加热而达到的温度。计算绝热温度可以大致了解反应体系SHS过程的可能性，表8-1列出了一些常见体系的SHS绝热温度。

表 8-1　SHS体系的绝热温度

体系	TiB_2	TiC	SiC	TiN	BN	MoS_2	B_4N	CdS
T_{ad}/K	3190	3200	1800	4900	3700	1910	1000	2000

8.1.2 燃烧波的结构

燃烧波为反应混合物的反应传播面。一般的燃烧波结构可作如下划分：初始混合物→预热区→热释放区（反应区）→后烧区＋最终产物。

试样被点燃后，燃烧波以稳定方式传播，此时燃烧波在空间上形成如图 8-2 所示的燃烧温度 T_c、转化率 η 和热释放率 Φ 的分布图。在预热区温度从 T_0 升高至点燃温度（T_0 为初始混合物的温度），燃烧波自右向左传播，然后为热释放区，在热释放区内，热释速率迅速变化，转化率逐渐接近 1（$\eta \to 1$），燃烧波的温度升到燃烧温度，最终为产物区。如存在后烧现象，由于在热释放区内 $\eta < 1$，温度也小于 T_c，只有在后烧区内，才能使 η 达到 1，燃烧温度继续升高达到 T_c，而热释放速率在较低的水平持续（图 8-3）。

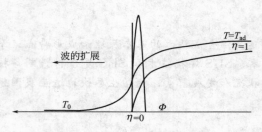

图 8-2 燃烧波中的燃烧温度 T_c、
转化率 η 和热释放率 Φ 分布图

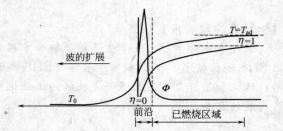

图 8-3 存在后烧现象的燃烧波中的燃烧温度 T_c、
转化率 η 和热释放率 Φ 分布图

8.1.3 燃烧反应机制

8.1.3.1 SHS 体系的分类

① 依据 SHS 体系组分的物质状态，可分为固-固体系和固-气体系。

② 依据反应物料状态的不同，可分为固-固反应体系、固-气反应体系、气-气反应体系、液-液反应体系。典型的固-固反应体系有：$Ti + Al \longrightarrow TiAl$；$Si + C \longrightarrow SiC$；$3B_2O_3 + 3TiO_2 + 10Al \longrightarrow 3TiB_2 + 5Al_2O_3$；$Ti + 2B \longrightarrow TiB_2$；$Ti + C \longrightarrow TiC$ 等；典型的固-气反应体系有：$3Si + 2N_2 \longrightarrow Si_3N_4$；$2Ti + N_2 \longrightarrow 2TiN$；$B_2O_3 + 3Mg + N_2 \longrightarrow 2BN + 3MgO$；$2B + N_2 \longrightarrow 2BN$；$Ti + H_2 \longrightarrow TiH_2$ 等。如图 8-4(a)、(b) 所示分别为固-固体系和固-气体系 SHS 反应过程示意图。

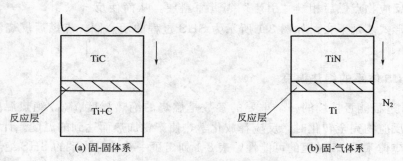

图 8-4 自蔓延高温合成过程示意图

③ 依据 SHS 过程的特点，固-固体系又可分为无气燃烧的凝聚体系和伴随易挥发物质渗出的无气燃烧体系，以及气体漫渗的燃烧体系。

8.1.3.2 燃烧反应机制

燃烧反应机制是通过研究原始混合物状态、反应组分配比、初始温度、气体压力等因素对主要过程参数 v（燃烧波速）、T_c（燃烧温度）和 ε（转化率）的影响所得出的反应物间相互作用模型。

（1）无气 SHS 体系的燃烧机制

① 反应组分不发生熔化的固体燃烧。其原理如图 8-5 所示，在预热区内反应物仅被加热，而在反应区内固态的反应组分 B_S 通过产物层 AB_S 向 A_S 扩散。随着 AB_S 层的增厚，反应速率降低，整个反应过程由扩散所控制。因此，这类 SHS 过程的燃烧速率较慢，一般为 $10^{-2} \sim 10^{-1} cm/s$，且燃烧过程往往存在明显的后烧区。

② 某一组分发生熔化的体系燃烧。在这类 SHS 过程的预热区内，除了有反应物被加热外，还发生某一组分的熔化及毛细渗透，正是由于这种毛细漫渗的作用，燃烧速率大大提高，同时这一效应还有自均匀化作用。这类体系的燃烧速率可达 $1 \sim 10 cm/s$。

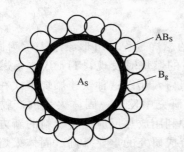

图 8-5　无气燃烧体系相互作用示意图

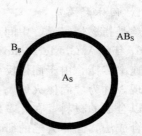

图 8-6　气体漫渗燃烧体系相互作用示意图

(2) 气体漫渗 SHS 过程的燃烧反应机制　气体漫渗 SHS 过程的燃烧反应机制如图 8-6 所示。

① 反应组分 A_S 发生熔化。由于 A_S 熔化，堵塞了孔洞，从而导致 B_S 难以进入内部。此外，由于温度很高，产物也常发生熔化，这就使 B_g 进入内部更加困难，反应速率变得很缓慢，反应难以进行到底。

② 反应物 A_S 不发生熔化。此时，反应区内反应速率主要取决于产物是否允许 B_g 的进入以及进入速率，由于没有液相存在，反应还取决于 A_S 空隙率。反应速率在 $10^{-1} \sim 1 cm/s$。

8.1.4　燃烧模式

SHS 理论研究的对象是燃烧的物理过程及伴随着的物理化学转变机制，燃烧波传播规律和条件，以及燃烧波阵面附近波的结构及燃烧模式等。燃烧模式的研究是燃烧理论研究的一个重要组成部分。通常将燃烧模式分为稳态和非稳态燃烧两大类：稳态燃烧中所要研究的是燃烧波的传播方式与条件，燃烧波的结构以及所伴随着的物理化学现象与传播过程；非稳态燃烧中除研究点火过程与燃烧波的发生过程，以及燃烧失稳、自振荡与自旋燃烧波外，近年来也将燃烧的无序化过程作为研究内容。在 20 世纪 80～90 年代，燃烧理论在固体火焰自减速机制、稳定燃烧的非唯一性、自振荡燃烧与自旋波以及无气与渗透燃烧理论等方面已获得了令人注目的成就。

数学解析法与数值计算法是目前研究常采用的方法，而其他数学方法如随机方法也被采用。有人将后者应用于描述无气燃烧过程。自旋燃烧是一个研究热点，有人导出了自旋燃烧特性的解析表达式，国内也有人采用计算机模拟法得到了自旋燃烧反应区前沿的温度分布，并预测出了反应趋势与模式。在点火过程研究方面，建立了一个新的层状点火模型，并导出了一个简单直观的点火公式。一个值得注意的研究动向是计算机辅助模型数值分析向纯数研究的过渡。一些非线性动力学研究专家开始从事 SHS 理论问题的研究，非稳定燃烧中无序区的燃烧就是一个明显的例子。当由稳定燃烧极限向失稳区过渡时，解析法的周期性便遭到了破坏，即出现了无序化，这在数学上分析难度很大。Margolis 等人采用数学计算法进行分析，发现随着时间的延长，最高燃烧温度与反应区所处的坐标值围绕其平均值作无规则跳动，Strunnin 等的实验也证实了燃烧波前沿圆柱压坯轴线方向的坐标值，围绕其平均值作无规则振荡，其振幅、频率图呈现连续谱分布。

经典燃烧理论则把燃烧体系分为均匀燃烧体系和非均匀燃烧体系，其中预混气体是典型的均匀燃烧体系，即在过程中无需组元混合和传输而整个体系保持宏观均匀；而非均匀燃烧体系在燃烧过程中为宏观不均匀，燃烧速率受物质传输限制，化学反应一般发生在相界面，如固-液、固-气、液-气等均为非均匀燃烧体系。

SHS 燃烧体系均为非均匀燃烧体系，Merzhanov 等认为该体系中燃烧模式一般分为固体火焰、准固体火焰和渗透燃烧。

8.1.4.1　固体火焰

固体火焰是指燃烧组元、中间和最终产物均为固态的燃烧过程。可形象地表示为固-固-固型反应。1967 年，A. G. Merzhanov 等在研究 Ti+B 体系的燃烧时发现，Ti+B 体系燃烧反应能以很快的速率传播。由于固体反应受固态反应产物的阻碍，所以这种快速燃烧模式在当时被视作一种发现，称为"固体火焰"。在随后对这一现象的研究中发现，固体火焰的产物是常规合成方法难以合成的材料，在此基础上，逐步发展成一种利用放热反应制备材料的新方法——自蔓延高温合成法，固体火焰的研究也成为自蔓延高温合成研究的重要基础。固体火焰可分为理想固体火焰、实际固体火焰和准固体火焰。

(1) 理想固体火焰　理想固体火焰是指反应的中间过程完全没有液、气中间相生成的理想状态，其反应体系为非均匀燃烧体系，但因其反应过程中存在大量的热传导过程和扩散过程，且固态时，物质扩散系数远小于热扩散系数，故可按经典均匀体系燃烧问题进行处理。

理想固体火焰是非均匀燃烧体系燃烧。在理论上应从两个方面考虑：首先考虑沿波传播方向的热传导方程；其次是反应物之间扩散过程的扩散方程，这一方程解决了放热速率。燃烧过程中存在大量的这种扩散过程。由于在固态时，物质扩散系数总是远远小于热扩散系数，燃烧波中存在的大量扩散过程可以被视作点热源。这时，扩散问题可以用反应动力学方程代替，非均匀燃烧体系被视作均匀燃烧体系。这样，理想固体火焰就可按经典均匀介质燃烧问题进行处理。

理想固体火焰具有下列特点：

① 由于物质扩散系数较低，可忽略燃烧区与预热区间的物质交换，故转换程度曲线与温度分布曲线不相似；

② 反应区由主放热区与后燃烧区组成，两区都较宽。宽反应区也是固体火焰的本质特征。

(2) 实际固体火焰　实际固体火焰与前面叙述的理想固体火焰略有不同。实际固体火焰中有一定量的气体存在，这是由于粉末中总是含有吸附或者溶解的气体。此外，气体也可通过金属颗粒表面的氧化膜还原而产生，或部分物质分解而来。这些气体遇热将释放出来，对固体火焰施加影响。气体杂质在实际固体火焰中起气相传输的作用，从而增加了颗粒之间的有效接触面积，成为反应的激活剂。

不论气相来源如何，少量气相在实际固体火焰机制中都扮演着重要角色。它们的存在可以解释接触不好的粉末颗粒体系反应为何会以燃烧波的形式存在。事实上，气体杂质在实际固体火焰中起了气相传输作用，增加了颗粒之间的有效接触面。在极限情况下，颗粒间可实现充分接触，这时颗粒过程像理想固体火焰一样被扩散控制（颗粒接触状况下不是控制因素）。

(3) 准固体火焰　有一类燃烧，燃烧过程中一个或两个组元熔化，但产品是固态，这样的过程在碳、钛、铝、硅的燃烧过程中都可以发现。这种燃烧与固体火焰非常相似，燃烧组元与产物均为固体，但中间过程存在液相或气相的燃烧过程被称为准固体火焰，可形象表示为：固-液（气）-固型反应。准固体火焰中出现的液相强烈地促进燃烧，反应组元间的接触得到显著改善，反应模式由扩散反应转变为液相反应。这其中重要的是出现了毛细铺展现象，使得准固体火焰的燃烧速率远大于固体火焰的燃烧速率。

准固体火焰的另一重要特征是燃烧波中有大量的相变（晶型转变、熔化、反应组元和产物的气化等），它们都是吸热反应，都能影响燃烧波结构。

固体火焰的研究，随着SHS研究的进展获得了长足的发展。值得一提的是发现同一多组元体系（存在几种可能发生的反应）存在几个稳定的燃烧波，具体出现哪一个稳定波由点火方式决定，这种现象称为稳定燃烧类型的非唯一性。如果两个反应激活能相差非常大，激活能大的反应只能在高温发生，激活能小的在低温发生。如果低温反应热小，而高温反应热大，这样就有可能出现两种不同的燃烧模式，具体出现哪种稳定燃烧波由点火条件决定。

8.1.4.2 渗透燃烧

在工业和自然界中，存在许多气体渗入多孔体中的渗透燃烧，例如，生铁的高炉冶炼、矿石的烧结、催化剂的再生和煤的气化等。但是，只是在发现SHS之后，渗透燃烧才得到系统研究。渗透燃烧理论已发展为燃烧科学的独立分支，是传统燃烧理论的新发展。渗透燃烧是多孔金属或非金属压坯与气体发生燃烧反应，气体通过孔隙渗入固体多孔压坯而得到不断补充，生成固体产物的过程。渗透燃烧是气-固间的非均匀反应，其渗透机制有自然渗透和强迫渗透两种：自然渗透时，反应区的反应消耗气体，压力下降导致气体渗透；强迫渗透则由外部因素决定，与内部反应动力学没有直接关系。燃烧方式有表面燃烧和层状燃烧两种：当渗透速率等于或高于化学反应消耗气体的速率时，燃烧以层状燃烧的方式进行，即在整个样品内发生燃烧；当渗透速率低时，燃烧仅在样品表面进行，即表面燃烧。渗透燃烧的合成的表达式为：

$$A（固）＋B（固）\longrightarrow AB（固）＋Q$$

气体向多孔介质的渗透，可以通过不同的方向或方法来实现。实际应用最广泛的是多孔介质的全部自由表面处于气体氧化剂中，气体既通过未反应物料也通过燃烧产物向多孔介质渗透。这种渗透方法最难进行理论分析，因为燃烧波的传播是三维的。一维燃烧便于实验研究和理论分析。一维燃烧分三种情况：第一种，气体通过燃烧产物层，气体渗透方向和燃烧波传播方向一致，称为同向渗透燃烧；第二种，气体通过未反应料层，体渗入方向和燃烧波方向相反，称为反向渗透燃烧；第三种是双向渗透燃烧。

反向渗透时，气体通过未反应物料层渗透。气体入口至燃烧阵面的渗透距离，随燃烧波的行进而减小。对于短样品，渗透距离短，阵面附近的压力接近环境压力，燃烧波速不受渗透控制，而受气-固反应的扩散动力学控制，化学转变完全。对于长样品，开始时渗透距离长，燃烧受渗透控制。由于气体的消耗，阵面附近气体的压力接近为零，化学转化不完全。随着燃烧的进行，渗透距离变小，燃烧转为受反应动力学控制。反向渗透时，发现燃烧波的反射现象：当波阵面与开口端相遇时，转向相反方向传播，直到熄灭。燃烧波的反射可用燃烧波过后未反应物料的再燃烧来解释。

同向渗透时，气体通过燃烧产物层渗透，由于气体的消耗，气体渗透流量随燃烧阵面的行进而减小，燃烧波速降低。如果样品足够长，甚至可能熄灭。双向渗透时，对于足够长的样品，转化率随渗透距离的增加而减小。两端转化率接近1，中部转化率最低。在某些情况下，观察到波的分叉现象：从点燃端减速传播的燃烧阵面分成两个：一个由于与气体相遇而加速前进；另一个继其后通过未完全燃烧的反应物料同向减速传播。

在渗透燃烧中，为了获得维持反应所需要的气体量，气体必须克服扩散渗透势垒，通过孔隙进行渗透，这是固-气燃烧反应和固-固燃烧反应的最大区别。渗透过程受气体压力和多孔介质孔隙度等因素的影响。

金属在氮中燃烧，在低氮压（0.05～15MPa）和高氮压（100～500MPa）下，渗透燃烧的情形大不相同。在高氮压下，孔隙中的氮量足够维持燃烧进行，不需要外部氮流入补充，孔隙对渗透过程没有影响。高氮压可抑制产物的分解，加速孔隙的消除和致密化。在低氮压下，孔隙内的氮量所提供的释放热不足，需要外部提供氮才能维持燃烧的进行。氮的渗透是最重要的步骤。

由于 SHS 过程具有远离平衡态的特点，除燃烧波以稳定的平面形式推进外，还往往出现波动和螺旋形式的燃烧。无论是热力学，还是动力学方面的因素，都会造成燃烧偏离稳态条件。热力学方面的因素主要是反应放热的程度，偏离稳态传播的动力学原因包括扩散阻力以及控制燃烧反应的各微观过程造成的反应不完全。

Zeldovich 给出绝热稳态速度与最小速度之间的关系

$$v_{ad} = \sqrt{e} v_m \tag{8-1}$$

式中　　v_{ad}——绝热燃烧速率；

v_m——燃烧熄灭前的临界速率。

在 v_{ad} 与 v_m 之间，燃烧发生从稳态到非稳态的转变。

K. G. Shkadinski 通过数值计算一维燃烧过程，给出了判定稳态和非稳态燃烧的判据。

$$\theta = \frac{RT_{ad}}{E} \left(9.1 \frac{c_p T_{ad}}{Q} - 2.5 \right) \tag{8-2}$$

式中　　E——反应激活能。

当 $\theta > \theta_i = 1$ 时，为稳态燃烧；$\theta < \theta_i$，为振荡燃烧。

S. B. Margolis 发现液相产物的存在也对燃烧方式有影响，并由此得到如下判据。

$$\beta = \frac{EQ}{2 c_p R T_{ad}^2 (1-M)} \tag{8-3}$$

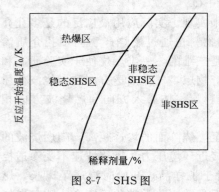

图 8-7　SHS 图

式中　　M——熔化率。

当 $\beta < \beta_C = 2 + \sqrt{5}$ 时，为稳态燃烧；$\beta > \beta_C$ 时，为非稳态燃烧。

Z. A. Munir 通过对 Ti-C、Hf-2B 等 SHS 过程的试验研究与理论分析给出了具有实际指导意义的 SHS 燃烧合成工艺，如图 8-7 所示。

实际的 SHS 体系中除了平面燃烧、振荡燃烧和螺旋燃烧以外，还存在多波燃烧、多点燃烧、混沌燃烧等复杂的燃烧过程。

在燃烧过程中，波以周期性振荡或自旋形式进行，常使燃烧产物形成层状结构，并在燃烧产物中产生一定的成分偏析。因此，在利用 SHS 合成时，必须注意对燃烧方式的控制。

8.1.5　点火理论

自蔓延高温合成的燃烧过程是强烈的、自维持放热反应的过程。从无化学反应向稳定的自维持强烈放热反应状态的过渡过程即为着火过程。SHS 发展至今已有很多种着火方法，主要有以下三类。

（1）化学自燃　这类着火通常不需外界加热，而是在常温下依靠自身的化学反应发生的，也称为循环自燃。

（2）热自燃　将反应燃料和氧化物混合均匀加热到某一温度时便燃烧，这种燃烧称为热燃烧，它是自蔓延高温合成中重要的着火方式。

（3）点火　用火花、电弧、热平板、钨丝等高温热源使混合物局部受到强烈的加热而先着火燃烧，然后蔓延整个反应体系，这种着火方式称为点燃。自蔓延高温合成的着火方式绝大多数情况下是点燃方式。

8.1.5.1　着火条件

所谓着火即为反应组元的混合体系自动的反应加速、升温，以致引起空间某部在某时间出现火焰，体系处于自维持的强烈放热反应状态。着火条件是热爆理论也是点火理论研究的重要内容。若给着火条件下一个定义，即在一定的初始条件（闭口系统）下，由于反应的剧烈加速，使反应系统在某个瞬间和空间的某部分达到高温反应态（即燃烧态），那么实现这个过渡的初始状态便称为着火条件。着火条件不是一个简单的初温条件，而是化学动力学参数和流通力学参数的综合函数，对于开口体系，还需考虑体系与环境的物质交换。闭口系统中的物理因素比较简单，容易看出着火问题的本质。在着火问题研究中，经常用到点火温度概念。从着火条件可知，点火温度仅是着火临界条件的一个参数，它随其他参数变化而变化。实际着火时，着火区存在温度梯度，此时着火温度应为着火区的温度场。

8.1.5.2　点火方法

① 燃烧波点火。利用已燃烧的体系点燃另一个燃烧体系。

② 辐射点火。钨丝通电点火即为辐射点火，它是以无接触方式提供能量。

③ 激光点火。激光点火最主要的特点是热流密度高，点火区可达很高的温度，点火过程组元融化或气化起主要作用。

④ 电火花点火。利用高压放电产生的电火花点燃 SHS 体系，这种方法可用来点燃气体悬浮金属粉或弥散固体粉末体系。

⑤ 热爆点火。以恒定的加热速率加热整个样品，加热到一定温度后体系发生热爆，整体被点燃。这种方法被广泛用于 SHS 的工艺过程中。

⑥ 微波点燃。用微波场加热样品，点燃 SHS 体系。

⑦ 电热爆点火。用通过样品的电流加热样品，至一定温度，体系发生热爆，整体点燃样品。

⑧ 化学点火。将待点燃的体系与活性气体或液体组元接触发生化学反应，在接触面放出大量的热点燃体系。

⑨ 机械点燃。机械冲击局部产生高热点燃反应。放热体系的机械合金化合成过程中即以这种方式点火。

SHS 过程实际应用或正在研究的点火方式还有很多，例如热气点火等。

8.2　SHS 热力学与动力学

8.2.1　SHS 热力学

SHS 过程是一种特殊条件下的化学反应，热力学主要讨论反应的可能性，如某反应吸（放）热多少，在给定条件下如何判断某化学反应能否进行，进行到什么程度为止，改变条件后对反应有什么影响。

对燃烧体系进行热力学分析是研究 SHS 过程的基础。SHS 热力学的主要任务是计算绝热燃烧温度与产物的平衡成分。在绝热条件下，即所有反应释放的热量全部用来加热反应过程合成的产物时，根据质量和能量守恒及化学位（自由能）最低原理进行计算。热力学计算是 SHS 过程初步研究的有效方法，有助于对 SHS 过程产物的温度和成分进行控制。对 SHS 体系进行热力学的研究可以得到有益的信息。

SHS 体系的热力学分析可以根据热力学数据来进行，包括熵、焓、热容以及其他一些由温度和成分所决定的因素。

下列程序常用来研究 SHS 过程的机理：

① 反应物粉末的混合试样放入烧杯中或压制成具有一定尺寸和形状的试样，SHS 以考虑凝聚相中的放热反应为前提；

② 试样组成中固相颗粒作为一种反应物，另一种反应物为气体状态（混合体系），一旦试样中的化学反应开始和气相反应物形成，即可以应用于多组元体系的燃烧。

描述 SHS 过程的参数可以分为两类：一类是描述混合状态的参数，包括化学成分、反应物颗粒的尺寸与形状、试样的尺寸与密度等；另一类是与燃烧条件有关的参数，包括环境的成分与压力、试样的初始温度、外部所施加的力、使过程开始所采取的技术和强化手段等。

现在对 SHS 热力学的研究内容主要集中在以下几个方面：①将燃烧过程作近似处理后，计算最高燃烧温度，即绝热温度；②计算在绝热温度下平衡产物的组成；③建立二元、三元乃至多元复杂体系的热力学综合数据库。

研究的理论依据是热力学第一定律，即能量守恒定律、盖斯（Hess）定律和基尔霍夫定律。绝热温度 T_{ad} 的计算准则如下。

物质在研究的温度区间没有发生相变的基本计算公式为

$$H_T^0 - H_{298}^0 = \int_{298}^T c_p \, dt \tag{8-4}$$

物质在研究的温度区间发生固态相变的基本公式为

$$H_T^0 - H_{298}^0 = \int_{298}^T c_p \, dt + \Delta H_{tr} + \int_{T_{tr}}^T c'_p \, dt \tag{8-5}$$

式中　T_{tr}——相变温度；

ΔH_{tr}——相变过程的焓变。

物质在研究的温度区间不发生固相转变但发生熔化的基本公式为

$$H_T^0 - H_{298}^0 = \int_{298}^{T_m} c_p \, dt + \theta \Delta H_m + \int_{T_m}^T c''_p \, dt \tag{8-6}$$

式中　T_m——某组分的熔点；

θ——发生熔化物质的百分数；

ΔH_m——该组分的熔解热。

物质在所研究的温度区间既发生固相转变，同时又发生熔化的基本计算公式为

$$H_T^0 - H_{298}^0 = \int_{298}^{T_{tr}} c_p \, dt + \Delta H_{tr} + \int_{T_{tr}}^{T_m} c'_p \, dt + \theta \Delta H_m + \int_{T_m}^T c''_p \, dt \tag{8-7}$$

另外，Merzhanov 等根据经验，提出了 SHS 燃烧波自维持的热力学判据，即当 $T_{ad} = 1800K$ 时，燃烧波才能自维持下去。Munir 提出了 T_{ad} 与 $\Delta H_{f298}^0 / c_{p298}$ 的比值成近似的线性关系，所以，相应于 $T_{ad} = 1800K$，有 $\Delta H_{f298}^0 / c_{p298} = 2 \times 10^3 K$。但是，氢化物和超导氧化物的合成实验表明燃烧温度低于 $800℃$，因此，从实验上确定反应放热是否足以维持燃烧仍然是最好的判据。

热力学计算在 SHS 研究中发挥了重要的作用，已广泛用于燃烧机理的分析，但是 SHS 过程包括非平衡相变、能量与质量的输运以及高温化学反应等，SHS 体系是远离平衡态的，Bohamann 有序性原理不再成立，经典热力学理论也就不再适用。如果仍按孤立体系去处理 SHS 的热力学过程。就会得出体系最终总要到达相同的平衡态的结论，这种忘却它的初始条件的行为显然不能反映真实的 SHS 过程。而且按照经典热力学的观点，不可逆过程总是起耗散能量和破坏有序结构的作用，这就无法解释燃烧波的振荡、自旋等现象产生的原因。因此，应当用

非平衡态观点分析 SHS 燃烧过程的各种机制。

8.2.2　SHS 动力学

在给定条件下，某化学反应在一定的时间能产生多少产物，或者化学反应速率如何，影响反应速率的因素有哪些、如何影响，反应进行的具体步骤（反应机理）如何，如何改变条件来加速或抑制某些反应的进行，这些问题都是化学动力学研究的范畴。

动力学的基本任务是研究各种因素（诸如温度、压力、浓度、介质、催化剂等）对反应速率的影响，揭示化学反应与物质结构之间的关系，达到控制化学反应的目的。

燃烧合成是利用物质间反应放出的热量，使反应持续进行，从而合成新物质的技术。显然，化学动力学对 SHS 工艺及产物都是非常重要的。为了深入研究 SHS 的机理，人们需要了解发生在燃烧区的化学转变速率等动力学特征。SHS 动力学旨在研究燃烧波附近区域高温化学转变的规律和速率。它的研究有助于燃烧速率及模式的控制。

SHS 动力学参数对描述 SHS 过程是非常重要的。这些参数主要有反应速率、燃烧波速、质量燃烧速率、能量释放速率等。

SHS 反应速率一般用下式表示。

$$\frac{\mathrm{d}\eta}{\mathrm{d}t} = \xi(\eta, T) \tag{8-8}$$

对于不同的模型，$\xi(\eta, T)$ 有不同的表达式，对无气 SHS 反应一般有两种形式，其一为

$$\frac{\mathrm{d}\eta}{\mathrm{d}t} = \xi(\eta, T) = \lambda(1-\eta)^n \tag{8-9}$$

式中　n——反应级数；

　　　λ——反应速率常数。

λ 一般遵循 Arrhenias 方程。

$$\lambda = \lambda_0 \mathrm{e}^{-\frac{E}{RT}} \tag{8-10}$$

式中　λ_0——常数；

　　　E——反应激活能；

　　　R——气体常数。

其二是由 Hardt 和 Phung 基于片层状混合组元模型推出的受扩散控制的反应动力学方程。

$$\frac{\mathrm{d}\eta}{\mathrm{d}t} = \frac{D}{a_0(a_0+b_0)} \times \frac{1}{\eta} \tag{8-11}$$

式中　a_0，b_0——组元 A 和 B 的厚度；

　　　D——扩散系数。

D 与温度的关系遵循 Arrhenius 方程。

$$D = D_0 \mathrm{e}^{-\frac{E^*}{RT}} \tag{8-12}$$

式中　D_0——常数；

　　　E^*——扩散激活能。

为深入了解 SHS 过程的反应机理，必须研究燃烧区内化学转变的规律，然而由于燃烧区内温度很高，化学反应速率快，要获取动力学数据十分困难。因此，SHS 反应动力学的研究尚不多。为此，研究者们发展了很多特殊的实验方法，如下所示。

① 电热温度曲线法用于研究金属和气体的高温动力学反应。Grigorev、Khartyan 等人利用这种方法研究 Ti、Zr、Nb、Ta、Mo 等金属在 N_2、O_2、H_2、烃类化合物以及硅烷中的高温反应动力学，建立了反应模型并确定了动力学常数。

② Vadchenko 等人使用碳覆层钛丝研究了这两种元素之间的引燃和燃烧过程，并认为燃烧过程始于 Ti 熔化之后，继而在由熔融态液相里逐渐析出的结晶中形成了碳化物。

③ 有人利用电热爆炸法研究了 Ti-C 和 Ti-B 粉末混合物在高温反应的动力学，并结合差热分析进行了讨论。

④ Rogachev 等人采用铜板楔形空腔在楔形体尖部熄灭燃烧波的方法，研究了燃烧波前沿反应物成分的变化规律以及作用特征。

此外，Shteiberg 和 Munir 设计了一种将反应物以箔的形式组成层状结构来研究组分间反应的方法。Grigorev 还利用 CVD 过程研究了固-气反应。

8.3 SHS 技术及应用

8.3.1 SHS 粉末合成技术

粉末材料的自蔓延高温合成是 SHS 最早研究的方向，也是最有生命力的研究方向。利用 SHS 技术可以制备从最简单的二元化合物到具有极端复杂结构的超导材料粉末。合成非氧化物粉末的方法有元素直接合成、镁热还原和铝热还原等。元素合成法广泛应用于碳、硅、硼、氮、硫、磷等的化合物，金属间化合物和金属-陶瓷粉末的合成。镁热还原法以廉价化合物为原料合成碳、硅、硼、氮等的化合物，特别适于含硼化合物的合成（因为硼粉价格昂贵）。铝热还原法用于难熔化合物和氧化铝复合材料的制备。根据 SHS 反应的模式，可将自蔓延高温合成技术分为两种，即常规 SHS 技术和热爆 SHS 技术。

常规 SHS 技术是用瞬间的高温脉冲来局部点燃反应混合物压坯体，随后燃烧波以蔓延的形式传播而合成目的产物的技术。这种模式又称为"蔓延"反应模式，其反应示意图如图 8-1 所示。这种技术适用于具有较高放热量的材料体系，例如：$TiC-TiB_2$、$TiC-SiC$、$TiB_2-Al_2O_3$、Si_3N_4-SiC 等体系。其特点是设备简单、能耗低、工艺过程快、反应温度高。

热爆 SHS 技术是将反应混合物压坯整体同时快速加热，使合成反应在整个坯体内同时发生的技术。这种模式又称"热爆炸"或"整体"模式。对于弱放热反应体系以及含有较多不参与反应添加相的材料体系来讲，常规 SHS 技术已不适用，必须采用热爆 SHS 技术来进行材料的合成。采用这种技术已制备出的材料主要有各种金属间化合物、含有较多金属相的金属陶瓷复合材料以及具有低放热量的陶瓷复合材料。

SHS 粉末的主要用途是制备粉末冶金和陶瓷用的粉末原料，用于热喷涂和磨料。SHS 粉末有三种形态：单晶体、团聚体和复合体。燃烧产物多晶体经完全破碎后获得单晶体粉末，燃烧合成时的再结晶过程得到控制时，可获得粒度 $0.5 \sim 3 \mu m$、甚至更细的粉末，用作烧结的原料。燃烧产物未经完全破碎时，得到团聚体。粒度为 $10 \sim 200 \mu m$ 时，这些团聚体可用作磨料。研究表明，在所有 TiC 粉末中，SHS TiC 粉末具有最强的磨削力，并且对一些金属材料来说，可以一步操作完成研磨和抛光两道程序。粒度为 $40 \sim 100 \mu m$ 的无孔团聚体可用作热喷涂的原料。例如，铝热或镁热还原合成法合成的难熔化合物 Al_2O_3 或难熔化合物 MgO，不经相分离，就可得到复合材料。SHS 法制备的金属-陶瓷可取代金属包覆陶瓷粉用于热喷涂。SHS 粉末具有比其他方法获得的粉末更高的活性，故其具有更好的烧结性，可获得具有更好性能的材料及制品。SHS 粉末的质量指标可通过控制合成条件而提高。同时 SHS 粉末纯度高，杂质含量低于常规方法所制粉末，其软团聚易于破碎成粒度范围窄的粉末，压制性良好，烧结性也不亚于其他粉末，用作陶瓷材料和粉末冶金的原料有良好效果。

8.3.2 SHS致密化技术

直接采用SHS方法合成材料，只能得到疏松、多孔的块状料或粉料，这使得SHS技术的应用有很大的局限性。若将SHS技术与致密化技术有机地结合起来，可进一步制备出有实用价值的、密实度很高的材料。Merzhanov将SHS技术分为6大类，第二类技术是SHS烧结，第三类技术为SHS加压致密化。这两类技术都是利用SHS过程自身的放热来实现烧结致密化。SHS烧结主要依靠SHS过程产生的、高温下自身的固相或者液相传质来进行烧结，有时也依靠反应气体的压力来促进致密化。SHS加压致密化则是在SHS过程中产物处于炽热塑性状态下借助外部载荷，静载或动载，甚至爆炸冲击载荷来实现致密化，有时也借助于高压惰性气氛来促进致密化。

SHS致密化技术是SHS领域的一个重要组成部分，是新的材料制备技术。燃烧合成过程中由于化学反应所放出的热量，无疑有利于致密化的进行，不仅可以节省能源，而且有可能简化设备，缩短材料制备周期，简化工艺。自20世纪70年代中期以来，燃烧合成致密化得到了广泛研究，一些工艺已日趋成熟，并已走向产业化。

8.3.2.1 SHS-烧结法

SHS-烧结法或称SHS-自烧结法，是将粉末或压坯在真空或一定气氛中直接点燃，不加外载，凭自身反应放热进行烧结和致密化。该工艺简单，易于操作。可采用以下三种方式进行：①在空气中燃烧合成；②将经过预先热处理过的混合粉料放在真空反应器里进行合成；③在充有反应性气体的高压反应器里进行合成。由于反应过程中不可避免地会有气体逸出，难以完全致密化，即使有液相存在，孔隙率也高达7%～13%。因此该技术只适用于制备多孔材料、氮化物材料、耐火材料和建筑材料。

8.3.2.2 SHS-加压法

SHS-加压法是在点燃反应物混合粉料后，发生燃烧反应并保持较高温度时，施加压力，使之达到致密化。外加载荷有弹簧力、活塞压力和液体压力等。

（1）SHS-单向加压法　自蔓延-单向加压法通常采用弹簧加压，其工作原理如图8-8所示。将装有反应物料的模具和弹簧装入反应器，放置在万能材料试验机上，抽真空后，以50MPa

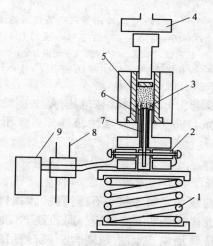

图8-8　SHS-弹簧加压法装置示意图

1—弹簧；2—聚四氟乙烯或BN套管；3—0.2mm铂丝；
4—压力机；5—石墨；6—氧化铝管；7—钨棒；
8—反应器壁；9—点火器（40J，2.5ms）

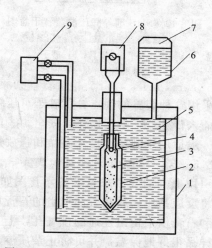

图8-9　SHS-等静压法实验装置示意图

1—压力容器；2—金属包套；3—原料；
4—点火端；5—液体；6—贮液罐；
7—气体；8—点火器；9—泵

183

压力预压 30min 后，在给定压力下点火。随着反应试样的体积收缩，弹簧伸长而压力减小。反应结束后，立即卸压，取出样品。在 20MPa 压力下，TiB_2-TiB-Ti 陶瓷材料可达到 95%的相对密度。

单向弹簧加压法的优点在于可以在反应过程中追随产物的收缩来加压，加压方向与反应蔓延方向一致，从而可使反应合成区有效的致密化；同时，随着弹簧伸长，压力减小，可以避免合成产物因受大应力而产生开裂，用此法合成的材料可达到 95%以上的相对密度。但此方法的缺点是弹簧的压力有限，只能用来合成尺寸较小的圆柱状样品，适用范围很窄，难以用来合成板状及形状复杂的大型材料。

（2）SHS-等静压法　SHS-等静压法的工作原理如图 8-9 所示。它是将反应物料置于特殊的包套中，放置在高压液体介质中，当 SHS 反应结束后，材料在介质高压作用下自动密实。

该法成本低廉，仅为热等静压的 1/10 左右。用此法合成的材料可达到 93%～98%的相对密度。此技术的问题是需要较复杂的高压釜装置。

（3）SHS-准等静压法　在 SHS 密实化技术中较为成功的是液压快速加压技术，其工作原理如图 8-10 所示。压力系统采用大吨位油压机，原坯置于专用模具中，模具与原坯之间由砂子隔开，反应混合物在点火剂作用下被引燃后，在封闭的模具中快速蔓延燃烧，燃烧结束后，立即对合成样施以高压，在高温下保温一定时间后，得到密实材料。整个 SHS 过程，从点火、燃烧合成、施加压力、保压到卸载等，均可由计算机按照指定程序控制合成。从样品的受力状态来分析，可以认为样品处于准热等静压状态。砂子的作用包括保护模具、传递压力和排放杂质气体三个方面。

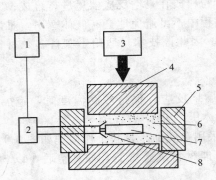

图 8-10　SHS-准等静压法装置示意图
1—计算机；2—电源；3—液压系统；
4—压头；5—模具；6—砂子；
7—反应物坯料；8—点火器

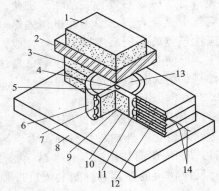

图 8-11　SHS-爆炸冲击加载法装置示意图
1—炸药；2—硬钢加压板；3—石膏；4—点导火线；5—点火剂；6—软钢套；7,12—排气孔；8—硬钢台座；9—样品；10,13—氧化锆毡；11—GRAFOIL 板；14—导火线引线

采用这种装置的优点：①砂子可压缩性小，不易变形，便于传递压力；②砂子不易泄漏，便于插入传感器，易于操作，安全；③可通入保护气氛，便于排气；④绝热性好，便于保温。此法一般适用于制备大尺寸制品和强放热化合反应体系。

8.3.2.3　SHS-爆炸冲击加载法

SHS-爆炸冲击加载法装置示意图如图 8-11 所示。

将反应物压坯放在心部挖空的石膏块中，在石膏与压坯之间为衬有石墨箔的低碳钢套，在钢套和石膏块上留出连通的排气孔，上下盖板为衬有 ZrO_2 隔热毡的钢板。此装置不仅使反应后的样品很好地保温，并可防止杂质渗入样品，而且能将反应产生的气体排出。所使用的炸药为 80%三硝基甲苯与 20%TNT 的混合物。

由 Babin 等人采用爆炸冲击加载法合成了相对密度分别为 98%和 99%的 TiC 及 TiB_2，Rabin 等人采用此法，以 TiO_2、铝、碳为原料，合成了相对密度达 95%的 TiC-Al_2O_3 材料。Ward 等人采用

此法制备了致密的 TiB_2、B_4C、SiC 和 Al_2O_3-B_4C 陶瓷材料，材料相对密度分别达到 96%、97%、98% 和 98%。此外，爆炸冲击加压法也被用来合成金属间化合物，如 NiAl、TiAl 等。

8.3.2.4 SHS-挤压法

SHS-挤压法是在 A. M. Stolin 博士的领导下，利用 SHS 过程所放出的大量热量来加热反应产物，并在一定外部应力的作用下，迫使其通过模具，借挤压或拉拔过程完成致密化而生产线材或带材的一种方法。该方法目前已取得了很大的成功，开发出诸如焊接用硬质合金电极头、金属表面硬化用的电火花合金化放电电极以及 $MoSi_2$ 高温炉加热元件等工业产品。

SHS-挤压包括以下步骤。

① 反应物料燃烧。点燃置于挤压模具中的反应物坯料，使燃烧波蔓延过整个料柱，燃烧完成时间由燃烧波速与料高决定，通常为几秒。

② 燃烧坯料除气与冷却。反应后的坯料温度从燃烧温度降至挤压温度。挤压温度选在金属黏结相熔点以下，防止挤压后的体积变化；同时挤压温度还应对应于材料的最大塑性温度。一般根据料量多少，冷却时间定在几秒以内。

③ 坯料初步压缩合成。启动压机加载，坯料经受变形消除宏观孔隙。

④ 坯料通过模具挤压成形。材料经锥形模口挤出时进一步致密化。挤压速率根据材料流变学特性来制定，通过调节压机压头速率来控制。

⑤ 最终产物的冷却。当坯料全部挤出或因温度过低而塑性消失时，挤压过程即告结束。此时晶粒生长也已结束，产品尺寸与传热条件决定冷却时间。

SHS-挤压装置由压机、挤压模和控制器组成。具体操作是：将原始物料模压成形，表面包覆隔热层后置于阴模模腔中，其下面为锥形挤压模具以及与之相连的空心阳模（空心用于导出挤压后的棒料），上面为装有点火装置的盖模并与压机冲头相接触。控制器发出信号，钨丝通电，点燃料坯，当其达到挤压温度时控制器启动压机，开始挤压。挤压产品为直径 1～5mm、长度为 300mm 的棒材，最后切成 45mm 长的标准尺寸。

8.3.2.5 SHS-轧制法

Rice 等人首先提出在发生 SHS 反应时趁热轧制来制备陶瓷带材的方法。其工艺过程：先将混好的反应物粉料装入衬有石墨纸和一层 Al_2O_3 基薄毡的金属管内，然后将金属管冷轧至理论密度的 60%～70%。虽然可以冷轧至更高密度，然而，由于密度过高的样品难以点燃，或即使能够点燃，但由于其热导率大容易造成燃烧熄灭，因此不宜冷压密度过高。

为了确定轧制速率，首先应测定体系的燃烧波速。此外，在轧制前，反应物料需在 673～873K 的温度下进行真空除气。在整个轧制过程中，料管必须与真空泵保持连通，以便将反应过程产生的气体抽走。这就要求有一套在真空条件下点火的机构。

Osipov 等人将真空轧制法成功用于金属陶瓷和金属间化合物，制成了 $TiC_{0.47}$、TiAl 和 TiC-TiN-Ni 带材。制品的孔隙率随厚度不同（2～5.5mm）在 5%～50% 的范围内变化。其工艺是将粒度为 50～200μm 的粉料，经 5～30h 的球磨和 500℃ 以上的温度下真空脱气热处理后进行真空轧制。对粉料进行适当的热处理对于制备低孔隙率带材至关重要。已制成了总孔隙率低至 3% 左右的 Ti-Al 带材和薄板材。

8.3.3 SHS 铸造技术

在 SHS 领域中，通过选择高放热燃烧体系，使之提供的燃烧温度超过反应产物熔点，再将由此获得的高温熔体冷却，从而获得铸锭、铸件的技术方法被定义为 SHS 铸造技术。该技术主要涉及两点：①利用 SHS 生成熔体；②用铸造方法对熔体进行处理。由于该技术设备简单，工艺易于操作，且在 SHS 过程中所产生的高温熔体使气相较易排出，产品致密度较高。

所以，SHS 铸造技术是 SHS 各技术中备受世人重视的技术之一。

8.3.3.1　SHS 铸造技术的特点

自蔓延高温合成技术由初期的只能制备粉类材料，已逐步发展成为能制备烧结体及较致密材料，目前正朝着制备完全致密材料或零部件的方向发展。采用上述燃烧合成产物的致密化技术制备的材料相对密度能达到 95% 左右，这样进一步提高产物的密度或改善其性能就必须采取全新的措施，而 SHS 铸造技术则是解决该问题最方便也最为有效的方法。其主要优点如下。

① 产物几乎能达到理论密度。

② 燃烧合成所获得的高温液相经过铸造处理之后，可以制备各种形状类型的零部件，从而可以真正实现近无余量材料制品或最终产品的自蔓延高温合成。

③ SHS 加压致密化技术中对于作用压力的大小以及施压时间通常要求很严格，生产中往往较难控制，而 SHS 铸造技术的工艺相对较为简单，过程容易控制。

④ SHS 铸造技术不需要采用 SHS 加压致密化技术中所使用的许多庞大的设备，因而投资少、经济效益好。

⑤ 可进行陶瓷类材料的铸造。陶瓷材料具有高熔点、高硬度、耐腐蚀、优异的常温到高温力学性能等优点，因此作为结构材料日益受到重视，陶瓷材料已开始用于汽车发动机。由于受到熔炼设备的限制，很难采用常规铸造方法进行陶瓷的铸造。SHS 铸造技术由于可以通过燃烧合成形成很高的反应温度，因而可以进行工程陶瓷及许多难熔材料的铸造。

⑥ 可用于复合材料的制备。现代复合材料，由于其优异的性能，正被广泛地应用于航空航天工业及国防工业中的许多场合。在各类复合材料的制备中，由于受到界面问题的困扰，普通铸造方法往往不能发挥应有的作用。SHS 铸造法在制备复合材料时，由于增强相可以通过反应在体系内原位形成，因而可以较好地解决复合材料制备中长期难以解决的界面问题，并使制备的复合材料具有优异的性能。

由此可见，SHS 铸造技术的研究与由此而带来的材料制造技术的进步必将在现代国防工程、宇航技术等高新科技领域中发挥出关键而突出的作用。

8.3.3.2　SHS 离心法

随着自蔓延高温合成技术的出现，在离心法的基础上，逐步发展成 SHS-离心铸造法，或称铝热-离心法铸造工艺。自蔓延离心法是制备复合管材的一种新方法，与传统的轧制复合、烧结复合、爆炸复合相比，具有简单、节能的特点，成本仅为传统方法的 1/3。SHS-离心法根据需要可进行陶瓷-钢管、不锈钢-钢管、陶瓷-陶瓷管的复合，其中前两个已产业化或接近产业化。现仅对 SHS-离心法的发展、研究现状及应用进行扼要介绍与论述。

（1）SHS-离心法的原理及特点　在离心铸造过程中，为防止离心铸造中的重度偏析，保证铸件可靠性，一直强调离心加速度重力系数（G）的控制，其计算式为

$$G=\frac{F}{P}=\frac{mr\omega}{mg}=\frac{r}{g}\times\left(\frac{\pi n}{30}\right)^2=0.112\times\left(\frac{n}{100}\right)^2 r \tag{8-13}$$

式中　G——重力系数；

　　　F——物体所受的离心力；

　　　P——物体所受的重力；

　　　m——金属液质点的质量；

　　　ω——铸型旋转的角速度；

　　　g——自由落体加速度；

　　　r——液体金属中任意点的旋转半径；

　　　n——铸型的转速。

通过计算，G 应控制在 $10\sim20g$ 之间，由 G 来决定转速，但效果并不好，仍有偏析。

近年来，人们认识到可充分利用自蔓延反应在高真空或介质气氛中点燃原料，使之发生化学反应，放出的热使邻近物料温度骤然升高，引起新的化学反应并以燃烧波形式蔓延至整个反应物，随燃烧波推进前移，反应物变为生成物产品。所以，可利用自蔓延反应速率快（一般为 $0.1\sim20cm/s$，最高达 $25cm/s$）、反应温度高（通常在 $2100\sim3500K$ 以上，最高可达 $5000K$）等特点，来解决离心铸造的重度偏析的不足。

SHS-离心法示意图如图 8-12 所示。其技术原理如下：将反应物料混匀后装入钢管内，然后将钢管装卡在离心机上使其高速旋转，点燃反应物料，发生下列铝热 SHS 反应。

$$Fe_2O_3 + 2Al \longrightarrow Al_2O_3 + 2Fe + 836kJ$$

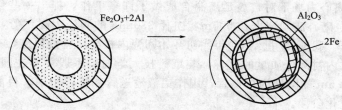

图 8-12　SHS-离心法过程示意图

剧烈的反应放出大量的热，使反应产物和 Fe 瞬时熔化。在离心力作用下 Fe 与 Al_2O_3 发生相分离，密度较小的 Al_2O_3 分布在最内层，密度较大的 Fe 处于钢管和陶瓷层之间，形成陶瓷内衬钢管。其工艺流程一般为：（$Al+Fe_2O_3$＋添加剂）→（烘干＋混装料）→（上机＋预热）→（离心＋点火）→检验→成品。

设法提高陶瓷层致密性、避免陶瓷裂纹产生是陶瓷内衬钢管研制中的两个重要问题。采用大离心力、添加剂和预热，可以提高陶瓷密度。在 $Al-Fe_2O_3$ 系基础上添加少量 SiO_2、Si、长石和玻璃陶瓷粉，可以和反应产物 Al_2O_3 形成熔点低、流动性好的相，促进陶瓷的致密化并改善其表面质量。但添加剂同时具有稀释剂的作用，大量加入可降低反应温度，导致陶瓷层形成疏松。热力学分析表明，SiO_2 添加量小于 10% 时，铝热反应的绝热燃烧温度几乎不下降。根据试验结果，添加剂量不超过 10% 较适宜。烘干或预热可以排除物料中吸附的水分和气体，提高燃烧温度，延长了陶瓷在熔化状态的时间，消除陶瓷层中的大气孔，有利于陶瓷密度的提高。预热也提高了反应的完全程度，减少产物中铁铝尖晶石的含量。预热的效果明显，但对于大尺寸金属管存在实施困难的问题。大的离心力可加快气相产物与液相产物的相分离，加快气体的排除，使陶瓷衬层的硬度和密度增加。

为了避免陶瓷裂纹的产生，应控制铝热-离心工艺参数。一般情况下离心力小于 $300g$（g 为重力加速度），反应物重与钢管重之比为 $0.25\sim0.45$ 为宜。

SHS-离心法与其他铸造工艺相比，其特点如下。

① 流程短，操作简单，便于制造筒、套、管、辊类双金属或多层金属铸件。

② 显著提高金属液的补偿能力。金属中有夹杂时，气泡易向铸件内表面集中，故铸件致密度高，力学性能好，还可解决铸件偏析状况，工艺成品率达 $95\%\sim97\%$。

③ 一经引燃不需再提供能量。

④ 燃烧波通过试样时产生的高温可将易挥发杂质排除，提高产品纯度。

⑤ 易实现过程的机械化和自动化。

⑥ 易用一种较便宜的原料生产另一种高附加值的产品，达到成本低、效益可观的经济目的。

基于以上各点，SHS-离心法可很好地解决强化相与基体合金之间的界面结合问题，因此是一种有发展前途的铸造方法。

（2）SHS-离心法的研究现状及应用

① 陶瓷内衬钢管。现代工业需要大量耐蚀、耐磨钢管，在钢管内涂覆耐蚀涂层或用机械压接法制造复合管存在一些问题。O. Odawara 等采用铝热-离心法制备内衬陶瓷的复合管，用于耐蚀方面尚存困难。Kvhara 等采用分层浇注的离心铸造方法，制备耐蚀、耐热复合钢管，内外管通过中间层以冶金结合粘接，此法工艺较复杂，浇注时间等工艺参数难以控制。而应用 SHS-离心法制造的内衬陶瓷复合钢管，其耐蚀、耐磨性能良好。由于金属陶瓷综合了金属和陶瓷两者的优良性能，所以内衬金属陶瓷的复合钢管比内衬陶瓷的复合钢管具有更好的综合性能。实验结果表明，金属陶瓷的两层间为良好的冶金结合，其表面的硬度可达 1500HV。

SHS-离心法是近 20 年来发展起来的新技术，目前大多应用于铸管业。1975 年 A. G. Merzhanov 在离心力场下对自蔓延高温合成做了许多工作，提出一些创造性见解。1981 年小田原修采用铝热-离心法制造出长 5.5m、内径 330mm 的陶瓷内衬钢管，并应用于铝液和高温腐蚀气体的输送。我国 20 世纪 90 年代初开始陶瓷内衬金属管的研究，东北大学张廷安等研究了不同添加剂对内衬陶瓷质量的改善，北京科技大学材料系殷声等在国家"863"计划的资助下已研制出长 1.5m 的陶瓷内衬钢管，用作铝液输送管和炼铝坩埚。目前，陶瓷内衬复合钢管的研制已达产业化阶段。

② 不锈钢内衬复合钢管。自蔓延离心法制备内衬不锈钢的复合管，其制取方法是：将铝粉与氧化铁、氧化铬和氧化镍混合，装入碳化钢管内，点燃铝热剂燃烧，发生氧化还原反应，反应放出的热量使反应产物（氧化铝和铁、铬及镍）熔化。在离心力作用下，熔融的反应产物由于密度不同发生分离，密度较大的金属与碳钢表面熔合，形成不锈钢层，密度较小的氧化铝形成氧化铝渣层，去掉渣层后即可得到不锈钢内衬复合钢管。不锈钢内衬复合钢管成分可调，不锈钢以枝晶方式生成，由奥氏体和铁素体组成。调整铝热剂各组元的含量可制备 18-8 型奥氏体不锈钢、双相不锈钢和耐热不锈钢。此管在浓 H_2SO_4、HNO_3 以及 H_2SO_4 与 HNO_3 的水溶液等腐蚀环境中具有优异的耐蚀性能，而在 H_3PO_4 中，由于点蚀，其性能稍差。SHS-离心法不锈钢复合钢管已接近实用化。目前，不锈钢内衬复合钢管存在的主要问题是渣层与不锈钢熔体的相分离，SHS-离心法反应过程，不锈钢处于液态的时间仅 20～60s，若相分离不完全，氧化铝渣就留在钢中形成夹杂，使不锈钢变脆，在热应力的作用下产生应力集中，出现裂纹。因此，通过添加剂降低渣相的黏度和改善其流动性是促使相分离的方法之一。

③ 陶瓷与陶瓷复合管。利用自蔓延-离心法还可以制备特殊用途的陶瓷与陶瓷复合管。即以金属外管为模具，自蔓延反应产生熔融状态的陶瓷复合材料，在离心力的作用下具有较低密度的氧化物作为内层；具有较高密度的碳化物或硼化物作为外层。由于外层陶瓷层不与模具内层相粘连，使得陶瓷复合管易与模具脱离，从而形成陶瓷与陶瓷复合管。

例如，可用如下反应制备碳化钼或硼化钼-氧化铝复合管。

$$MoO_3 + 2Al + \frac{1}{2}C \longrightarrow Al_2O_3 + \frac{1}{2}MoC$$

$$MoO_3 + 2Al + B \longrightarrow Al_2O_3 + MoB$$

铝热离心法与传统离心铸造工艺有很大区别。首先是熔体的产生方式不同。离心铸造的高温熔体是在型腔外高温熔化，再注入型腔中。铝热离心法的高温熔体是由化学反应在型腔中原位生成，具有较高的温度。其次是高温熔体的组成不同。离心铸造的高温熔体由某成分的合金构成，铝热离心法的高温熔体由密度不同的两种或两种以上的材料组成。在铝热离心过程中，不但有铝热剂的燃烧合成，同时还发生熔融产物金属与渣（主要为 Al_2O_3）的相互分离。由于燃烧过程较快，液相停留时间较短，因此，快速实现熔融金属与渣的分离对得到高质量的金属涂层非常重要。研究表明，离心力可明显加速相分离过程，降低熔体的黏度也有利于相分离，同时，还应尽量延长液相停留时间。碳钢钢管的预热以及在其内表面涂层以减少热量损失，都可以有效延长液相停留时间，使相分离更加完全，从而提高不锈钢层的纯度。

由于不锈钢层与基体碳钢之间热膨胀系数的差别，复合钢管高温合成后的冷却过程中，不锈钢层中产生拉应力，基体碳钢中产生压应力。在热应力作用下，不锈钢层中易产生裂纹。研究表明，如果合成的不锈钢塑性较差，热应力则易使其开裂。如果不锈钢层在热应力作用下可发生塑性变形，可明显缓解热应力，从而消除裂纹。提高钢的纯度，减少夹杂及第二相的析出，都能提高不锈钢的塑性。

铝热离心法的优点之一是可制备超低碳不锈钢，避免钢中析出碳化物，因此可防止由于碳化物析出造成的晶界附近贫铬，从而提高抗晶间腐蚀性能。

8.3.3.3　重力分离法

1996 年初，中国人民解放军军械工程学院在 SHS 铝热离心技术研究的基础上，开发出了 SHS 铝热重力分离技术，并利用该项技术成功地为国内大型钢铁公司生产出高炉喷煤陶瓷内衬复合枪管，产品获得广泛的应用，得到用户一致好评，取得了较大的社会效益和经济效益，并以该技术为主要研究方向，获得了国家自然科学基金的资助。SHS 铝热重力分离技术的显著特点是所制备的管件无需高速旋转，在制备过程中处于竖直状态，物料引燃后借助铝热自蔓延过程和燃烧反应产生的 Al_2O_3-Fe 复相熔体重力分离特性，在燃烧过程中实现对钢管内壁的陶瓷涂覆，其制备原理如图 8-13 所示。

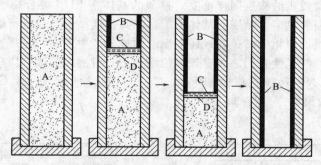

图 8-13　SHS 重力分离法制备陶瓷内衬复合管示意图
A—铝热剂；B—内衬陶瓷层；C—液态陶瓷；D—还原铁液

研究表明，采用 SHS 铝热重力分离技术所制备的陶瓷内衬复合管与离心 SHS 复合管相似，也具有陶瓷层、还原铁层和原始管三层结构，所不同的是，重力分离 SHS 复合管还原铁层较薄，仅为 0.5～1.0 mm。这种还原铁层是由于在未反应物料上部因铝热燃烧形成的熔池中发生 Al_2O_3-Fe 液相重力分离，使沉积于熔池底部的部分铁液附着于钢管内壁，并呈冶金熔合，随即 Al_2O_3 液态陶瓷再附着还原铁液膜上凝固所形成的。1999 年末，中国人民解放军军械工程学院将该技术与旋转工艺结合成功地制备出陶瓷内衬复合弯管，取代了过去那种单纯依靠离心 SHS 复合管按角度切割、拼合焊接的复合弯管生产工艺，使复合弯管的生产效率提高，生产成本降低，目前所生产的复合弯管已在某钢铁公司高炉喷煤系统中得到应用。其制备原理如图 8-14 所示，首先将加压充填了铝热剂的弯管安装在转动装置上，然后对上部的铝热剂点火引燃，按箭头方向慢慢转动弯管，使反应界面在推移过程中始终保持水平，从而满足 Al_2O_3-Fe 液相重力分离和陶瓷液膜附着条件，使液态陶瓷随着转动被连续地涂覆于弯管内壁上，经冷却凝固后，获得了陶瓷内衬复合弯管。需要指出的是，目前 SHS 铝热重力分离技术所制备的陶瓷内衬复合管尺寸较小，内径通常在 100mm 以下。现今，陶瓷内衬复合管主要作为冶金、矿山、能源、石油、化工等行业中要求耐磨损、耐冲刷、耐腐蚀、耐高温的物料输送管道使用。

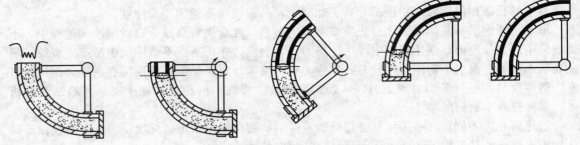

图 8-14　SHS 陶瓷内衬复合弯管合成过程示意图

8.3.3.4　SHS 熔铸涂层技术

SHS 熔铸涂层技术：将高放热量反应原料置于基体（如钢）的表面，点火发生 SHS 反应，反应物料燃烧出现熔体，然后冷却之得到 SHS-熔铸涂层，涂层与基体间通过过渡区形成冶金结合。如图 8-15 所示为熔铸涂层原理示意图。要成功地进行熔铸表面涂层，应满足如下条件：①可燃的 SHS 混合物；②燃烧产物为高温熔体；③燃烧温度高于基体的熔点；④涂层与基体间能形成冶金结合。

熔铸涂层的主要技术参数有 SHS 混合物的燃烧温度、产物的熔化量以及基体的厚度。适当的基体厚度对获得高质量的涂层同样重要。过薄的基体在 SHS 混合物燃烧时熔化，而基体过厚，燃烧产物热量损失过多，涂层与基体不能达到高强度结合。在进行熔铸涂层时，同样可加离心力。离心力不仅加速相分离过程，还对涂层的成分产生影响。涂层也可在气体压力下进行。涂层与基体间的过渡区使它们之间有较强的结合力，过渡区的成分应呈梯度变化。一些涂层的应用有：Cr-Ti-C-Ni-Mo 涂层作搅拌叶片，Cr-Ti-C-Fe 涂层作钻头，Cr-Ti-C-Fe 涂层作铧犁，Cr-Ti-C-Ni-Mo 涂层作冷冻阀门。

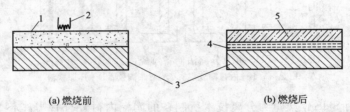

(a) 燃烧前　　　　　　　　　　　(b) 燃烧后

图 8-15　熔铸涂层原理示意图
1—SHS反应物料；2—点火装置；3—钢基体；4—过渡区；5—SHS熔铸涂层

8.3.3.5　SHS 铸渗涂层技术

SHS 铸渗涂层技术是近年来发展起来的一种铸件表面合金化的新工艺，即涂覆在型腔表面的合金涂膏被铸造合金液熔化、溶解并扩散，在铸件表面形成高合金化的表层。反应铸渗法是一种组合新技术，它利用合金熔体的高温引燃铸型中的反应体系，并通过控制反应物或生成物的位置，在铸件的局部表面形成涂层。现以在铸件表面制备 Al_2O_3 增强的铁基体复合材料涂层为例，简述反应铸渗法涂层的工艺过程。如图 8-16 所示为反应铸渗法涂层示意图。将化学计量比为 1:1 的 Fe_3O_4 粉和铝粉混合均匀，加入一定量的黏结剂、水，混合均匀成糊膏状，涂于型芯表面，待型芯干后，则形成具有一定黏结

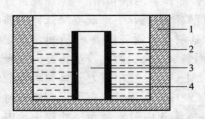

图 8-16　反应铸渗法涂层示意图
1—钢锭模；2—高温熔体（浇注液、铸件）；3—型芯；4—预涂覆层

强度、一定孔隙率、厚度为 3mm 的预涂层。浇注液为钢熔体，从上方浇入。浇注的高温熔体渗入预涂层后引燃 SHS 反应：$3Fe_3O_4 + 8Al \longrightarrow 4Al_2O_3 + 9Fe$。经脱模后，采用 860℃ 退火热处理，即在铸件内表面形成 Al_2O_3 增强的铁基复合材料涂层。熔化涂层由 Al_2O_3 颗粒和铁基体组成，铸件与涂层的界面结合良好，界面处碳化物网彼此相连，增加了界面结合强度。

8.3.3.6 SHS 铸造法制备复合材料

早期采用铸造的方法制备颗粒增强金属基复合材料时，是把预先制备好的陶瓷增强相的粉末投入到熔融的金属液中，通过机械或电磁的搅拌，使陶瓷粉末分散均匀，再冷却成锭；或采用预制陶瓷相骨架，用负压铸渗法制备。这种制备方法的最大缺点在于陶瓷粉末的表面受到污染及氧化，使陶瓷粉末与基体结合性变差，从而降低了材料性能。

SHS 铸造法是常规铸造技术与 SHS 反应的结合，在铸造过程中利用反应放热同时合成增强相，与传统方法比，由于增强相是在制备过程中于金属液内原位生成，避免了表面污染及氧化，改善了与基体的结合，并且能形成颗粒微细的（微米及亚微米级）增强相，基体相与增强相分布均匀，从而提高金属基复合材料的性能，并且工艺简单，成本较低。

SHS 铸造法的具体实施方法有多种，这些方法共同的要求：一是生成的增强相颗粒应细小（微米及亚微米级），并且在基体中均匀分布；二是防止影响性能的有害化合物生成。对反应完成后的浇注及凝固过程要加以控制，使增强相颗粒均匀分布，而不是偏聚在晶界上。这就要根据增强相颗粒、金属熔液及两者的界面性质，控制浇注过冷度、冷却速率及温度梯度。

表 8-2 为 SHS 铸造法制备的复合材料及性能，为了便于对比，表中还列出了用粉末冶金法加热轧处理制备的铝基复合材料的性能。从表中可以看出，反应铸造法中所生成的陶瓷相颗粒细小，尺寸基本在 $0.5 \sim 3\mu m$ 之间，所制备的材料有较好的力学性能。

表 8-2 SHS 铸造法制备的复合材料及性能

材料	增强相含量 /%	增强相大小 /μm	屈服强度 $\sigma_{0.2}$/MPa	抗拉强度 σ_b/MPa	延伸率 δ/%	弹性模量 E/GPa	制备方法
TiC-Al	0		428	471	16	74.4	气-液
	4.4	0.5~3	470	495	8	80.9	
	6.4	0.5~3	445	455	4	85.0	
AlN-TiC-Al	0		166	187	12.0	77	气-液
	9.5	TiC 2~5	229	325	6.1	93	
	12	AlN 0.2~1.2	293	388	5.0	105	
TiC-Al	1.5①	0.1~1.0	237.4	256.3	5.0		固-液
	20		300	350	3.5	94.7	
Al_2O_3-$TiAl_3$-Al			164		18.7		固-液
			235		22		
$TiAl_3$-Al				300~320	5.0~4.0		固-液
TiB_2-Al	0		60	141	28	74.6	固-液
	4	0.5~2	79	183	16	82.0	
TiC-Al	20		152.5	261.2			粉末冶金法
SiC-Al	10	3.5	80.2	165.1			

① 质量分数，其余为体积分数。

8.3.4 SHS 焊接技术

SHS 焊接是利用 SHS 反应的放热及其产物来焊接受焊母材的技术。即以反应放出的热为高温热源，以 SHS 产物为焊料，在焊接件间形成牢固连接的过程，是 SHS 合成技术的重要分支之一。

根据不同的分类标准，SHS 焊接有不同的分类方法。根据焊接母材来源不同，SHS 焊接可分为一次焊接和二次焊接。一次焊接是指焊接的母材或部件是在焊接过程中原位合成的焊接工艺，即在焊接过程中通过燃烧合成反应得到的生成物既是焊料也是基体的焊接工艺。而二次焊接则是指焊接现存的母材或部件的工艺，也即被焊接母材在焊接前已经制备好，通过焊料的燃烧合成反应来将其焊接在一起的工艺。根据焊接过程有无液相出现，可分为 SHS 焊接和 SHS 连接。根据燃烧方式的不同，可分为自蔓延方式和热爆方式。在原料坯体的一端点火，让燃烧波从坯体的一端蔓延到另一端，称为自蔓延方式；整个原料坯体同时达到点燃温度，各处同时发生燃烧反应，反应激烈，称为热爆方式。

8.3.4.1 SHS 焊接工艺的特点

SHS 焊接是一种特殊的焊接方式，具有以下特点。

① 焊接时可利用反应原料（配制的梯度焊料）直接合成梯度材料来焊接异种材料，以克服母材间化学、力学和物理性能的不匹配，即焊料一端和陶瓷亲和，另一端和金属亲和，其成分组织逐渐过渡，从而可能解决陶瓷-金属接头处的残余应力问题，这是其最吸引人的一个特点。

② 焊料中可以加入增强相，如增强粒子、短纤维、晶须等，以构成复合焊料。

③ 在反应中产生用于焊接的能量，从而可以节约能源；在某些高放热体系中，可以达到常规加热方法达不到的高温（3000～4000℃），反应时间极短，生产效率高。

④ 对于某些受焊母材的焊接，可采用与制备母材工艺相似的焊接工艺，从而可使母材与焊料有很好的物理、化学相容性。

⑤ SHS 焊接过程中的局部快速放热，可减小母材的热影响区，避免热敏感材料微观组织的破坏，利于保持母材的性能。SHS 焊接可用来焊接同种和异种的难熔金属、耐热材料、耐蚀氧化物陶瓷或非氧化物陶瓷和金属间化合物。SHS 焊接工艺已成功地用于钼和钨、钼和石墨、钨和石墨、钛和不锈钢、石墨和石墨的工程化焊接中。

8.3.4.2 SHS 焊接工艺及设备

SHS 焊接工艺可将两种相同或不同材料焊接在一起，如图 8-17 所示。SHS 焊接设备由机架、带夹紧装置的水冷铜电极、预热引电装置、点火系统、工艺过程测温记录系统、控制系统等组成。

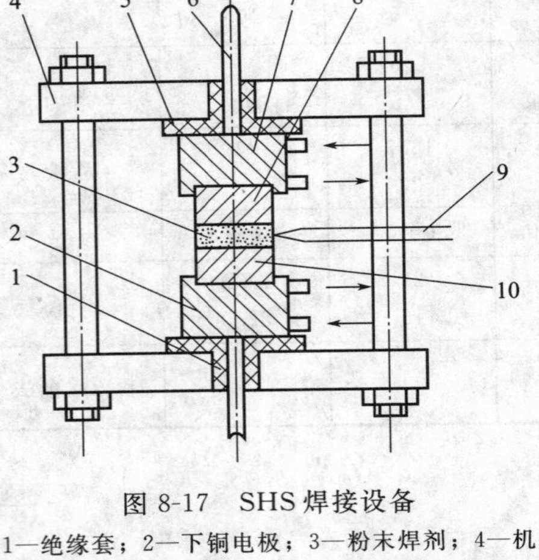

焊接材料的待焊表面需清洗干净，将反应粉末生坯放置其中，组成一体后放置到带夹紧装置的上下铜电极中间（带水冷），锁紧夹紧装置（手动夹紧或气动夹紧）。机架上的两个拉杆可找好水平度。接好点火系统，使制品在大气或密封气氛中完成反应焊接。在焊接中，可给需焊接的材料通电预热。点火系统通电，使生坯到点燃温度，发生 SHS 反应时，施加压力，使两种材料焊接到一起。

图 8-17 SHS 焊接设备

1—绝缘套；2—下铜电极；3—粉末焊剂；4—机架；5—绝缘垫；6—引电杆；7—上铜电极；8—焊坯（1）；9—点火装置；10—焊坯（2）

8.3.4.3 焊接研究进展

SHS 焊接的最早应用可追溯到利用铝热反应的放热来焊接铁轨。近代研究则开始于日本学者 Miyamoto 利用 SHS 焊接金属 Mo 与 TiB_2 和 TiC 陶瓷。随后，许多学者也进行了大量研究，如 Rabin 用原位反应连接 SiC 化合物；Uenishi 等人用 Ti 和 Al 粉混合物作焊料，利用自蔓延高温合成反应实现了 TiAl 金属间化合物的连接；Shcher-bakov 利用 SHS 焊接实现了 WC-8Co 硬质合金和 45 钢的焊接；法国的 Pascal 等学者用自蔓延法合成了 NiAl 合金并实现了与超合金钢基体的原位焊接。国内，刘伟平等以 Ni-Al-Ti 混合粉为原料，采用加压 SHS 技术实现了 Al_2O_3 陶瓷的焊接，并对界面连接机理进行了研究，指出界面连接为反应扩散结合。李树杰等采用多种焊料配方，采用加压自蔓延高温合成焊接工艺，实现了 SiC 陶瓷-SiC 陶瓷，以及 SiC 陶瓷/Ni 基高温合金的连接，并对 SHS 焊接的界面反应及微观结构进行了研究。孙德超等配制了 Ti-C-Ni 的梯度过渡层，采用自蔓延合成技术成功实现了 SiC 陶瓷-Ni 基高温合金焊接，研究发现过渡层可有效缓和界面热应力，可获得综合性能良好的异种材料焊接接头。韦维等以 20 钢-NiAl 或 NiTi 粉末-1Cr18Ni9Ti 为 SHS 焊接模型，对反应的点燃温度、最高燃烧温度及接头致密度等进行了测定，指出 SHS 焊接的焊缝与基体之间存在合金元素的扩散，其结合形式是形成金属间化合物的冶金过渡层。胡道雄等采用 SHS 焊接实现了 Ni-3Al 与 3Ni-Al 粉系原位合成产物之间的焊接，指出接头形成机理为界面互反应。何代华用 SHS 焊接工艺制备了（TiB_2＋Fe）-Fe 结构材料，分析发现界面结合良好，接头断裂时断裂位置发生在 TiB_2＋Fe 金属陶瓷层，而不是沿 TiB_2＋Fe 金属陶瓷层与 Fe 基片的界面断裂。杜全营利用计算机强大的数据处理能力对 SHS 焊接的工艺参数进行实时检测，并对工艺参数进行计算机管理。可以看出：SHS 焊接主要用于金属-金属、金属-陶瓷、陶瓷-陶瓷、陶瓷-金属间化合物的连接。由于 SHS 反应快速加热以及集中加热的特点，容易达到原位焊接，可简化焊接工艺。

8.3.4.4　SHS 焊接的影响因素

SHS 焊接的影响因素很多，包括反应物的原始状态（原料的组成、颗粒度及其分布、原坯的密度等）、燃烧状态（点燃方式、燃烧模式等）和焊接工艺参数（焊接层的厚度、加压的时间和大小、点燃温度和燃烧温度等）。这些因素相互依赖，对最终的焊接接头组织和性能都有重要的影响。下面将简要介绍一下这些因素对燃烧合成反应和焊接接头的影响规律。

（1）反应物的原始状态　反应物的原始状态主要包括原料的组成，粉末的形状和颗粒度，压坯密度等。反应物的压坯密度、颗粒尺寸与燃烧速率有很大的关系。提高密度，增加颗粒之间的接触，可促进反应，增加燃烧速；同时，密度提高，导致反应区热量损失增加，降低燃烧速率。反应物粉末粒度减小，粉末的活性增强，颗粒间接触面积增大，有助于原子间的扩散，从而使反应起始温度下降，易促进自蔓延反应。对于多组元的燃烧合成体系，粉末的形状和颗粒度对合成产物的影响也很大。由于多组元的反应体系中各个组元的熔点是不同的，各个组元发生熔化的时间不同，导致反应发生的时间也不同，从而影响最终的产物和接头的性能。

（2）燃烧状态　燃烧状态主要包括燃烧模式和点火方式等内容。自蔓延焊接的燃烧方式主要有两种：一种是蔓延方式；另一种是热爆方式。蔓延方式是利用点火源将反应物一端引燃，通过蔓延至另一端，从而实现焊接的过程。热爆方式是将反应物整体达到燃烧温度，各处同时发生燃烧反应。热爆方式由于热量集中，反应剧烈，焊接接头组织也比较均匀，接头的力学性能也比较好，不会发生自蔓延方式出现的焊不透现象，目前的自蔓延焊接主要是这种方式。V. A. Shcherbakov 等人利用 Ti、Mo 金属和 C、B 非金属的适当配比组成焊料，采用热爆模式，研究了 $\phi10mm\times30mm$ 的石墨、钨、钼、高温合金和工具钢的 SHS 焊接工艺。表 8-3 是部分 SHS 焊接接头的焊接条件及相应的焊接强度。自蔓延焊接的点火方式主要有电火花、强电流、强热流、化学燃剂、高能束（激光、电子束）和微波等。不同的点火方式对焊接接头的组织性能也是不同的。如利用高能束引燃时，试样的表面很快就达到了引燃温度，而试样的底部仍然还处于室温状态，因此，当反应向前蔓延时，大量的能量消耗在引燃相邻的反应物上，易在焊接接头处出现非平衡组织。就点火方式的引燃部位而论，电火花、强电流、强热流、激光和化学燃剂等都是在原料的外部引燃，燃烧波自外向内扩展，而微波引燃在原料的内部开始，燃烧波由内向外扩展，形成了独特的自蔓延方式。

表 8-3　SHS 焊接接头的焊接条件及相应的焊接强度

被焊材料	焊料组成质量分数/%	原坯相对密度	焊接电流/(A/m²)	焊缝区产物	焊接强度/MPa	断裂位置
W-Mo	Mo80,B20	0.77	600	Mo_2B_5	180~200	焊缝区
W-Mo	Mo64,B16,Cu20	0.85	850	Mo_2B_5-Cu	270~320	焊缝区
石墨-石墨	Ti86,C14	0.6	900	7TiC-3Ti	70	石墨
W-石墨	Ti86,C14	0.7	1000	7TiC-3Ti	60	石墨
Mo-石墨	Ti86,C14	0.75	1100	7TiC-3Ti	70	石墨
Nb-10X18H10T[①]	Nb70.9,Ni10,C9.1	0.8	1500	NbC-Ni	130~150	焊缝区
Zr-10X18H10T[①]	Zr79.6,C10.4,Ni10	0.8	1200	ZrC-Ni	90~110	焊缝区

① 俄罗斯牌号不锈钢。

（3）工艺参数　SHS 焊接工艺参数主要包括焊接温度、焊接施压的大小和时间以及保温时间等。提高焊接温度，可以提高焊缝处自蔓延反应的扩散速率，使反应更加充分，但是温度过高会加剧对焊接母材的热损伤。SHS 焊接压力的提高对焊缝中的孔洞有压合作用，从而降低焊缝中的孔隙率。另外，焊接压力的提高对元素扩散有促进作用，可以使接头组织均匀化，但是压力过大，容易造成母材变形，导致试样出现裂纹。焊后保温，有利于焊缝内原子的扩散，使组织均匀化。SHS 反应层的厚度对界面连接有很大影响，反应层厚，放出的热量多，界面处温度高，液相存在时间长，有利于元素的溶解和扩散，有利于界面结合。

8.3.5　小结

迄今为止用 SHS 法合成的材料中，只有如 TiC、TiB_2、$MoSi_2$、Si_3N_4 等已形成了规模生产，这些材料主要是作为磨料和粉料来应用，取得了较好的社会效益和经济效益。而作为非粉料应用的主要集中于耐火材料、金属陶瓷、陶瓷复合材料等领域并开始扩展到功能材料。已形成产业化的有 SHS-离心法制备陶瓷内衬复合钢管和医用多孔 Ni-Ti 记忆合金等，前者主要应用于石油、化工和煤炭等行业，已有多个国家掌握了此技术，后者广泛应用于骨伤科、脸部整形外科及牙科等方面，仅我国和俄罗斯拥有此技术，但在制备技术和产业化方面我国和俄罗斯还存在一定的差距。但随着 SHS 基础及应用研究的不断深入，以及和其他相关学科与技术的不断结合，SHS 技术的实际应用必将越来越多。

习题与思考题

1. 什么是自蔓延反应？自蔓延产生的基本条件是什么？有何特点？
2. 采用 SHS 技术制备金属材料时，为何要结合致密化技术？常用的致密化技术有哪些？
3. 采用 SHS 技术制备复合材料的基本原理是什么？它有何特点？
4. SHS 离心铸造的基本原理是什么？应用在什么场合？
5. SHS 粉末合成技术与粉末冶金技术有何不同？各应用在什么场合？
6. SHS 铸造技术的特点是什么？

7. SHS 焊接技术的特点是什么？

8. 说明 SHS 技术的研究进展及发展前景。

参 考 文 献

[1] 张瑞珠著．自蔓延高温合成技术处理放射性废物．北京：北京大学出版社，2009．

[2] 邹正光著．TiC/Fe 复合材料的自蔓延高温合成工艺及应用．北京：冶金工业出版社，2002．

[3] 金云学，张二林编著．自蔓延合成技术及原位自生复合材料．哈尔滨：哈尔滨工业大学出版社，2002．

[4] 殷声主编．燃烧合成．北京：冶金工业出版社，1999．

[5] 周其刚．自蔓延高温合成 CIGS 粉末的研究［学位论文］．武汉：武汉理工大学，2008．

[6] 王思谦．自蔓延-退火法制备 βFeSi$_2$ 热电材料［学位论文］．兰州：兰州理工大学，2009．

[7] 马淑芬．自蔓延高温合成 Ti$_3$AlC$_2$ 的结构形成机理研究［学位论文］．兰州：兰州理工大学，2009．

[8] 杨增朝．SHS 离心法制备陶瓷内衬金属管的研究［学位论文］．河北科技大学，2009．

[9] 杨云飞．激光诱导自蔓延高温合成 TiNi 合金及其工艺研究［学位论文］．广州：华南理工大学，2003．

[10] 黄霞．自蔓延镁热还原法制备六硼化钙粉末研究［学位论文］．大连：大连理工大学，2009．

[11] 张浩．离心自蔓延复合管金属层过渡层微观结构及力学性能研究［学位论文］．太原：太原理工大学，2006．

[12] 陈林．激光诱导自蔓延高温合成 TiNi-TiN 梯度材料实验研究［学位论文］．广州：华南理工大学，2004．

[13] 郑丽．自蔓延燃烧合成 Al-Ti-C 中间合金的稀释工艺研究［学位论文］．兰州：兰州理工大学，2005．

[14] 杨珂．自蔓延高温合成 Mn$_{0.5}$Zn$_{0.5}$Fe$_2$O$_4$ 铁氧体的研究［学位论文］．北京：北京科技大学，2007．

[15] 王鹏飞．爆炸固结 Mo/Cu 和 W 合金/Cu 功能梯度材料的研究［学位论文］．北京：北京科技大学，2007．

[16] 豆志河．自蔓延高温冶金法制备无定形硼粉的基础研究［学位论文］．沈阳：东北大学，2004．

[17] 梁丽萍．磁场作用下自蔓延高温合成 Ni-Zn 铁氧体的研究［学位论文］．太原：中北大学，2007．

[18] 张少冲．电场作用下燃烧合成 Al$_2$O$_3$-TiC-Al 复合材料的基础研究［学位论文］．武汉：华中科技大学，2005．

[19] 纪武仁．镁热自蔓延法制备 CaB$_6$ 粉末及对燃烧产物焙烧处理的研究［学位论文］．沈阳：东北大学，2006．

[20] 陈燕群．镁热还原自蔓延制备 TiB$_2$ 粉末研究［学位论文］．西安：西安建筑科技大学，2005．

[21] 刘建军．燃烧合成制备 Mg/Mg$_2$Si 复合材料及其表征［学位论文］．兰州：兰州理工大学，2007．

[22] 赵红．自蔓延合成铁基 Al$_2$O$_3$、TiC 陶瓷涂层研究［学位论文］．西安：陕西科技大学，2006．

[23] 闫丽静．Mg-TiO$_2$ 自蔓延高温合成反应研究［学位论文］．兰州：兰州理工大学，2007．

[24] 孙钦密．混合粉末的爆炸烧结技术研究［学位论文］．南京：南京理工大学，2006．

[25] 谢宏．电场作用下 Mo-C-Si 系 SHS 过程的数值模拟［学位论文］．武汉：华中科技大学，2006．

[26] 张锐，张霞．材料制备新技术——自蔓延高温合成．硬质合金，2000，17（2）：72-76．

[27] 李冬黎，夏天东，康龙等．复合钢管陶瓷层相组成及致密化的研究．甘肃工业大学学报，1999，25（4）：17-21．

[28] 李强，于景媛，穆柏椿．自蔓延高温合成（SHS）技术简介．辽宁工学院学报，2001，21（5）：61-68．

[29] 辛文彤，赵忠民，叶明惠等．自蔓延高温合成技术的发展与应用．铸造技术，2003，24（6）：519-522．

[30] 王彦芳，王存山，潘学民等．燃烧合成焊接．粉末冶金技术，2004，22（5）：279-283．

[31] 李卓然，冯吉才，曹健．自蔓延高温合成连接技术研究进展．宇航材料工艺，2004，（3）：1-17．

[32] 金正中，李琳，傅正义．SHS 结合密实化技术制备材料进展．硅酸盐通报，2001，（4）：37-40．

[33] 叶明惠，赵忠民，辛文彤等．重力分离 SHS 陶瓷内衬复合管陶瓷致密化技术探讨．铸造技术，2002，23（2）：91-93．

[34] 朱心昆，林秋实，程抱昌等．自蔓延高温合成技术及发展．云南冶金，2000，29（4）：41-45．

[35] 何柏林，于影霞．自蔓延高温合成技术及其在焊接领域的应用．华东交通大学学报，2003，20（5）：98-100．

[36] 刘利，张金咏，傅正义．TiB$_2$-Cu 体系的自蔓延高温合成及致密化．复合材料学报，2005，22（2）：98-102．

[37] 魏世丞，张廷安，杨欢等．自蔓延离心法研究．材料导报，2000，14（9）：17-18．

[38] 祝凯，金恒阁，宋宾等．自蔓延高温合成结合铸造技术制备复合材料的研究．材料保护，2007，40（3）：47-48．

[39] 王建江，赵忠民，张龙德等．自蔓延高温合成技术在铸造领域中的应用．云南大学学报自然科学版，2002，24（1A）：170-174．

[40] 孙世清，毛磊，刘宗茂．铝热 SHS-离心技术的研究与发展．河北冶金，1999，（1）：3-4．

[41] 刘晓涛，张廷安，崔建忠．层状金属复合材料生产工艺及其新进展．材料导报，2002，16（7）：41-50．

[42] 张鹏林．镁热剂反应自蔓延高温合成 TiB$_2$ 和 ZrB$_2$ 陶瓷及其结构宏观动力学研究［学位论文］．兰州：兰州理工大学，2008．

[43] 孟范成．基于 SHSQP 的高温、高压的陶瓷致密化机理与技术研究［学位论文］．武汉：武汉理工大学，2008．

[44] Merzhahov A G, Munir Z A. Holt J B, ed. Combustion and Plasma Synthesis of High Temperature Materials. New York: VCH, 1990.

[45] Merzhanov A G. History and recent developments in SHS. Ceramics international, 1995, 21: 371-379.

[46] Holt J B, Munir Z A. Combustion synthesis of titanium carbide theory and experiment. Mater Sci, 1986, 21 (3): 251-259.

[47] Merzhanov A G. Ceramic composite materials and its production method. International application WO, January. 1991, (25): 10-19.

[48] John J M, Feng H J. Combustion synthesis of advanced materials. Material Sci, 1995, 39 (2): 243-273.

[49] Merzhanov A G. Self-propagating High-temperature Synthesis: Twenty Years of Search and Findings [A]. In: Munir Z A, Holt J B. Combustion and Plasma Synthesis of High-Temperature Materials. New York: VCH publisher, 1990. 1-53.

[50] Munir Z A. Slef-Propagation Exothermic Reaction: The Synthesis of High-Temperature Materials by Combustion. Materials Science Reports, 1989, 21 (3): 277-365.

[51] Subrahmanyam J, Vijiaykumar M. Review Self-porpagating High-Temperature Synthesis. Materials Science, 1992, 27 (23): 6249-6273.

第9章 激光快速成形技术

【学习目的与要求】

通过本章的学习，加深学生对材料的成形方式，尤其是添加成形方式以及激光快速成形技术的基本思想和成形特点的理解；掌握激光立体光固化成形（SLA）技术、激光薄片叠层制造（LOM）技术、选择性激光烧结（SLS）技术、激光熔覆成形（LCF）技术和激光诱发热应力（LF）技术等；对激光快速成形技术的应用场合有一个全貌的了解和认识；为将来从事科学研究或生产企业的技术研发建立一定的技术基础。

9.1 激光快速成形技术的基本概念

激光快速成形（laser rapid prototyping，LRP）技术是近 20 年来制造技术领域的一次重大突破。它是激光技术、精密传动和数控技术、新材料技术、CAD/CAM 技术的集成，是一种借助计算机辅助设计或用实体反求方法采集得到有关原型或零件的几何形状、结构和材料的组合信息，从而获得目标原型的概念并以此建立数字化描述模型，之后将这些信息又输出到计算机控制的光、机、电集成的激光快速成形制造系统。利用激光为工具，通过逐点、逐面进行材料的"三维堆砌"成形，再经过必要的处理，使其在外观、强度和性能等方面达到设计要求，能够快速、准确地制造原型或实际零件、部件，而无需传统的机械加工机床和模具的技术。

激光快速成形技术的基本原理：首先在计算机中生成零件的三维 CAD 模型，然后将模型按一定的厚度切片分层，即将零件的三维几何信息转换成一系列二维轮廓信息，随后在计算机的控制下，用同步送粉（或送丝）激光熔覆的方法将粉末材料按照二维轮廓信息逐层堆积，最终形成三维实体零件。

9.1.1 原型及原型制造

原型是能基本代表零部件性质和功能的试验件，从表面质量、色彩等方面可具有零部件的特征，但不具备或不完全具备零部件的功能。零部件是最终产品，具有最佳特性、功能和成本。原型一般数量较少，主要是用于实体观察、分析、试验、校核、展示、直接使用或间接制造模具。与二维图纸相比，原型可以对产品设计和开发过程提供许多有价值的资料。在设计部门内部、其他部门以及市场上的用户之间，原型是交流设计概念的最好工具。现在比过去更需要原型还在于产品的复杂性和人们审美标准的提高。

原型可以由两种方法产生：一种方法是利用已有的知识和技术，按目的要求进行设计、加工或由设计者利用 CAD/CAM 系统，通过构想在计算机上建立原型的三维数字模型并加工成实物；另一种方法则是通过反求技术实现，即由用户提供一个实物样品，原封不动或经过局部修改后得到这个样品的复制品或仿制品。原型制造（prototyping）是设计、建造原型的过程。

9.1.2　成形方式的分类

根据现代成形学的观点，可把成形方式分为以下几类。

（1）去除成形（dislodge forming）　去除成形是运用分离的方法，按照要求把一部分材料有序地从基体上分离出去而成形的加工方式。传统的车、刨、磨等加工方法均属于去除成形。去除成形是目前制造业最主要的成形方式。

（2）添加成形（additive forming）　添加成形是指利用各种机械、物理、化学等手段通过有序地添加材料来达到零件设计要求的成形方法。快速成形技术是添加成形的典型代表，它从思想上突破了传统的成形方式，可快速制造出任意复杂程度的零件，是一种非常有前景的新型制造技术。

（3）受迫成形（forced forming）　受迫成形是利用材料的可成形性（如塑性等）在特定外围约束（模具）下成形的方法。传统的铸造、锻造、冲压、注塑和粉末冶金等均属于受迫成形。目前受迫成形还未完全实现计算机控制，多用于毛坯成形、特种材料成形等。

（4）生长成形（growth forming）　生长成形是利用生物材料的活性进行成形的方法。自然界中生物个体的发育均属于生长成形，"克隆"技术是在人为系统中的生长成形方式。随着活性材料、仿生学、生物化学、生命科学的发展，这种成形方式将会得到很大的发展和应用。

上述几种成形方式中，去除成形与受迫成形均属于传统的成形方式。添加成形是 20 世纪 80 年代末出现的成形方式，从成形材料的组织情况、产品的精度和性能、可加工零件的形状等方面进行比较，见表 9-1。

表 9-1　各种成形方法的比较

项　目	去除成形	受迫成形	添加成形
材料利用率	产生切屑，材料利用率低	产生工艺废料，如浇冒口、飞边等	材料利用率高，大多数工艺可达 100%
产品精度与性能	通常为最终成形，精度高	多用于毛坯制造，属静成形或近成形范畴	属静成形范畴，精度较好
制造零件的复杂程度	受刀具或模具等形状限制，无法制造太复杂的曲面和异形深空等	受模具等工具的形状限制，无法制造太复杂的曲面	可制造任意复杂形状的零件

目前快速成形技术已经逐步得到我国制造企业的重视，并在机械、汽车、国防、航空航天及医学领域得到了非常广泛的应用。从材料上看，添加成形制造可以用的材料有光敏树脂、塑料、纸、特种蜡及聚合物、金属粉末和陶瓷材料等。复合材料、金属材料的快速成形技术也正在研制之中。在不久的将来，快速成形技术必将直接完成从 CAD 模型到金属零件的直接制造。

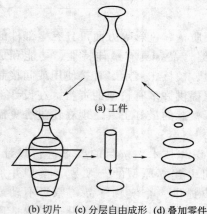

(a) 工件
(b) 切片　(c) 分层自由成形　(d) 叠加零件
图 9-1　激光快速制造的原理

9.1.3　激光快速制造技术原理

笼统地讲，快速成形属于添加成形。严格地讲，快速成形应该属于离散/堆积成形，即依据计算机上构成的零件三维设计模型［图 9-1(a)］，利用快速成形机对其进行分层切片，得到各层截面的二维轮廓图［图 9-1(b)］，并按照这些轮廓图［图 9-1(c)］逐步顺序叠加成三维零件〔图 9-1(d)〕。这种新技术的思路源于三维实体被切割成一系列微小单元的逆过程，通过不断地把材料按指定路径添加到未完成的制件上，采用聚合、黏结、熔结、烧结等化学的和（或）物理的手段，有选择性地固化液体或黏结固体材料，从而制作出所要求形状的原型或零部件。通常，原型或零件是逐层累积起来的，并最终达到设计的式样和性能要求。

离散/堆积过程分为以下三个层次：体离散把三维 CAD 实体离散为一系列有序的面，这是快速成形技术的基础及特点；面离散把切片离散为一系列有序的线段，以便加工时的路径规划；线离散把面离散过的线段再离散为一系列有序的 CAD 实体点，即对应物理加工的固化单元。

离散/堆积原理的实质就是降维化处理，即将三维的立体模型，离散为容易加工的二维图形，然后将二维图形加以堆积，从而实现三维实体制造。其基本过程是先将计算机 CAD 的三维模型分割成一定厚度的二维轮廓，由数控激光加工形成二维实体截面，再根据零件形状层层叠加最终形成三维实体，如图 9-2 所示。离散/叠加过程的三个层次中，因 CAD 体包含的信息最全面、最广泛，所以体离散产生的误差也就可能最大。通常，快速成形系统在加工原型件时，层厚取为 0.10～0.25mm，也即体离散的精度为每毫米 4～10 层。而面离散和线离散对应的两叠加过程的精度则与固化单元、成形材料及机械运动精度等因素有关。

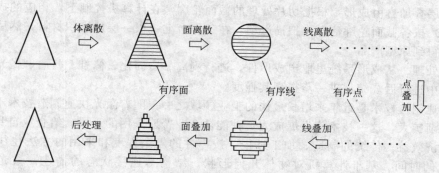

图 9-2 激光快速制造的离散/堆积过程

激光快速制造的全过程可以归纳为以下 3 步，如图 9-3 所示。

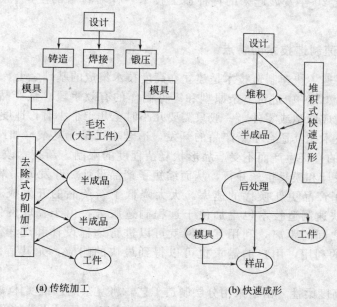

(a) 传统加工　　　(b) 快速成形

图 9-3 激光快速制造过程

(1) 前处理　它包括零件三维模型的构建、三维模型的近似处理、模型成形方向的选择和三维模型的切片处理、抛光和表面强化处理等。

① 产品三维模型的构建。由于快速成形系统是由三维 CAD 模型直接驱动，因此首先要构建所加工工件的三维 CAD 模型。该三维 CAD 模型可以利用计算机辅助设计软件直接构建，也可以将已有产品的二维图样进行转换而形成三维模型，或对产品实体进行激光扫描、CT 断层扫描，得到点云数据，然后利用逆向工程的方法来构造三维模型。

② 三维模型的近似处理。由于产品往往有一些不规则的自由曲面，加工前要对模型进行近似处理，以方便后续的数据处理工作。由于 STL 文件格式简单、实用，目前已经成为快速成形领域的准标准接口文件。典型的 CAD 软件都带有转换和输出 STL 格式文件的功能。

③ 三维模型的切片处理。根据被加工模型的特征选择合适的加工方向，在成形高度方向上用一系列一定间隔的平面切割近似后的模型，以便提取截面的轮廓信息。间隔一般取 0.05～0.5mm，常用 0.1mm。间隔越小，成形精度越高，但成形时间也越长，效率就越低；反之则精度低，但效率高。

(2) 分层叠加自由成形　根据切片处理的截面轮廓，在计算机控制下，相应的成形头（激光头或喷头）按各截面轮廓信息作扫描运动，在工作台上一层一层地堆积材料，然后将各层相黏结，最终得到原型产品。

(3) 后处理　从成形系统里取出成形件，进行剥离、后固化、修补、打磨、抛光、涂挂或放在高温炉中进行后烧结，进一步提高其强度。

激光快速制造技术是近年来增长最快的工业领域之一。随着激光快速制造技术不断成熟和应用领域逐渐扩大，这一技术将发展成为一种能被企业普遍采用的手段，给企业自身和社会带来巨大的经济效益。传统的制造、加工过程，按零件的复杂程度和采用的方法往往需要几周甚至几个月的时间。基于计算机对物体几何形状、结构与连接状态的描述，激光快速制造技术指在直接、快速地在三维空间呈现真实的物体。使用这一技术后，典型原型或零件的制造时间从几小时到几十小时便可完成。毫无疑问，激光快速制造技术将与 20 世纪 50 年代的数控技术和最近 20 年发展起来的特种加工技术一样对材料的生产、加工过程和制造工程产生重要的影响。

9.1.4　激光快速制造技术的特点

(1) 制造过程快速　快速制造技术是建立在高度技术集成的基础之上，是并行工程（concurrent engineering，CE）中进行复杂原型和零件制作的有效手段。从产品 CAD 模型或从实物反求获得数据到制成原型或零件，一般只需要几小时至几十个小时，速度比传统成形加工方法快得多。这一新技术尤其适合于新产品的开发，适合小批量、复杂（如凹槽、凸肩和空心、嵌套等）、异形产品的直接生产而不受产品形状复杂程度的限制。新技术改善了设计过程中的人机交流，使产品设计和模具生产并行，从而缩短了产品设计、开发的周期，快速完成设计/制造一体化，加快了产品更新换代的速率，大大降低了新产品的开发成本和企业研制新产品的风险。另外，快速制造技术也更加便于远程制造服务，由于互联网便捷的数据传输缩短了用户和制造商之间的距离，利用互联网就可以进行远程设计和远程制造服务，能使有限的资源得到充分的利用，用户的需求也可以得到最快的响应，尤其适合于新产品的开发与管理。

(2) 制造过程高度柔性　由于采用分层制造工艺，将复杂的三维实体离散成一系列二维层片进行加工，从而大大简化了加工过程。它不存在三维加工中刀具干涉的问题，因此理论上可以不受形状复杂程度限制，制造具有任意复杂形状与结构、不同材料复合的原型或零件。共同的制造原理使快速制造系统在软件和硬件的实现上 70%～80% 是相同的，也就是在一个现有的系统上仅增加 20%～30% 的元器件和软件功能即可进行另一种制造工艺。不同工艺原理的设备容易实现模块化，可相互切换；对于整个制造过程，仅需改变 CAD 模型或反求数据结构模型，重新调整和设置参数即可生产出不同形状的原型或零件，还能借助电铸、电弧喷涂等技术进一步将塑胶原型制成金属模具。

（3）技术高度集成　激光快速制造技术是激光技术、计算机技术、数控技术、数据采集与处理技术、材料工程和机电加工与控制技术的综合体现。只有在这些高新技术迅速发展的今天才可能使 CAD 和 CAM 很好地结合，直接 CAD 模型驱动设计出 CAD 模型后，后续工作全部由计算机自动处理，无需或只需较少的人工干预就可以制造出需要的原型或零件，如同使用打印机或绘图仪一样方便快捷，实现设计与制造一体化。数字制造区别于传统的模拟制造方式，它采用数字化（离散）的材料来构造最终形体；而传统制造形式中，最终成形零件的材料都是模拟（连续）的。

（4）可用材料丰富　快速制造技术所用的材料类型丰富多样，包括树脂、纸、工程蜡、工程塑料（ABS 等）、陶瓷粉、金属粉、砂等，可以在航空、机械、家电、建筑、医疗等各个领域应用。此外，快速成形技术是边堆积边成形的，因此它有可能在成形的过程中改变成形材料的组分，从而制造出具有材料梯度的零件，这是其他传统工艺难以做到的，也是快速成形技术与传统工艺相比具有的很大优势。

（5）经济效益显著　快速制造技术使得零件的复杂程度和生产批量与原型或零件的制造成本基本无关，也降低了小批量产品的生产周期和成本，这有利于厂商把握商机，考虑新颖、复杂甚至是以往认为没有效益的制造要求。激光快速制造属非接触加工，不需要机床切削加工所必需的刀具和夹具，避免了刀具磨损和切削力影响。制造过程无振动、噪声，没有或极少下脚料，是一种绿色环保型制造技术。同时，这一技术也减少了对熟练技术工人的需求。

（6）应用领域广泛　除了制造原型外，该项技术也特别适合于新产品开发、快速单件及小批量零件制造、不规则零件或复杂形状零件的制造、模具及模型设计与制造、外形设计检查、装配检验、快速反求与复制，也适合于难加工材料的制造等。这项技术不仅在制造业的产品造型与模具设计领域，而且在材料科学与工程、工业设计、医学科学、文化艺术、建筑工程等领域均有广阔的应用前景。

快速成形制造技术彻底摆脱了传统的"去除"加工法——去除大于工件的毛坯上的材料来得到工件，而采用全新的"增长"加工法——用一层层的小毛坯逐步叠加成大工件，将复杂的三维加工分解成简单的二维加工的组合。因此它不必采用传统的加工机床和加工模具，只需传统加工方法 10%～30% 的工时和 20%～35% 的成本，就能直接制造出产品样品或模具，如图 9-3 所示。由于快速制造具有上述突出的优势，所以近年来发展迅速，已成为现代先进制造技术中的一项支柱技术，是实现并行工程必不可少的手段。

9.1.5　激光快速成形系统中的激光器

目前，激光器种类繁多，性能各异，用途也多种多样。要根据使用要求，合理选用激光器的种类，重点是考虑其输出激光的波长、功率和模式。还要考虑在加工现场的环境下运行的可靠性，调整和维修的方便性，以及投资和运行费用等。

（1）He-Cd 激光器　SLA 工艺中使用 He-Cd 激光器，激光波长位于紫外波段，激光功率数十毫瓦。光敏树脂液体受到紫外光照射后发生光化学变化，固化成实体。由于树脂的光化学响应

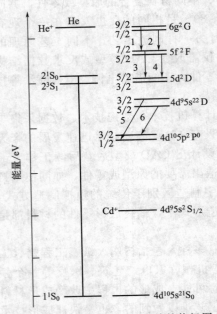

图 9-4　与 He-Cd 激光器有关的能级图

1—636nm；2—632.5nm；3—537.8nm；
4—533.7nm；5—325nm；6—441.6nm

离开了可见光波段，因此 SLA 工艺可以在普通室内进行。

He-Cd 激光器是一种金属蒸气的离子激光器。产生激光的工作物质是 Cd 离子，Cd 原子的原子序数为48，电子组态为 $1s^2 2s^2 2p^6 3s^2 3p^6 3d^{10} 4s^2 4p^6 4d^{10} 5s^2$，简单写为 $4d^{10} 5s^2$。产生激光的有关能级图如图 9-4 所示。当 Cd 原子失去一个电子时便成为一次电离的 Cd 离子，记为 Cd^+。Cd^+ 基态的电子组态为 $4d^{10} 5s$，与电子碰撞可激发到更高的能态，如 $4d^{10} 5p$、$4d^9 5s^2$、$4d^{10} 5d$、$4d^{10} 4f$、$4d^{10} 6g$ 等，与这些镉离子激发态所对应的能级也示于图 9-4 中。

He-Cd 激光器中的 He 是不可缺少的辅助气体。图 9-4 中给出 6 条谱线：

$$4d^9 5s^2 \quad {}^2D_{5/2} \longrightarrow 4d^{10} 5p\ P_{3/2}^0 \quad 441.6\text{nm（蓝光）}$$
$$4d^9 5s^2 \quad {}^2D_{3/2} \longrightarrow 4d^{10} 5p\ P_{3/2}^0 \quad 325.0\text{nm}$$
$$4d^{10} 6g \quad {}^2D_{7/2} \longrightarrow 4d^{10} 5f\ P_{5/2} \quad 632.5\text{nm（红光）}$$
$$4d^{10} 6g \quad {}^2D_{9/2} \longrightarrow 4d^{10} 5f\ P_{7/2} \quad 636.0\text{nm}$$
$$4d^{10} 4f \quad {}^2D_{5/2} \longrightarrow 4d^{10} 5d\ P_{3/2} \quad 533.7\text{nm（绿光）}$$
$$4d^{10} 4f \quad {}^2D_{7/2} \longrightarrow 4d^{10} 5d\ P_{5/2} \quad 537.8\text{nm}$$

这里激光上能级 $4d^9 5s^2$ 的 ${}^2D_{3/2}$ 和 ${}^2D_{5/2}$ 的激发主要是通过所谓 Penning 效应实现的，即

$$He(1^1S_0)+e \longrightarrow He^*(2^1S_0, 2^3S_1)+e'$$
$$He^* +Cd \longrightarrow Cd^{+*}(4d^9 5s^2\ 的\ {}^2D_{3/2}\ 和\ {}^2D_{5/2})+He+e+\Delta E$$

式中　He，Cd——基态氦原子和镉原子；

　　　He^*，Cd^{+*}——激发态氦原子和激发态镉离子。

当然还有电子直接碰撞激发，但前者更为重要。在激发过程中，也可以把镉由基态激发到激光下能级 $4d^{10} 5p({}^2P_{3/2}^0, {}^2P_{1/2}^0)$，但 ${}^2P_{3/2}^0$ 和 ${}^2P_{1/2}^0$ 的能级寿命（约 10^{-9} s）比激光上能级 ${}^2D_{3/2}$ 和 ${}^2D_{5/2}$ 的寿命（约 10^{-7} s）短得多，因而在它们之间可以形成集居数分布反转。

如果电子能量足够大，以致可把 He 原子变成离子 He^+，He^+ 与基态 Cd 原子相碰，通过电荷转移可以使 Cd 电离并使 Cd^+ 激发到更高的能态 ［如图 9-4 中所示的 $4d^{10} 6g({}^2G_{9/2}$，${}^2G_{7/2})$、$4d^{10} 5f({}^2F_{7/2}$，${}^2F_{5/2})$、$4d^{10} 5d({}^2D_{5/2}$，${}^2D_{3/2})$］，其反应式为 $He^+ + Cd \longrightarrow He + Cd^{+*}$，从而产生红光和绿光的四条谱线。因为红光跃迁的下能级就是绿光跃迁的上能级，所以当产生红光时，随之便可产生绿光。

若激光器所用的谐振腔反射镜可使上述蓝、绿、红三种颜色的光同时振荡，则混在一起便成为白光，这就是白光激光器。

He-Cd 激光器的典型结构是管子两端做成布儒斯特窗，管内充 He 气，靠近阳极附近有一个镉池，内装纯度 99.99％ 的镉粒。考虑到管子的寿命，必须放置足够的镉源（消耗量约 1g/1000h）。为使管中得到所要求的镉的蒸气压，镉池必须加热到足够高的温度（约 250℃）。当镉蒸气扩散到放电区时，一些镉原子被电离，并在电场作用下向阴极运动，这种运动过程称为电泳。为防止电泳过程中镉离子冷凝在毛细管内壁上，毛细管通常做成外套管结构，使毛细管的内壁温度高于镉蒸气的凝固温度。在阴极端附近加一个冷凝器，使镉离子到达阴极之前先在此凝结。

He-Cd 激光器可在直流放电条件下连续工作，输出功率一般为几十毫瓦。已应用于医疗、

激光准直、制版、显示、全息照相、存储等，由于它可以发射连续紫外光，故在光化学、光生物学等技术领域也得到了应用。

(2) Ar^+ 激光器　Ar^+ 激光器也是用于 SLA 工艺中。

氩离子激光器的结构如图 9-5 所示。在放电管外附加一个轴向磁场，以增加激光的功率，同时由于放电时输入电功率很大，为防止放电管因热而破裂，须要有水冷装置。放电管内径一般为 3～5mm，长为几十厘米。由于在放电中氩离子有向一端积累的趋势，所以在两个电极之间加上一个气旁路管，用来调节放电管中的气压，使之保持均匀。氩离子（Ar^+）的能级图如图 9-6 所示。当大放电电流通过放电管时，一部分氩原子受到电子的撞击，形成氩离子，这些氩离子再经过电子的撞击，就会受到激发，从基态跃迁到激发态 4p，4p 能级由若干个相距很近的能级组成，在 4p 能级下边还有由一组能级组成的 4s 能级。由于它的寿命短，所以很容易在 4p 各能级与 4s 各能级之间形成粒子数反转。输出激光的波长可有十余种，其中最强的为 $0.488\mu m$（蓝色）和 $0.5145\mu m$（绿色）。

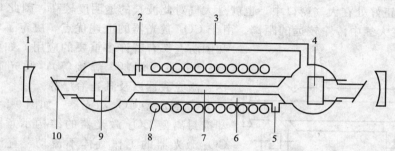

图 9-5　氩离子激光器的结构

1—反射镜；2—出水口；3—气旁路管；4—阴极；5—进水口；6—水冷套管；
7—放电管；8—线圈；9—阳极；10—步儒斯特窗

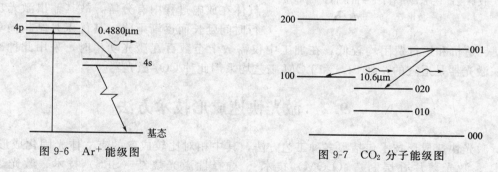

图 9-6　Ar^+ 能级图

图 9-7　CO_2 分子能级图

(3) CO_2 激光器　在 SLS 和 LOM 两种工艺中都使用 CO_2 激光器，它们利用激光产生的热量来熔解粉末材料或切割片材，属于光物理现象，加工机理可称为"激光热加工"。

① CO_2 激光器的基本原理。CO_2 激光器的放电管内充有氮气（N_2）、氦气（He）和二氧化碳气体（CO_2），三者的比例为 3：16：1。作为激活粒子的 CO_2 分子由三个原子组成，每个原子在其平衡位置附近振动。按照分子振动理论，CO_2 分子有三种不同的振动方式，每种振动方式存在一组相应的能级，每组振动能级中的各能级间几乎是等间距的。第一组中各能级命名为 100，200，300，…；第二组中各能级命名为 010，020，030，…；第三组中各能级命名为 001，002，003，…；基态为 000。CO_2 分子的能级图如图 9-7 所示。当放电管中有电流通过时，首先将 N_2 分子激发，在 N_2 分子与 CO_2 分子碰撞过程中，N_2 分子将能量转移给 CO_2 分子，使它从基态跃迁到 001 能级。此时 001 与 100、020 之间将产生粒子数反转，001→100

的受激辐射可产生 $10.6\mu m$ 的远红外激光，这是 CO_2 激光器最重要的谱线。010 能级为激光下能级与基态之间的中间能级。CO_2 分子的能级系统是四能级系统，其能级模型与 Ne 原子能级模型完全一样，CO_2 激光器的抽运过程是靠激发态的 N_2 分子将能量转移给 CO_2 分子的，这种间接激发的方式比起直接激发的效率要高得多。充入氦气有两个作用：首先它可以减少处在激光下能级 100 上的 CO_2 分子数，这样有利于提高反转粒子数；其次它对 CO_2 气体具有冷却作用。由于 CO_2 激光器所产生的激光属远红外波段，因此它工作时会产生大量的热量。为了保证激光器正常工作，需及时将这些热量散发掉，一般在放电管外常常需要再加水冷套管进行冷却。

　　CO_2 激光器是一种比较重要的气体激光器，它具有以下两个突出优点：功率大，能量转换效率高。一般的 CO_2 激光器可以做到几十瓦的连续输出功率，近年来发展的大功率的气动 CO_2 激光器则达到了几十万瓦的输出功率。CO_2 激光器有丰富的谱线，在 $10\mu m$ 附近有几十条谱线，高气压的 CO_2 激光器甚至可做到 $9\sim10\mu m$ 的连续可调谐输出。由于 CO_2 激光器中的 $10.6\mu m$ 光谱线正好处在大气窗口中，也就是大气对此波长的透明度较高，因此 CO_2 激光器输出的激光束能在大气中传输较远的距离。由于 CO_2 激光器的上述优点，决定了它在国民经济和国防上都有着许多重要的应用，如各种机械加工（包括打孔、切割、焊接等）、激光通信、激光雷达、激光武器以及激光治疗等。

　　② 封离型 CO_2 激光器。如图 9-8 所示为扩散冷却准封离型 CO_2 激光器的结构示意图。此种类型 CO_2 激光器的工作气体不流动，直流放电产生热量，靠玻璃管或石英管壁传导散热，故其热导率低。注入功率和激光功率受工作气体温升的限制，每米激光管的输出功率在 $50\sim70W$ 之间。由于工作气体在放电过程中有分解，故其输出激光功率随运行时间延长而逐渐下降。其优点是结构简单、维护方便、造价和运行费用均较低。在加工中仅需数十至数百瓦激光功率时，采用此种准封离型 CO_2 激光器是适宜的。如 SLS 和 LOM 工艺均采用此种 CO_2 激光器。

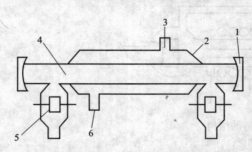

图 9-8　准封离型 CO_2 激光器的结构
1—反射镜；2—水冷套管；3—出水口；4—电极；
5—放电管；6—进水口

9.2　激光快速成形技术方法

　　激光快速成形技术包括很多种工艺方法，其中相对比较成熟的有立体光固化成形（SLA）技术、激光薄片叠层制造（LOM）技术、选择性激光烧结（SLS）技术、激光熔覆成形（LCF）技术和激光诱发热应力（LF）技术等。

9.2.1　立体光固化成形（SLA）技术

　　立体光固化成形（SLA）技术是美国 3D-Systems 公司推出的最早的 LRP 技术实用化产品，如图 9-9 所示。它由液槽、可升降工作台、激光器、扫描系统和计算机控制系统等组成。它以光敏树脂为原料，在计算机的控制下，紫外线按零件各分层截面数据对液态光敏树脂表面逐点扫描，使被扫描区域的树脂薄层产生聚合反应而固化，形成零件的一个薄层；一层固化完毕后，工作台下降，在原先固化好的树脂表面再敷上一层新的液态树脂，以便进行下一层扫描固化；新固化的一层牢固地黏合在前一层上；如此重复直到整个零件原型制作完毕。

　　激光立体印刷成形具有以下优点。

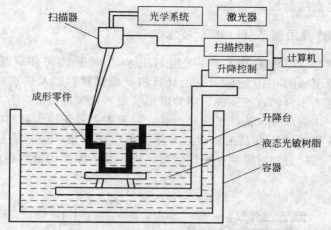

图 9-9　激光立体印刷成形原理图

① 精度高。目前在已商业化的 LRP 工艺中，SLA 属精度较高者，其紫外激光束在焦平面上聚焦的光斑最小可达 $\phi 0.075mm$，最小层厚在 $20\mu m$ 以下。材料单元离散得如此细小，很好地保证了成形件的精度和表面质量。SLA 工艺成形件的精度一般可保证在 $0.05\sim0.1mm$ 之内。

② 成形速率较快。在快速成形过程中，离散与堆积是矛盾的统一，离散得越细小，精度越高，但成形速率越慢。可见在减小光斑直径和层厚的同时必须极大地提高激光光斑的扫描速率。美国、日本、德国和中国的商品化光固化成形设备均采用振镜系统（两面振镜）来控制激光束在焦平面上的平面扫描。$325\sim355nm$ 的紫外激光热效应很小，无需镜面冷却系统，轻巧的振镜系统保证激光束可获得极大的扫描速率，加之功率强大的半导体激励固体激光器，使目前商品化的光固化成形机最大扫描速率可达 $10m/s$ 以上。如此大的扫描速率所完成的平面扫描轨迹已呈现出一种面投影图案，使各点固化极其均匀和同步。

③ 扫描质量好。现代高精度的焦距补偿系统可以实时地根据平面扫描光程差来调整焦距，保证在较大的成形扫描平面（$600mm\times600mm$）内，任何一点的光斑直径均限制在要求的范围内，较好地保证了扫描质量。

④ 关键技术得到解决。经众多公司多年的改进，SLA 工艺中关键的树脂刮平系统已达到很高的水平，大多数光固化设备的刮平精度可达 $0.02\sim0.1mm$ 的范围，如真空吸附式和主动补偿式刮板系统。高精度、高速率刮平系统大大提高了光固化成形的精度与效率。但这种成形方法也有自身的局限性，比如需要支撑、树脂收缩导致精度下降、光固化树脂有一定的毒性等。

目前，研究 SLA 技术的有 3D Systems 公司、EOS 公司、F ＆ S 公司、CMET 公司、DMEC 公司等。美国 3D Systems 公司 SLA 系列设备在国际市场上占的比例最大，其设备有 SLA-250、SLA-250HR、SLA-3500、SLA-5000、SLA-7000 等多种机型，在技术上有了很大发展。其中部分设备使用半导体激励的固体激光器，扫描速率可达到 $5m/s$，成形层厚最小可达 $0.05mm$。此外，还采用了一种称为 Zephyer Recoating System 的新技术，该技术是在每一成形层上，用一种真空吸附式刮板在该层上涂一层 $0.05\sim0.1mm$ 的待固化树脂，使成形时间平均缩短了 20%。SLA-7000 机型与 SLA-5000 机型相比，成形体积虽然大致相同，但其扫描速率却达 $9.52m/s$，成形层厚最小可达 $0.025mm$，精度提高了 1 倍。

国内上海联泰公司、陕西恒通智能机器有限公司和北京段华激光快速成形及模具技术有限公司都推出了各自的商品化 SLA 设备。

9.2.2　激光薄片叠层制造（LOM）技术

激光薄片叠层制造（LOM）技术是由美国 Helisys 公司于 1986 年研制成功的。LOM 工艺分层实体制造成形原理如图 9-10 所示。它由计算机、原材料存贮及送进机构、热压装置、激光切割系统、可升降工作台和数控系统、模型取出装置和机架等组成。首先采用激光或刀具对薄片材料进行切割，切割部分包括二维截面形状，以及将不属于原型材料的部分切割成网格状（图 9-11）。通过热压辊的热压以及工作台的升降，可以切割出一层新的层片，并将其和前一个层片黏结在一起，层层叠加后得到一个块状物，将不属于原型的材料剥离，就获得所需的三维实体。

图 9-10　LOM 工艺分层实体制造成形原理图

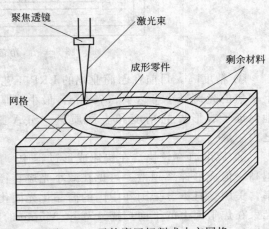

图 9-11　无轮廓区切割成小方网格

分层实体制造工艺与立体印刷成形工艺的主要区别在于将立体印刷成形中的光致树脂固化的扫描运动变为激光切割薄膜运动。这种工艺使用低能 CO_2 激光器，成形的制件无内应力、无变形，因而精度较高，可达±0.1mm/100mm。激光束只需按照分层信息提供的截面轮廓线逐层切割而无需对整个截面进行扫描，且不需考虑支撑。所以这种方法与其他快速原型制造技术相比，还具有制作效率高、速度快、成本低等优点，具有较广的应用前景。这一技术常用的材料是纸、金属箔、塑料膜、陶瓷膜等，除了制造模具、模型外，还可以直接制造结构件或功能件。但由于材料薄膜厚度有限，未经处理的侧表面不够光洁，需要进行再处理，如打磨、抛光、喷油等。另外，当采用的金属片的厚度太薄时，所形成的零件的力学性能也会受到很大的影响。

目前国内外研究 LOM 工艺的公司机构主要有 Helisys 公司、新加坡 Kinergy 公司、华中科技大学、清华大学、Kira 公司和 Sparx 公司。Helisys 公司除原有的 LPH、LPS 和 LPF 三个系列纸材品种以外，还开发了塑料和复合材料品种。分层实体成形工艺正在向材料的多样化方向发展。

9.2.3　选择性激光烧结（SLS）技术

选择性激光烧结（SLS）技术是由美国 Texas 大学 Austin 分校的 Deckard 于 1989 年研制成功的。

选择性激光烧结工艺原理如图 9-12 所示。其工艺过程：用红外线板将粉末材料加热至恰好低于烧结点的某一温度，然后用计算机控制激光束，按原型或零件的截面形状扫描平台上的粉末材料，使其受热熔化或烧结。继而平台下降一个层厚，用热辊将粉末材料均匀地分布在前一个烧结层上，再用激光烧结。如此反复，逐层烧结成形。这种工艺与立体印刷成形（SLA）基本相同，只是将 SLA 中的液态树脂换成在激光照射下可以烧结的粉末材料，并由一个温度控制单元优化的辊子铺平材料以保证粉末的流动性，同时控制工作腔热量使粉末牢固黏结。

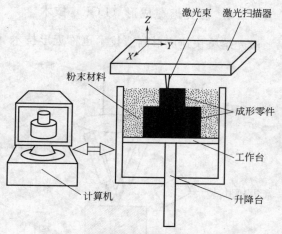

图 9-12　选择性激光烧结成形原理图

选择性激光烧结成形特点如下。

① 可采用多种材料。从原理上说，这种方法可采用加热时黏度降低的任何粉末材料，通过材料或各类含黏结剂的涂层颗粒制造出任何造型，适应不同的需要。DTM 公司已生产出几种特殊的粉末，正在研究包括热塑料金属和陶瓷的新材料。

② 制造工艺比较简单。由于可用多种材料，激光选择性烧结工艺按采用的原料不同可以直接生产复杂形状的原型、型模三维构件或部件及工具，能广泛适应设计和变化等。例如，制造概念原型，可安装为最终产品模型的概念原型；蜡模铸造模型及其他少量母模生产；直接制造金属注塑模等。

③ 高精度。依赖于使用的材料种类和粒径、产品的几何形状和复杂程度，这种工艺一般能够达到全工件范围内 ±(0.05～2.5)mm 的公差。当粉末粒径为 0.1mm 以下时，成形后的原型精度可达 ±1%。

④ 成本较低，可制备复杂形状零件，但成形速率较慢，由于粉体铺层密度低导致精度较低和强度较低。

激光选择性烧结技术常用原料是塑料、蜡、陶瓷、金属以及它们的复合物的粉体。用蜡可作精密铸造蜡模，用热塑性塑料可作消失模，用陶瓷可作铸造型壳、型芯和陶瓷件，用金属可作金属件。目前大多数激光选择性烧结技术研究集中在生产金属零件上。DTM 公司在蜡、尼龙、聚碳酸酯等材料的基础上，大力研究金属型材料，目前已经制造出样品，不久将实现商品化。

目前研究激光选择性烧结工艺的有 DTM 公司、EOS GmbH 公司、北京隆源公司、南京航空航天大学和华中科技大学等。激光选择性烧结法设备主要有 DTM 公司的 Sinterstation 和 EOSGmbH 的 EOSSINT 系列产品。选择性激光烧结所用的成形材料均为粉末状材料。理论上讲，所有受热后能相互粘接的粉末材料或者表面覆有热塑（固）性黏结剂的粉末都可以作为 SLS 的材料，但目前的研究表明，真正适合 SLS 烧结的材料必须具有良好的热塑（固）性、适度的导热性、较窄的"软化-固化"温度范围，经过激光烧结后要有足够的粘接强度。选择性激光烧结技术最初的成形材料只有塑料粉和石蜡粉。20 世纪 90 年代初，从事 SLS 技术研究的德国 EOS 公司通过与芬兰的 Rapid Product Innovations 公司合作，研制出可用于 SLS 成形的不收缩铜粉和不锈钢粉末，从此将 SLS 技术拓展到了金属材料成形领域。目前国内外已经研制成功并投入应用的 SLS 材料主要有高分子材料粉末（尼龙、聚碳酸酯、聚苯乙烯、ABS等）、蜡、金属粉、覆膜金属粉以及陶瓷粉末等。其中成熟的工艺材料为蜡粉及塑料粉，而用金属粉或陶瓷粉进行黏结或烧结的工艺还正在实验阶段。

9.2.4 激光熔覆成形（LCF）技术

激光熔覆快速成形制造技术也称近形技术（laser engineering net shaping，LENS）、直接光制造技术（directed laser fabrication，DLF）、直接金属沉积技术（directed metal deposition，DMD）和激光共凝固技术（laser consolidation，LC），是近年来在激光熔覆技术和快速原型技术的基础上发展起来的一种新技术。激光熔覆快速成形原理如图 9-13 所示。

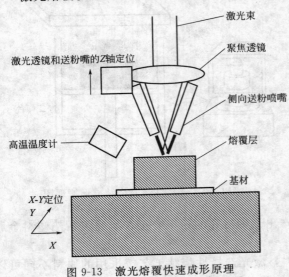

图 9-13　激光熔覆快速成形原理

LCF 技术的工作原理与 SLS 技术基本相同，通过对工作台数控，实现激光束对粉末的扫描、熔覆，最终成形出所需形状的零件。零件切片方式、激光熔覆层厚度、激光器输出功率、光斑大小、光强分布、扫描速率、扫描间隔、扫描方式、送粉装置、送粉量及粉末颗粒的大小等因素均对成形零件的精度和强度有影响。激光熔覆成形能制成非常致密的金属零件，因而具有良好的应用前景。

激光熔覆快速成形的突出优点如下。

① 具有高度的柔性。在计算机的控制下可以方便、迅速地制作出传统加工方法难以实现的复杂形状的金属零件，如具有复杂凸凹部分及中空的零件，不需要制作昂贵的加工模具，生产成本低，减少了开发制造的成本和周期。

② 生产周期短，效率高。由于该技术是建立在高度技术集成的基础之上，从 CAD 设计到零件的加工完成只需几小时到几十小时，这一特点使其特别适合于新产品的开发。

③ 提高了设计的灵活性。通过改变 CAD 模型文件可使设计工程师方便、经济地对零件进行修改补充，还可以灵活改变零件不同部位的成分，使零件具有优异的综合性能。

④ 应用范围广阔。激光熔覆快速成形制造技术不仅可用于金属零件的直接制造，而且还可用于再制造工程中修复大的金属零件。

⑤ 可加工材料广泛。既可以用来制作普通合金零件如 AlSi316L、410L 不锈钢及 P20 工具钢零件，又可用来加工钛等易氧化金属零件，也可加工 $MoSi_2$、TiAl、NiAl 等金属间化合物的难熔零件。提高了材料的利用率，改变了人们对材料的选择原则。

⑥ 组织性能好。激光与材料相互作用时快速熔化和凝固过程使其具有许多常规材料在常规条件下无法得到的组织，如高度细化的晶粒组织、晶内亚结构、高度过饱和固溶体和一些新的相形态的出现等，使材料各方面的性能都得到较大幅度的提高。

9.2.5 激光诱发热应力（LF）技术

众所周知，热胀冷缩是金属材料固有的物理性质，当其受到不均匀加热时，材料内部便会产生热应力，致使构件产生扭曲。如果热应力超过材料的屈服极限，材料便会产生永久的塑性变形，甚至出现裂纹而失效。因此，实际生产中往往尽量避免不均匀加热的产生。但是如果由不均匀加热而产生的热应力的大小及方向控制得当，使由此产生的塑性变形朝着预定的方向发展时，这种热应力成形方法便成为一种有效的塑性加工手段。激光诱发热应力成形技术就是一种利用高能激光束扫描金属板或金属管表面时形成的不均匀温度场所导致的热应力来实现金属成形的方法。其成形原理如图 9-14 所示。它具有下列特点。

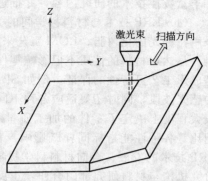

图 9-14　激光热应力成形原理图

① 属无模具成形。不涉及模具制造问题，生产周期短、柔性大，对不同形状工件的成形，仅仅通过更改程序即可实现。特别适合单件小批量或大型工件的生产，可用于汽车、航空航天、拖拉机及其他各种仪器的样机制造。

② 为无外力成形。材料变形的根源在于其内部的热应力。

③ 为非接触式成形。不存在贴模、回弹现象，成形精度高，无工模具磨损。可用于精密仪器的制造。

④ 为热态累积成形。能够成形常温下的难变形材料或高硬化指数金属，而且能够产生自冷硬化效果，使变形区材料的组织与性能得以改善。

基于上述特点，激光诱发热应力成形技术在某些方面具有传统成形方法不可比拟的优点，在工业生产中有着广阔的应用前景。

9.3　LRP 技术与相关学科间的关系

（1）LRP 技术与 CAD 技术之间的关系　CAD 技术是 LRP 技术产生的前提和基础。以前，人们对新产品的开发沿用设计、画图→模具→零件的技术路线，由于设计结果不能即刻显示以供评价和修改，往往在产品开发出来后才能发现设计的缺陷或不足，而要弥补这些缺陷或不足，又需要将产品的开发过程重复进行，从而极大地延长了产品的开发周期，提高了开发的成本。CAD 技术的产生和发展，不仅可以迅速地显示设计结果，而且可以得到完整的数据，便于修改和进一步的处理，如生成加工数据或形成 LRP 技术所需要的 STL 文件等。显然，CAD 是实现 LRP 技术的前提，在应用上往往是 LRP 技术的瓶颈。同时，LRP 技术的发展又促进 CAD 技术的发展，比如，数据交换接口（如 STL 文件）、分层软件等。

（2）LRP 技术与激光技术间的关系　激光具有能量集中、易于控制、光斑小、波长恒定等优点，尤其适用于 LRP 技术。激光技术的发展和应用是 LRP 技术产生的前提之一，同时也是 LRP 技术进一步发展的保证。一般来说，激光在 LRP 技术中的应用涵盖了激光器件中相当大的范围，从几十毫瓦的 He-Cd 激光器到几十、几百直至几千瓦的 CO_2 激光器。近年来，He-Cd 激光器、氩离子激光器以及中低功率 CO_2 激光器在 LRP 技术对激光光斑、波长、功率控制和输出模式方面的要求下，也得到了发展。

（3）LRP 技术与数控技术间的关系　LRP 技术与数控技术的关系是显而易见的，但不同的工艺方法对数控系统的要求会有所不同。例如，掩膜法光造型中，控制方式为简单的一轴控制；而在 SLA、LOM、SLS 等工艺中，数控系统是在 X-Y 平面内的二轴联动，Z 轴只是在 X-Y 平面内加工完毕后有规律地送进。当然，LRP 技术的点堆积方式则需要三轴数控系统。

除了控制运动方式之外，数控技术在 LRP 技术中的应用还包括了对加工参数的控制。如 SLA 工艺中的 Z 轴尺寸补偿；SLS、LOM 工艺中的温度补偿；激光功率控制和材料进给控制等。此外，与切削加工数控技术相比，LRP 技术要求扫描速率快，停位重复精度高而负荷小。数控技术是 LRP 技术的前提和基础，同时 LRP 技术也向数控技术提出了新的研究课题，这必将丰富数控技术的研究内容，并推进数控技术的发展。

（4）LRP 技术与材料科学间的关系　　LRP 技术中使用的材料种类很多，例如：SLA 工艺采用特种光固化树脂；LOM 工艺采用涂有胶黏剂的纸张；SLS 以各种金属和非金属粉末为材料。显然，材料的性质不但影响零件的质量，对零件的应用产生决定性影响，更为重要的是它是成形工艺可行性的保证。例如 SLA 工艺所用的材料既要具有高的感光灵敏度，又要有确定的感光波段，同时还要适应各种不同用途和工艺的要求。又如 LOM 工艺中使用的胶黏剂，在很大程度上决定了零件的加工质量和使用性能。SLS 工艺采用的各种有机粉末材料的成分、配比等各种性能指标同样既影响产品的质量和使用性能，也影响成形工艺的可行性。因此，LRP 技术的发展又会向材料科学提出新的要求，促进材料技术的发展。目前，国外许多 RPT 研究机构与材料研究部门合作，正反映了这一趋势。

相比之下国内的 LRP 技术材料发展较慢。目前，SLA 成形设备所用的光固化树脂主要靠进口，价格昂贵。LOM 的纸和胶在切割时不炭化、纸厚胶薄等方面也远不如国外产品。如何发展我国的 LRP 技术材料，已成为迫在眉睫的问题。

（5）LRP 技术与检测技术间的关系　　LRP 技术是一种自动成形的技术，为了达到零件的设计要求，确保成形质量，检测技术是十分必要的。例如，对加工信息的反馈是十分重要的，它不仅有助于了解成形过程的质量，还可以通过这些信息确定补偿的措施。在 SLA 工艺中，需测量激光的功率以确定每层的扫描速率，需要解决树脂的变形，从而确定补偿参数；在 LOM 工艺中，需要对高度进行实时测量，从而保证 Z 向精度等。这些都需要依靠检测技术来实现。因此，检测技术是 LRP 技术的基础技术之一。

（6）LRP 技术与其他相关学科间的关系　　LRP 技术除了与上述学科与技术密切相关外，还与机械科学、现代设计理论、电子技术等息息相关。机械科学奠定了 LRP 技术的工艺基础，确立 LRP 技术的主体框架与应用目标；现代设计理论则为原型的设计提供了科学的理论指导；电子和信息技术则使 LRP 技术的各子系统集成起来，形成协调的整体。总之，LRP 技术是多学科的技术集成，它是各门学科协调发展的结果，同时，又为各门学科的发展增添了新的研究内容。

9.4　激光快速成形用材料

激光快速成形材料是 LRP 技术发展的关键环节，它直接影响原型的成形速率、精度和物理、化学性能，以及原型的二次应用和用户对成形工艺设备的选择。与成形设备的发展相适应，成形材料技术也日益成熟，目前许多材料专业公司也加入到 LRP 材料的研究开发当中，成形材料正向高性能、系列化方向发展。

9.4.1　激光快速成形材料的分类

不同的快速成形方法要求使用与其成形工艺相适应的不同性能的材料，成形材料的分类与快速成形方法及材料的物理状态、化学性能密切相关。

（1）按材料的物理状态分类　　可以分为液体材料、薄片材料、粉末材料等。

（2）按材料的化学性能分类　　按材料的化学性能不同又可分为树脂类材料、石蜡材料、金属材料、陶瓷材料及其复合材料等。

（3）按材料成形方法分类　　按成形方法的不同可以分为 SLA 材料、LOM 材料、SLS 材料等。

常用的激光快速成形材料分类见表 9-2。

表 9-2　常用的激光快速成形材料分类

材料形态	液　态	固态粉末		固态片材
		非金属	金属	
材料名称	光固化树脂	蜡粉 尼龙粉 塑料粉 陶瓷粉 覆膜砂粉 ……	金属粉 覆膜金属粉	纸 塑料＋黏结剂 陶瓷箔＋黏结剂 金属箔＋黏结剂 ……
成形方法	SLA	SLS		LOM

9.4.2　激光快速成形工艺对材料性能的要求

激光快速成形工艺对材料的总体要求如下。

① 有利于快速精确地加工原型零件。

② 当原型直接用作制件、模具时，原型的力学性能和物理化学性能（强度、刚度、热稳定性、导热性和导电性、加工性等）要满足使用要求。

③ 当原型间接使用时，其性能要有利于后续处理工艺。

与 LRP 制造的四个目标（概念型、测试型、模具型、功能零件）相适应，对成形材料的要求也不同。概念型对材料成形精度和物理化学特性要求不高，主要要求成形速率快。如对光固化树脂，要求较低的临界曝光功率、较大的穿透深度和较低的黏度。测试型对于材料成形后的强度、刚度、耐温性、抗蚀性等有一定要求，以满足测试要求；如果用于装配测试，则对于材料成形的精度还有一定要求。模具型要求材料适应具体模具制造要求，如对于消失模铸造用原型，要求材料易于去除。功能零件则要求材料具有较好的物理性能和化学性能。从解决的方法看，一个是研究专用材料以适应专门需要；另一个是根据用途，研究几类通用材料以适应多种需要。

9.4.2.1　SLA 材料

（1）SLA 材料的种类与系列　SLA 技术主要用到的材料为光敏环氧树脂、光敏乙烯醚、光敏环氧丙烯酸酯、光敏丙烯树脂。基于 SLA 成形技术的材料主要有四大系列：Cibatool 公司的 Cibatool 系列、Du Pont 公司的 SOMOS 系列、Zeneca 公司的 Stereocol 系列和瑞典 RPC 公司的 RPCure 系列。Cibatool 公司用于 SLA-3500 的 Cibatool 5510，这种树脂可以达到较高的成形速率和较好的防潮性能，还有较好的成形精度；Cibatool SLA-5210 主要用于要求防热、防湿的环境，如水下作业条件；SOMOS 系列有 SOMOS 8120，该材料的性能类似于聚乙烯和聚丙烯，特别适合于制作功能零件，也有很好的防潮防水性能。

（2）SLA 对材料性能的基本要求　SLA 原型材料一般都是液态光敏树脂，它要求在一定频率的单色光的照射下迅速固化并具有较小的临界曝光和较大的固化穿透深度，固化时树脂的收缩率要小（如果树脂的收缩率较小，SLA 制件的变形就小，精度也会较高），SLA 原型要具有足够的强度和良好的表面粗糙度，且成形时毒性较小。

应用于 SLA 技术的光敏树脂，通常由两部分组成，即光引发剂和树脂，其中树脂由预聚物、稀释剂及少量助剂组成。光敏树脂是激光固化快速成形制作的基材，其性能特征对成形零件的质量具有决定性影响。用于 SLA 法光固化树脂一般应具有以下性能：

① 黏度低，低黏度树脂有利于成形中树脂较快流平；

② 固化速率快，树脂的固化速率直接影响成形的效率，从而影响到经济效益；

③ 固化收缩小，光敏树脂在固化过程中，经过一个从液态向固态转变的变化过程，这种变化常会引起树脂的线型和体积收缩，固化收缩导致零件产生变形、翘曲、开裂等，从而影响到成形零件的精度，降低树脂的收缩量是光敏树脂研制过程中的主要目标，低收缩性树脂有利于成形出高精度零件；

④ 一次固化程度高，这样可以减少后固化收缩，从而减少后固化变形；

⑤ 湿态强度高，较高的湿态强度可以保证后固化过程不产生变形、膨胀及层间剥离；

⑥ 溶胀小，湿态成形件在液态树脂中的溶胀会造成零件尺寸偏大；

⑦ 毒性小，这有利于操作者的健康和不造成环境污染。

（3）SLA 成形件的主要应用

① 直接制作各种树脂样品件或功能件，用作结构验证和功能测试；

② 制作精细零件；

③ 制造有透明效果的制件；

④ 制作出的原型件可快速翻制各种模具，如硅橡胶模、金属冷喷模、陶瓷模、电铸模、环氧树脂模、消失模等；

⑤ 代替熔模精密铸造中的消失模用来生产金属零件。

制作样品件或功能件要求原型具有较好的尺寸精度、表面粗糙度、强度性能等。而用作熔模精密铸造中的蜡模时，还应满足铸造工艺中对蜡模的性能要求，即具有较好的浆料涂挂性；加热"失蜡"时，膨胀性较小，以及在型壳内残留物要少等。

（4）SLA 材料的应用现状　SLA 技术的常用原材料为液体热固性光敏树脂，树脂种类的多样化是研究的问题之一。大多数树脂从液态变成固态会发生收缩，其结果是引起内部残余应力并发生应变变形，为此应研制具有较小收缩率的树脂材料。光敏树脂硬化后应该具备所要求的力学性能，这些性能依赖于应用的场合，诸如颜色、结构、导电性、易燃性、耐腐蚀性和柔性等特性都是应该考虑的内容。如何降低光敏树脂的成本也是突出的问题，目前，材料的价格昂贵，达到每千克几百美元。

激光诱导光敏树脂聚合过程的机理研究是提高快速成形精度和聚合材料性能的必要步骤。目前其硬化的机理还不十分清楚，这是因为材料特性如光学特性、化学特性和力学特性的相互作用，使过程现象复杂化。通过进一步探讨，不仅从实验研究中而且在理论分析上解决了这些问题。Lightman 等人研究出一种高温光敏聚合物，它是通过加入刚性、棒状的液晶单体单元改变光敏树脂的分子结构，这种液晶单元有高的玻璃化温度，而且可以形成液晶序列结构，液晶单元交联后能使树脂的玻璃化温度超过 200℃，并且还能控制最终产品的各向异性的力学性能。

液体热固性光敏树脂较广泛地用于为产品和模型的 CAD 设计提供样件和试验模型等，也可以通过加入其他成分用 SLA 原型模代替熔模精密铸造中用的蜡模来间接生产金属零件，还可以像石蜡铸造中的蜡模那样，以熔模铸造方式生产出各种金属零件。日本已研制出一种基于 SLA 工艺的微型桌面制造系统和特殊的光固化树脂材料。用光斑尺寸 $5\mu m$ 的紫外光取代激光光源，制成了多种微型零件的原型。其中有一种微型弹簧直径仅 $50\mu m$，长 $250\mu m$。另一种管状单向阀，其内径 $80\mu m$，定位精度在 X、Y 方向为 $0.25\mu m$，Z 方向为 $1\mu m$，最小成形单元尺寸仅为 $5\mu m \times 5\mu m \times 3\mu m$。将液体从其一端出口处注入时，管内的阀芯能自动关闭。美国已用紫外光照射固化树脂基体的方法制备了短纤维和连续纤维增强的复合材料，但目前所制得的这种复合材料的纤维体积百分含量极低，远未达到结构复合材料的最低要求。

SLA 技术成形速率较快，精度较高，制作细、薄零件优势突出，由于使用的为液体原材料，制作中空结构的制件有独到的优点，但由于树脂固化过程中产生收缩，不可避免地会使模型材料内部产生应力或引起模型变形，而且 SLA 激光器和材料价格昂贵、寿命短、运行费用高，所以开发收缩系数小、固化速率快、强度高、价格低廉的光敏树脂材料是其发展趋势。

9.4.2.2　LOM 材料

（1）LOM 材料种类　薄材叠层快速成形（LOM）是在基体薄片材料单面涂覆热熔性黏结剂，LOM 原型一般由薄片材料和黏结剂两部分组成，薄片材料根据对原型性能要求的不同可分为：纸片材、金属片材、陶瓷片材、塑料薄膜和复合材料片材。用于 LOM 纸基的热熔性黏结剂按基体树脂类型分，主要有乙烯-醋酸乙烯酯共聚物型热熔胶、聚酯类热熔胶、尼龙类热熔胶或其混合物。

目前 LOM 基体薄片材料主要是纸材。这种纸由纸质基底和涂覆的黏结剂、改性添加剂组成，它的成本较低，基底在切割成形过程中始终为固态，没有状态变化，因此翘曲变形小，最适合于中、大型零件的成形。表 9-3 为 KINERGY 公司生产的纸材，它采用了熔化温度较高的黏结剂和特殊的改性添加剂，用这种材料成形的制件坚如硬木（制件水平面上的硬度为 18HRR，垂直面上的硬度为 100HRR），表面光滑，有的材料能在 200℃ 下工作，制件的最小壁厚可达 0.3～0.5mm，成形过程中只有很小的翘曲变形，即使间断地进行成形也不会出现不黏结的裂缝，成形后工件与废料易分离，经表面涂覆处理后不吸水，有良好的稳定性。

表 9-3　KINERGY 公司生产的纸基卷材

性　能	型　号		
	K-01	K-02	K-03
宽度/mm	300～900	300～900	300～900
厚度/mm	0.12	0.11	0.09
黏结温度/℃	210	250	250
成形后的颜色	浅灰	浅黄	黑
成形过程翘曲变形	很小	稍大	小
成形件表面硬度	高	较高	很高
成形件耐温性	好	好	很好（＞200℃）
成形件表面抛光性	好	好	很好
成形件表面光亮度	好	很好（类似塑料）	好
成形件弹性	一般	好（类似塑料）	一般
废料分离性	好	好	好
价格	较低	较低	较高

（2）LOM 对黏结剂性能的基本要求　在 LOM 成形过程中，通过热压装置的作用使得材料逐层粘接在一起，形成所需的制件。材料品质的优劣主要表现为成形件的粘接性能、强度、硬度、可剥离性、防潮性能等。对于基体薄片材料要求厚薄均匀、力学性能良好并与黏结剂有较好的涂挂性和粘接能力。用于 LOM 的黏结剂通常为加有某些特殊添加组分的热熔胶，它的性能要求是：

① 良好的热熔冷固性能（室温下固化）；

② 在反复"熔融-固化"条件下其物理化学性能稳定；

③ 熔融状态下与薄片材料有较好的涂挂性和涂匀性；

④ 足够的粘接强度；

⑤ 良好的废料分离性能。

（3）LOM 成形件的主要应用　LOM 原型的用途不同，对薄片材料及其黏结剂的要求也不同，LOM 成形件主要用于以下方面。

① 直接制作纸质功能制件，用作新产品开发中工业造型的外观评价、结构设计验证。

② 利用材料的粘接性能，既可制作尺寸较大的制件，也可制作复杂薄壁件。

③ 通过真空注塑机制造硅橡胶模具，试制少量新产品。

④ 快速制模：

a. 采用薄材叠层制件与转移涂料技术制作铸件和铸造用金属模具；

b. 采用薄材叠层方法制作铸造用消失模；

c. 制造石蜡件的蜡模、熔模精密铸造中的消失模（用环氧树脂和金属粉末制作出铸造用石蜡铸型的模具，这种模具能够承受 60℃ 以上的温度，适于批量加工石蜡模型）。

当 LOM 原型用作功能构件或代替木模时，满足一般性能要求即可。如当 LOM 原型作为消失模，进行精密熔模铸造，要求高温灼烧时 LOM 原型的发气速率较小，发气量及残留灰分较少等。而用 LOM 原型直接作模具时，还要求片层材料和黏结剂具有一定的导热和导电性能。

（4）LOM 材料的应用现状　LOM 技术常用原材料是纸、金属箔、塑料薄膜、陶瓷膜等，除了可以制造模具、模型外，还可以直接制造结构件或功能件。A. Donald Klosterma 等应用此技术制作了陶瓷件及陶瓷基复合材料。在制备陶瓷件时，首先采用标准的流延工艺制备出 $1000mm \times 200mm \times 0.15mm$ 或 $1000mm \times 200mm \times 0.3mm$ 的 SiC、AlN 陶瓷膜，在切割后进行边界磨光，再采用热锻压力实现层间结合。在制备陶瓷基复合材料时，为使增强体（晶须或纤维）分布均匀，采用单相基体膜与增强体/树脂预制膜交替叠加。E. Alair Griffin 和 Curtis Griffin 等也用 LOM 技术制备了 Al_2O_3、$Ce-ZrO_2$ 和 $Ce-ZrO_2$（$Al_2O_3/Ce-ZrO_2$）复合陶瓷件。结果表明，LOM 成形件的性能与干压法相当，但其制造效率高，并有利于制备几何形状复杂的结构件。美国休斯公司已将 LOM 技术用于研制导弹零部件、喷气式战斗机的雷达零件和红外瞄准系统零件等。近年来，又有人采用这种方法进行以预浸料为原料制造聚合物基复合材料的研究。

LOM 技术成形速率快，制造成本低，成形时无需特意设计支撑，材料价格也较低。但薄壁件、细柱状件的废料剥离比较困难，而且由于材料薄膜厚度有限制，未经处理的表面不光洁，需要进行再处理，后处理时需要熟练的操作人员。

9.4.2.3　SLS 材料

选择性激光烧结成形（SLS）中使用的是微米级粉末材料。成形时，在事先设定的预热温度下，先在工作台上用辊筒铺一层粉末材料，然后激光束在计算机的控制下按照截面轮廓的信息对制件的实心部分所在的粉末进行扫描，使粉末的温度升至熔化点，粉末颗粒交界处熔融，粉末相互粘接，逐步得到各层轮廓。在非烧结区的粉末仍呈松散状，作为工件和下一层粉末的支撑。

（1）SLS 对材料性能的基本要求　激光烧结成形过程采用红外波段的激光源，根据零件截面的几何形状逐层扫描粉体材料，使粉体颗粒受热、熔融，彼此粘接形成三维实体。激光对材料的作用本质上是一种热作用。

理论上讲，所有受热后能相互粘接的粉末材料或表面覆有热塑（固）性黏结剂的粉末都能用作 SLS 材料。但要真正适合 SLS 烧结，要求粉末材料有良好的热塑（固）性和一定的导热性，粉末经激光束烧结后要有足够的粘接强度；粉末材料的粒度不宜过大，否则会降低成形件质量；而且 SLS 材料还应有较窄的"软化-固化"温度范围，该温度范围较大时，制件的精度会受影响。国内外已研制成功并投入应用的成形材料有蜡、高分子材料（尼龙、聚碳酸酯、聚苯乙烯、ABS 等）、陶瓷、金属及其与高分子材料的复合物等。

大体来讲，激光烧结快速成形工艺对成形材料的基本要求是：

① 具有良好的烧结成形性能，即无需特殊工艺即可快速精确地成形原型；

② 对于直接用作功能零件或模具的原型，其力学性能和物理性能（强度、刚性、热稳定性、导热性及加工性能）要满足使用要求；

③ 当原型间接使用时，要有利于快速、方便的后续处理和加工工序，即与后续工艺的接口性要好。

（2）SLS 材料的种类及其特性　SLS 材料均为粉末材料，它来源较为广泛，原则上讲所有受热能相互粘接的粉末材料或表面覆有热固（塑）性黏结剂的粉末都能用作 SLS 材料。

目前用于 SLS 技术的材料主要有如下几种。

① 高分子粉末材料。在高分子粉末材料中，经常使用的材料包括聚碳酸酯（PC）、聚苯乙烯粉（PS）、ABS、尼龙（PA）、尼龙与玻璃微球的混合物、蜡粉等。应用于精密铸造金属零件材料时，使用的高分子基体材料要求在中、低温易于流动或者易于热分散。已商品化的SLS 高分子粉末材料有：a. DuraForm PA（尼龙粉末，美国 DTM 公司生产），其热稳定性、化学稳定性优良；b. DuraForm GF（添加玻璃珠的尼龙粉末，美国 DTM 公司生产），其热稳定性、化学稳定性优良，尺寸精度很高；c. Polycarbonate（聚碳酸酯粉末，美国 DTM 公司生产），其热稳定性良好，可用于精密铸造；d. CastForm（聚苯乙烯粉末，美国 DTM 公司生产），需要用铸造蜡处理，以提高制件的强度和表面粗糙度，完全与失蜡铸造工艺兼容；e. Somos 201（弹性体高分子粉末，DSM Somos），其类似橡胶产品，具有很高柔性。

② 金属粉末材料。金属基合成材料的硬度高，有较高的工作温度，可用于复制高温模具。常用的金属基合成材料是由以下几种材料组合而成的。a. 金属粉，使用的金属粉末主要是不锈钢粉末、还原铁粉、铜粉、锌粉、铝粉等；b. 黏结剂，主要是高分子材料，一般多为有机玻璃粉（PMMA）、聚甲基丙烯酸丁酯（PBMA）、环氧树脂和其他易于热降解的高分子共聚物。金属粉末材料分直接成形金属粉末材料和间接成形金属粉末材料。已商品化的间接成形金属粉末材料如下：a. LaserForm ST-100（包裹高分子材料的不锈钢粉末，美国 DTM 公司生产）；b. RapidSteel2.0（包裹高分子材料的金属粉末，美国 DTM 公司生产）；c. Copper Polyamide（铜/尼龙复合粉末）。已商品化的直接成形金属粉末材料为德国 EOS 的 DirectSteel 20-V1（混合有其他金属粉末的钢粉末）。

③ 陶瓷粉末材料。与金属基合成材料相比，陶瓷粉末材料有更高的硬度和更高的工作温度，也可用于复制高温模具。由于陶瓷粉末的熔点很高，所以在采用 SLS 方法烧结陶瓷粉末时，在陶瓷粉末中加入低熔点的黏结剂。激光烧结时首先将黏结剂熔化，然后通过熔化的黏结剂将陶瓷粉末粘接起来而成形，最后通过后处理来提高陶瓷零件的性能。目前常用的陶瓷粉末有 Al_2O_3、SiC、ZrO_2 等，其黏结剂有三种：无机黏结剂、有机黏结剂和金属黏结剂。

④ 覆膜砂粉末材料。应用于 SLS 技术的覆膜砂表面都涂覆有黏结剂，用得较多的为低分子量酚醛树脂。已商品化的覆膜砂粉末材料如下：a. SandForm Si（高分子裹覆的石英砂粉末，美国 DTM 公司生产）；b. SandFormZR Ⅱ（高分子裹覆的锆石粉末，美国 DTM 公司生产）；c. EOSINT-S700（高分子覆膜砂，德国 EOS）。覆膜砂主要用于制作精度要求不高的原型件。

SLS 材料要有良好的热固（熔）性、一定的导热性，粉末经激光烧结后要有足够的粘接强度，粉末材料的粒度不宜过大，其粒径一般要求小于 0.05～0.15mm，否则会降低原型的成形精度。当用覆膜砂或覆膜陶瓷粉制作铸造型芯时，还要求材料有较小的发气性和与涂料良好的涂挂性等，以利于浇注合格的铸件。

9.4.3　激光快速成形材料研究发展的趋势

激光快速成形技术发展到今天，原型制造技术已趋于完善和成熟，各种新的成形工艺不断出现，目前研究和开发的重心已从快速原型（RP）制造向快速模具（RT）制造及金属零件的快速制造方向转移，其关键是新材料、新工艺的研究开发、制件精度的进一步提高以及由快速原型向金属模具及零件的转化问题。所以改进完善现有各种快速成形材料的性能、开发出新的成形工艺及后处理工艺适应的材料是下一步工作的重点。归纳起来，目前激光快速成形材料的研究发展趋势有以下几个方面。

（1）激光快速成形材料的研究和生产正在向专业化、多样化方向发展。许多材料专业公司加入到成形材料的研究开发当中，开发了许多适应于快速模具（RT）制造及金属零部件制造的系列化成形材料，极大地推动了快速成形技术的发展。

（2）国内激光快速成形材料的开发和生产正向商品化，系列化方向发展。国内目前尚无专门的快速成形材料制造商和销售商，各快速成形技术的研究单位开发的材料品种比较单一，工艺适应性较差，不便于推广使用。随着激光快速成形技术在我国的不断发展，各种成形材料的商品化、系列化是必然的趋势。

（3）进一步提高和完善各种成形材料的性能，开发高性能、低成本、低污染的材料。如目前的 SLA 用光敏树脂，大都已由环氧系列取代了原来的丙烯酸酯系列。

随着各种激光快速成形新工艺的出现，新材料的研究必须同步进行。不同的激光快速成形工艺要求使用不同的成形材料。快速原型的用途和要求不同，也要求开发不同类型的成形材料，如功能梯度材料、生物活性材料、金属树脂复合材料等。因此，新材料的开发与新工艺的出现是相辅相成的。

9.5　激光快速成形技术的应用

9.5.1　激光快速成形技术在原型制造中的应用

原型在新产品开发过程中的价值是无可估量的。通过原型，设计者可以很快地评估一次设计的可行性并充分表达其构想。快速成形可以很方便地生产和更改原型，使设计评估及更改很短的时间内完成。新产品的开发总是从外形设计开始的，外观是否美观、实用往往决定了该产品是否能够被市场接受。快速成形制造技术能够迅速地将设计师的设计思想变成三维的实体模型，既可省省大量的时间，又能精确地体现设计师的设计理念，为产品评审决策工作提供直接、准确的模型。

应用快速成形制造系统制作出的样品可以进行设计验证、配合评价和功能测试；可以直接作性能和功能参数试验与相应的研究。如图 9-15 所示为某公司为某摩托车厂制作的 250 型双缸摩托车汽缸盖。这是一款新设计的发动机，用户需要 10 件样品进行发动机的模拟实验。该零件具有复杂的内部结构，传统机加工无法加工，只能采用铸造成形。整个铸造过程需要五个月的时间。这对于小批量的样品制作无论在时间上还是成本上都是难以接受的。该公

图 9-15　双缸摩托车汽缸盖样件

司采用选区激光烧结技术，以精铸熔模材料为成形材料，在 AFS 成形机上仅用 5 天即加工出该零件的 10 件铸造熔模，再经熔模铸造工艺，10 天后得到了铸造毛坯。经过必要的机加工，30 天即完成了此款发动机的试制，用于功能检测。

9.5.2　激光快速成形技术在模具制造中的应用

采用模具生产零件已成为当代工业生产的重要手段和工艺发展方向，然而模具的设计与制造是一个多环节、多反复的复杂过程。传统的模具制造大都是依据模样（母模）采用复制方式（如铸造、喷涂、电铸、复合材料浇注等）来制造模具的主要工作零件（凸凹模或模膛、模芯）。由于在实际制造和检测前，很难保证产品在成形过程中每一个阶段的性能，所以长期以来模具设计都是凭经验或者是使用传统的 CAD 进行的。要设计和制造出一副适用的模具往往需要经过由设计、制造、试模和修模的多次反复，导致模具制造的周期长、成本高，甚至可能造成模具的报废，难以适应快速增长的市场需求。自进入 20 世纪 90 年代，随着规模经济概念的建立和发展，以及人们审美观的不断提高，人们对产品质量和开发阶段样品质量的概念已发生很大的变化，传统模具市场呈现逐步萎缩的态势，受到严重挑战。

应用快速成形方法快速制作模具的技术称为快速模具制造技术。快速成形制造技术的出现，为快速模具制造技术的发展创造了条件。快速模具制造是从产品设计迅速形成高效率、低成本批量生产的必经途径，是 RP & M 技术进一步发展并取得更大经济实效所面临的关键课题。它是一种快捷、方便、实用的模具制造技术，是随着工业化生产的发展而产生的，一直受到产品开发商和模具界的广泛重视。关于快速模具制造的研究正如火如荼，新的技术成果不断涌现，呈现出生机勃勃的发展趋势，有着强大的生命力。基于 LRP 技术的快速模具制造由于技术集成度高，从 CAD 数据到物理实体转换过程快，因而与传统的数控加工方法相比，快速制模技术的显著特点：制模周期短（比如，加工一件模具的制造周期仅为前者的 $1/3 \sim 1/10$，如表 9-4 所示，生产成本也仅为前者的 $1/3 \sim 1/5$。），质量好，易于推广，制模成本低，精度和寿命能满足某种特定的功能需要，综合经济效益良好，特别适用于新产品开发试制、工艺验证和功能验证。快速成形制造技术不仅能适应各种生产类型特别是单件小批量的模具生产，而且能适应各种复杂程度的模具制造，它既能制造塑料模具，也能制造压模等金属模具。因此，快速成形一问世，就迅速应用于模具制造上。

表 9-4　LRP 技术制作模具与传统机加工制模的比较

制作方法	制作成本/美元	制作周期/周	模具寿命/件
硅橡胶浇注法	5	2	30
金属树脂浇注法	9	45	300
电弧热喷涂法	25	6～7	1000
镍蒸发沉积法	30	6～7	5000
传统机加工制模法	60	16～18	250000

快速成形模具制造可分为直接制模和间接制模。

9.5.2.1　直接制模

直接制模是用 SLA、LOM、SLS 等激光快速成形方法直接制造出树脂模、陶瓷模和金属模等模具，其优点是制模工艺简单、精度较高、工期短；缺点是单件模具成本较高，适用于样机、样件试制。

（1）SLA 工艺直接制模　利用 SLA 工艺制造的树脂件韧性较好，可作为小批量塑料零件的制造模具。这项技术已在实际生产中得到应用。

SLA 工艺制模的特点是：

① 可以直接得到塑料模具；

② 模具的表面粗糙度低，尺寸精度高；

③ 适于小型模具的生产；

④ 模型易发生翘曲，在成形过程中需设计支撑结构，尺寸精度不易保证；

⑤ 成形时间长，往往需要二次固化；

⑥ 紫外激光管寿命为 2000h，运行成本较高；

⑦ 材料有污染，对皮肤有损害。

（2）LOM 工艺直接制模　采用特殊的纸质，利用 LOM 工艺方法可直接制造出纸质模具。LOM 模具有与普通木模同等水平的强度，甚至有更优的耐磨能力，可与普通木模一样进行钻孔等机械加工，也可以进行刮腻子等修饰加工。其硬度、强度数据列于表 9-5 中。因此，以此代替木模，不仅仅适用于单件铸造生产，而且也适用于小批量铸造生产。此外，因具有优越的强度和造型精度，还可以用作大型木模。例如，大型卡车驱动机构外壳零件的铸模。

表 9-5　模型肖氏硬度比较（5 次平均）及强度比较

试　　料	硬度/HS	强度/MPa
LOM 模型垂直于纸面	45	66
LOM 模型平行于纸面	17	—
铝模	40	—
杉木模	30	—
柳木模	25	—
光造型树脂	—	3.0～60

LOM 工艺制模的特点是：

① 模具翘曲变形小，成形过程无需设计和制作支撑结构；

② 有较高的强度和良好的力学性能，能耐 200℃ 的高温；

③ 适用于制作大中型模具；

④ 薄壁件的抗拉强度和弹性不够好；

⑤ 材料利用率低；

⑥ 后续打磨处理时耗时费力，导致模具制作周期增加，成本提高。

目前，美国 Helisys 公司、日本 Kira 公司和新加坡的 Kinergy 公司都在努力开发这项技术。如果采用金属箔作为成形材料，LOM 工艺可以直接制造出铸造用的 EPS 消失模，批量生产金属铸件。东京技术研究所用金属板材叠层制造金属模具的系统已经问世，还有可用于三维打印的金属材料 ProMetal 和 RTS-300 等。

（3）SLS 工艺直接制模　SLS 工艺可以采用树脂、陶瓷和金属粉等多种材料直接制造模具和铸件，这也是 SLS 技术的一大优势。美国 DTM 公司提供了较宽的材料选择范围，其中 Nylon 和 Tureform 两种成型材料可以被用来制造树脂模。采用上述两种材料经 SLS 工艺制作成模具后，组合在注射模的模座上，用于实际的注射成形。

利用高功率激光（1000W 以上）对金属粉末进行扫描烧结，逐层叠加成形，成形件经过表面处理（打磨、精加工）即完成模具制作，制作的模具可作为压铸型、锻模使用。DMT 公司开发了一种在钢粉外表面包裹薄膜层聚酯的 RapidSteel2.0 快速成形烧结材料，其金属粉末已由碳钢改变为不锈钢，所渗的合金由黄铜变为青铜，并且不像原来那样需要中间渗液态聚合物，其加工过程几乎缩短了一半。经 SLS 工艺快速烧结成形后可直接制作金属模具。Optomec 公司于 1998 年和 1999 年分别推出了 LENS-50、LENS-1500 机型，以钢合金、铁镍合金、钛镍合金和镍铝合金为原料，采用激光技术，将金属熔化沉积成形，其生产的金属模具强度可达到传统方法生产的金属零件强度，精度在 X-Y 平面可达 0.13mm，Z 方向可达 0.4mm，但表面粗糙度高，相当于砂型铸件的表面粗糙度，在使用前需进行精加工。

混合金属粉末激光烧结成形技术是另一个研究热点。所用的成形粉末为两种或两种以上的金属粉末混合体，其中一种熔点较低，起黏结剂的作用。德国 Electrolux RP 公司的 Eosint M 系统利用不同熔点的几种金属粉末，通过 SLS 工艺制作金属模具，由于各种金属收缩量不一致，故能相互补偿其体积变化，使制品的总收缩量<0.1%，而且烧结时不需要特殊气体环境，其粉末颗粒度在 50～100μm 之间。比利时的 Schueren 等人选用 Fe-Sn、Fe-Cu 混合粉末，美国 Ausin 大学的 Agarwala 等人选用 Cu-Sn、Ni-Sn 混合粉末，Bourell 等人选用 Cu-70Pb-30Sn 粉末材料，利用低功率激光快速成形机对混合粉末进行激光烧结即可直接制作金属模具，用于大批量的塑料零件和蜡模生产。

SLS 工艺制模的特点：

① 制件的强度高，在成形过程中无需设计、制作支撑结构；
② 能直接成型塑料、陶瓷和金属制件；
③ 材料利用率高；
④ 适合中、小型模具的制作；
⑤ 成形件结构疏松、多孔，且有内应力，制件易变形；
⑥ 制成陶瓷、金属制件的后处理较难，难以保证制件的尺寸精度；
⑦ 在成形过程中，需对整个截面进行扫描，所以成形时间较长。

几乎所有的快速成形技术制作的原型都可以作为熔模铸造的消失模，主要激光快速成形技术用于铸造模的优缺点对比见表 9-6。

表 9-6　主要激光快速成形技术用于铸造模的优缺点对比

方　　法	SLA	LOM	SLS
材料	丙烯酸	纸	丙烯酸、聚碳酸酯
熔模铸造适应性	中等/好	好	好
铸造方法	作砂型/型壳	作砂型/型壳	作砂型/型壳
烧熔前膨胀性	高	低	高/中等
烧熔时间	中等/快	慢	慢/快
烧熔后残留物	低	高	中等/低
铸件表面粗糙度	低	一般	低/一般

由于各种成形技术所采用的材料不同，所以各种快速成形件的性能也各具特色。有的快速成形件适合用作熔模铸造的消失模，而有的快速成形件则由于材料的缘故不适于作消失模。如用 LOM 法制作的制件，因其在烧熔后残留物较高而影响产品表面质量，但是由于其具有良好的力学性能，所以可以直接作塑料、蜂蜡和低温合金的注塑模。

所以在选择制模方法时，应该综合考虑各种制模方法的优缺点和制件的最终用途来决定选用哪一种直接制模法。

9.5.2.2　间接制模

间接制模法是指利用快速成形技术首先制作模芯，然后用此模芯复制硬模具（如铸造模具），或者采用金属喷涂法获得轮廓形状，或者制作母模具复制软模具等。对由快速成形技术得到的原型表面进行特殊处理后代替木模，直接制造石膏型或陶瓷型，或是由原型经硅橡胶过渡转换得到石膏型或陶瓷型，再由石膏型或陶瓷型浇注出金属模具。间接制模法能生产出表面质量、尺寸精度和力学性能较高的金属模具，国内外这方面的研究非常活跃。

随着原型制造精度的提高，各种间接制模工艺已基本成熟，其方法则根据零件生产批量大小而不同。常用的有：硅胶模（批量 50 件以下）、环氧树脂模（数百件以下）、金属冷喷涂模（3000 件以下）、快速制作 EDM 电极加工钢模（5000 件以上）等。

依据材质不同，间接制模法生产出来的模具一般分为软质模具和硬质模具两大类。

（1）软质模具　软质模具因其所使用的软质材料（如硅橡胶、环氧树脂、低熔点合金、锌合金、铝等）有别于传统的钢质材料而得名，由于其制造成本低和制作周期短，因而在新产品开发过程中作为产品功能检测和投入市场试运行以及国防、航空等领域单件、小批量产品的生产方面受到高度重视，尤其适合于批量小、品种多、改型快的现代制造模式。目前提出的软质模具制造方法主要有树脂浇注法、金属喷涂法、电铸法、硅橡胶浇注法等。

① 硅橡胶模。硅橡胶模以原型为样件，采用硫化的有机硅胶浇注制作硅橡胶模具，即软模。由于硅橡胶有良好的柔性和弹性，对于结构复杂、花纹精细、无拔模斜度或具有倒拔模斜度及具有深凹槽的模具来说，制件浇注完成后均可直接取出，这是相对于其他材料制造模具的独特之处。

硅橡胶模的优点如下。

a. 过程简单，不需要高压注射机等专用设备，制作周期短。

b. 成本低，材料选择范围较广。适宜于蜡、树脂、石膏等浇注成形，广泛应用于精铸蜡模的制作、艺术品的仿制和生产样件的制作。

c. 弹性好，工件易于脱模，复印性能好。

d. 能在室温下浇注高性能的聚氨酯塑料件，特别适合新产品的试制。

硅橡胶模的主要缺点是制模速率慢。硅胶一般需要 24h 才能固化，为缩短这个时间，可以预加热原材料，将时间缩短一半。聚氨酯的固化通常也需要 20h 左右，采用预加热方法也只能缩短至 4h 左右，也就是说白天只能作 2～4 个零件。反注射模（RIM）就是针对硅胶模的缺点设计的。它采用自动化混合快速凝固材料的方法，用单一模具每天能造 20～40 件，若用多模具，产量还可大大提高。

② 环氧树脂模。硅橡胶模具仅仅适用于较少数量制品的生产，如果制品数量增大时，则可用快速成形翻制环氧树脂模具。它是将液态的环氧树脂与有机或无机材料复合为基体材料，以原型为母模浇注模具的一种制模方法，也称桥模制作方法。

当凹模制造完成后，倒置，同样需要在原型表面及分型面上均匀涂脱模剂及胶衣树脂，分开模具。在常温下浇注的模具，一般 1～2 天基本固化定型，即能分模。取出原型，修模。刷脱模剂、胶衣树脂的目的是为防止模具表面受摩擦、碰撞、大气老化和介质腐蚀等，使其在实际使用中安全可靠。采用环氧树脂浇注法制作模具工艺简单、周期短、成本低廉、树脂型模具传热性能好、强度高且型面不需加工。环氧树脂模具寿命不及钢模，但比硅胶模寿命长，可达1000～5000 件，可满足中小批量生产的需要，适用于注塑模、薄板拉伸模、吸塑模及聚氨酯发泡成形模等。瑞士的 Ciba 精细化工公司开发了树脂模具系列材料 Cibatool。

③ 金属树脂模。金属树脂模实际生产中是用环氧树脂加金属粉（铁粉或铝粉）作为填充材料，也有的加水泥、石膏或加强纤维作填料。这种简易模具也是利用了 LRP 原型翻制而成，强度或耐温性比高温硅橡胶更好。国内最成功的例子是一汽模具制造有限公司设计制造了 12 套模具用于红旗轿车的改型试制。该套模具采用瑞士汽巴公司的高强度树脂浇注成形，凹凸间隙大小采用进口专用蜡片准确控制。该模具尺寸精度高，制造周期可缩短 1/2～2/3，12 套模具的制造费用共节省 1000 万元人民币，这种树脂冲压模具技术为我国新型轿车的试制和小批量生产开辟了一条新的途径。

④ 金属喷涂模。金属喷涂法是以 LRP & M 原件作基体样模，将低熔点金属或合金喷涂到样模表面上形成金属薄壳，然后背衬填充复合材料而快速制模的方法。金属喷涂法工艺简单、周期短、型腔和表面精细花纹可一次同时成形，耐磨性好，尺寸精度高。在制作过程中需要注意解决好涂层与原型表面的贴合和脱离间隙。金属喷涂制模具技术的应用领域非常广泛，包括注射模（塑料或蜡）、吹塑模、旋转模、塑模、反应注射模（RIM）、吸塑模、浇注模等。金属喷涂模极其适用于低压成形过程，如反应注塑、吹塑、浇塑等。如用于聚氨酯制品生产时，件数能达到 10 万件以上。用金属喷涂模已生产出了尼龙、ABS、PVC 等塑料的注塑件。模具寿命视注射压力不同从几十到几千件不等，这对于小批量塑料件是一个极为经济有效的生产方法。

⑤ 电铸制模法。电铸制模法的原理和过程与金属喷涂法比较类似。它是采用电化学原理，通过电解液使金属沉积在原型表面，背衬其他填充材料来制作模具的方法。电铸法首先将零件的三维 CAD 模型转化成负型模型，并用快速成形方法制造负型模型，经过导电处理后，放在铜电镀液中沉积一定厚度的铜金属（48h，1mm）。取出后用环氧树脂或锡填充铜壳层的底部，并连接固定一根导电铜棒，即完成 Cu 电极的制备。一般从 CAD 设计到完成 Cu 电极的制作需要 1 周时间。电铸法制作的模具复制性好且尺寸精度高，适合于精度要求较高、形态均匀一致和形状花纹不规则的型腔模具，如人物造型模具、儿童玩具和鞋模等。

（2）硬质模具　软质模具生产制品的数量一般为 50～5000 件，对于上万件乃至几十万件的产品，仍然需要传统的钢质模具，硬质模具指的就是钢质模具，利用 RPM 原型制作钢质模具的主要方法有熔模精密铸造法、陶瓷型精密铸造法、电火花加工法等。

① 熔模精密铸造法。在批量生产金属模具时可采用此法。先利用 RP 原型或根据原型翻制的硅橡胶、金属树脂复合材料或聚氨酯制成蜡模或树脂模的压型，然后利用该压型批量制造蜡模和树脂模消失模，再结合熔模精铸工艺制成钢模具，另外在复杂模具单件生产时，也可直接利用 LRP 原型代替蜡模或树脂消失模直接制造金属模具。

a. 制作单件钢型腔。用快速成形系统制作原型母模，将母模浸入陶瓷浆料，形成模壳；然后在炉中固化模壳，烧去母模；之后在炉中预热模壳并在模壳中浇注钢或铁制成金属型腔，并进行型腔表面抛光处理，然后加入浇注系统和冷却系统等形成批量生产用注塑模。

b. 制作小批量钢型腔。用快速成形方法制作原型母模。用金属表面喷镀或用铝基复合材料、硅橡胶、环氧树脂、聚氨酯浇注法，制成蜡模的压型。然后可以利用压型小批量制造蜡模，再结合传统熔模铸造工艺生产钢、铁型腔。最后对型腔进行表面抛光，加入浇注系统和冷却系统等，制得批量生产用注塑模。其中蜡模的压型可重复使用，从而制造多件钢或铁型腔。它的优点在于可以利用原型制造形状非常复杂的金属型腔。

② 陶瓷型精密铸造法。在单件生产或小批量生产钢模时可采用此法。其基本原理是以快速成形系统制作的模型，用特制的陶瓷浆料制成陶瓷铸型，然后利用铸造方法制作硬质模具。

其制造工艺过程为：制造 RP 原型母模→浸挂陶瓷浆→在焙烧炉中固化模壳→烧去母模→预热模壳→浇铸钢（铁）型腔→抛光→加入浇注、冷却系统→制成生产注塑模。

a. 用化学粘接陶瓷浇注陶瓷型腔。用快速成形技术制作塑料原型，然后浇注硅橡胶、环氧树脂、聚氨酯等材料，制成软模。移去原型，在软模中浇注化学粘接陶瓷（CBC，陶瓷基复合材料）形成型腔，之后在 205℃ 以下固化 CBC 型腔并抛光型腔表面，加入浇注系统和冷却系统后便制得小批量生产用注塑模。

b. 用陶瓷或石膏型浇注钢型腔。利用快速成形系统制作母模的原型，浇注硅橡胶、环氧树脂、聚氨酯等材料，制成软模。然后移去母模，在软模中浇注陶瓷或石膏，结合铸造技术制成钢型腔。最后对型腔表面抛光后加入浇注系统和冷却系统等便得到批量生产用注塑模。

c. 用覆膜陶瓷粉直接制造钢型腔。SLS 技术以覆膜陶瓷粉为原料，通过激光烧结成形，可以将壳型的三维 CAD 模型直接制出陶瓷壳型，再配以冒口浇注系统进行精密铸造，制成钢型腔。这种方法最为直接，但每次只能制造一个型腔，生产率较低。

另外一种方法是用 SIA、LOM 或 SLS 等快速成形工艺制造出母体的树脂或木质原型，并在原型表面直接涂挂陶瓷浆料制出陶瓷壳型，焙烧后用工具钢作为浇注材质进行铸造，即可得到模具的型芯和型腔。该方法制作周期不超过 4 周，制造的模具可生产 25000 个塑料产品。

③ 用化学粘接钢粉浇注型腔。用快速成形系统制作纸质或树脂的母模原型，然后浇注硅橡胶、环氧树脂、聚氨酯等软材料，构成软模。移去母模，在软模中浇注化学粘接钢粉的型腔，之后在炉中烧去型腔用材料中的黏结剂并烧结钢粉，随后在型腔内渗铜，抛光型腔表面，加入浇注系统和冷却系统等就可批量生产注塑模。

④ 砂型铸造法。使用专用覆膜砂，利用 SLS 成形技术可以直接制造砂型（芯），通过浇注可得到形状复杂的金属模具。美国 DTM 公司新近开发的材料 SolildForm Zr 是一种覆有树脂黏结剂的锆砂，用该种材料制成的原型在 100℃ 的烘箱中保温 2h 进行硬化后，可以直接用作铸造砂型。

⑤ 电火花加工法。用电火花（EDM）技术加工模具正成为一种常规的方法，但是电火花电极的加工往往又成为"瓶颈"过程。电火花加工法是利用 RPM 原型制作 EDM 电极，然后利用电火花加工制作钢模，其制作过程一般为：RPM 原型→三维砂轮→石墨电极→钢模。

Keltool 方法是用来直接从母模制造模具的方法，该项技术原由美国 3M 公司开发，后转让给美国 Kehool 公司。到目前为止，Kehool 方法主要用来制造长寿命（数百万次）的注塑模和电火花加工（EDM）用的电极。制得的 Cu-EDM 电极的耐磨性要比石墨电极高 4～10 倍，但加工速率却下降近 1 倍。

Kelhool 方法与常规的机加工方法相比有三大优点。

a. 速率快，从母模到制成一套模具一般在 3 周内完成。由于快速自动成形能在数小时或几天内完成母模制作，与传统方法相比，整个模具制造过程可省数月时间。

b. 多套模具和一套模具一样容易制造，且重复性好。

c. 可以制造形状复杂、具有精细结构的模具。

这种方法的缺点是可制造的模具尺寸受限制，一般在 100mm×100mm×100mm，但精度随着尺寸增大而下降，在未引入快速成形机前母模制作是这种技术的瓶颈过程。

Kehool 方法主要采用金属基复合材料，一般由另外一种金属和铜粉组成。详细的技术细节属于 Kehool 公司的保密内容。但一般来说，制造过程包括首先用零件或模具的母模做一个负型，将金属复合粉填入这个负型中，然后在高温下烧结，再渗入熔化的铜填补空隙，这样就制得坚硬的高密度模具，一般还需经机加工后才能投入使用。

⑥ NCC 制模法。NCC 方法首先在 SLA 方法生成的快速原型上镀上一层厚 1～5mm 的镍，然后在镍质镀层上用化学反应凝固陶瓷材料，原型分离后得到最终模具。这种方法适于制作较大的工件，具有与 SLA 工艺同等的精度，制造的注塑模可以生产上万件产品。这种方法要解决电镀工序时间长和需处理废液污染的问题。目前 CEMCOM 公司和 PitneyBowes 公司、伊士曼柯达公司、福特汽车公司合作，正在继续完善该项技术，主要解决尺寸精度、易操作性和加工速率等问题。

（3）直接模具与间接制模的比较　直接快速模具制造指的是利用不同类型的快速成形技术直接制造出模具本身，然后进行一些必要的后处理和机加工以获得模具所要求的力学性能、尺寸精度和表面粗糙度。尽管直接快速模具制造具有其独特的优点，制造环节简单，能够较充分地发挥 RP 技术的优势，特别是与计算机技术密切结合，快速完成模具制造，但对于那些需要复杂形状的内流道冷却的模具与零件，采用直接 RT 技术有着其他方法不能替代的独特优势。但是，它在模具精度和性能控制方面比较困难，特殊的后处理设备与工艺使成本提高较大，模具的尺寸也受到较大的限制。与之相比，间接快速模具制造，通过快速成形技术与传统的模具翻制技术相结合制造模具，由于这些成熟的翻制技术的多样性，可以根据不同的应用要求，选择不同复杂程度和成本的工艺，一方面可以较好地控制模具的精度、表面质量、力学性能与使用寿命；另一方面也可以满足经济性的要求。因此，目前工业界多数使用间接快速模具制造技术。这类技术包括喷涂模具、中低熔点合金模具、表面沉积模具、电铸模、铝颗粒增强环氧树脂模具、硅胶模以及快速精密铸造模具等。

表 9-7 给出了几种激光快速制模方法的有关参数，从表中可以看出，间接制模法生产的模具表面质量和尺寸精度都较直接法高。在制作大型模具时，间接法较直接法具有更大的优势。

表 9-7 几种激光快速制模方法的有关参数

制模方法	开发单位	使用材料	尺寸规格	尺寸精度	表面粗糙	表面硬度
LENS	Sandia National Lab	304、316 不锈钢、铁镍合金、H13 工具钢、碳化物金属陶瓷等	小	0.5mm	略高于铸造精度	59.3HRC
RapidTool	DTM	低碳钢、铜	中、小	<0.25mm		75HRB
3DP	MIT	聚合物、金属或陶瓷粉末	中、小	0.5%、1%	与铸造精度相当	30HRB
NCC	CEMCOM	镍	中、小	±0.13mm	$0.1\mu m$	65HRB
Keltool	3D Systems	A6 工具钢、不锈钢、碳化钨等	中、小	±0.1%	—	热处理后 48～50HRC
RSP	Idaho National Engineering Lab	P20、H13、D2 工具钢	大、中	±0.1%～±0.2%	与 EDM 精度相当	时效处理后 61～64HRC
HRST	东京大学、华中理工大学	不锈钢、碳化物、合金等不限	大、中、小	0.04%	$0.2\mu m$	700HV

（4）快速模具技术的发展趋势　堆积金属（钢铁材料、非铁金属及其合金等）的难度决定了直接 LRT 技术在未来的五六年内无法在 LRT 领域中占据统治地位。这一期间内，主要还是间接 LRT 技术占统治地位。但是，随着大功率激光烧结、激光同轴送粉、三维焊接、均匀微滴喷射（UPS）以及其他激光净成形技术的完善，估计近 10 年内直接 LRT 技术将逐渐成为 LRT 技术的主流，直接 LRT 被许多专业人士看好还有如下三个原因：

① 模具公司都希望取消制造模具原型以及原型后处理的过程，以提高快速性；

② 通过原型转换将损失精度，使精度的补偿控制复杂化；

③ 间接 LRT 生产的模具寿命往往较低，这也是它在竞争中处于不利地位的一个原因。

直接 LRT 与间接 LRT 的竞争是 LRT 技术发展的内部驱动力，在这种驱动力推动下，将会涌现出更多的 LRT 技术与装备。目前约有 20 多种 LRT 技术，其中多数为间接 LRT，已经成功商业化的约占一半。在全球化市场经济和各种高新技术的迅猛发展形势下，快速经济模具被赋予了新的使命和全新的内涵，向着多品种、系列化迈进，不断有新的工艺创新和突破，与之配套的设备相继问世，服务领域在不断拓宽，创造的经济效益越来越显著。今后快速模具制造技术的发展趋势如下。

① 基于快速成形原理的直接制模法在表面及尺寸精度、力学性能等方面尚难以满足高精度、耐久模具制造的要求，且成本高、尺寸规格受限制。采用低成本且适于精细加工及多种材

料成形的成形能量，利用熔池效应将是提高直接制模法的实用性、材料适应性和表面精度的可能途径。

② 以快速成形和铸造、熔射等技术相结合的间接制模法与直接法相比实用化方面占有优势，但因工序增加和受材料性质和制造环境的影响，导致控制精度难度大。开发尺寸稳定性好的制模材料，实现制模过程的短流程化和工作环境的安定化是提高模具精度的有效方法。

9.5.3　激光快速成形技术在汽车行业中的应用

我国加入 WTO 后，随着汽车制造业保护年限的日益迫近，国内轿车生产企业要想赢得竞争，就要以市场为中心，以满足顾客需求为主线，以技术创新为驱动力，最快速地响应市场变化，并迅速赢得市场与用户。换句话说，企业就是必须以最短的产品开发时间、最优的产品质量、最低廉的制造成本和销售价格、最好的技术支持和全过程服务、最佳的环保效果以及最快速的市场适应性来生产适销对路的产品，即"TQCSEFP"，去进入市场，占领市场，进而领导市场。面对不可预测、瞬息多变的市场，企业的生产活动必须具有高度的敏捷性、动态性和柔性。

激光快速成形技术的出现和实施，为实现这一目标（TQCSEFP）提供了强有力的支持。利用激光快速成形技术，可以实现汽车的前后保险杠总成试制、主/副仪表板总成试制、内饰门板等结构样件/功能样件等试制、地毯热压成形样件等试制以及汽车车身设计与开发和汽车发动机的试验研究，如图 9-16 和图 9-17 所示是某公司为某汽车厂采用激光快速成形方法生产的四缸发动机的蜡模及铸件，按传统金属铸件方法制造，模具制造周期约需半年，费用几十万元。用激光快速成形方法，快速成形铸造熔模 3 天，铸造 10 天，使整个试制任务比原计划提前了 5 个月。

图 9-16　快速技术生产的发动机蜡模　　　图 9-17　快速技术生产的发动机零件

9.5.4　激光快速成形技术在医学领域中的应用

快速成形技术用于医学领域最早始于 20 世纪 90 年代初，很大程度上是借助 CT（computed tomography）及核磁共振 MR（magnetic resonance）等高分辨率检测技术的发展。其基本步骤是通过计算机专用软件对 CT 或 MR 逐层扫描所获得的图像数据信息逐层进行转换，而转换得到的数控加工命令，可控制相应的机床依次逐层加工制作三维模型。早期的图像信息采集是将 CT 扫描的图像胶片置于透射式扫描仪中读取后，传输至个人计算机进行数据处理转换，因此，加工精度很大程度上取决于所提供的 CT 胶片的精度。随着可下载原始数据的螺旋 CT（spiral CT）及三维容积重建方法（volume rendering，VR）的问世，已有的 CT 图像数据可直接输入计算机，并按一定数学方法在各层之间进行差值细化，三维产品的加工精度也随之大大提高。虽然医学应用只占 10% 的 LRP 市场，但医学对 LRP 的应用提出了更高的要求。历史上，LRP 已经运用于种植体原型、监视系统和很多其他医疗设备的原型的制作。运用生理数据的原型制作方法采用了 SLA、LOM、SLS、FDM 等技术，这些模型向那些想不通过开刀就可观看病人骨结构的研究人员、种植体设计师和外科医生提供了帮助。这些技术在很多专科如颅外科、神经外科、口腔外科、整形外科和头颈外科等得到应用，帮助外科医生进行手术规划，而如果没有物理模型，这是不可能实现的。例如，运用 LRP 技术，设计师可以根据特定病人的 CT 或 MRI 数据而不是标准的解剖学几何数据来设计并制作种植体（图 9-18），这样极大地减少了种植体设计的

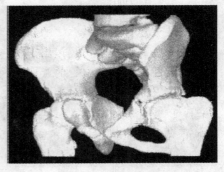

图 9-18　从 CT 数据到骨骼 3D 数值模

出错空间，并且这种适合每个病人解剖结构的种植体确实能达到一个更好的手术结果。能制作出与病人完美配合的种植体可帮助外科医生大大缩短手术操作的时间。这不但让病人减少了麻醉时间，还能减少费用。由于有了解剖模型，医生可以有效地与病人沟通，借助于病人自己的解剖模型，医生可以指出关键的区域，从而增加病人的理解。模型增加了病人对治疗的理解，这比晦涩的二维 X 射线照片要好理解得多。模型也能让医生对病人以前的手术经历一目了然。此外，模型还能让医生在手术之前对着模型进行手术规划（图 9-19），准备种植体（图 9-20）。仅时间节省一项就使得在很多复杂的手术中模型制作成为非常有价值的一个环节。

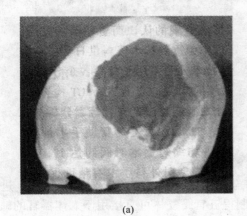

(a)

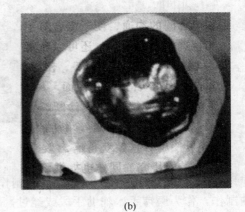

(b)

图 9-19　LRP 模型帮助手术计划

　　我国口腔领域内 LRP 技术的应用目前主要集中于颌面修复外科，北京大学口腔医学院何冬梅等采用 CT 扫描和快速成形技术通过软件制作三维头颅模型，应用于颧骨粉碎性骨折、颜面不对称畸形、肿瘤术后颊骨缺损畸形以及种植修复的治疗，结果表明在三维头颅模型指导下，对 8 例口腔颌面部复杂畸形患者的治疗，均取得满意疗效。由此可见，借助 LRP 技术制作的三维头颅模型，在口腔颌面部复杂畸形的治疗中有重要的指导意义。苏亚辉等根据快速成形和医学影像技术的发展与现状，提出了从医疗设备直接提取数字化信息，利用 CAD 软件及二次开发工具进行三维重建直至原型输出的新思路，着重探讨快速成形技术在口腔临床医学应用中的一些关键技术，并提出了初步解决方法及该技术的应用前景。由于意外事故或先天性发育异常引起的半侧耳缺失或耳廓畸形（小耳或巨耳症）是颌面修复领域较为常见的病例。针对半侧颌面萎缩类的半侧耳缺失，目前国内的治疗方法主要采用技师手工翻制患者正常耳侧并对其蜡耳进行雕刻，因此赝复体的外观以及和缺损组织面的贴和程度主要取决于技师的雕刻水

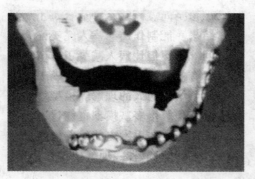

图 9-20　应用 LRP 模型设计植入体

平。黄雪梅等采用患者 CT 数据，将 LRP 技术与 CAD/CAM 技术相结合用于患者半侧耳缺失治疗，通过 LRP 模型直接生成硅橡胶赝复体。在设计过程中，采用专用造型系统实现对赝复体三维模型的修改，彻底摒弃了蜡耳制作这一过程，取得了快速成形制造人耳赝复体的进展，外形精度和衔接问题都处理得比较完善，且易于完成，目前这种方法已成功地应用于临床。

中北大学铸造工程中心开发了适于人体五官赝复体原型快速制作的成形粉末材料复合蜡粉，并对其成形工艺和成形件后处理工艺进行了实验研究。通过粉末烧结实验探索成形工艺参数，包括预热温度、铺粉层厚度、激光功率、激光扫描速率、扫描方向等因素之间的匹配关系，在此基础上进行工艺参数优化；通过后处理工艺实验，开发具体的浸蜡工艺方案，制定成形件的后处理工艺规程，采用浸蜡工艺对成形件进行后处理，提高成形件表面光洁度，获得了成形质量满足赝复体的后续制作工艺要求的蜡模，如图9-21 所示。

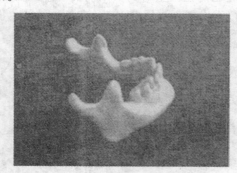

(a) 下颌骨模型

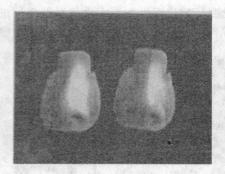

(b) 人鼻假体原型

图 9-21　赝复体原型蜡模

应用 SLS 方法烧结新型复合蜡粉直接制作符合要求的人体五官赝复体原型蜡模，进行赝复体的制作，作为医疗手术辅助手段或经过翻模制得五官赝复体可直接用于人体器官的缺损修复。人体五官赝复体的制作技术路线如下：制取患者健侧（如单侧耳缺失）或是原器官（如鼻缺损）的印模模型→将模型进行激光扫描或层析以获得点云数据→在 Surfacer 软件中对点云数据进行修正→在 Geomagic 软件中进行三维重建并镜射出患侧的实体模型，输出 STL 文件→快速成形机加工出蜡实体→在模型上试合并雕刻皮纹→包埋、冲盒去蜡，充填硅橡胶→开盒、修除飞边→硅橡胶染色→病人佩戴赝复体。

9.5.5　激光快速成形技术在生物力学领域的应用

LRP 技术加工出的生物模型，也逐渐成为生物力学研究的有力工具。Vloeberghs 等就采用 MRI 图像资料结合 LRP 技术制作出心腔模型，研究人体腔室体系内的血流动力学特点；Kelly 等采用 CT 图像资料结合 LRP 技术加工成鼻腔的模型，来研究鼻腔内的气流通过状况，不但精确测量了腔内气流最大及最小的部位，并可以进行序列比较，获得与鼻腔调节气流温度甚至嗅觉有关的有用资料；还有一些研究者利用 LRP 技术制作心脏瓣膜、脑血管以及心血管等系统的生物模型，进行血液动力学与解剖结构关系方面的研究工作，对于了解动脉瘤等病变状态的形成机理很有帮助。

9.5.6　激光快速成形技术在法医学领域的应用

面部分析是法医工作的重要环节，图像资料结合 LRP 技术可快速、准确实现面部形态的图像重建或模型再现；也可用于某些重要物证的快速复制后，在模型上进行接下来的深入分析，Vanezi 等就通过自编专用软件，建立了面部形态的智能化分析系统，不但可重建各种面部形态，并可根据需要进行一些面部特征的添加，继而可通过 LRP 机床加工重建模型。

9.5.7　激光快速成形技术在组织工程学领域的应用

目前在生命科学研究的前沿领域出现了一门新的交叉学科——组织工程。组织工程一词最早是由美国国家科学基金会 1987 年正式提出和确定的。它是应用生命科学和工程学的原理与技术，在正确认识哺乳动物的正常及病理两种状态下结构与功能关系的基础上，研究、开发用于修复、维护、促进人体各种组织或器官损伤后的功能和形态生物替代物的科学。器官和组织的缺失或衰竭，是人类保健中发生最频繁且最具危害性的问题，组织工程技术为之提供了新方法，其中细胞外支架是种子细胞浸润、营养物质渗透及组织长入等组织工程技术重要环节所赖以进行的环境，它不仅影响种子细胞的生物学特性和培养效率，而且决定移植后能否与受体良好适应并结合修复缺损的最终效果。而支架的三维成形及加工，则是其研究中所一直面临的难题，例如眼眶部、颌骨等部位三维结构复杂，其修复工作中的最大挑战是与重建区轮廓外形及内部构造相仿的生物支架设计与成形。而采用以 CT 或 MRI 影像数据资料为基础的 LRP 技术则可设计加工出具有与患者缺损区相适配的外部轮廓及适于种子细胞生存、组织渗透及血管长入的多孔、多管道内部构造的骨组织工程生物支架。

9.5.8　激光快速成形技术在仿生学中的应用

千姿百态、生机勃勃的大自然是人类获得灵感的源泉。几千年来，人们在接触生物、认识生物、和生物打交道的过程中，获得了许多生物科学知识。20 世纪 60 年代初，诞生了一门综合性的边缘学科——仿生学（bionics）。它是生物科学和工程技术科学相结合的产物，它把生物学原理广泛地应用在工程技术上，其重要分支——仿生制造，近年来引起学术界和工程界的极大兴趣，并得到了迅速发展。

仿生制造已为人类带来很大的好处，如模仿乌贼喷水前进的本领，制出了新型喷水艇，既可在深水，也可在浅滩航行。模仿企鹅与袋鼠特殊的运动方式，分别制成了极地越野车和可在沙漠与泥泞地带中驰骋的无轮汽车。

9.5.9　激光快速成形技术在艺术领域中的应用

绘画、雕塑等艺术品是艺术家的思想、激情或灵感的物化表达方式，给人以美的享受和精神的陶冶。快速成形制造技术为艺术家以三维形式更细腻、形象、准确、生动、迅速地表达自己的思想感情提供了一种新的手段，也为珍稀艺术品的复制、艺术品形式的多样化提供了有力的工具。

9.6　激光快速成形技术的发展趋势

（1）金属零件、功能梯度零件的直接快速成形制造技术　目前的快速成形技术主要用于制作非金属样件，由于其强度等力学性能较差，远远不能满足工程实际需求，所以其工程化实际应用受到较大限制。从 20 世纪 90 年代初开始，探索实现金属零件直接快速制造的方法已成为

LRP 技术的研究热点，国外著名的 LRP 技术公司均在进行金属零件快速成形技术研究。可见，探索直接制造满足工程使用条件的金属零件的快速成形技术，将有助于快速成形技术向快速制造技术的转变，能极大地拓展其应用领域。此外，利用逐层制造的优点，探索制造具有功能梯度、综合性能优良、特殊复杂结构的零件，也是一个新的方向发展。

（2）概念创新与工艺改进　目前，快速成形技术的成形精度为 0.01mm 数量级，表面质量还较差，有待进一步提高。最主要的是成形零件的强度和韧性还不能完全满足工程实际需要，因此如何完善现有快速成形工艺与设备，提高零件的成形精度、强度和韧性，降低设备运行成本是十分迫切的。此外，快速成形技术与传统制造技术相结合，形成产品快速开发-制造系统也是一个重要趋势。如快速成形技术结合精密铸造，可快速制造高质量的金属零件。另一方面，许多新的快速原型制造工艺正处于开发研究之中。

（3）优化数据处理技术　快速成形数据处理技术主要包括将三维 CAD 模型转存为 STL 格式文件和利用专用 LRP 软件进行平面切片分层。由于 STL 格式文件的固有缺陷，会造成零件精度降低。此外，由于平面分层所造成的台阶效应，也降低了零件表面质量和成形精度。优化数据处理技术可提高快速成形精度和表面质量。目前，正在开发新的模型切片方法，如基于特征的模型直接切片法、曲面分层法。

（4）开发专用快速成形设备　不同行业、不同应用场合对快速成形设备有一定的共性要求，也有较大的个性要求。如医院受环境和工作条件的限制，外科大夫希望设备体积小、噪声小，因此开发专门针对医院使用的便携式快速成形设备将很有市场潜力。另一方面，汽车行业的大型覆盖件尺寸多在 1m 左右，因此研制大型的快速成形设备也是很有必要的。

（5）成形材料系列化、标准化　目前快速成形材料大部分是由各设备制造商单独提供，不同厂家的材料通用性很差，而且材料成形性能还不十分理想，阻碍了快速成形技术的发展。因此，开发性能优良的专用快速成形材料，并使其系列化、标准化，将极大地促进快速成形技术的发展。

（6）拓展新的应用领域　快速成形技术的应用范围正在逐渐扩大，这也促进了快速成形技术的发展。目前快速成形技术在医学、医疗领域的应用，正在引起人们的极大关注，许多科研人员也正在进行相关的技术研究。此外，快速成形技术结合逆向（反求）工程，实现古陶瓷、古文物的复制，也是一个新的应用领域。

习题与思考题

1. 成形方式分几类？添加成形的定义是什么？有何特点？
2. 激光快速成形技术的特点是什么？
3. 立体光固化成形（SLA）技术、激光薄片叠层制造（LOM）技术、选择性激光烧结（SLS）技术、激光熔覆成形（LCF）技术和激光诱发热应力（LF）技术的基本原理是什么？各应用在什么场合？
4. 激光快速成形技术和普通快速成形技术相比有何不同？
5. 举例说明激光快速成形技术在医学上的应用。
6. 举例说明激光快速成形技术在模具制造上的应用。

参 考 文 献

[1] 颜永年，单忠德主编. 快速成形与铸造技术. 北京：机械工业出版社，2004.
[2] 朱林泉，白培康，朱江森著. 快速成形与快速制造技术. 北京：国防工业出版社，2003.
[3] 刘伟军等编著. 快速成形技术及应用. 北京：机械工业出版社，2005.

[4] 张国顺主编.现代激光制造技术.北京:化学工业出版社,2006年.

[5] 胡建东,郭作兴,关振中编著.激光加工金相图谱.北京:中国计量出版社,2006.

[6] 周建忠,刘会霞主编.激光快速制造技术及应用.北京:化学工业出版社,2009.

[7] 朱林泉,牛晋川,朱苏磊等著.现代激光工程应用技术.北京:国防工业出版社,2008.

[8] 郑启光,邵丹编著.激光加工工艺与设备.北京:机械工业出版社,2010.

[9] 王雅先,尉富恩,王科峰.激光快速成形技术的应用.轻工机械,2006,24(4):143-145.

[10] 许勤,张坚.激光快速成形技术研究现状与发展.九江学院学报:自然科学版,2005,(1):8-10.

[11] 董云海,殷晨波,岳刚鹏等.激光快速成形技术用于汽车零部件的开发.中国制造业信息化,2005,34(9):112-114.

[12] 杜北华.激光快速成形技术在车身开发中的应用.机电工程技术,2001,30(6):42-44.

[13] 管延锦,孙胜,张红梅.激光快速成形与制造技术及在汽车工业中的应用.汽车工艺与材料,1999,(9):4-7.

[14] 王文峰,白培康.金属粉末激光烧结快速成形技术的研究.工具技术,2007,41(11):3-5.

[15] 周钢,蔡道生,史玉升等.金属粉末熔化快速成形技术的研究进展.快速原型制造技术,2009,(3):41-46.

[16] 梁红英.精铸蜡模的快速制造技术.机械工程与自动化,2005,(3):95-96.

[17] 徐顺利.快速成形的生产工艺及关键技术.制造业自动化,2000,22(8):4-5.

[18] 牛爱军,党新安,杨立军.快速成形技术的发展现状及其研究动向.金属铸锻焊技术,2008,37(5):116-118.

[19] 刘晓辉.快速成形技术发展综述.农业装备与车辆工程,2008,(2):10-14.

[20] 王葵,谭威.快速成形技术及发展.科技创新导报,2008,(9):39-41.

[21] 程晓民,陈伟文.快速成形技术及其常用工艺.宁波高等专科学校学报,2003,15(2):21-25.

[22] 张俊,侯琳,殷镜波等.快速成形技术及其发展.山东水利职业学院院刊,2006,(4):9-13.

[23] 张冰,刘军营.快速成形技术及其发展.农业装备与车辆工程,2006,(12):47-51.

[24] 金杰,张安阳.快速成形技术及其应用.浙江工业大学学报,2005,33(5):592-604.

[25] 宋敏.快速成形技术及应用.光机电研究论坛,2008,9.

[26] 崔国起,张连洪,郝艳玲等.LOM激光快速成形系统及其应用.中国国际机床展先进制造技术专稿,1999,(5):27-29.

[27] 杨思一,尹占民,仪垂杰等.快速成形技术研究发展现状及其应用前景.山东工程学院学报,2001,15(3):14-17.

[28] 王晓聪,孙锡红.快速成形技术研究现状及其应用前景.精密制造与自动化,2007,(3):57-62.

[29] 杨家林,王洋.快速成形技术研究现状与发展趋势.《新技术新工艺》·热加工技术,2003,(1):28-29.

[30] 刘月辉,史春涛,郝志勇.快速成形技术在汽车上的应用.·材料·工艺·设备·,2001,(6):25-28.

[31] 杨亚琴,李保成,白培康等.快速成形技术在生物赝复体制造中的应用.华北工学院学报,2005,26(4):305-308.

[32] 刘极峰,原红玲.快速成形中激光烧结成形技术及应用.河南机电高等专科学校学报,2002,10(2):29-31.

[33] 颜永年,张人佶,林峰.快速金属模具制造技术的最新进展及发展趋势.航空制造技术,2007,(5):30-33.

[34] 李永堂,巨丽,杜诗文.快速原型制造技术研究与进展.太原重型机械学院学报,2002,23(3):255-259.

[35] 陈峰.快速原型制造技术在手机上盖设计制造中的应用.轻工机械,2008,26(3):16-19.

[36] 孟宝全,赵淑玉.快速自动成形技术的原理及其发展趋势.装备制造技术,2008,(4):114-115.

[37] 郑海忠,张坚.尼龙纳米复合材料的选区激光烧结成形技术研究进展.材料导报,2009,(1):36-38.

[38] 张洪涛.逆向工程技术在摩托车外观零部件设计中的应用.机电工程技术,2008,37(5):74-76.

[39] 邹建军,赖朝安,王卫平等.基于逆向工程与快速成形的假体设计和制造.制造业自动化,2008,30(11):76-78.

[40] 邵娟,霍文国.浅析金属粉末选择性激光烧结快速成形技术.冶金丛刊,2007,(2):33-35.

[41] 张洪峰,畅为航.基于SLS的铸造模型快速制造技术.金属铸锻焊技术,2008,37(13):37-41.

[42] 王科峰,柳国峰,段国庆.选区粉末激光烧结(SLS)技术.快速成形技术,2005,(6):46-47.

[43] 梁红英,党惊知,白培康.选择性激光烧结成形技术在华北工学院.华北工学院学报,2002,232(3):193-195.

[44] 潘琰峰,沈以赴,顾冬冬等.选择性激光烧结技术的发展现状.工具技术,2004,38(6):3-7.

[45] 白培康.选择性激光烧结快速成形技术研究及应用现状.航空制造技术,2009,(3):51-53.

[46] 张力.选择性激光烧结在熔模铸造中的应用.制造,2006,(13):89-91.

[47] 张优训.叠层实体制造(LOM)激光快速成形系统的研制与开发[学位论文].广州:中山大学,2005.

[48] 叶昌科.基于轮廓失效的覆膜砂激光快速成形方法研究[学位论文].大连:大连理工大学,2006.

[49] 崔意娟.砂型铸造用尼龙芯盒激光快速成形技术研究[学位论文].太原:中北大学,2009.

[50] 曾锋.铸造覆膜砂激光快速成形方法及系统的研究[学位论文].大连:大连理工大学,2005.

[51] 史玉升,黄树槐,周祖德.低成本SLS快速成形系统.锻压机械,2002,37(1):17-19.

[52]　李彦生，李涤尘，卢秉恒．光固化快速成形技术及其应用．机电一体化，1999，(1)：10-11.

[53]　崔意娟，白培康，王建宏等．国内外主要 SLS 成形材料及应用现状．新技术新工艺·热加工工艺技术与材料研究，2009，(4)：74-77.

[54]　Liping Feng，Weidong Huang，Darong Chen. Fabrication of directional solidification components of nickel-base superalloys by laser metal forming. Journal of University of Science and Technology，2004，11 (2)：167-169.

[55]　Paul C P，Jain A，Ganesh P，et al. Nath. Laser rapid manufacturing of Colmonoy-6 components. Optics and Lasers in Engineering，2006，44 (10)：1096-1109.

[56]　Kai Zhang，Weijun Liu and Xiaofeng Shang. Research on the processing experiments of laser metal deposition shaping. Optics & Laser Technology，2007，39 (3)：549-557.

[57]　Buswell R A，Soar R C，Gibb A G F，et al. Freeform Construction：Mega-scale Rapid Manufacfacyuring for Construction. Automation in Construction，2007，16 (2)：224-231.

[58]　Zarringhalam H，Hopkinson N，Kamperman N F，et al. Effects of processing on microstructure and properties of SLS Nylon 12. Materials Science and Engineering：A，2006，435-436：172-180.

[59]　Edson Costa Santos，Masanri Shiomi，Kozo Osakada，et al. Rapid manufacturing of metal components by laser forming. International Journal of Machine Tools Manufacture，2006，46 (12-13)：1459-1468.

[60]　Uzoma Ajoku，Neil Hopkinson and Mike Caine. Experimental measurement and finite element modelling of the compressive properties of laser sintered Nylon-12. Materials Science and Engineering：A，2006，428 (1-2)：211-216.

[61]　Leonardo Orazi. Constrained free form deformation as a tool for rapid manufacturing. Computer in Industry，2007，58 (1)：12-20.

[62]　Costa L，Vilar R，Reti T，et al. Rapid tooling by laser powder deposition：Process simulation using finite element analysis. Acta Materialia，2005，53 (14)：3987-3999.

[63]　Shuping Yi，Fei Liu，Jin Zhang，Study of the key technologies of LOM for functional metal parts. Journal of Materials Processing Technology，2004，150 (1-2)：175-181.

[64]　Liu Hongjun，Fan Zitian，Huang Naiyu，et al. A note on rapid manufacturing process of metallic parts based on SLS plastic prototype. Journal of Materials Processing Technology，2003，142 (3)：710-713.